T0155861

Namhafte indische Mathematiker und Statistiker

Purabi Mukherji

Namhafte indische Mathematiker und Statistiker

des 19. und 20. Jahrhunderts in Bengalen

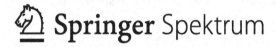

Purabi Mukherji
Kalkutta, West Bengal, Indien

ISBN 978-981-97-0099-8   ISBN 978-981-97-0100-1   (eBook)
https://doi.org/10.1007/978-981-97-0100-1

Die Deutsche Nationalbibliothek verzeichnet diese Publikation in der Deutschen Nationalbibliografie; detaillierte bibliografische Daten sind im Internet über http://dnb.d-nb.de abrufbar.

Dieses Buch ist eine Übersetzung des Originals in Englisch „Notable Modern Indian Mathematicians and Statisticians" von Mukherji, Purabi, publiziert durch Springer Nature Singapore Pte Ltd. im Jahr 2022. Die Übersetzung erfolgte mit Hilfe von künstlicher Intelligenz (maschinelle Übersetzung). Eine anschließende Überarbeitung im Satzbetrieb erfolgte vor allem in inhaltlicher Hinsicht, so dass sich das Buch stilistisch anders lesen wird als eine herkömmliche Übersetzung. Springer Nature arbeitet kontinuierlich an der Weiterentwicklung von Werkzeugen für die Produktion von Büchern und an den damit verbundenen Technologien zur Unterstützung der Autoren.

Übersetzung der englischen Ausgabe: „Notable Modern Indian Mathematicians and Statisticians" von Purabi Mukherji, © The Editor(s) (if applicable) and The Author(s), under exclusive license to Springer Nature Singapore Pte Ltd. 2022. Veröffentlicht durch Springer Nature Singapore. Alle Rechte vorbehalten.

Planung/Lektorat: Shamim Ahmad
Springer Spektrum ist ein Imprint der eingetragenen Gesellschaft Springer Nature Singapore Pte Ltd. und ist ein Teil von Springer Nature.
Die Anschrift der Gesellschaft ist: 152 Beach Road, #21-01/04 Gateway East, Singapore 189721, Singapore

Das Papier dieses Produkts ist recycelbar.

*Ich widme dieses Buch meinem Vater,
dem verstorbenen Sushil Kumar Banerji,
ein bekannter angewandter Mathematiker
und Statistiker, der in mir die Liebe zur
Mathematik und zur Geschichte der Wissenschaft weckte.*

Geleitwort

Ich bin äußerst glücklich, diese wunderbare Monografie von Dr. Purabi Mukherji mit dem Titel *Namhafte moderne indische Mathematiker und Statistiker des 19. und 20. Jahrhunderts in Bengalen* zu lesen. Dieses Buch ist eine sehr informative Forschungsarbeit, die von einer erfahrenen Wissenschaftlerin in der modernen indischen Wissenschaftsgeschichte durchgeführt wurde. Dr. Purabi Mukherji hat bereits zwei Bücher auf dem gleichen Gebiet veröffentlicht. Die Bücher wurden von Springer Nature veröffentlicht.

Es gab bemerkenswerte und bedeutende Beiträge in Mathematik und Statistik aus dieser Region der Welt, von denen viele von uns möglicherweise nicht wissen. Auch die aktuelle Generation sollte die Arbeit kennen, die von den Pionieren aus Bengalen unter schwierigen Umständen geleistet wurde, und stolz darauf sein. Dieses Buch wird jeden aufklären. Die hier besprochenen Persönlichkeiten sind Pioniere auf ihrem Gebiet, und Dr. Mukherji hat die umfassende und chronologische Geschichte sehr gut erfasst. Ihre Beiträge sind klar beschrieben, sodass sie von jedem leicht zu lesen und zu verstehen sind. Die zusammengestellten Bibliografien werden für zukünftige Forscher[1] in diesem Bereich sehr nützlich sein.

Ich übermittle meine herzlichen Glückwünsche an Dr. Mukherji für ihre aufrichtige und gut recherchierte Arbeit.

Prof. Bimal Kumar Roy
Indian Statistical Institute
Kalkutta, West Bengal, Indien
Chairman, National Statistical Commission
Government of India
Neu-Delhi, Indien

---

[1]Anmerkung zur Übersetzung: Bei der Übersetzung von im Englischen nicht nach Geschlecht differenzierten Personenbezeichnungen wie „researcher" u. Ä. wurde im Deutschen meistens die männliche Form [Forscher] verwendet, um den Text kürzer und besser lesbar zu machen. Selbstverständlich sind damit Personen jeden Geschlechts gemeint.

Vorwort

Dieses Buch porträtiert das Leben und Werk von 16 Pionieren der Mathematik-wissenschaften, die eine Zierde für zwei berühmte Institutionen in Kalkutta waren – die Universität Kalkutta und das Indian Statistical Institute (ISI) sowie das erste Indian Institute of Technology (IIT). Es ist in verständlicher Sprache geschrieben. Diese Wissenschaftler arbeiteten unter sehr schwierigen Umständen. Sie hatten keinen Zugang zu modernen Geräten, nicht einmal zu Taschenrechnern. Der Mangel an finanziellen Mitteln machte ausländische Zeitschriften und Bücher fast unerreichbar für sie. Aber trotz solcher Hindernisse hinterließen ihre Forschungs-arbeiten Spuren in der Welt der Wissenschaft, und sie werden von einigen der besten Mathematiker und Statistiker des Westens hoch geschätzt.

Wenn man einen Blick auf die führenden europäischen Universitäten wirft, begann die Lehre und Forschung an der Universität von Pisa (der ältesten Uni-versität Italiens) im Jahr 1343. Im Frankreich des 17. und 18. Jahrhunderts waren die beiden Exzellenzzentren der naturwissenschaftlichen Bildung mit solchen mathematischen Größen wie Pierre Simon de Laplace, Siméon Denis Poisson und Gaspard Monge verbunden. In Großbritannien wurde der erste Lehrstuhl für Geometrie 1619 an der Universität Oxford eingerichtet, der Lehrstuhl für Mathematik in Aberdeen 1625 und der Lucasische Lehrstuhl für Mathematik an der Universität Cambridge 1662. In all diesen Universitäten kam die finanzielle und administrative Unterstützung von den Herrschern des Landes, den lokalen Königen und den religiösen Organisationen. Die Universität Kalkutta und das Indian Statistical Institute (ISI) standen dazu in einem Gegensatz. Sir Asutosh im Fall der Universität von Kalkutta und Prof. P. C. Mahalanobis im Fall des ISI mussten von Pontius zu Pilatus laufen, um Gelder, administrative Hilfe usw. zu erhalten. Da Indien unter fremder Herrschaft stand, hatten die Herrscher nicht das geringste Interesse daran, das Studium von Mathematik und Naturwissenschaften zu fördern. Dieses Buch ist ein kurzer realitätsnaher Bericht über die unvor-stellbaren Schwierigkeiten, die unüberwindbaren Hindernisse und die endlosen Kämpfe, die die beiden großen Söhne Bengalens mit ihrem unbeugsamen Mut, harter Arbeit, Hingabe und unermüdlicher Ausdauer überwunden haben.

Die Universität von Kalkutta erlangte unter der Leitung von Sir Asutosh Mookerjee die einzigartige Auszeichnung, die erste Universität in Indien zu sein, an der postgraduale Lehre und Forschung in Mathematik eingeführt wurden. Indische Mathematiker aus Bengalen (heute Westbengalen), die im 19. Jahrhundert und Anfang des 20. Jahrhunderts bahnbrechende Forschungsarbeiten durchführten, hatten bis auf wenige Ausnahmen starke Verbindungen zur Universität von Kalkutta. Ein international renommiertes Zentrum für statistische Studien und Forschung, das Indian Statistical Institute (ISI), Kolkata, wurde ebenfalls in Kalkutta gegründet und von Prof. Prasanta Chandra Mahalanobis (P. C. Mahalanobis) gefördert. Das erste Indian Institute of Technology (IIT) wurde ebenfalls in Kharagpur in Westbengalen gegründet. Zwei brillante angewandte Mathematiker, Prof. B. R. Seth und Prof. A. S. Gupta, dienten dort als Fakultätsmitglieder und leisteten bahnbrechende Beiträge in den Bereichen der Festkörper- und Strömungsmechanik. Dies sind wichtige Zweige der angewandten Mathematik. Diese brillanten Köpfe, die für die Bereicherung des mathematischen und statistischen Forschungsklimas in Bengalen sowie in Indien verantwortlich sind, verdienen es, in den Vordergrund gerückt zu werden.

In diesem Buch haben wir die folgenden 16 berühmten Mathematiker und Statistiker besprochen. In einem separaten Kapitel wurden einige kurze Diskussionen über die sieben bemerkenswerten mathematischen Wissenschaftler geführt, die mit ihren herausragenden Beiträgen das ISI bereichert haben.

1. Sir Asutosh Mookerjee (1864–1924)
2. Prof. Syamadas Mukhopadhyay (1866–1937)
3. Prof. Ganesh Prasad (1876–1935)
4. Dr. Bibhuti Bhusan Datta [B. B. Datta] (1888–1958)
5. Prof. P. C. Mahalanobis (1893–1972)
6. Prof. Nikhil Ranjan Sen (1894–1963)
7. Prof. Suddhodan Ghosh (1896–1976)
8. Prof. Rabindra Nath Sen (1896–1974)
9. Prof. Bibhuti Bhusan Sen (1898–1976)
10. Prof. Raj Chandra Bose (1901–1987)
11. Prof. Bhoj Raj Seth (1907–1979)
12. Prof. Subodh Kumar Chakrabarty (1909–1987)
13. Prof. Manindra Chandra Chaki (1913–2007)
14. Prof. Calyampudi Radhakrishna Rao (1920–2023)
15. Prof. Anadi Sankar Gupta [A. S. Gupta] (1932–2012)
16. Prof. (Frau) Jyoti Das (1937–2015)
17. Einige herausragende Köpfe des ISI, Kolkata

Dieses Buch diskutiert auch eine kurze historische Einleitung, gefolgt von einer Kurzvorstellung der oben genannten mathematischen Wissenschaftler. Dies wird gefolgt von 16 Kapiteln, die chronologisch angeordnet sind und den 16 oben genannten mathematischen Wissenschaftlern gewidmet sind. Das Buch diskutiert auch kurz einige außergewöhnlich brillante Statistiker und Mathematiker, die Forschungen am ISI Kolkata durchgeführt haben (in Kap. 18). Die Liste enthält herausragende Persönlichkeiten wie S. N. Roy, D. Basu, J. K. Ghosh, S. R. S. Varadhan, V. S. Varadarajan, K. R. Parthsarathy und R. Ranga Rao. Leider haben die meisten von ihnen Bengalen nach ein paar Jahren verlassen; daher wurden keine langen Diskussionen über sie geführt. Das Nachwort hat zwei Teile: (i) Schlussbemerkungen und (ii) die Bibliografien der genannten Wissenschaftler. Im Falle von Prof. R. C. Bose und Prof. C. R. Rao wurden Jahre ausgelassen, weil sie Indien verlassen und sich dauerhaft in den USA niedergelassen haben.

Einige könnten sich fragen, warum einige bekannte mathematische Wissenschaftler, die in dem angegebenen Zeitrahmen hervorragende Forschungen durchgeführt haben, nicht einbezogen wurden. Die Antwort lautet wie folgt:

Die beiden prominentesten Wissenschaftler, S. N. Bose und M. N. Saha, beides Studierende der angewandten Mathematik, die bedeutende Beiträge auf dem Gebiet der mathematischen Physik geleistet haben, wurden nicht aufgenommen, weil ihre Beiträge in einem früheren Buch von mir ausführlich besprochen wurden.[2] Daher wurde es für klug gehalten, sie nicht in einem weiteren Buch von mir zu wiederholen.

Einige gute Mathematiker wurden auch nicht aufgenommen, weil sie zwar gute Forschung betrieben und gute Lehrer waren, aber keine bahnbrechenden Forschungsbeiträge in ihren jeweiligen Forschungsfeldern geleistet haben. Sie haben auch keine hochkarätigen Wissenschaftler inspiriert und betreut.

Dieses Buch ist das erste seiner Art, das einen gut recherchierten, wissenschaftlich genauen historischen Bericht über all die oben genannten Fakten in einer prägnanten und kompakten Form liefert. Natürlich sollte es in Indien und im Ausland weithin gelesen werden, damit die großartigen Errungenschaften des ungeteilten, vereinigten Staates Bengalen bekannt und gewürdigt werden.

Kalkutta, Indien   Purabi Mukherji

---

[2]Puabi Mukherji und Atri Mukhopadhyay (2018). *History of the Calcutta School of Physical Sciences*. Springer Nature.

Danksagungen

Ich möchte meine Dankbarkeit und Anerkennung gegenüber der Indian National Science Academy (INSA), Neu-Delhi, und dem Redaktionsausschuss des Journals der INSA, *Indian Journal of History of Science,* zum Ausdruck bringen, da sie mir die Verwendung bestimmter Teile der Forschungsarbeiten[3] und Materialien aus dem Bericht des Projekts mit dem Titel – „Pioneer mathematicians and their role in Calcutta University"[4], alle veröffentlicht im *Indian Journal of History of Science,* erlaubt haben.

Ich möchte meinen aufrichtigen Dank an Prof. S. Ponnusamy, Präsident der Ramanujan Mathematical Society und Chefredakteur des *Mathematics Newsletter,* einer Zeitschrift der genannten Gesellschaft, aussprechen, dass er mir erlaubt hat, meinen Artikel[5] über Prof. R. C. Bose, der in der genannten Zeitschrift veröffentlicht wurde, in dieses Buch aufzunehmen.

Ich übermittle meinen aufrichtigen Dank an Herrn Tapas Basu von der Reprografie- und Fotografieeinheit des Indian Statistical Institute, Kolkata, und Prof. Pradip Kumar Majumdar, ehemaliger Professor der Rabindra Bharati University, Kolkata, für ihre freundliche Hilfe durch das Zusenden der Fotografien.

Ich möchte meinem Freund Dr. Mala Bhattacharjee und meiner ehemaligen Schülerin Miss Parama Paul meinen aufrichtigen Dank aussprechen, dass sie mir beim Tippen einiger Teile des Manuskripts geholfen haben. Ich möchte meiner ehemaligen Schülerin Dr. Debashree Ray von der Johns Hopkins University, USA, besonders danken, dass sie mir freundlicherweise wichtige Materialien im Zusammenhang mit Prof. C. R. Rao geschickt hat.

Ich bin Prof. Bimal Kumar Roy, ehemaliger Direktor des Indian Statistical Institute, Kolkata, und derzeit Professor am Indian Statistical Institute, Kolkata, sowie Vorsitzender der National Statistical Commission der indischen

---

[3] Purabi Mukherji, et al.; 46(4), 2011, 48 (2), 2013.

[4] Purabi Mukherji et al., 49 (1), 2014.

[5] Bd. 28 # 4 Juni–September (2017).

Regierung, zu Dank verpflichtet, dass er trotz seines äußerst hektischen Zeitplans freundlicherweise das Vorwort zu diesem Buch geschrieben hat.

Zuletzt bin ich für immer meinem geliebten Vater, dem verstorbenen Sushil Kumar Banerji, verpflichtet, der selbst ein ehemaliger Student der Abteilung für Angewandte Mathematik an der Universität von Kalkutta war und auch ein Gelehrter unter dem verstorbenen Prof. P. C. Mahalanobis vom Indian Statistical Institute, Kolkata. Mein Vater erzählte mir viele interessante Geschichten über viele der großen Persönlichkeiten, die in diesem Buch besprochen werden, und inspirierte mich so indirekt dazu, diesen schmalen Band zu schreiben.

Purabi Mukherji

Inhaltsverzeichnis

Über die Autorin

Purabi Mukherji ist seit 1994 Beraterin für Mathematik an der Indira Gandhi National Open University (IGNOU), Regionalzentrum, Kolkata, Indien. Anfänglich war sie in der Abteilung für Mathematik am Gokhale Memorial Girls' College, Kolkata, von 1994 bis 2014 tätig. Dr. Mukherji erwarb ihren Doktortitel in angewandter Mathematik an der Jadavpur-Universität, Kolkata, im Jahr 1987. Sie erhielt zwei nationale „Best Paper Awards" für ihre Arbeit über „Mathematische Modellierung" in der Geophysik, verliehen von der Indian Society for Earthquake Technology der University of Roorkee. Seit 2010 forscht sie im Bereich der Wissenschaftsgeschichte und hat erfolgreich zwei von der Indian National Science Academy (INSA), Neu-Delhi, finanzierte Projekte abgeschlossen.

Sie hat mehr als 40 Forschungsarbeiten in renommierten nationalen und internationalen Zeitschriften und mehr als 20 wissenschaftliche Artikel in bengalischen populärwissenschaftlichen Magazinen veröffentlicht. Sie ist Autorin des Buches *History of the Calcutta School of Physical Sciences* (Springer Nature, 2018), *Research Schools on Number Theory in India: During the 20th Century* (Springer Nature, 2020–2021) und *Pioneer Mathematicians of Calcutta University* (Universität Kalkutta, 2014). Dr. Mukherji ist Mitglied auf Lebenszeit der Indian Science Congress Association, der Calcutta Mathematical Society, der Indian Society of History of Mathematics, der Indian Society of Exploration Geophysicists, der Indian Society of Nonlinear Analysts und vieler anderer. Sie ist auch im Redaktionsausschuss der Zeitschrift *Indian Science Cruiser*, die vom Institute of Science, Education and Culture, Kolkata, veröffentlicht wird.

Kapitel 1
Historische Einleitung und Einführung

1.1 Historischer Auftakt

Die Entwicklung der mathematischen Forschung in Indien nahm ihren eigenen
autonomen Verlauf. Die bekannten Beiträge in Fächern wie Arithmetik, Algebra,
Geometrie und Astronomie der alten Inder bedürfen keiner Wiederholung. Die
Welt der Mathematik hat den erstaunlichen Entdeckungen der Null, der Erfindung
des Dezimalsystems und der Einführung negativer Zahlen gebührend Tribut ge-
zollt.

In der Anfangsphase der britischen Herrschaft war Kalkutta (heute Kolkata) die
Hauptstadt Indiens. Die Kolonialherren regierten bis 1911 den Rest des Landes
von dieser Stadt aus. Daher war Bengalen den kulturellen und bildungspolitischen
Mustern der ausländischen Herrscher ausgesetzt und wurde von ihnen beeinflusst.
Für historische Aufzeichnungen ist ein Zitat aus Sir Charles Woods Despatch von
1854 ein Augenöffner über die Absichten der britischen Herrscher. Er schrieb an
Lord Dalhousie: „Wir werden Indien noch viele Jahre regieren, aber es ist mir klar,
dass wir es immer als Fremde regieren werden." Tatsächlich warnte Lord Ellenbo-
rough Wood: „Bildung wird für die britische Herrschaft fatal sein."

Die ersten drei Universitäten in Bombay, Kalkutta und Madras wurden 1857
von den Kolonialherren gegründet. Das Ziel der ausländischen Herrscher war
es sicherlich nicht, intellektuelle Aktivitäten zu fördern, sondern eine beacht-
liche Gruppe von Englisch sprechenden indischen „Staatsdienern" zu schaffen,
die ihnen bei der reibungslosen Führung des Landes helfen würden. Aber wie bereits erwähnt, waren die britischen Politiker immer noch nicht zufrieden. Wood
dachte: „Höhere Bildung ist gleichzeitig gefährlich." Er hatte solche Bedenken
nicht bezüglich Bombay und Madras, aber er war besorgt über Kalkutta.

Die Universität Kalkutta wurde am 24. Januar 1857 gegründet und diente nur
zur Zulassung von Colleges, zur Durchführung von Prüfungen und zum Ver-
leihen von Abschlüssen.

P. Mukherji, *Namhafte indische Mathematiker und Statistiker*,
https://doi.org/10.1007/978-981-97-0100-1_1

Aber glücklicherweise gab es in Bengalen außergewöhnliche Männer wie Dr. Mahendralal Sircar, Sir Asutosh Mookerjee und Prof. Prasanta Chandra Mahalanobis.

Der Pionier in der Bewegung für moderne Wissenschafts- und Mathematikbildung in Indien war Raja Rammohun Roy (1772–1833). In einem historischen Brief, den er am 11. Dezember 1823 an Lord Amherst schrieb, bat er die Kolonialherren, „Mathematik, Naturphilosophie (Physik), Chemie, Anatomie und andere nützliche Wissenschaften zu fördern." Der Brief wurde von der herrschenden britischen Regierung völlig ignoriert. Aber die Sache war nicht verloren. Die von Raja Rammohun Roy initiierte „Wissenschaftsbewegung" wurde von Derozio (1809–1831), Ishwar Chandra Vidyasagar (1820–1891), Mahendra Lal Sircar (1833–1903) und Sir Asutosh Mookerjee (1864–1924) fortgesetzt.

Trotz gewaltiger Hürden und mit geringster Hilfe von den Kolonialherren gründete Dr. Mahendra Lal Sircar 1876 die „Indian Association for the Cultivation of Science" (IACS) in Kalkutta, der damaligen Hauptstadt des britisch beherrschten Indiens. Sie wurde mit Geld aus öffentlichen Spenden (sowohl großen als auch kleinen Beträgen) errichtet. Gleich zu Beginn erklärte Dr. Sircar, dass das neu gegründete Institut Charakter, Umfang und Ziele des „Royal Institute of London" und der „British Association for the Advancement of Science" vereinen würde. Er traf auch zwei wichtige und sehr bedeutende politische Entscheidungen; nämlich, dass die Institution wissenschaftliches Wissen an die breite Masse vermitteln und dass sie ausschließlich von einheimischen Indern verwaltet und kontrolliert würde. Dr. Sircar war immer der Meinung, dass der Hauptgrund für die mangelnde Entwicklung Indiens auf den Rückstand der Inder in der Wissenschaft zurückzuführen war. Er war zuversichtlich, dass die Inder das Potenzial hatten, die moderne Wissenschaft zu beherrschen, wenn sie ausreichende und notwendige Möglichkeiten bekamen. Die Gründung der IACS in Kalkutta war der erste große Schritt der „Indian Science Movement". Sir Asutosh Mookerjee, der dem Beispiel von Dr. Sircar folgte, war einer der ersten, der die Idee vorschlug, dass eine Universität ein Zentrum unabhängiger intellektueller Aktivität von Forschung und Lehre von hoher Qualität auf allen Ebenen sein sollte. Aber um das zu erreichen, stand Sir Asutosh vor einer gigantischen Aufgabe. Das Indian Universities Act von 1904 war von Anfang an ein sehr umstrittenes Gesetz. Wie der Bericht der Sadler-Kommission bemerkte, „waren die indischen Universitäten unter dem neuen Gesetz die am stärksten staatlich kontrollierten Universitäten der Welt".

1.2 Die Rolle von Sir Asutosh Mookerjee bei der Schaffung der Postgraduiertenfakultäten für Mathematik an der Universität Kalkutta

Der Generalgouverneur und Vizekönig von Indien, Lord G. N. Curzon (1859–1925), hatte 1902 eine Kommission ernannt, die nur aus Europäern bestand. Da die für die Reform der indischen Universitäten vorgesehene Kommission keinen einzigen Inder einschloss, war die öffentliche Stimmung aus offensichtlichen Gründen stark dagegen. Um die aufgebrachten öffentlichen Gefühle zu beruhigen, machte die britische Regierung Sir Gooroodas Banerjee (der erste indische Vizekanzler der Universität Kalkutta) zum Mitglied der Kommission. Asutosh Mookerjee wurde als kooptiertes Mitglied aufgenommen, um als Bildungsbeauftragter der Provinzen zu fungieren.

Was die Lehrfunktionen anbelangt, war das Gesetz von 1904 lediglich ein Ermächtigungsgesetz. Asutosh Mookerjee glaubte, dass eine Kombination aus Forschung und Lehre das unveräußerliche Grundprinzip jeder Universität sei. Da die Universität London, die als Vorbild für die indischen Universitäten diente, Lehrfunktionen übernahm, wurde angenommen, dass auch die indischen Universitäten dies innerhalb definierter Grenzen tun sollten.

Die Hauptbestimmungen des „Universities Act" von 1904 wurden vom bedeutenden Bildungsexperten G. K. Gokhale wie folgt zusammengefasst:

Das Universities Act von 1904 befasste sich mit der Erweiterung der Funktionen der Universität. Zweitens befasste es sich mit der Verfassung und Kontrolle der Universitäten und drittens mit der Kontrolle der angeschlossenen Colleges.

Die indische gebildete Klasse, einschließlich G. K. Gokhale, machte sich überhaupt keine Hoffnungen bezüglich des ersten Ziels, und sie befürchteten, dass es „eine Sehnsucht, ein fernes Ideal" bleiben würde.

Zur allgemeinen Information lautete dieser bedeutsame Absatz:

Die Universität soll und wird als eingebunden betrachtet werden für den Zweck (unter anderem) der Bereitstellung von Unterricht für Studenten, mit der Befugnis, Universitätsprofessoren und Dozenten zu ernennen, Bildungsstiftungen zu halten und zu verwalten, Universitätsbibliotheken, Labore und Museen zu errichten, auszustatten und zu unterhalten, Vorschriften bezüglich des Wohnsitzes und des Verhaltens der Studenten zu erlassen und alle Handlungen, die mit dem Akt der Gründung und diesem Gesetz vereinbar sind, zu tun, die zur Förderung von Studium und Forschung beitragen.

Aber Asutosh Mookerjee mit seinem eisernen Willen, seinem unbeugsamen Mut und seiner Ausdauer und seinem enormen Selbstvertrauen sowie seiner dynamischen und diplomatischen Persönlichkeit griff auf diesen einen Abschnitt des Universities Act von 1904 zurück.

Ein wenig in der Zeit zurückgehend, sei angemerkt, dass der Vorschlag, Asutosh Mookerjee zum Vizekanzler der Universität Kalkutta zu ernennen, vom damaligen Innenminister H. H. Risley initiiert wurde. In einer langen Notiz schrieb er:

„Sir A. Pedler wird Indien etwa Ende März verlassen. Es ist notwendig, die Frage der Ernennung seines Nachfolgers zu betrachten.

Ich habe keine Bedenken zu sagen, dass der ehrenwerte Herr Richter Mookerjee durch seine wissenschaftlichen Leistungen, seine lange Verbindung mit der Universität und die Arbeit, die er für sie geleistet hat, und durch seine offizielle Position als herausragend qualifiziert für das Amt eines Vizekanzlers hervortritt. Dr. Mookerjee wurde im Januar 1889 zum Fellow der Universität ernannt und ist seit mehr als 16 Jahren Mitglied des Syndicate. In den letzten elf Jahren war er Präsident des Studienausschusses für Mathematik und er hat seit 1887 die höchsten Prüfungen in Mathematik und Recht durchgeführt. Dr.

Mookerjee hatte eine brillante akademische Karriere, seine wichtigsten Auszeichnungen waren das Premchand Roychand Studentship, der Grad eines Doktors der Rechtswissenschaft und die Tagore-Rechtsprofessur. In seinem Spezialgebiet, der reinen Mathematik, genießt er europaweites Ansehen, und die Ergebnisse seiner originellen Forschungen wurden unter seinem Namen in Cambridge-Standardlehrbüchern veröffentlicht.

Die Ernennung eines angesehenen Inders zum Vizekanzler wäre zweifellos populär und würde in gewissem Maße die Idee entmutigen, dass der einzige Zweck des Universitätsgesetzes darin bestand, die offizielle Kontrolle über die Universitäten zu verstärken. Schließlich möchte ich erwähnen, dass es ein Vorteil ist, wenn der Vizekanzler ein Richter des Obersten Gerichtshofs ist, da die politische Fraktion im Senat hauptsächlich aus Anwälten besteht und sie einem Richter, vor dem sie vor Gericht erscheinen müssen, eher zugänglich sind als einem Exekutivbeamten."

Asutosh Mookerjee wurde am 31. März 1906 für eine Amtszeit von zwei Jahren zum Vizekanzler der Universität Kalkutta ernannt. Als er sein Amt antrat, hatte der damalige Vizekönig von Indien, Lord G. E. Minto (1751–1814), ihm geraten, „in Übereinstimmung mit dem Senat in einer Weise zu arbeiten, die meinem Urteil nach im besten Interesse der Universität zu sein scheint."

Aufgrund seiner hervorragenden Leistung wurde Asutosh Mookerjee dreimal wiedergewählt, und so blieb er vom 31. März 1906 bis zum 30. März 1914 im Amt. Während dieser Zeit behielt er den weisen Rat von Lord Minto im Gedächtnis.

Nach seinem Amtsantritt griff Asutosh Mookerjee auf diese „Ermächtigungsklausel" in Bezug auf Lehre und Forschung zurück. Er nutzte sie wie einen Zauberstab, um die Universität Kalkutta in ein großes Zentrum für Lehre und Forschung zu verwandeln. Er hatte lange auf eine solche Gelegenheit gewartet und nutzte sie schnell. Zu dieser Zeit erwachte aufgrund der politischen Veränderungen in der ganzen Welt allmählich der „asiatische Nationalismus", und Indien war keine Ausnahme. Im Jahr 1905 führte Lord Curzons Entscheidung, Bengalen zu teilen, zu enormem Volkszorn. Bengalen und praktisch ganz Indien befanden sich in offener Rebellion gegen die britische Herrschaft. Asutosh Mookerjee war ein Kind seiner Zeit. Er arbeitete unermüdlich daran, eine intellektuelle Erneuerung und einen landesweiten Fortschritt in der Bildung herbeizuführen. Dies war sein gewähltes Werkzeug. Seine lebenslange Mission war es, das Mutterland auf das glorreiche Podest der intellektuellen Vorherrschaft zu heben.

Asutosh Mookerjee selbst hatte seinen M. A. in Mathematik am renommierten Presidency College erworben. In seinem berühmten „Tagebuch" hatte er drei seiner Mathematiklehrer überschwänglich gelobt. Sie waren die Professoren W. Booth, J. McCann und J. A. Martin. Aber Asutosh Mookerjee war mit einigen anderen Fakultätsmitgliedern nicht zufrieden. Er war immer der Meinung, dass das Postgraduiertenstudium nicht unbedingt den Geist der Originalforschung pflegen müsse, aber es solle irgendwie inspirierend sein, damit besonders begabte junge Köpfe die Chance bekämen, Funken seines Feuers aufzufangen.

Innerhalb eines Jahres nach seinem Amtsantritt als Vizekanzler begann Asutosh Mookerjee mit der herkulischen Aufgabe, eine pädagogische Hochschule zu gründen. Seine herausfordernde Aufgabe kann grob wie folgt klassifiziert werden:

(1) Er versuchte zu arrangieren, dass Postgraduiertenstudenten Anleitung durch Universitätsdozenten bekämen. Sie wurden hauptsächlich aus der Fakultät der angeschlossenen Colleges und auch aus der Reihe namhafter Gelehrter rekrutiert.

(2) Er versuchte, Universitätslehrstühle zu schaffen, die von herausragenden Akademikern besetzt wurden.

(3) Er ernannte reguläre Vollzeit-Universitätsprofessoren, Lektoren und Dozenten. Mit großer finanzieller Hilfe von Tarak Nath Palit und Rashbehary Ghosh legte Asutosh Mookerjee 1914 den Grundstein für das University College of Science. Dies eröffnete neue Horizonte und zielte darauf ab, die Bildung in Wissenschaft und Mathematik im Land zu bereichern.

(4) In der Endphase wurden das Postgraduiertenstudium und die Forschung in Bengalen in den Händen der Universität zentralisiert und die Postgraduiertenfakultäten für Kunst und Wissenschaft wurden gegründet.

Aber die Aufgabe, die sich Asutosh Mookerjee gestellt hatte, war aus verschiedenen Gründen überhaupt nicht einfach. Die erste und wichtigste Schwierigkeit betraf die Finanzierung. Die Kolonialherren waren nicht im Geringsten bereit, der Universität Mittel für die Organisation von Hochschulbildung und Forschung zur Verfügung zu stellen. Der Vizekanzler war gezwungen, die Überschüsse aus den Prüfungsgebühren zu verwenden, um irgendeine konstruktive Maßnahme durchzuführen. Es war ein sehr ungesunder Zustand. Selbst in einer solchen Situation schrieb Carmichael in einem Brief an Lord Hardinge: „Die finanzielle Situation der Universität muss vollständig untersucht werden, nicht im Hinblick auf ihre zukünftigen Bedürfnisse oder die Gewährung zukünftiger Zuschüsse, sondern mit dem Ziel, den Nutzen herauszufinden – (was wir nie erhalten haben) eine klare, aber erschöpfende Erklärung ihrer Position." Dies spiegelt deutlich die Haltung der britischen Regierung wider.

Ein weiterer Vorfall kann ebenfalls in Erinnerung gerufen werden. Einmal hatte Lord G. N. Curzon, der damalige Vizekönig von Indien, G. K. Gokhale und Asutosh Mookerjee verspottet und bemerkt, dass die reichen Männer Indiens nicht bereitwillig Zuwendungen an indische Universitäten leisteten. Er hatte gesagt, dass es in den vorangegangenen 40 Jahren keine Stiftungen gegeben hatte. In gewisser Weise war dies im Fall der Universität Kalkutta zutreffend, da die indische Aristokratie nicht die Großzügigkeit von Premchand Roychand und Prasanna Kumar Tagore nachgeahmt hatte. Aber Asutosh Mookerjees vollkommene Hingabe und sein Engagement als ein dem Wohl der Universität gewidmeten Vizekanzler weckten nach einer langen Periode des Misstrauens das Vertrauen der Geldklasse. Der Maharaja von Darbhanga, die angesehenen Rechtsgelehrten Sir Tarak Nath Palit und Sir Rashbehary Ghosh spendeten riesige Summen. Das half Vizekanzler Asutosh Mookerjee, seine Traumprojekte einzuleiten.

Im Jahr 1906 übernahm Asutosh Mookerjee das Amt des Vizekanzlers der Universität Kalkutta. Der damalige Vizekönig von Indien, Lord G. E. Minto (1851–1914), der auch Kanzler der Universität Kalkutta war, und der Innenminister Mr. H. H. Risley waren beide ihm gegenüber wohlgesonnen. Tatsächlich bewunderten sie ihn. Bei seiner monumentalen Aufgabe der Reformen und Reorganisation des Bildungssystems bekam er Sympathiebekundungen und Unterstützung von der Regierung Indiens. In seiner letzten Antrittsrede als Kanzler der Universität Kalkutta, am 12. März 1910, zollte Lord Minto Asutosh Mookerjee ein großes Lob und sagte: „Jetzt, da mein hohes Amt zu Ende geht, freue ich mich, dass die Verwaltung dieser großen Universität weiterhin von Ihrer herausragenden Fähigkeit und Ihrem furchtlosen Mut profitieren wird."

Aber nach der Abreise von Lord Minto war der nächste Vizekönig, Lord Hardinge (1858–1944), Asutosh Mookerjee gegenüber gleichgültig. Als Folge davon wurden Sympathie und Unterstützung durch Opposition und Feindseligkeit ersetzt. Eine Zeit der Kontroverse zwischen der Regierung Indiens und der Universität Kalkutta begann. Es gab endlose Einmischungen in die Angelegenheiten der Universität, sowohl von der Zentralregierung als auch von der Regierung von Bengalen. Aber Asutosh Mookerjee zeichnete sich aus durch eine seltene Kombination von breiten und tiefen intellektuellen Interessen sowie herausragenden administrativen Fähigkeiten und Staatskunst.

Wie Prof. R. N. Sen, ein berühmter Hardinge Professor of Higher Mathematics, zu Recht bemerkte: „Trotz vieler Hindernisse, die im Gesetz von 1904 inhärent sind, und gegen große Widerstände konnte er den Senat dazu bringen, Pläne, Regelungen und Vorschriften zur Stimulierung und Verbreitung der Bildung im Land zu machen … Seine größte Leistung war die Schaffung der Postgraduiertenfakultäten für Lehre in Kunst und Wissenschaft an der Universität im Jahr 1917, die Gelegenheit und Anreiz für höhere Studien und Forschung boten. Um all diese Ziele zu erreichen, war er in der Lage, großzügige und fürstliche Spenden zu sammeln und die gelehrtesten und talentiertesten Personen in Wissenschaft, Geisteswissenschaften und Literatur aus ganz Indien anzuziehen, um die Postgraduiertenfakultäten zu leiten. Die Universität wurde von einer rein angeschlossenen und prüfenden Institution in eine Organisation umgewandelt, die zusätzlich die Verantwortung für die Verbreitung und Entfaltung von Wissen mit dem Motto ‚Förderung des Lernens' hatte."

So konnte Asutosh Mookerjee trotz enormer Schwierigkeiten und monumentaler Hürden schließlich seine Träume von der Schaffung der beiden Mathematikfakultäten an der Universität Kalkutta erfüllen.

Er begann langsam, außergewöhnlich talentierte Mathematiker zu rekrutieren, um die neuen Fakultäten für Mathematik zu schaffen. Im Jahr 1907 wurde C. Little vom Presidency College zum Universitätsdozenten für Mathematik ernannt. Im Jahr 1909 wurde der bekannte Mathematiker und Professor für Mathematik vom Presidency College, C. E. Cullis, zum Universitätslektor für Mathematik bestellt. Im Jahr 1911 wurde Syamadas Mukhopadhyay, ein herausragender mathematischer Forscher und ebenfalls Professor am Presidency College, zum Universitätsdozenten für Mathematik bestimmt. Im Jahr 1911 wurde der Lehrstuhl des „Hardinge Professor of Higher Mathematics" in der Fakultät für Reine Mathematik geschaffen. Der erste Inhaber der Hardinge-Professur war der berühmte britische Mathematiker Prof. W. H. Young FRS. Prof. Young war zuvor Professor für „Higher Analysis" an der Universität Liverpool und Fellow des Peter House

College, Cambridge. Er verbrachte etwa drei Jahre an der Fakultät für Reine Mathematik. Im Jahr 1913 machte Sir Rashbehary Ghosh, ein herausragender Jurist und gelehrter Wissenschaftler, eine großzügige Geldspende an die Universität Kalkutta zur Förderung der wissenschaftlichen und technischen Bildung und zur Förderung der Forschung in den reinen und angewandten Wissenschaften. Die vorgeschriebene Bedingung in seiner Stiftung war die Schaffung von vier Universitätsprofessuren in verschiedenen wissenschaftlichen Disziplinen. Dementsprechend wurde die „Rashbehary-Ghosh-Professur" in Angewandter Mathematik geschaffen. Die neu geschaffene Mathematik-Fakultät wurde in zwei separate Fakultäten für „Reine Mathematik" und „Gemischte (später als Angewandte bezeichnet) Mathematik" aufgeteilt. Der erste Inhaber des Lehrstuhls der Rashbehary-Ghosh-Professur war der herausragende indische Mathematiker Dr. Ganesh Prasad.

Die Postgraduiertenfakultät für Reine Mathematik ging 1912 in Betrieb. Wie bereits erwähnt, war Prof. Young der „Hardinge-Professor" und Leiter der Fakultät für Reine Mathematik. Die vier Dozenten in der Fakultät waren Dr. Syamadas Mukhopadhyay, Haridas Bagchi, Indubhusan Brahmachari und Phanindranath Ganguly. Neben diesen Vollzeit-Fakultätsmitgliedern hielten zwei weitere herausragende Mathematiker, die Dozenten an der Universität waren, Vorlesungen über bestimmte Themen für Postgraduierte und fortgeschrittene Studenten und führten sie in die Welt der originalen Forschung in den Mathematischen Wissenschaften ein.

Die Postgraduiertenfakultät für Gemischte (Angewandte) Mathematik begann 1914 unter der Leitung von Prof. Ganesh Prasad zu arbeiten. Er war der „Rashbehary-GhoshProfessor" und Leiter der Fakultät für Gemischte (Angewandte) Mathematik. Anfangs wurde er von zwei seiner Forschungsstudenten, Dr. Sudhangshu Kumar Banerjee und Dr. Bibhuti Bhusan Datta, unterstützt.

Die Postgraduiertenfakultäten bündelten das höhere Studium und die Forschung in Mathematik. Dies war ein Schritt von weitreichender Bedeutung. Beide Fakultäten produzierten brillante Mathematiker, die in der Zukunft bemerkenswerte Beiträge zu den mathematischen Wissenschaften leisten würden. Viele von ihnen sind in dieser Monografie enthalten. Sie setzten das Erbe der Forschung und Lehre fort, das Sir Asutosh Mookerjee so sorgfältig gepflegt und genährt hatte und damit den Geist der modernen westlichen Mathematik nicht nur in Bengalen, sondern in ganz Indien eingeleitet hatte.

Im Jahr 1914, als er den Grundstein für das neue University College of Science im Rajabazar-Gebiet von Kalkutta legte, verkündete er stolz: „Ich hoffe, dass es mir erlaubt ist – ohne unangemessen zu sein –, auf den erfreulichen Umstand hinzuweisen, dass von den sechs Professoren die Hälfte aus anderen Provinzen als Bengalen stammt. Wir sind in der Tat stolz darauf, in unserem Lehrkörper diese angesehenen Vertreter von Madras, Bombay und den United Provinces zu haben. Kein stärkeres Zeugnis ist nötig, um den kosmopolitischen Charakter der Wissenschaft zu betonen, und ich hoffe inständig, dass das College of Science, obwohl es ein integraler Bestandteil der Universität Kalkutta ist, nicht als provinzielles, sondern als gesamtindisches College of Science angesehen wird, zu dem Studenten aus jeder Ecke des indischen Reiches strömen werden, angezogen durch die Exzellenz der vermittelten Ausbildung und die Möglichkeiten für die Forschung."

So diente er seinem Heimatland und war ein wichtiger Akteur bei der Weiterentwicklung des wahren Fortschritts seiner Landsleute, indem er einige der Besten von ihnen von den Hauptindustrien des Landes, aus der Rechtsprechung und dem Regierungsdienst hin zur akademischen Karriere lenkte.

1.3 Die Rolle von Professor P. C. Mahalanobis bei der Gründung des Indian Statistical Institute (ISI), Kalkutta und der Einführung des Postgraduiertenkurses in Statistik an der Universität Kalkutta

Nach Abschluss seiner Ausbildung am King's College, Cambridge, England, kehrte P. C. Mahalanobis nach Kalkutta zurück. Im Jahr 1915 trat er in den „Indian Educational Service" (IES) ein und begann, als Dozent für Physik am renommierten Presidency College, Kalkutta, zu arbeiten. Im Jahr 1922 wurde er Professor für Physik und setzte seine Arbeit in der Fakultät für Physik, Presidency College, fort. Obwohl er in Cambridge als Physiker ausgebildet wurde, entwickelte P. C. Mahalanobis einige Monate vor seiner Abreise von dort ein großes Interesse an sowohl reiner als auch angewandter Statistik. Seine Auseinandersetzung mit der Arbeit berühmter britischer Statistiker, die er aus den in „Biometrika" veröffentlichten Artikeln aufgriff, half ihm, ein unabhängiger Forscher in der Disziplin zu werden. Neben seiner Arbeit als Professor für Physik hatte er bereits mehr als ein Jahrzehnt lang vorbereitende Arbeiten und statistische Studien durchgeführt. Diese Studien umfassten eine Reihe von innovativen statistischen Analysen einer Vielzahl von Daten, anthropometrischen, meteorologischen und solchen, die mit landwirtschaftlichen Experimenten zusammenhängen.

Im Jahr 1924 gelang es Prof. Mahalanobis, einen kleinen Vorraum im Baker-Labor des Presidency College zu bekommen, wo er das damals so genannte „Statistical Laboratory" einrichtete.

Die Gründung des „Indian Statistical Institute" (ISI) in diesem kleinen Raum des Presidency College, die Geschichte seiner phänomenalen Entwicklung kann nur den individuellen Bemühungen und der fantasievollen Planung von Prof. P. C. Mahalanobis zugeschrieben werden.

Am 14. Dezember 1931 wurde von Professor P. C. Mahalanobis, Professor N. R. Sen, Rashbehary-Ghosh-Professor der Fakultät für Angewandte Mathematik, und Professor Pramatha Nath Banerjee, Minto-Professor der Fakultät für Wirtschaftswissenschaften, beide von der Universität Kalkutta, eine Sitzung einberufen. Dort wurde einstimmig beschlossen, dass ein Indian Statistical Institute (ISI) gegründet werden soll und dass der bekannte Industrielle Sir R. N. Mookerjee gebeten werden solle, das Amt des Präsidenten des Instituts zu übernehmen. Daraufhin wurde das Institut am 28. April 1932 offiziell registriert.

Nach Abschluss der Registrierung ging das Institut (ISI) in dem winzigen „Statistical Laboratory" in Betrieb. Tatsächlich begannen beide als eine einzige Betriebseinheit zu arbeiten. Zu Beginn hatte Prof. Mahalanobis nur einen engen und Mitarbeiter. Es war ein brillanter junger Mann namens S. S. Bose. Er arbeitete mit immenser Aufrichtigkeit und Hingabe bis zu seinem vorzeitigen Tod im Jahr 1938. Kurz danach trat J. M. Sengupta dem ISI bei. Er erledigte alle Arten von Arbeiten, wann immer es notwendig war. Nach und nach entwickelte er ein ausgezeichnetes Gefühl für Statistik. Der Übergang vom „Statistical Laboratory" zum „Indian Statistical Institute" blieb weiterhin eine One-Man-Show. Aber der große Visionär Prof. Mahalanobis initiierte eine ganze Reihe von Aktivitäten in den nächsten zwei oder drei Jahren. Seine statistische Analyse von Daten während des vorherigen Jahrzehnts, die ihm Anerkennung eingebracht hatte, setzte sich in vollem Umfang fort. Das ISI war kontinuierlich mit landwirtschaftlichen Experimenten beschäftigt, die Techniken verwendeten, die von Prof. Mahalanobis entdeckt wurden und fast identisch mit denen waren, die der weltbekannte Statistiker Prof. R. A. Fisher in England eingeführt hatte. Tatsächlich erhielt das ISI aufgrund der statistischen Arbeit in der Disziplin Landwirtschaft einen jährlichen Zuschuss von 2500 indischen Rupien für drei Jahre vom „Imperial Council of Agricultural Research" (ICAR), Regierung von Indien. Zu diesem Zeitpunkt war dies das einzige gesicherte Einkommen des ISI.

Prof. Mahalanobis hatte eine tiefe Sorge bezüglich der Richtigkeit der gesammelten Daten. Gleich zu Beginn seiner nun berühmten „Sample Survey Projects" hatte er große Sorgfalt darauf verwendet, Stichprobenfehler zu minimieren. Im Jahr 1936 leitete er eine Technik namens „interpenetrating subsamples" ab. In dieser Methode waren zwei oder mehr unabhängige Gruppen von unabhängigen Ermittlern erforderlich, um Messungen von zwei Teilstichproben derselben Stichprobe unter der Bedingung vorzunehmen, dass sie sich nicht treffen würden. Dies war eine neuartige Methodik, die den Vorteil hatte, Stichprobenfehler zu bewerten und andere Arten von Fehlern zu kontrollieren. Diese zusätzlichen Vorsichtsmaßnahmen erhöhten natürlich die Kosten für die Durchführung von Umfragen. Aber Prof. Mahalanobis argumentierte überzeugend, dass die Vorteile viel größer waren und sie den marginalen Anstieg der Ausgaben überwogen.

Nach ein paar Jahren verdoppelte ICAR die jährliche Zuwendung und erhöhte sie auf 5000 indische Rupien pro Jahr. Die Einnahmen aus den Projekten mussten sehr bedacht ausgegeben werden, da Einsparungen aus diesen absolut notwendig waren. Das ISI expandierte allmählich, und die finanziellen Verpflichtungen mussten erfüllt werden. Das monatliche Gehalt der Angestellten war ein wichtiges Thema. Interessanterweise ist zu bemerken, dass der Zwang zur Kostensenkung einen weiteren Anstoß für eine andere Art von statistischer Forschung gab, nämlich Feldstudien zu verschiedenen Optimierungsproblemen im Zusammenhang mit Stichproben. In jenen Tagen wurden sie als „statistische Experimente" bezeichnet.

Im Jahr 1933 begann Prof. Mahalanobis mit der Veröffentlichung von „Sankhyā", der ersten statistischen Zeitschrift Indiens. Dieses Unterfangen er-

forderte nicht nur Geld, sondern auch die damit verbundenen physischen Anstrengungen waren wirklich entmutigend. Eine kleine handbetriebene Typen-
gießmaschine wurde importier, und lokal hergestellte handgeschnittene Würfel
wurden für die mathematischen Symbole verwendet. Als die Frequenz der Veröffentlichungen zunahm, wurden bessere Maschinen notwendig. Es war ein äußerst schwieriges Unterfangen. Im Rückblick kommentierte sogar Prof. Mahalanobis selbst: „... ein Abenteuer, sogar tollkühn, vor 30 Jahren in Indien eine statistische Zeitschrift zu starten, als unsere Ressourcen in Forschung und materieller
Ausstattung gering waren." Aber wie die meisten anderen kühnen Initiativen von
Prof. Mahalanobis war auch „Sankhyā" als internationale Zeitschrift für Statistik
erfolgreich. Aus Sicht des ISI war dies von unschätzbarem Wert, da es die Forschung und andere statistische Aktivitäten des Instituts ins Rampenlicht rückte.

Um einen regelmäßigen Geldfluss für die ununterbrochene Veröffentlichung
von „Sankhyā" zu gewährleisten, musste das ISI im Jahr 1936 eine Vereinbarung
mit dem Staat Holkars (ein Fürstenstaat im Indien vor der Unabhängigkeit) treffen.
Der Deal bestand darin, eine jährliche Zuwendung von 1000 indischen Rupien für
„Sankhyā" zu erhalten, das ISI stimmte zu, in „Sankhyā" eine jährliche statistische
Übersicht des Holkar-Staates auf der Grundlage der vom Staat erhaltenen Materialien zu erstellen und zu veröffentlichen.

Mit Forschungsmaterialien, die von begeisterten Forschern wie J. M. Sengupta,
R. C. Bose, S. N. Roy, Prof. Mahalanobis selbst und anderen zusammen mit den
Berichten der „Stichprobenuntersuchungen" erstellt wurden, die in Zusammenhang mit „Hochwasserschutzstudien in Nordbengalen", im „Damodar-Tal" und im
„Mahanadi-Tal", der „Bengal Jute Survey", der „Bihar Crop Survey", usw. durchgeführt wurden, hatte „Sankhyā" einen reibungslosen Verlauf. Auch heute noch
dient es als Medium für fortgeschrittene statistische Veröffentlichungen in Indien.

Es ist allgemein bekannt, dass P. C. Mahalanobis dem Nobelpreisträger und
Dichter Rabindra Nath Tagore sehr nahe stand. Auf Bitte von Professor Mahalanobis schrieb Tagore ein wunderschönes Couplet im zweiten Band von „Sankhyā".
Es lautet wie folgt: „Dies sind die Tanzschritte der Zahlen in der Arena von Zeit
und Raum, die die Maya des Scheins weben, den unaufhörlichen Fluss der Veränderungen, der immer ist und nicht ist."

In den 30er-Jahren des letzten Jahrhunderts bemühte sich Prof. Mahalanobis intensiv, ein doppeltes Ziel zu erreichen: die Anerkennung seines geistigen Kindes,
das ISI, und die Anerkennung der Disziplin der Statistik. Zu dieser Zeit hatten in
Indien, sowohl in akademischen Kreisen als auch in den Machtzentren, nur sehr
wenige Menschen ein klares Verständnis davon, was Statistik war und warum sie
notwendig war. Prof. Mahalanobis ließ keinen Stein auf dem anderen, um seine
Ziele zu erreichen. Auf akademischer Ebene versuchte er zunächst, die Behörden
des „Indian Science Congress" dazu zu bewegen, einen separaten Bereich für Statistik zu eröffnen. Seine Versuche waren nicht erfolgreich. Aber er war ein Mann,
der nie aufgab. So beschloss er, jedes Jahr nach dem Ende des jährlichen Wissenschaftskongresses den „Indian Statistical Congress" am selben Ort abzuhalten.
Der erste solche Kongress fand von Dezember bis Januar 1937 unter dem Vorsitz
des weltbekannten Statistikers Prof. R. A. Fisher in Kalkutta statt. Nach mehre-

ren solchen statistischen Kongressen beschloss der „Indian Science Congress",
die Statistik ab 1942 unter dem Banner der Mathematiksektion aufzunehmen. Ab
1945 wurde eine separate Sektion für Statistik gebildet. Währenddessen begannen
während Prof. Fishers Besuch in Kalkutta durch seine guten Dienste einige hochrangige britische Zivilbeamte in Indien, die Arbeit zu beachten, die von Prof. Mahalanobis geleistet wurde. Schließlich besuchte am 15. Dezember 1937 der Vizekönig Lord Linlithgow offiziell das Indian Statistical Institute. So öffneten sich die
Türen für das administrative Bewusstsein über das ISI. Die akademische Gemeinschaft entwickelte allmählich ein Interesse an den Aktivitäten des ISI sowie an der
Disziplin der Statistik.

Aber trotz all der wichtigen Erhebungsarbeit und theoretischen Forschung, die
von der Gruppe unter der Leitung von Prof. Mahalanobis durchgeführt wurde, bestanden die finanziellen Schwierigkeiten weiterhin, da es keine Regelung für eine
regelmäßige Finanzierung des ISI gab.

Im Indien vor der Unabhängigkeit musste Professor P. C. Mahalanobis von
Pontius zu Pilatus laufen, um das Institut am Laufen zu halten. Im wahrsten Sinne
des Wortes lebte das ISI in jenen Zeiten von der Hand in den Mund, die grundlegende Finanzierungsquelle waren weiterhin Ad-hoc-Projektzuschüsse von zentralen Regierungsstellen wie ICAR und der Provinzregierung von Bengalen. Ein
weiteres Problem war der Platz. Da Professor Mahalanobis vom Presidency College in den Ruhestand getreten war, übte die Regierung von Bengalen Druck auf
ihn aus, den Platz im Presidency College zu räumen. Das heutige Gebäude, das
das ISI an der B. T. Road beherbergt, war damals noch nicht gebaut.

Als C. D. Deshmukh 1945 Direktor der Reserve Bank of India wurde, begannen sich die Dinge zu verbessern. Nachdem Indien seine Unabhängigkeit
erlangt hatte, zeigte der erste Premierminister Indiens, Jawaharlal Nehru, ein
persönliches Interesse an den Angelegenheiten des ISI. Er entsandte sogar seinen
ehemaligen Privatsekretär Mr. Pitambar Pant zum ISI, um Kurse in Statistik zu belegen.

Schließlich gelang es Professor Mahalanobis nach vielen Jahren des Kampfes, im Jahr 1960 für das Institut eine Garantie für Unterstützung von der Zentralregierung zu erhalten. Mit positiver Initiative und Hilfe von Indiens erstem
Premierminister Jawaharlal Nehru wurden 1959 Gesetze in beiden Häusern des
Parlaments verabschiedet, und das Gesetz des Indian Statistical Institute wurde
schließlich im April 1960 in Kraft gesetzt. Durch dieses Gesetz wurde das Indian
Statistical Institute als „Institut von nationaler Bedeutung" anerkannt.

Dies war das Ende des langen, einsamen und anstrengenden Kampfes von Professor Prasanta Chandra Mahalanobis für die Erfüllung seines Traums.

Ein weiterer wichtiger Beitrag von Professor P. C. Mahalanobis als Instituts-
gründer betrifft seine Rolle bei der Überzeugung der Behörden der Universität
Kalkutta, eine Postgraduiertenfakultät für Statistik zu eröffnen. Da keine Institute
oder Universitäten einen formalen Kurs in Statistik per se anboten, empfand Prof.
Mahalanobis einen starken Bedarf für solche Einrichtungen.

Es gibt eine lustige Anekdote, die mit diesem Ereignis zusammenhängt. Als
Professor Mahalanobis zum ersten Mal die Idee vorbrachte, die Postgraduierten-

fakultät in Statistik zu eröffnen, befürchteten viele Ratsmitglieder der Universität Kalkutta, dass es nicht genug Lesematerial in Statistik gäbe, daher wäre es nicht klug, die genannte Fakultät zu eröffnen. Um das Argument zu entkräften, geht die Geschichte so, dass Professor Mahalanobis einige angestellte Träger beauftragte, drei Körbe voller Biometrika-Bände und andere Abhandlungen zum Ort der Ratssitzung der Universität Kalkutta zu tragen.

Spaß beiseite, Professor P. C. Mahalanobis war schließlich mit seiner unvergleichlichen Überzeugungskraft, Geduld und Ausdauer erfolgreich dabei, die Behörden der Universität Kalkutta zu überzeugen, und die neue Postgraduiertenfakultät für Statistik nahm im Juli 1941 ihre Arbeit auf. Dies war das erste Zentrum für Postgraduiertenstudien in Statistik in Indien. Tatsächlich gab es zu diesem Zeitpunkt nicht nur in Indien, sondern auf der ganzen Welt nur sehr wenige Fakultäten, die sich der Lehre der Statistik als eigenständiges Fach widmeten.

Laut C. R. Rao, der ein Student im ersten Jahrgang war, waren die angebotenen Kurse von angemessen gutem Standard und in Theorie und Anwendung der Statistik gut ausbalanciert. Der in den frühen 40er-Jahren an der Universität Kalkutta entwickelte Lehrplan für Statistikkurse wurde von anderen Universitäten in Indien übernommen, die später das Masterprogramm in Statistik einführten.

Professor Mahalanobis war auch der treibende Geist bei der Schaffung des Bachelor-Departments für Statistik am Presidency College in Kalkutta. Als Professor des gleichen Colleges konnte er dort eine proaktivere Rolle spielen.

So wurde Kalkutta zu einem großen Zentrum für Lehre und Forschung in der Statistik, zusammen mit den einzigartigen „Stichprobenumfrage"-Projekten, die von Prof. P. C. Mahalanobis geleitet wurden. Die Projekte brachten Geld von den Sponsoren ein, was die wissenschaftlichen Aktivitäten des Indian Statistical Institute ermöglichte. Diese Aktivitäten stärkten auch die Glaubwürdigkeit sowohl von Prof. Mahalanobis als auch die von seinem Traumprojekt, dem ISI.

1.4   Einführung

Im Folgenden wird eine kurze Skizze über die bereits im „Vorwort" erwähnten Wissenschaftler gegeben.

1. Sir Asutosh Mookerjee war ein äußerst talentierter vielseitiger Mann. Er begann fast im Alleingang die Kultur der mathematischen Forschung in Indien. Er hatte niemanden, der ihn anleitete. Er betrieb eigenständig Forschung und leistete einige originelle Beiträge hauptsächlich in den Bereichen Geometrie, Differentialgleichungen und Hydrokinetik. Die Gesamtzahl seiner persönlichen Forschungsarbeiten beträgt 17, und sie wurden in verschiedenen nationalen und internationalen Zeitschriften veröffentlicht. Einige seiner Forschungsarbeiten erregten großes Interesse unter den britischen Mathematikern jener Zeit.

2. Prof. Syamadas Mukhopadhyay war der erste Inder, der in Indien einen Doktortitel in Mathematik erwarb. Inspiriert von seinen Studententagen durch

seinen Lieblingslehrer Prof. W. Booth vom Presidency College in Kalkutta und später durch Sir Asutosh Mookerjee, führte er nach seinem Eintritt in die Fakultät Reine Mathematik der Universität Kalkutta ernsthafte Forschungen in verschiedenen Bereichen der Geometrie durch und leistete bemerkenswerte Beiträge in verschiedenen Bereichen der Disziplin. Er ist international anerkannt für das, was heute als Mukhopadhyays „Vierscheitelsatz" bekannt ist. Er betrieb auch grundlegende Forschung im Bereich der ebenen hyperbolischen Geometrie und der Differentialgeometrie von Kurven. Er veröffentlichte 30 originäre Forschungsarbeiten in nationalen und internationalen Zeitschriften von Rang. Als Forschungsleiter brachte er zwei brillante Mathematiker hervor, nämlich Prof. R. C. Bose und Prof. R. N. Sen. Sie leisteten bemerkenswerte Beiträge und werden später in diesem Text besprochen.

3. Prof. Ganesh Prasad, oft als „Vater der mathematischen Forschung in Indien" bezeichnet, diente der Universität Kalkutta in zwei Phasen. Er fungierte als Leiter der Fakultät und hielt prestigeträchtige „Chair Professorships" sowohl in den Fakultäten für Reine als auch für Gemischte (später: Angewandte) Mathematik. Nach dem Erwerb des M. A.-Abschlusses von den Universitäten von Allahabad und Kalkutta ging er mit einem Stipendium der indischen Regierung ins Ausland. Er studierte weiter an der Universität Cambridge in England und anschließend an der Universität Göttingen in Deutschland. Er war ein Schüler des berühmten deutschen Mathematikers Felix Klein. Prof. Prasad leistete bemerkenswerte Forschungsbeiträge in der Potenzialtheorie, der Theorie von Funktionen einer reellen Variablen, Fourier-Reihen und Flächen.Er schrieb und veröffentlichte etwa 50 originäre Forschungsarbeiten in verschiedenen nationalen und internationalen Zeitschriften. Er verfasste auch eine Reihe von Büchern zu verschiedenen mathematischen Themen. Einige davon gelten noch heute als Klassiker. Aber abgesehen von seinen eigenen Leistungen, inspirierte er junge Studenten dazu, sich ernsthaft mit mathematischer Forschung zu beschäftigen, und produzierte dabei eine Reihe von berühmten Mathematikern.

4. Als Nächstes wird ein bemerkenswerter Mathematiker, Dr. Bibhuti Bhusan Datta [B. B. Datta], besprochen. Vor dem Hintergrund des mathematischen Szenarios des frühen 20. Jahrhunderts in diesem Land sind Dr. Dattas Forschungsbeiträge in der „Fluidmechanik" sicherlich reichhaltig, aber seine Beiträge auf dem Gebiet der „Geschichte der Mathematik" sind gewaltig. Es war sein Lehrer und Kollege Prof. Ganesh Prasad, der ihn inspirierte. Dr. B. B. Datta nahm die Herausforderung an, und das Ergebnis war fabelhaft. Er schrieb fast 60 Artikel über die Beiträge der Hindu- und Jaina-Mathematiker. Im Jahr 1931 hielt Dr. Datta sechs Vorlesungen über die alte Hindu-Geometrie. Im Jahr 1932 veröffentlichte die Universität Kalkutta sie in Form eines Buches mit dem Titel „The Science of Sulba—A study of Hindu Geometry". Im Jahr 1935 veröffentlichte Dr. Datta in Zusammenarbeit mit Dr. A. N. Singh von der Universität Allahabad das klassische Werk mit dem Titel „The History of Hindu Mathematics" (Teil I und II). Dies wird als ein zeitloses Meisterwerk in dieser Disziplin betrachtet.

5. Prof. Prasanta Chandra Mahalanobis [P. C. Mahalanobis] FRS wurde ursprünglich als Physiker an der Universität Cambridge, England, ausgebildet. Am Ende seines Aufenthalts lenkte sein Tutor seine Aufmerksamkeit auf die bekannte statistische Zeitschrift „Biometrica". Das führte ihn in diesen neuen Bereich der modernen Mathematik ein, und er beherrschte das Fach nach und nach. Mit seinem brillanten Verstand konnte er seine Anwendungen im Kontext von Indien voraussehen. Seine persönlichen Beiträge zur Statistik, die international anerkannt sind, umfassen die „Mahalanobis-Distanz", ein statistisches Maß, und seine bahnbrechenden Studien zur Anthropometrie in Indien. Er trug auch erheblich zur Gestaltung von groß angelegten „Stichprobenumfragen" in verschiedenen Bereichen in Indien bei. Abgesehen von seinen persönlichen Beiträgen war seine größte Leistung die Gründung des „Indian Statistical Institute" in Kalkutta. Das Institut hat im Laufe der Jahre Statistiker und Mathematiker von Weltklasse hervorgebracht und gilt noch immer als ein Zentrum für Lehre und Forschung von internationalem Standard. Prof. P. C. Mahalanobis wird zu Recht als der „Vater der Statistik in Indien" betrachtet. Sein Geburtstag, der 29. Juni, wird als „Nationaler Statistiktag" in Indien gefeiert, als Tribut an den großen Wissenschaftler.

6. Prof. Nikhil Ranjan Sen [N. R. Sen] wurde 1917 von dem berühmten Mathematiker und Vizekanzler Sir Asutosh Mookerjee für eine Lehrtätigkeit in der neu gegründeten Fakultät für Gemischte Mathematik (später in Angewandte Mathematik umbenannt) der Universität Kalkutta ernannt. N. R. Sen wurde von Sir Asutosh inspiriert, ernsthafte Forschung im Bereich der Mathematik zu betreiben. In seiner langen und illustren Karriere führte er Forschungen über ein breites Spektrum von Themen und Gebieten durch. Er erwarb seinen D. Sc.-Abschluss von der Universität Kalkutta für seine originären Beiträge in der angewandten Mathematik. In den ersten Jahren interessierte sich Dr. Sen sehr für die Theorie des newtonschen Potenzials sowie für die mathematischen Theorien der Elastizität und der hydrodynamischen Wellen. Kurz nach seinem Abschluss als D. Sc. ging Dr. Sen nach Deutschland und arbeitete mit Prof. Max von Laue an der allgemeinen Relativitätstheorie und an kosmologischen Problemen. Während seines Aufenthalts dort begann er auch mit Forschungsarbeiten zur Quantenmechanik. Nach seiner Rückkehr nach Indien übernahm N. R. Sen 1924 die Position des „Rashbehary-Ghosh-Professors" für angewandte Mathematik. Neben seinen eigenen brillanten Forschungsbeiträgen führte er moderne Themen in den Postgraduierten-Lehrplan ein und inspirierte seine jungen Kollegen und Forschungsstipendiaten dazu, originelle und herausfordernde Probleme in neuen Bereichen wie Relativitätstheorie, Astrophysik, Quantenmechanik, Geophysik, statistische Mechanik, Fluiddynamik, Magneto-Hydrodynamik, Elastizitätstheorie und Ballistik aufzugreifen und zu lösen. Er war die Inspirationsquelle für Forscher an der Universität Kalkutta, und unter seiner dynamischen Führung wurde die Fakultät für Angewandte Mathematik zu einem lebendigen Zentrum für Lehre und Forschung und erwarb einen Ruf in ganz Indien, der schwer zu übertreffen ist. Er wurde sehr zu Recht als der „Vater der angewandten Mathematik" in

Indien bezeichnet. Die Gesamtzahl der wissenschaftlichen Veröffentlichungen von Prof. N. R. Sen in bekannten nationalen und internationalen Zeitschriften beträgt 46.

7. Prof. Suddodhan Ghosh [S. Ghosh] war ein brillanter Mathematiker und großartiger Lehrer, aber er war ein noch größerer Mensch. In gewisser Weise war er einzigartig. Er war ein Mann, der ein Leben der Selbstverleugnung führte und dessen Lebensstil einfach und sparsam war. Aber anonym spendete er Geld an religiöse, soziale und wohltätige Organisationen. Er diente der Universität Kalkutta 35 Jahre lang und war zu verschiedenen Zeiten Mitglied der Fakultät sowohl in den Fakultäten für Angewandte als auch für Reine Mathematik. Er war fasziniert von der Lehre seines berühmten Lehrers Prof. S. N. Bose, Fellow of Royal Society, und wurde unwiderstehlich zur mathematischen Theorie der Elastizität hingezogen. Seine erste Forschungsarbeit in diesem Bereich veröffentlichte er, als er noch Student des Postgraduiertenkurses in der Fakultät für Angewandte Mathematik war. Prof. Ghoshs Hauptforschungsarbeit umfasst Probleme in der Strömungsdynamik und in der Elastizität. Er war ein führender Forscher auf diesen beiden Gebieten in Indien. Seine wichtigen Forschungsarbeiten wurden in Standardlehrbüchern über Elastizität und in relevanten Nachschlagewerken zitiert. Er veröffentlichte etwa 30 originäre Forschungsarbeiten. Bis auf eine wurden alle übrigen Arbeiten in indischen Zeitschriften und 28 davon in der „Bulletin of the Calcutta Mathematical Society" veröffentlicht. In der Elastizität löste Prof. Ghosh Probleme über „Biegung von elastischen Platten", „Probleme der Versetzung", „Ebenen-Probleme", „Schwingung von Ringen" und „Torsions- und Biegeproblem". Im bekannten Buch „Résistance des Matériaux" von Robert L'Hermite wurden die Probleme der „Torsion und Biegung", wie sie von Prof. Ghosh und seinem Studenten D. N. Mitra gelöst wurden, ausführlich besprochen. Er wurde von seinen Studenten bewundert und respektiert, und die meisten von ihnen hatten Ehrfurcht vor ihm.

8. Prof. Rabindranath Sen [R. N. Sen] war ein Student und später ein Mitglied der Fakultät der Fakultät für Reine Mathematik an der Universität Kalkutta. Er erwarb seinen Doktortitel in kurzer Zeit von zwei Jahren unter der Aufsicht von Sir E. T. Whitaker an der Universität Edinburgh in Schottland. Er kehrte 1930 nach Indien zurück. Er trat seiner Alma Mater, der Fakultät für Reine Mathematik an der Universität Kalkutta, als Dozent bei. Von 1954 an leitete er sieben Jahre lang die gleiche Fakultät als Leiter und „Hardinge-Professor" für Reine Mathematik. In seiner persönlichen Forschung leistete Prof. Sen herausragende Beiträge auf den Gebieten der Differentialgeometrie von Riemann- und Finsler-Räumen. Er diskutierte die Verbindung zwischen dem Levi-Civita-Zusammenhang und Einsteins Teleparallelismus. Er führte auch eigene Forschungen über die Krümmung des Hyperraums durch und untersuchte zwei Arten der Parallelverschiebung in riemannschen Räumen durch die Einführung von zwei beliebigen symmetrischen linearen Zusammenhängen. Prof. Sens Untersuchung einer beliebigen Parallelverschiebung in einem metrischen Raum führte zur Entdeckung eines algebrai-

schen Systems affiner Zusammenhänge, in dem der Levi-Civita-Zusammenhang identifiziert werden könnte. Diese Arbeit gilt als sehr bedeutsam, und Prof. I. M. H. Etherington von der Universität Edinburgh bezeichnete sie als „Senian Geometry". Prof. R. N. Sen veröffentlichte 63 Forschungsarbeiten in renommierten nationalen und internationalen Zeitschriften.

9. Prof. Bibhuti Bhusan Sen [B. Sen] war ein brillanter Student der Fakultät für Angewandte Mathematik an der Universität Kalkutta. Er hatte das Glück, von solchen Größen wie Prof. S. N. Bose, Fellow of Royal Society, und Prof. N. R. Sen unterrichtet zu werden. Inspiriert von Prof. S. N. Bose nahm der junge B. Sen die Forschung auf dem Gebiet der Festkörpermechanik ernst. Er war der Mann, der praktisch die moderne Art der Forschung auf dem Gebiet der Festkörpermechanik einleitete. Er leistete bemerkenswerte Beiträge in den Bereichen Elasto-Dynamik, Thermo-Elastizität, Visco-Elastizität, Magneto-Elastizität, Piezo-Elastizität, Plastizität, gekoppelte Spannungen, Theoretische Seismologie usw. Er war ein hervorragender Forschungsleiter und leitete wahrscheinlich die größte Anzahl von Doktoranden (etwa 50) unter allen zeitgenössischen Mathematikern seiner Zeit. Außer in der Elastizität leitete er auch einige Gelehrte zur Forschung in der Strömungsdynamik. Er verfasste auch einige bemerkenswerte Bücher über höhere Mathematik. Seine Monografien über „Spezielle Funktionen" und „Laplace-Transformation" wurden zu seinen Lebzeiten veröffentlicht. Sie wurden häufig von Lehrern und Forschern verwendet. Sein Buch über „Numerische Analyse" wurde posthum veröffentlicht. Prof. Sen baute eine erfolgreiche Forschungsschule für Festkörpermechanik in Indien auf. Eine sehr bemerkenswerte Tatsache ist, dass Prof. B. Sen nie seinen eigenen Namen als Co-Autor mit einem seiner Studenten in deren Veröffentlichungen erlaubte. Prof. B. Sen allein veröffentlichte 57 Forschungsarbeiten in bekannten nationalen und internationalen Zeitschriften.

10. Prof. Raj Chandra Bose [R. C. Bose] schloss seinen M. A. an der Universität Delhi ab und trat dann der Fakultät für Reine Mathematik an der Universität Kalkutta bei. Unter der Anleitung und Inspiration von Prof. Syamadas Mukhopadhyay von derselben Fakultät wurde er zu einer legendären Forschungspersönlichkeit in der Geometrie. Prof. Bose ist international anerkannt für seine Beiträge in Geometrie und mathematischer Statistik. Der „Vater der Statistik in Indien", Prof. P. C. Mahalanobis, überzeugte R. C. Bose, dem neu gegründeten Indian Statistical Institute (ISI) in den späten 30er-Jahren des 20. Jahrhunderts beizutreten. R. C. Bose war ein Pionier in der Verwendung von endlichen Geometrien, endlichen Feldern und kombinatorischen Methoden bei der Konstruktion von Mustern. Seine berühmte Arbeit in Zusammenarbeit mit einem weiteren brillanten angewandten Mathematiker S. N. Roy über die „Distribution of the Studentised D^2-statistic" brachte ihm internationale Anerkennung von führenden Statistikern der Zeit. Später trat er 1941 als Dozent in die neu gegründete Fakultät für Statistik der Universität Kalkutta ein. Er arbeitete jedoch weiterhin in Teilzeit am ISI. 1947 erhielt R. C. Bose seinen D. Lit.-Grad von der Universität Kalkutta für seine originale Arbeit über

multivariate Analyse und Design von Experimenten. 1949 emigrierte Dr. R. C. Bose dauerhaft in die USA und trat als Professor an der University of North Carolina an. Während er in den USA war, setzte er seine Forschung in verschiedenen Bereichen der Mathematik und Statistik fort. Er leistete Pionierarbeit auf dem Gebiet der Fehlerkorrekturcodes. Prof. R. C. Bose veröffentlichte insgesamt 144 originäre Forschungsarbeiten in wichtigen nationalen und internationalen Zeitschriften.

11. Bhoj Raj Seth [B. R. Seth] hatte eine durchweg brillante akademische Karriere. Im Jahr 1927 erwarb er den B. A. (Honours)-Abschluss in Mathematik und 1929 erhielt er seinen M. A.-Abschluss in Mathematik von der Universität Delhi. Er bekam in beiden Prüfungen eine Eins. Er erhielt ein prestigeträchtiges Stipendium der Zentralregierung und ging für höhere Studien nach England. Er spezialisierte sich auf Elastizitätstheorie, Fotoelastizität, Strömungsmechanik und Relativitätstheorie und erwarb 1932 den M. Sc.-Abschluss von der Universität London. Danach ging er nach Deutschland und studierte an der Universität Berlin. Unter der Anleitung von Prof. L. N. G. Filon erwarb B. R. Seth 1934 den Ph. D.-Abschluss von der Universität London. Der Titel seiner Dissertation war „*Finite Strain in Elastic Problems*". 1937 erwarb Dr. B. R. Seth den D. Sc.-Abschluss von der Universität London. Dr. Seth leistete originäre Beiträge auf den Gebieten der Elastizität und Strömungsmechanik. Er führte auch einige experimentelle Arbeiten zu fotoelastischen Eigenschaften von Zelluloid in Zusammenarbeit mit Professor Harris durch. Er leistete auch bemerkenswerte Beiträge in den Bereichen Plastizität, Grenzschichttheorie, Potenzialtheorie und verwandten Themen. Prof. Seths Forschungsbeiträge wurden in vielen Standardlehrbüchern zur mathematischen Theorie der Elastizität zitiert. Nach seiner Rückkehr nach Indien im Jahr 1937 diente er dem Hindu College in Delhi elf Jahre lang. Anschließend ging er 1949 in die USA und war zwei Jahre lang Gastprofessor an der Iowa State University. Sobald er nach Indien zurückkehrte, wurde er zum Professor und Leiter des Fachbereichs Mathematik am neu gegründeten ersten Indian Institute of Technology (IIT) in Kharagpur, Westbengalen, ernannt. Er diente dem Institut 16 lange Jahre und widmete sich mit ganzem Herzen dem Aufbau einer beispielhaften Fakultät für Angewandte Mathematik. Unter seiner Leitung blühte eine starke Forschungsschule in den Bereichen Elastizität, Plastizität, Rheologie, Strömungsdynamik und Numerische Analyse auf. Die genannte Fakultät erlangte den Status eines der führenden Forschungszentren in diesen Disziplinen in Indien und darüber hinaus. Er war ein dynamischer Führer sowohl im In- als auch im Ausland. Er war ein großer Mathematiker, Forschungsleiter und Institutionsgründer, alles in einer großen Persönlichkeit seiner Zeit vereint. Er veröffentlichte etwa 120 originäre Forschungsarbeiten in renommierten nationalen und internationalen Zeitschriften.

12. Subodh Kumar Chakrabarty [S. K. Chakrabarty] war ein Student und später ein Fakultätsmitglied in der Fakultät für Angewandte Mathematik an der Universität Kalkutta. 1932 belegte er den ersten Platz mit einer Eins im M. Sc. (Angewandte Mathematik). Er gewann die „Sir-Asutosh-Mukherjee-Goldme-

daille" für die höchste Punktzahl unter allen erfolgreichen Kandidaten in allen
Fächern in diesem Jahr. 1935 trat er seiner Alma Mater als Fakultätsmitglied
bei. Er erhielt das prestigeträchtige Premchand-Roychand-Stipendium der
Universität Kalkutta. 1943 erwarb S. K. Chakrabarty den D. Sc.-Abschluss
von der Universität Kalkutta für seine originären Forschungsbeiträge in der
Mathematischen Physik. Er wurde mit der „Mouat-Medaille" der Universität
Kalkutta für seine Pionierarbeit auf dem Gebiet der „Kaskadentheorie" ausgezeichnet. 1944 verlieh ihm die Royal Asiatic Society of Calcutta den „Elliot Prize". 1945 verließ er Kalkutta und zog nach Bombay. Anschließend
arbeitete er in den USA am California Institute of Technology, Pasadena, als
Visiting Research Fellow. Dort begann er mit der Forschung zur „Theoretischen Seismologie" mit namhaften Seismologen wie Prof. B. Gutenberg, Dr.
Benioff und Prof. C. F. Richter. Nach seiner Rückkehr nach Indien diente er
als Professor und Leiter des Fachbereichs Mathematik im Bengal Engineering College, Shibpur, Westbengalen, 14 lange Jahre von 1949 bis 1963. 1963
wurde er „Rashbehary-Ghosh-Professor" und Leiter des Fachbereichs seiner
Alma Mater, der Fakultät für Angewandte Mathematik der Universität Kalkutta. Er diente in dieser Funktion bis zu seiner Pensionierung im Jahr 1974.
In Indien war er in Zusammenarbeit mit H. J. Bhabha ein Pionierforscher auf
dem Gebiet der „Kaskadentheorie". Er initiierte die Forschung zur „Theoretischen Seismologie" in Indien. Er war ein großer Star im Kosmos der angewandten Mathematiker von Bengalen. Er veröffentlichte etwa 50 originäre Forschungsarbeiten in renommierten nationalen und internationalen Zeitschriften.

13. Prof. Manindra Chandra Chaki (M. C. Chaki) war ein Student der Fakultät
der Reinen Mathematik. 1936 bestand er die M. Sc.-Prüfung in Reiner Mathematik mit einer Eins. Nachdem er viele Jahre in verschiedenen Colleges
für Undergraduate-Studien im heutigen Bangladesch [ehemals Ostpakistan]
gearbeitet hatte, wurde M. C. Chaki 1952 schließlich zum Dozenten an seiner
Alma Mater, in der Fakultät für Reine Mathematik, Universität Kalkutta, ernannt. 1972 wurde er zum „Sir Asutosh Birth Centenary Professor of Higher
Mathematics" (früher bekannt als „Hardinge Professor of Pure Mathematics")
an der Universität Kalkutta gewählt und bekleidete diesen Posten bis zu seiner
Pensionierung im Jahr 1978. Professor Chaki hat bemerkenswerte Beiträge
auf den Gebieten der riemannschen Geometrie, der klassischen und modernen
Differentialgeometrie, der theoretischen Physik, der allgemeinen Relativitätstheorie, der Kosmologie und der Geschichte der Mathematik geleistet. Ein
bemerkenswerter Beitrag von Prof. Chaki bezieht sich auf seine Einführung
des Begriffs der pseudosymmetrischen Mannigfaltigkeiten im Jahr 1987. In
der modernen geometrischen Literatur ist dies nun als „Chaki-Mannigfaltigkeit" bekannt. Er veröffentlichte mehr als 60 originale Forschungsarbeiten in
renommierten nationalen und internationalen Zeitschriften. Er betreute mehr
als 20 Forschungsstudenten für ihre Ph. D.-Abschlüsse in verschiedenen Bereichen der Mathematik.

14. Prof. Calyampudi Radhakrishna Rao [C. R. Rao], Fellow of Royal Society (FRS), ist ein herausragender Statistiker Indiens, nur übertroffen von Prof. P. C. Mahalanobis. Er wurde 1920 in eine Telugu-Familie geboren. Er erwarb seinen M. Sc.-Abschluss in Mathematik von der Andhra-Universität, Waltair, im Jahr 1941. Er belegte den ersten Platz mit einer Eins. Dann trat er 1941 in die neu gegründete Fakultät für Statistik der Universität Kalkutta ein und erwarb einen M. A.-Abschluss in Statistik, wiederum mit einer Eins. Er erzielte Rekordnoten in dieser Prüfung, die bis heute unübertroffen sind. Er trat 1943 in das ISI, Kalkutta, ein und begann unter der Leitung von Prof. P. C. Mahalanobis zu arbeiten. Später schickte Prof. Mahalanobis ihn zur Universität Cambridge, um im dortigen „Anthropological Museum" zu arbeiten. In Cambridge begann C. R. Rao unter dem weltberühmten Statistiker Prof. R. A. Fisher FRS zu forschen. 1948 erwarb C. R. Rao seinen Ph. D.-Abschluss von der Universität Cambridge für seine Dissertation mit dem Titel *„Statistical Problems of Biological Classifications"* unter der gemeinsamen Leitung der Professoren Fisher und Mahalanobis. Nach seiner Rückkehr nach Indien trat er in das ISI, Kalkutta, ein und diente dort 40 Jahre lang, bis er im Alter von 60 Jahren in den obligatorischen Ruhestand ging. Er diente dem ISI in verschiedenen wichtigen Funktionen, darunter als Leiter und später als Direktor der Research and Training School, Jawaharlal-Nehru-Professor und National Professor of India. Nach seiner Pensionierung wanderte Prof. C. R. Rao in die USA aus, arbeitete dort als Professor und hat bis heute noch andere prestige-trächtige Positionen inne. Als gewählter Fellow der Royal Society of London (FRS) hat Prof. C. R. Rao unzählige berühmte und prestigeträchtige Auszeichnungen sowohl in Indien als auch im Ausland erhalten. Er hat nahezu 400 Forschungsarbeiten und 14 Bücher verfasst. Seit sieben Jahrzehnten gilt Prof. C. R. Rao als führender Statistiker der Welt. Seine bekanntesten wissenschaftlichen Entdeckungen sind die „Cramér-Rao-Ungleichung" und der „Satz von Rao-Blackwell". Er hat auch bemerkenswerte Beiträge in den Bereichen Differentialgeometrie, Multivariate Analyse und Schätzungstheorie geleistet.

15. Prof. Anadi Shankar Gupta [A. S. Gupta], ein brillanter Angehöriger der Fakultät für Angewandte Mathematik der Universität Kalkutta und ein sehr bewundertes Mitglied der Fakultät des IIT, Kharagpur, Westbengalen, ist bekannt für seine herausragenden Beiträge auf dem Gebiet der Strömungs-dynamik, der Stabilität von Strömungen auf newtonschen und nichtnewtonischen Flüssigkeiten, Grenzschichttheorie und Magneto-Hydrodynamik, insbesondere bei der Wärmeübertragung in freier Konvektionsströmung in Gegenwart eines Magnetfeldes. Er schloss sein Masterstudium an der Universität Kalkutta im Jahr 1954 ab. Er trat 1957 als Assistenzdozent in die Fakultät für Mathematik am Indian Institute of Technology (IIT), Kharagpur, ein. Er wurde 1968 Professor in derselben Fakultät und blieb bis 1993 in dieser Position. 1972 erhielt er den renommierten Shanti-Swarup-Bhatnagar-Preis für seine originären Beiträge zur Strömungsdynamik und Magneto-Hydrodynamik. Er erhielt mehrere Auszeichnungen und wurde zum Mitglied

bekannter indischer Akademien gewählt. Seine persönlichen Forschungsbeiträge sind 157 Forschungsarbeiten, die in renommierten nationalen und internationalen Zeitschriften veröffentlicht wurden. Er verfasste ein Buch mit dem
Titel „Calculus of Variations with Applications" [Prentice Hall, Neu-Delhi].
Er betreute eine Reihe von Doktoranden.

16. (Frau) Prof. Jyoti Das (geb. Chaudhuri) [J. Das] war die größte Mathematikerin nicht nur in Bengalen, sondern vielleicht in ganz Ostindien. Sie war ein
brillantes Talent der Fakultät für Reine Mathematik der Universität Kalkutta.
Sie belegte den ersten Platz mit einer Eins in der B. Sc.-Mathematik (Honours)-Prüfung im Jahr 1956. Sie führte die Liste aller erfolgreichen Kandidaten in den B. A.- und B. Sc.-Prüfungen der Universität Kalkutta in diesem
Jahr an. 1958 wiederholte sie diese Leistung, indem sie mit einer Eins in der
M. Sc.-Prüfung in Reiner Mathematik den ersten Platz belegte und gleichzeitig die Liste der erfolgreichen Kandidaten bei den M. A.- und M. Sc.-Prü-
fungen der Universität Kalkutta in diesem Jahr anführte. Sie erwarb ihren Dr.
Phil-Abschluss von der Universität Oxford, England, für ihre originäre Forschung in der Theorie der Eigenfunktionserweiterungen. Ihre Spezialgebiete
umfassten spezielle Funktionen, Eigenfunktionserweiterungen, grundlegende
und gewöhnliche Differentialgleichungen. In ihrer langen und illustren Karriere wurde sie die erste Mathematikerin in Indien, die eine Professur für
Mathematik innehatte. Sie veröffentlichte 58 originäre Forschungsarbeiten
in bekannten nationalen und internationalen Zeitschriften. Acht Studenten erwarben ihren Ph. D. unter ihrer Betreuung. Sie verfasste mehrere Bücher für
Bachelor-Studiengänge in Mathematik. Ihr Werk mit dem Titel „Differentialgleichungen" wurde jedoch posthum nach ihrem Tod im Jahr 2015 veröffentlicht.

17. Kurze Diskussionen werden über sieben herausragende mathematische
Wissenschaftler geführt, die während ihres Aufenthalts am ISI, Kalkutta, bemerkenswerte Beiträge geleistet haben. Leider verließen sie Bengalen nach
einigen Jahren. Es sind die Professoren S. N. Roy, D. Basu, J. K. Ghosh, S. R.
S. Varadhan, R. Ranga Rao, K. R. Parthasarathy und V. S. Varadarajan.

- **Diskussionen über die berühmten mathematischen Wissenschaftler**
- **Epilog**

(i) Abschließende Bemerkungen und Diskussionen,

(ii) Bibliografien der 16 aufgeführten mathematischen Wissenschaftler.

Kapitel 2
Sir Asutosh Mookerjee (1864–1924)

2.1 Geburt, Familie, Bildung

Asutosh Mookerjee war ein bekannter Pädagoge, ein unvergleichlicher Vizekanzler, ein angesehener Anwalt, ein hervorragender Richter und auch ein brillanter Mathematiker. In diesem Artikel werde ich mich hauptsächlich auf seine Beiträge als Mathematiker konzentrieren.

Asutosh wurde am 29. Juni 1864 in der Stadt Kalkutta in einer wohlhabenden,
westlich gebildeten bengalischen Familie geboren. Sein Vater Dr. Gangaprasad
Mookerjee war ein bekannter Arzt. Einer seiner Onkel, Radhika Prasad, war leitender Ingenieur. Asutoshs Vater und Onkel gehörten zur ersten Generation westlich gebildeter Fachleute. Es war eine bemerkenswerte Transformation von einer
orthodoxen Brahmanenfamilie von Sanskrit-Pundits zu einer Familie von Ärzten
und Ingenieuren, die nach Kalkutta umgezogen und sich dort niedergelassen hatten. Schon in seiner Kindheit erlebte Asutosh eine intellektuelle Atmosphäre. Obwohl er viele Tutoren hatte, wurde seine eigentliche akademische Ausbildung von
seinem Vater und zwei Onkeln zu Hause vermittelt.

Asutosh wurde schon von seinen Schullehrern als Wunderkind in Mathematik erkannt. Es gibt viele Anekdoten über seine Leidenschaft für den Umgang mit
Zahlen. Allein eine dieser Begebenheiten zu erwähnen, ist interessant. Einmal
wurde er als Junge von seinem Vater für einen Unfug bestraft und in einem Raum
eingesperrt. Mehrere Stunden später, als die Tür des Raumes entriegelt wurde,
stellte man fest, dass Asutosh mit einem einfachen Stück Holzkohle mathematische Probleme über die gesamten Wände des Raumes gelöst hatte.

Nach einer glänzenden Schulzeit stand er 1879 bei der Eingangsprüfung (entspricht dem Abschluss der Klasse X) der Universität Kalkutta an zweiter Stelle.

Er trat dann dem berühmten Presidency College in Kalkutta bei und studierte dort von 1880 bis 1885. Während der ersten Jahre im College war Asutosh eher unwohl. Er litt unter chronischen Kopfschmerzen und hatte einen schweren Unfall, bei dem seine rechte Hand durch einen elektrischen Schlag verletzt wurde. Trotz all dieser Hindernisse trat er zur F. A.-Prüfung (entspricht der Klasse XII) an und belegte den dritten Platz an der Universität Kalkutta. 1883 machte er dort seinen B. A. in Mathematik mit einer Eins und belegte dabei den ersten Platz. Er erhielt das Ishan- und das Vizianagram-Stipendium sowie den Harishchandra-Preis. Während seiner College-Zeit las er viele Bücher zu verschiedenen Themen außerhalb seines zugewiesenen Lehrplans. Er war besonders fasziniert von Büchern über Mathematik und Physik. Bemerkenswert ist, dass er kaum eine neue Veröffentlichung eines Buches von einem berühmten Mathematiker verpasste. Es ist zu beachten, dass Asutosh Mookerjee im Alter von 17 Jahren, als er nur ein Erstsemesterstudent am Presidency College war, eine Forschungsarbeit in Mathematik in einer internationalen Zeitschrift veröffentlichte. Eine detaillierte Diskussion über seine Forschungsbeiträge in der Mathematik wird später erfolgen.

Offensichtlich war seine akademische Laufbahn von durchgehender Brillanz. 1885 belegte er den ersten Platz mit einer Eins in der M. A.-Prüfung in Mathematik am Presidency College (angeschlossen an die Universität Kalkutta). 1886 bestand er den M. A. in den Naturwissenschaften und führte erneut die Liste der erfolgreichen Kandidaten an. Er war der erste Student an der Universität Kalkutta, der den Masterabschluss in mehr als einem Fach erwarb. Im selben Jahr wurde ihm das renommierte Premchand-Roychand-Stipendium in Mathematik und Wissenschaft auf der Grundlage des Ergebnisses einer Wettbewerbsprüfung verliehen. Damit erhielt er das begehrte Blaue Band der Universitätslaufbahn.

Asutosh Mookerjee war ein vielseitiges Genie, aber sein Hauptinteresse galt dem Gebiet der Mathematik. In diesem Zusammenhang wäre es lohnenswert, die Einflüsse zu analysieren, die ihn in diese Richtung inspirierten. Abgesehen von seinem Vater und seinen Onkeln war einer der großen Freunde seines Vaters, Dr. Mahendra Lal Sircar (1833–1904), praktisch ein Mentor des jungen Asutosh. Dr. Mahendra Lal Sircar gründete 1876 in Kalkutta die Indian Association for the Cultivation of Science (IACS). Er und Pater Lafont, ein bekannter Professor für Physik am St. Xaviers College in Kalkutta, inspirierten Asutosh Mookerjee zur Beschäftigung mit Mathematik und Physik. Am Presidency College waren William Booth, John McCann und J. A. Martin seine Lehrer in Mathematik. Diese Professoren inspirierten und ermutigten den jungen Asutosh in seinem Studium und bei der Verfolgung der höheren Mathematik. Sie beeinflussten ihn wesentlich darin, dass in ihm ein Mathematiker heranwuchs. Diese Punkte werden hervorgehoben, weil sie die Kräfte sind, die Asutosh Mookerjee ermutigten, sich auf die unbetretenen Pfade der mathematischen Forschung zu wagen. Asutosh konnte keine geeignete Person finden, die ihn in seiner Forschung anleiten konnte. Unerschrocken von der schwierigen Situation setzte er sich dennoch durch und leistete sehr wichtige Beiträge auf dem Gebiet der Mathematik.

2.2 Forschungsbeiträge, Karriere

Während der zwölf Jahre von 1880 bis 1892 bereitete sich Asutosh einerseits auf seinen B. A., seinen M. A. und andere Prüfungen vor und schloss sie ab, andererseits veröffentlichte er originäre mathematische Arbeiten von hoher Qualität. Wie bereits früher erwähnt, veröffentlichte Asutosh im Alter von 17 Jahren, als er noch Erstsemesterstudent am Presidency College war, seine erste Forschungsarbeit in Mathematik mit dem Titel *„On a Geometrical Theorem: Proof of Euclid I, 25“* [Messenger of Mathematics, Vol. 10, (1880–1881), S. 122–123]. Messenger of Mathematics wurde in England veröffentlicht. In dieser Arbeit gab Asutosh einen eleganten neuen Beweis für den 25. Satz des ersten Buches von Euklid. In diesem Zusammenhang ist es erwähnenswert, dass Asutosh als Student am Presidency College von den Arbeiten verschiedener französischer Mathematiker begeistert war. Er wurde stark von A. M. Legendre (1752–1833), G. Monge (1746–1818) und anderen beeinflusst. Sie inspirierten ihn dazu, Studien in Geometrie aufzunehmen. Wiederum als Student veröffentlichte er seine zweite Arbeit mit dem Titel *„Extension of a Theorem of Salmon“* [Messenger of Mathematics, Vol. 13, (1883–1884)]. In dieser Arbeit gab er einige Erweiterungen eines von Salmon formulierten Satzes.

Ein weiterer französischer Mathematiker, der von dem jungen Asutosh Mookerjee sehr bewundert wurde, war J. L. Lagrange (1736–1813). Offensichtlich war er fasziniert von den mathematischen Darstellungen von Lagrange, und wahrscheinlich ist es das, was ihn dazu veranlasste, elliptische Funktionen als Forschungsgebiet aufzunehmen. Während er noch ein Student der M. Sc.-Klasse war, schrieb Asutosh seine dritte Arbeit mit dem Titel *„A note on Elliptic functions“* [Quarterly Journal of Pure and Applied Mathematics, Vol. 21, (1886), S. 212–217]. Offensichtlich bildeten die Abhandlungen von Lagrange mit dem Titel *„Théorie des fonctions analytiques“* (1797) und *„Leçons sur le calcul des fonctions“* (1804) sowie die Arbeiten von A. M. Legendre die Grundlage für Asutoshs Forschung über elliptische Funktionen. Dies war ein herausragender Beitrag. In dieser Arbeit stellte er einen bestimmten Additionssatz in der Theorie der elliptischen Funktionen auf, indem er eine neue Methode verwendete, die die Eigenschaften der Ellipse nutzte. Der bekannte britische Mathematiker A. Cayley (1821–1895) bemerkte nach der Lektüre von Asutoshs dritter Arbeit, dass diese bemerkenswert sei, weil in ihr ein reales Ergebnis durch die Betrachtung eines imaginären Punktes erzielt wurde. Alfred Enneper (1830–1885) nahm in *„Elliptische Funktionen“* auf diese Arbeit Bezug. Später schrieb Asutosh Mookerjee wieder zwei Arbeiten, in denen die elliptischen Funktionen auf die Probleme der Mittelwerte angewendet wurden. Die Arbeiten mit dem Titel *„Some Applications of Elliptic Functions to Problems of Mean Values; First and Second papers“* [Journal of the Asiatic Society of Bengal, vol. 58, pt II, No. 2, (1889) S. 199–213; S. 213–231] sind zwei wichtige Veröffentlichungen.

Der italienische Mathematiker G. Mainardi (1800–1879) war bekannt für seinen Erfolg bei der Bestimmung der Differentialgleichung für die schräge Trajektorie eines Systems konfokaler Ellipsen. Asutosh Mookerjee interessierte sich für das Problem. Er arbeitete interessante Ableitungen aus und machte wichtige Interpretationen. Mainardis Lösung war äußerst kompliziert und umständlich. Es war unmöglich, die Kurve daraus zu verfolgen. Asutosh zeigte durch einen genialen Prozess, dass Mainardis Integrallösung durch ein Paar bemerkenswert einfacher Gleichungen ersetzt werden konnte. Daraus konnten auch interessante geometrische Interpretationen gemacht werden. Diese eleganten Gleichungen, wie sie von Sir Asutosh festgelegt wurden, wurden von Professor A. R. Forsyth (1858–1942) in seiner klassischen Abhandlung über Differentialgleichungen in späteren Ausgaben aufgenommen. Begeistert vom Erfolg der eleganten Lösung des Problems auf einer bestimmten Trajektorie veröffentlichte Asutosh eine weitere Arbeit über die allgemeine Trajektorie. Dieses Papier zeigt eindrucksvoll Asutosh Mookerjees Fähigkeit zur Verallgemeinerung und eleganten Ausdrucksweise. In seinen Diskussionen wies Asutosh Mookerjee darauf hin, dass er prüfen musste, ob eine vorgeschlagene Interpretation einer gegebenen Differentialgleichung relevant ist oder nicht. Er schrieb:

> *Erstens muss die Interpretation eine Eigenschaft der Kurve angeben, deren Differentialgleichung wir interpretieren; es muss sich nämlich um eine geometrische Größe handeln, die an jedem Punkt jeder Kurve des Systems verschwindet.*
>
> *Zweitens muss die geometrische Größe in der zu interpretierenden Differentialgleichung angemessen dargestellt sein.*

Die Forschungsarbeiten, die Asutosh Mookerjee in diesem Zusammenhang veröffentlicht hat, sind unten aufgeführt:

1. *„On the differential equation of a trajectory"* [Journal of the Asiatic Society of Bengal, (1887), 56, S. 117–120]
2. *„A memoir on plane analytical geometry"* [Journal of the Asiatic Society of Bengal, (1887), 56, S. 288–349]
3. *„A general theorem on the differential equations of trajectories"* [Journal of the Asiatic Society of Bengal, (1888), 57, S. 72–99]

Beeinflusst von einem anderen französischen Mathematiker, G. Monge (1746–1818), begann Asutosh, mit der Kombination von Geometrie und Analysis zu forschen, was zu mehreren sehr wichtigen Veröffentlichungen führte. Er machte einige Fortschritte in Richtung Monges Regel in Bezug auf allgemeine Differentialgleichungen zweiten Grades in x und y, die eine Konik darstellen. Monge kam auf eine Differentialgleichung fünfter Ordnung und neunten Grades. Obwohl die Gleichung allgemein wurde, wurde die entsprechende geometrische Interpretation sehr kompliziert. Es ist bemerkenswert, dass Asutosh ohne jegliche Anleitung von irgendwo, nur auf seinen eigenen brillanten Verstand angewiesen, erfolgreich eine geometrische Interpretation von Monges Differentialgleichung für alle Koniken gab. Seine Interpretation war, dass *„der Krümmungsradius der Aberrationskurve an jedem Punkt jeder Konik verschwindet"*. Edwards hat diese Interpretation in seinem Buch „Differential Calculus" zitiert.

Es ist zu beachten, dass Asutosh Mookerjees Arbeit bei einer Gruppe von Mathematikern großes Interesse weckte. In einem Brief, den A. Cayley am 14. September 1887 aus Cambridge an Asutosh Mookerjee schrieb, unterstützte er auf gewisse Weise Asutoshs Kritik an J. J. Sylvesters Interpretation des Mongian und schrieb: *„Es ist natürlich alles vollkommen richtig"*. Col Cunningham schrieb *„Professor Asutosh Mukhopadhyay hat einen wirklich ausgezeichneten Modus der geometrischen Interpretation der Differentialgleichung im Allgemeinen vorgeschlagen ..."*

Asutosh Mookerjee hielt sich sehr gut über die britische mathematische Schule informiert und schätzte die professionelle Unterstützung, die er von den britischen Mathematikern erhielt. A. Cayley (1821–1895) und J. J. Sylvester (1814–1897) waren Asutosh Mookerjee beruflich sehr hilfreich.

Aber die Forschungen, die von der französischen Schule der Mathematik durchgeführt wurden, insbesondere eher geometrische, lagen ihm sehr am Herzen. S. D. Poisson (1781–1840) war ein bemerkenswerter Mathematiker aus Frankreich, der sehr nützliche Beiträge im Bereich der theoretischen Mechanik beisteuerte. Seine Methoden der Integration lieferten alternative Formen von Differentialgleichungen. Aus Sir Asutoshs „Tagebuch" erfahren wir, dass er zwei von Poissons Büchern *„Théorie mathématique de la chaleur"* (1835) und *„Nouvelle théorie de l'action capillaire"* (1831) sehr ausführlich gelesen hat. Offensichtlich inspirierte ihn das, sich genauer mit Poissons Arbeit und insbesondere seiner Haltung gegenüber analytischen und synthetischen Ansätzen zur Geometrie zu befassen. Bei der Bewertung des bekannten Poisson-Integrals, das S. D. Poisson in seiner Denkschrift *„Suite du mémoire sur les integrales définies"* mit einer anderen Technik als Poisson betrachtete, erhielt Asutosh Mookerjee tatsächlich eine Transformationsformel. Diese Methode hatte auch den Vorteil, dass sie zeigen konnte, wie das unbestimmte Integral selbst ausgewertet werden kann. Bei diesem Auswertungsprozess kam er auf einen symbolischen Wert von Π. Mit seiner bekannten Liebe zur Geometrie versuchte Asutosh Mookerjee auch in diesem Papier, der Analysis eine geometrische Interpretation zu geben. Es sei in diesem Zusammenhang erwähnt, dass die Arbeit mit dem Titel *„On Poissons Integral"* [Journal of the Asiatic Society of Bengal (1888), 57, 100–106] ein bemerkenswerter Beitrag ist.

Der allgemeine Eindruck von Sir Asutosh, dem Mathematiker, ist, dass er von Analysis und Geometrie besessen war. Aber der Mythos ist aufgrund der folgenden zwei Veröffentlichungen von Sir Asutosh Mookerjee nicht akzeptabel. Sie sind

(1) *„On Clebsch's Transformation of the Hydrokinetic Equations"* [Journal of the Asiatic Society of Bengal, (1890), 59, S. 56–59]

(2) *„Note on Stoke's Theorem and Hydrokinetic Circulation"* [Journal of the Asiatic Society of Bengal (1890), 59, S. 59–61]

Dies sind Forschungsarbeiten zur Strömungsmechanik, einem sehr wichtigen Zweig der angewandten Mathematik. Asutosh Mookerjees Interesse an physikalischen Phänomenen führte ihn zum ernsthaften Studium der Arbeiten des deut-

schen Mathematikers R. F. A. Clebsch (1833–1872). Clebsch leistete wichtige
Beiträge zur allgemeinen Theorie von Kurven und Flächen, ihrer Verwendung in
der Geometrie, in der Theorie der Invarianten und in elliptischen Funktionen. Die
Theorien, die er entwickelte, wendete er auf verschiedene physikalische Probleme
an. Asutosh war von solchen Übungen sehr beeindruckt und wurde zur Hydrokinetik hingezogen.

In seinen Studententagen am Presidency College hatte Asutosh Mookerjee bereits das klassische Traktat zur Strömungsdynamik von H. Lamb gelesen, nämlich
„A Treatise on the Mathematical Theory of Motion of Fluids". So betrachtete er in
der Arbeit mit dem Titel *„On Clebsch's transformation of the hydrokinetic equations"* [Journal of the Asiatic Society of Bengal, Vol. 59, pt. II, No: 1, (1890), pp.
56–59], hydrokinetische Gleichungen in drei Fällen:

i.   Wirbelfreie Bewegung
ii. Stetige Rotationsbewegung
iii. Allgemeine Rotationsbewegung

Er zeigte, wie die Methode der Clebschschen Transformation auf den dritten Fall
vereinfacht werden kann. In der zweiten Arbeit dieser Serie, betitelt *„Note on Stoke's Theorem and Hydrokinetic Circulation"* [Journal of the Asiatic Society of
Bengal, (1890), 59, pp. 59–61], gab Asutosh Mookerjee einen neuen Beweis für
Stokes Formel der hydrokinetischen Zirkulation unter Verwendung der Clebschschen Transformation. Übrigens hat er selbst in der zweiten dieser Arbeiten bemerkt: *„Es ist bemerkenswert, dass, da keine physische Vorstellung in den obigen Beweis eintritt, er gültig ist, ob wir den Satz als rein analytischen betrachten
oder als bloße Formel für die hydrokinetische Zirkulation."* Offensichtlich sind
beide Arbeiten eher analytischer Natur, und seine Beiträge in dieser Hinsicht sind
ebenso bemerkenswert wie die von Clebsch.

Asutosh Mookerjee war ein Trendsetter und ein Pionier der mathematischen
Forschung auf dem Gebiet der Strömungsmechanik. Später traten B. B. Datta, S.
K. Banerjee, N. R. Sen, N. N. Sen und viele andere in seine Fußstapfen. Sir Asutosh Mookerjee blieb ein sehr starker Einfluss auf die jungen Forschungsstudenten
jener Zeit.

Er war auch ein Trendsetter auf dem Gebiet der Forschung in der Geometrie.
Inspiriert von Sir Asutosh Mookerjee nahmen viele junge Mathematiker des frü-
hen 20. Jahrhunderts Forschungen in verschiedenen Zweigen der Geometrie auf.
Bemerkenswert unter ihnen sind Professor Syamadas Mukhopadhyay, Professor
R. C. Bose, Professor Haridas Bagchi, Professor R. N. Sen und andere.

Asutosh Mookerjee hatte einen einzigartigen Geist, der die Spitzenent-
wicklungen in den mathematischen Wissenschaften jener Zeit verstehen konnte.
Sein starkes Verständnis für Geometrie und sein klares Verständnis für Analyse
und Analysis gaben ihm eine sehr weite Sicht auf die zeitgenössische Mathematik.
Er schrieb ein Lehrbuch über Kegelschnitte mit dem Titel *„An Elementary Treatise on the Geometry of Conics"* [Macmillan & Co, London (1893)]. Das Buch
war in jenen Tagen sowohl bei den Studenten als auch bei den Lehrern der Mathematik sehr beliebt. Vor Kurzem hat Cambridge University Press das Buch erneut

veröffentlicht. Er und sein Lehrer Shyama Charan Basu schrieben gemeinsam ein Buch mit dem Titel *„Arithmetic for Schools"*, das für Schüler sehr hilfreich war.

Selbst als er in seinem juristischen oder administrativen Beruf äußerst beschäftigt war, hielt Asutosh sich durch das Lesen zeitgenössischer Bücher und Zeitschriften über das Fach auf dem Laufenden über die neuesten Entwicklungen in der Mathematik.

Als Vizekanzler der Universität Kalkutta beauftragte er Prof. W. H. Young, den damaligen Hardinge-Professor für Höhere Mathematik an derselben Universität, einen Bericht über das Studium der Mathematik in den wichtigen Bildungszentren des europäischen Kontinents vorzulegen. Dies zeigt Sir Asutoshs Engagement, die Mathematikkurse der Universität Kalkutta auf dem Niveau ihrer internationalen Pendants zu halten.

2.3 Besondere Ehrungen

Für seine originäre Forschung in der Mathematik wurde Sir Asutosh Mookerjee von vielen nationalen und internationalen akademischen Einrichtungen, die sich mit dem Fach beschäftigen, geehrt. Im Jahr 1885, im Alter von 21 Jahren, wurde er zum Fellow der Royal Astronomical Society of Edinburgh gewählt. Im Jahr 1886 wurde er zum Fellow der Edinburgh Royal Society gewählt. Er wurde auch Mitglied der Royal Asiatic Society und der Bedford Association für die Verbesserung des geometrischen Unterrichts.

Im Jahr 1887 wurde Asutosh für zwei Jahre zum Ehrenprofessor für Mathematik an der Indian Association for the Cultivation of Science (IACS) ernannt. Während dieser zwei Jahre hielt er 30 Vorlesungen und behandelte Themen zur Physikalischen Optik, Mathematischen Physik und Reinen Mathematik.

In der reinen Mathematik hielt Asutosh Mookerjee Kurse über analytische Geometrie, Booles logische Algebra, die Theorie linearer Transformationen, über Asymptoten und Exzentrizität, über die Theorie zentrierter konischer, nichtzentrierter konischer, konfokal konischer und ebener elliptischer Koordinaten, über die Funktionentheorie, die Integration algebraischer Funktionen, über hyperbolische Funktionen, Abels Theorem, Dirichlets Theorem, Gamma-Funktionen etc. Die oben genannten Themen zeigen, dass Asutosh als Lehrer sehr vertraut mit den wichtigsten Bereichen der Mathematik war und während seiner sehr kurzen Amtszeit in der IACS die Studenten mit seinem lobenswerten und tiefen Wissen über die verschiedenen Zweige der reinen und angewandten Mathematik beeindruckt hat. Während dieser Zeit wurde er auch zum Prüfer in Mathematik an der Universität Kalkutta ernannt. Im Jahr 1887 wurde er zum Fellow der London Physical Society gewählt.

Im Jahr 1890 wurde er als Anerkennung für seinen originären Beitrag zur Mathematik zum Mitglied der Mathematischen Gesellschaft von Palermo, Sizilien und der Société de Physique von Frankreich ernannt.

Im Jahr 1908 gründete Sir Asutosh die Calcutta Mathematical Society und wurde ihr Gründungspräsident. Er pflegte die Gesellschaft sehr sorgfältig, und schließlich wurde sie zu einem großen und lebendigen Zentrum, das den zukünftigen Mathematikforschern sehr half. Asutosh Mookerjee, als Präsident der Calcutta Mathematical Society, leitete die Aktivitäten der Gesellschaft von ihrer Gründung bis zu seinem Tod im Jahr 1924. Während Sir Asutoshs Lebenszeit wurden 83 Sitzungen der Gesellschaft (abgesehen von Ratsversammlungen) abgehalten, und er leitete jede einzelne dieser Sitzungen. Für einen so beschäftigten Mann wie ihn war das eine seltene Leistung – so groß war seine Hingabe an die Gesellschaft. Unter seiner persönlichen Initiative, Ermutigung und Inspiration begannen Forscher aus den mathematischen und physikalischen Wissenschaften, sich um ihn zu versammeln. Einige dieser Gelehrten wurden später weltbekannte Wissenschaftler. Diese jungen Gelehrten hielten Vorträge über ihre Forschungsarbeit vor den Mitgliedern der Gesellschaft, und ihre Beiträge wurden in den Seiten des Bulletins der Calcutta Mathematical Society veröffentlicht. Eine Vorstellung von Asutosh Mookerjees Erfolg bei der Ermutigung der talentierten Mathematiker, ihre Forschungsbeiträge vorzulegen, geben die Vorträge auf der ersten Sitzung der Gesellschaft im Jahr 1909, die von den Professoren C. E. Cullis, Ganesh Prasad, S. D. Mukhopadhyay und P. L. Ganguly gehalten wurden. Im Jahr 1914 stellte B. B. Dutta seine Forschungsarbeit vor der Gesellschaft vor. Im Jahr 1915 taten M. N. Saha und S. K. Banerjee dasselbe. Im Jahr 1916 hielt S. N. Bose einen Vortrag über seine Forschungsarbeit, gefolgt von D. N. Mallik, N. R. Sen und anderen im Jahr 1917. Der Trend setzte sich unter der sorgfältigen Patronage von Asutosh Mookerjee fort. Alle bekannten Mathematiker von Kalkutta, zu denen die oben genannten legendären Namen sowie die jüngeren Talente wie B. M. Sen, N. N. Sen, J. Ghosh, G. Bhar, B. Sen und andere gehörten, erhielten ihre Inspiration und Ermutigung von dem größten Pionier in der mathematischen Forschung im Land, Sir Asutosh Mookerjee.

Man ist erstaunt über Sir Asutoshs Weitsicht. Im frühen 20. Jahrhundert hatte er die Notwendigkeit einer akademischen Gesellschaft in der Mathematik erkannt. Er, der wahre Pionier der mathematischen Forschung im Land, ließ keinen Stein auf dem anderen, um eine förderliche Umgebung für die mathematische Forschung für die zukünftige Generation von Gelehrten zu schaffen. Die Calcutta Mathematical Society war Sir Mookerjees Geschenk an die zukünftigen Generationen von Forschern in mathematischen und physikalischen Wissenschaften in diesem Land.

Einige bemerkenswerte Aussagen zeigen, wie hoch das Ansehen von Sir Asutosh Mookerjee durch einige der größten Inder jener Zeit war. Rabindranath Tagore, der größte unter den indischen Intellektuellen, schrieb über Asutosh: *„Er hatte den Mut zu träumen, weil er die Kraft hatte zu kämpfen und das Vertrauen zu gewinnen … sein Wille selbst war der Weg zum Ziel."* In Bezug auf seine Beiträge im Bereich der mathematischen Forschung schrieb Dr. Ganesh Prasad: *„Nach Bhaskara war er der erste Inder, der in das Feld der mathematischen Forschung eintrat, im Unterschied zur astronomischen Forschung, und vieles, was wirklich originell war."*

Nachdem Sir Asutosh Mookerjee plötzlich im Jahr 1924 im Alter von 60 Jahren in Patna verstarb, beklagte dies der Nobelpreisträger Sir C. V. Raman und sagte, dass Bengalen in ihm einen herausragenden Richter und einen großartigen Vizekanzler, aber einen noch größeren Mathematiker verloren habe.

2.4   Wichtige Meilensteine im Leben von Sir Asutosh Mookerjee

1864: Geboren am 29. Juni als ältester Sohn von Gangaprasad Mukhopadhyay und Jagattarini Debi in Kalkutta.

1879: Besteht die „Eingangsprüfung" mit Stipendium.

1880–1883: Belegt den dritten Platz in den First Arts (Intermediate) vom Presidency College, Kalkutta. Erster Platz in B. A. mit einer Eins in Mathematik vom Presidency College, Kalkutta.

1886: Besteht den M. A. in physikalischer Wissenschaft und gemischter Mathematik (November 1886). Der erste Student an der Universität Kalkutta, der einen Masterabschluss in mehr als einem Fach erwirbt. Er belegt den ersten Platz mit einer Eins in beiden Prüfungen.

1886: Gewinnt das Premchand Roychand Studentship und die Mouat-Medaille. Gewählt zum Fellow der Edinburgh Royal Society; Mitglied der Royal Asiatic Society und der Bedford Association zur Verbesserung des Geometrieunterrichts.

1887: Ernennung zum Ehrenprofessor für Mathematik an der Indian Association for the Cultivation of Science (1887–1890). Ernennung zum Prüfer in M. A. in Mathematik, Universität Kalkutta. Wird Fellow der London Physical Society.

1888: Gewählt zum Fellow der Mathematischen Gesellschaften von Edinburgh und Paris.

1890: Mitglied der Mathematischen Gesellschaft von Palermo, Sizilien und der Société Française de Physique.

1893: Wahl zum Mitglied der Irish Akademy.

1890: Gewählt zum Fellow der American Mathematical Society.

1906: Ernennung zum Vizekanzler der Universität Kalkutta und vier aufeinanderfolgende Amtszeiten (1906–1914).

1908: Gründungspräsident der Calcutta Mathematical Society. Verleihung des D. Sc. (*honoris causa*) durch die Universität Kalkutta. Präsident der Indian Association for the Cultivation of Science (IACS), Kalkutta.

1909: Ernennung zum Companion des Order of the Star of India (CSI) durch die regierende britische Regierung.

1911: Im Dezember 1911 wird er von der regierenden britischen Regierung zum Ritter geschlagen.

1913: Gründung von Postgraduiertenfakultäten mit Lehr- und Forschungsein-
richtungen an der Universität Kalkutta.

1914: Der Grundstein für das College of Science der Universität Kalkutta wird
von ihm am 27. März 1914 gelegt.

1914: Gründungspräsident der Indian Science Congress Association.

1921: Zum fünften Mal zum Vizekanzler der Universität Kalkutta ernannt
(1921–1923).

1924: Stirbt plötzlich im Mai 1924 in Patna, Bihar.

1964: Die Regierung von Indien gibt eine Briefmarke anlässlich seines 100. Geburtstags heraus, um ihn für seine Beiträge als hervorragenden Bildungsförderer
zu ehren.

Kapitel 3
Syamadas Mukhopadhyay (1866–1937)

3.1 Kindheit, Bildung

Syamadas Mukhopadhyay (S. D. Mukhopadhyay) wurde am 22. Juni 1866 in
Haripal im Distrikt Hooghly in Westbengalen geboren. Sein Vater Babu Ganga
Kanta Mukhopadhyay war im staatlichen Justizdienst tätig und hatte verschiedene
Dienstorte, was zur Folge hatte, dass Syamadas zu verschiedenen Zeiten in unter-
schiedlichen Institutionen studieren musste. Nach Abschluss seines Studiums am
Hooghly College erwarb er seinen M. A. in Mathematik am Presidency College in
Kalkutta im Jahr 1890. Für seine mathematische Dissertation mit dem Titel *„On
the infinitesimal analysis of an arc"* wurde ihm 1909 der Griffith's Prize der Uni-
versität Kalkutta verliehen. 1910 erhielt er für seine Pionierarbeit auf dem Gebiet
der Differentialgeometrie den Ph. D. der Universität Kalkutta, und der Titel seiner
Dissertation war „Parametric Coefficients in Differential Geometry of Curves". S.
D. Mukhopadhyay erhielt als erster Inder einen Ph. D. in Mathematik von der Universität Kalkutta.

3.2 Karriere, Forschungsbeiträge

Vor seiner Berufung in den Regierungsdienst als Professor für Mathematik am
Bethune College in Kalkutta trat Syamadas Mukhopadhyay kurz nach Abschluss
seines M. A. in Mathematik als Dozent an einem privaten College in Kalkutta
ein und arbeitete dort mehrere Jahre. Am Bethune College, dem ersten Frauen-
kolleg in Asien, hatte S. D. Mukhopadhyay eine sehr hohe Unterrichtsbelastung
und musste dort regelmäßig neben Mathematik auch Kurse in Englisch und Philosophie geben. 1904 wurde er an das Presidency College versetzt. Er arbeitete dort
acht Jahre lang bis 1912. 1912 wurde Syamadas Mukhopadhyay eingeladen, der

© Der/die Autor(en), exklusiv lizenziert an Springer Nature Singapore Pte Ltd. 2024   31
P. Mukherji, *Namhafte indische Mathematiker und Statistiker*,
https://doi.org/10.1007/978-981-97-0100-1_3

neu gegründeten Fakultät für Reine Mathematik an der Universität Kalkutta beizutreten, die von Sir Ashutosh Mookerjee, dem damaligen Vizekanzler der Universität Kalkutta, eingerichtet wurde. S. D. Mukhopadhyay nahm das Angebot an
und trat in die Abteilung ein. Er arbeitete dort zur Zufriedenheit von Sir Ashutosh
und setzte seinen Dienst bis 1932 fort, und während der letzten sechs Jahre seiner
Amtszeit bekleidete Syamadas das Amt eines Universitätsprofessors.

Als talentierter und herausragender Lehrer der reinen Mathematik wurde
der Name von S. D. Mukhopadhyay überall bekannt. Um ein direkter Schüler
von Professor Mukhopadhyay zu werden, trat R. C. Bose nach Abschluss seines M. Sc. in angewandter Mathematik an der Universität Delhi als Student an
die Fakultät für Reine Mathematik der Universität Kalkutta. Später wurde er ein
Forscher unter S. D. Mukhopadhyay und erlangte Ansehen als großer Mathematiker. Unter den vielen Schülern von Syamadas Mukhopadhyay verdienen
drei besondere Erwähnung. Dies waren Professor G. Bhar, Professor R. N. Sen
und Professor M. C. Chaki. Professor Bhar war ein hoch angesehener Lehrer am
Presidency College, Professor Sen wurde der Hardinge Professor of Pure Mathematics an der Universität Kalkutta und auch ein berühmter Forscher auf dem Gebiet der Differentialgeometrie, und Professor Chaki bekleidete den Lehrstuhl mit
dem Namen „Sir Ashutosh Birth Centenary Professor of Higher Mathematics" an
der Universität Kalkutta und brachte auch eine Reihe von Forschungsveröffentlichungen in vielen Bereichen der Geometrie heraus.

William Booth, ein Lehrer am Hooghly College, der für seine Forschungen
in der Geometrie recht bekannt war, inspirierte möglicherweise Syamadas Mukhopadhyay während seiner Studienzeit. Professor Booth war der Mann, der den
jungen Ashutosh Mookerjee während dessen Studienzeit am Presidency College
beeinflusst hatte. M. C. Chaki, ein berühmter Mathematiker der Universität Kalkutta, schrieb in seinem Artikel über Syamadas Mukhopadhyay, dass „er (S. D.
Mukhopadhyay) kurz nach Erhalt seines B. A.-Abschlusses ein kompliziertes geo-
metrisches Problem löste", eine Tatsache, die in M'Clellands „Geometry of the
Circle" festgehalten wurde. Er erwähnte auch, dass die Forschungsbeiträge von S.
D. Mukhopadhyay „durch ihre Originalität und Neuheit der Behandlung herausragend waren".

Die Forschungsarbeit von Syamadas Mukhopadhyay kann grob in vier Teile
unterteilt werden: Verwendung von synthetischer Geometrie zur Lösung von
Eigenschaften von ebenen Kurven, nichteuklidische Geometrie, Differentialgeometrie und stereoskopische Darstellungen des vierdimensionalen Raums.

Im ersten Teil hat er sich mit den Eigenschaften von ebenen Kurven beschäftigt, insbesondere in ihren infinitesimalen Bereichen unter Verwendung synthetischer Methoden. Hier hat er eine neue Methode entwickelt, die zu einer Reihe
von interessanten Theoremen führte, z. B. über das Vorhandensein einer minimalen Anzahl von zyklischen und sextaktischen Punkten zwischen zwei Punkten
einer gegebenen Kurve auf einem konvexen Oval. In diesem Zusammenhang verdienen zwei seiner Theoreme besondere Aufmerksamkeit. Aber bevor wir dazu
kommen, wäre es notwendig zu verstehen, was zyklische und sextaktische Punkte
sind. Ein zyklischer Punkt ist ein singulärer Punkt auf einer ebenen Kurve, an dem

der Krümmungskreis durch 4 aufeinanderfolgende Punkte statt durch 3 verläuft. Ein sextaktischer Punkt hingegen ist ein singulärer Punkt, an dem die oskulierende Kegelschnittfläche durch 6 aufeinanderfolgende Punkte statt durch 5 verläuft. An einem zyklischen Punkt kann der Krümmungskreis den gegebenen Kreis intern oder extern berühren. Im ersteren Fall wird der Punkt als inzyklisch und im letzteren Fall als exzyklisch bezeichnet. Ähnlich kann an einem sextaktischen Punkt die oskulierende Kegelschnittfläche die gegebene Kurve intern oder extern berühren. Im ersteren Fall wird der Punkt als insextaktisch und im letzteren Fall als exsextaktisch bezeichnet. Mit diesen Definitionen demonstrierte S. D. Mukhopadhyay zunächst eine Reihe von interessanten Aussagen. Später führten sie zu seinen berühmten zwei Theoremen, die unten angegeben sind:

Theorem I besagt, dass „die minimale Anzahl von zyklischen Punkten auf einem konvexen Oval 4 ist", und Theorem II besagt, dass „die minimale Anzahl von sextaktischen Punkten auf einem konvexen Oval 6 ist". Diese beiden Theoreme wurden erstmals 1909 im Bulletin of the Calcutta Mathematical Society (BCMS) veröffentlicht. Aber anfänglich wurde dieser Forschungsarbeit nicht viel Aufmerksamkeit geschenkt. Nur der bedeutende französische Mathematiker J. S. Hadamard (1865–1963) verwies darauf in den Memoiren des Collège de France. Allerdings wurden diese Theoreme viel später in Europa wiederentdeckt. Seitdem haben viele bekannte Mathematiker sie als Untersuchungsgegenstand aufgegriffen. W. Blaschke, ein bekannter deutscher Geometer, gab Syamadas Mukhopadhyay die Anerkennung für den ursprünglichen ersten Beweis des oben genannten Theorems I. In der modernen Literatur der Geometrie wird dieses Theorem nun als „Mukhopadhyays Vierscheitelsatz" zitiert. Dieses berühmte Theorem wird in verschiedenen wichtigen mathematischen Abhandlungen wie *„Differential Geometry"* von H. Guggenheimer [McGraw Hill, New York, 1930]; *„Differential Geometry"* von J. J. Stoker [Wiley Inter Science, 1969] und *„Elements of Differential Geometry"* von R. S. Millman und G. D. Parker [Prentice Hall, Englewoods Cliffs, 1977] angeführt.

Wie bereits erwähnt, schrieb W. Blaschke die Beweisführung des „Vierscheitelsatzes" Syamadas Mukhopadhyay zu. Er hat dies in seinem Buch *„Vorlesungen über Differentialgeometrie"* [Springer, Berlin, 1924] erwähnt. Weitere Referenzen in Bezug auf dieses Theorem sind dort ebenfalls gegeben. Später verallgemeinerte S. D. Mukhopadhyay diese beiden Theoreme. Das verallgemeinerte Theorem I besagt: „Wenn ein Kreis C eine Ovale V in $2n$ Punkten schneidet ($n < 2$), dann existieren mindestens $2n$ zyklische Punkte in Reihenfolge auf V, abwechselnd mit entgegengesetzten Vorzeichen, vorausgesetzt, die Ovale hat eine Kontinuität der Ordnung 3." Das verallgemeinerte Theorem II besagt: „Wenn ein Kegelschnitt C eine Ovale V in $2n$ Punkten schneidet ($n >$ oder $= 2$), dann existieren mindestens $2n$ sextaktische Punkte in Reihenfolge auf V, die abwechselnd positiv und negativ sind, vorausgesetzt V hat eine Kontinuität der Ordnung 5." So stellte S. D. Mukhopadhyay seine früheren Untersuchungen auf eine solidere Grundlage.

Abgesehen von diesen Untersuchungen veröffentlichte Syamadas Mukhopadhyay eine Reihe von Forschungsarbeiten zur allgemeinen Theorie der oskulierenden Kegelschnitte. In diesem Zusammenhang sind die Bemerkungen seines Studenten G. Bhar vom Presidency College bemerkenswert. Bhar schrieb: „*Es ist sehr wahrscheinlich, dass Mukhopadhyay durch die Arbeit von Sir Ashutosh über die Differentialgleichungen aller Parabeln und seine schöne geometrische Interpretation der Mongeschen Gleichung zur Untersuchung der Theorie der oskulierenden Kegelschnitte angeregt wurde.*"

Im zweiten Teil seiner Forschungsarbeit trug Syamadas Mukhopadhyay zu einer Art von nichteuklidischer Geometrie bei, nämlich der hyperbolischen Geometrie. Tatsächlich ist die hyperbolische Geometrie die Geometrie, die durch Annahme aller Axiome von Euklid außer dem fünften entsteht. Das fünfte Axiom von Euklid wird durch seine Negation ersetzt. Im Kontext von S. D. Mukhopadhyays Forschung in nichteuklidischer Geometrie sind die Bemerkungen seines Studenten G. Bhar sehr relevant, die besagen:

Professor Mukhopadhyay war in seinem Element, als er aufgefordert wurde, den Postgraduierten-Studenten der Universität die Prinzipien der nichteuklidischen Geometrie zu lehren.

Ernsthafte Forschungsarbeit in nichteuklidischer Geometrie in Indien wurde erstmals von R. Vaithyanathaswamy (1894–1960) von der Universität Madras durchgeführt. Seine ersten beiden Forschungsarbeiten auf diesem Gebiet wurden 1914 im *Journal of the Indian Mathematical Society (JIMS)* veröffentlicht. Die ersten beiden Forschungsarbeiten von Professor Vaithyanathaswamy trugen die Titel „*Parallel straight lines*" [Journal of the Indian Mathematical Society, 6(1), (1914), 58–61] und „*Length of a circular arch*" [Journal of the Indian Mathematical Society, 6(1), (1914), 220–221]. Diese waren aller Wahrscheinlichkeit nach die ersten Forschungsarbeiten zur nichteuklidischen Geometrie, die von einem Inder veröffentlicht wurden.

S. D. Mukhopadhyay veröffentlichte in Zusammenarbeit mit seinem Studenten G. Bhar seine erste Forschungsarbeit zur hyperbolischen Geometrie im Bulletin of the Calcutta Mathematical Society im Jahr 1920. Die Arbeit trug den Titel „*Generalisation of certain theorems in the Hyperbolic Geometry of the triangle*". Dieser Veröffentlichung folgten eine Reihe von Forschungsarbeiten zu dieser Art von Geometrie. Die von ihm durchgeführten Untersuchungen führten zur wichtigen Entdeckung des „Rechteckigen Fünfecks" und seiner schönen geometrischen Interpretation der Engel-Napier-Regeln. In Zusammenarbeit mit seinen beiden berühmten Studenten R. C. Bose und G. Bhar machte er interessante Verallgemeinerungen der Ideen von Gleichzeitigkeit und Kollinearität von Linien und Punkten in nichteuklidischer Geometrie. Genauer gesagt, erweiterte S. D. Mukhopadhyay die bekannten Konkurrenztheoreme der Winkelhalbierenden und der rechten Halbierenden der Seiten eines gewöhnlichen Dreiecks auf alle Arten von hyperbolischen Triaden von Linien und Punkten. Es sei darauf hingewiesen, dass unter einer hyperbolischen Triade eine Gruppe von drei Elementen (Punkten oder Linien) verstanden wird, die auf einer hyperbolischen Ebene liegen. In diesem Zusammenhang verdienen seine drei Forschungsarbeiten mit den Titeln „*Geometrical investigations on the correspondence between a right angled triangle, a three-right-angled quadrilateral and a rectangular pentagon in hyperbo-*

lic geometry" [Bulletin der Calcutta Mathematical Society, 13(4), (1922–1923): 211–216]; *„On general theorems of co-intimacy of symmetries and hyperbolic triads"* [Bulletin der Calcutta Mathematical Society, 17(1), (1926: 39–55] und (mit R. C. Bose) *„Triadic equations in hyperbolic geometry"* [Bulletin of the Calcutta Mathematical Society, 18, (1927), 99–110] besondere Aufmerksamkeit.

In der oben erwähnten ersten Arbeit kam S. D. Mukhopadhyay zu dem Schluss: „Wir haben somit die geschlossene Reihe von 5 assoziierten rechtwinkligen Dreiecken, und die Engle-Napier-Regeln zeigen sich als eine reale geometrische Grundlage im rechteckigen Fünfeck." Es war ein exquisites Stück mathematischer Forschung.

Im dritten Teil seiner Forschungs- und Untersuchungsarbeit führte Professor Syamadas Mukhopadhyay bei der Behandlung der Differentialgeometrie von Kurven für n-dimensionale Raumkurven bestimmte Differentialformen ein. Er nannte sie parametrische Koeffizienten und drückte mit ihnen viele invariante Eigenschaften der Kurven aus. In dieser Angelegenheit hat der bekannte Geometer M. C. Chaki kommentiert: „Das besondere Verdienst der Methode der parametrischen Koeffizienten von Mukhopadhyay liegt in der Tatsache, dass sie mit elementarer Methode Ergebnisse erzielt, die durch fortgeschrittene Analyse erzielt wurden."

Der vierte und letzte Teil seiner Forschung umfasst einen Vorschlag für ein stereoskopisches Gerät zur Visualisierung von Figuren im vierdimensionalen Raum und seine Diskussion mit Bryan in dieser Angelegenheit.

In den Jahren 1912–1913 hatte S. D. Mukhopadhyay seine Notiz über die stereoskopische Darstellung des vierdimensionalen Raums veröffentlicht [Bulletin of the Calcutta Mathematical Society, 4 (1912–1913), 15]. Etwa zur gleichen Zeit hatte auch Bryan einen Artikel in derselben Zeitschrift veröffentlicht, in dem er eine andere Art von Gerät vorschlug. Er hatte auch behauptet, dass es dem von S. D. Mukhopadhyay vorgeschlagenen überlegen sei. Eine Antwort auf diese Kritik wurde auch von Syamadas Mukhopadhyay gegeben, und sie wurde ebenfalls im Bulletin der Calcutta Mathematical Society veröffentlicht [Bulletin of the Calcutta Mathematical Society, 6, (1914), 55–56]. In dieser Antwort schrieb Syamadas Mukhopadhyay: „Ich sehe jedoch keinen Nutzen darin, die Kontroverse zwischen uns weiter zu verlängern. Beide haben wir unsere Methoden fair dargelegt. Es liegt an anderen Mathematikern, die an diesem Problem der vier Dimensionen interessiert sind, entweder zu akzeptieren oder abzulehnen."

Gegen Ende seiner Forschungskarriere veröffentlichte S. D. Mukhopadhyay zwei wichtige Arbeiten mit den Titeln *„Lower segments of M-curves"* und *„Cyclic curves of an ellipsoid"* im Journal of Indian Mathematical Society. Mukhopadhyay erklärte, dass der Name M-Kurve (monotrope Kurve) auf den deutschen Geometer Stackel H. Mohrmann (1907–1934) zurückgeht, der bei der Namensgebung die folgende präzise Definition gab: „Ein singulärfreier (sich selbst nicht schneidender) realer Zweig einer analytischen Kurve, der die euklidische Ebene in zwei und nur zwei Regionen teilt und für den die Krümmung an jedem endlichen Punkt begrenzt und verschieden von null ist, wird als begrenzte monotrope Kurve oder einfach als ‚M-Kurve' bezeichnet [Mathematische Annalen]."

In seinen Untersuchungen betrachtete S. D. Mukhopadhyay M-Kurven, die nicht unbedingt analytisch sind. Er charakterisierte M-Kurven auf eine andere Weise und untersuchte das damit verbundene Problem.

3.3   Rezeption der Forschung (Rezensionen und Auszeichnungen)

W. Blaschke schlug in Bezug auf das Papier „*Cyclic curves of an ellipsoid*" in seinem Vortrag über „*Selected Problems of Differential Geometry*" im Jahr 1932 vor und sagte, dass das Ziel von Dr. Mukhopadhyays Papier darin bestünde, bestimmte Eigenschaften von zyklischen Kurven auf einem Ellipsoid zu untersuchen, das bekanntermaßen sechs Scheitelpunkte besitzt.

J. S. Hadmard vom Institut de France zeigte einiges Interesse an den Forschungen, die von S. D. Mukhopadhyay durchgeführt wurden. In einem Brief vom 23. Februar 1923 äußerte er sich zu den Beiträgen von Professor Syamadas Mukhopadhyay in synthetischer, nichteuklidischer und Differentialgeometrie und schrieb: „*Das Interesse an Ihren Forschungen über oskulierende Kegelschnitte, sogar über nichteuklidische Geometrie und parametrische Formeln in der Differentialgeometrie von Kurven wurde durch den Vergleich mit in einer etwas anderen Linie veröffentlichten Memoiren eines Dänen, Juel, erhöht. Tatsächlich ist die Verbindung beider Arten von Arbeiten (Juel beschäftigt sich mit geraden Linien, Sie mit Kreisen und Kegelschnitten) in meinem Seminar wahrscheinlich von großer Kraft und Bedeutung für die weitere Verbesserung der Geometrie.*"

Professor Syamadas Mukhopadhyay veröffentlichte 30 originäre Arbeiten in verschiedenen nationalen und internationalen Zeitschriften. Bis auf wenige wurden die meisten von ihnen von der Universität Kalkutta als „*Collected geometrical Papers by Professor Syamadas Mukhopadhyay*" in zwei Teilen veröffentlicht. Die Bände wurden gleichzeitig in hochrangigen Zeitschriften wie *Nature* und dem *Bulletin of the American Mathematical Society* rezensiert und erhielten positive Kommentare. Die Originaltexte aus den Zeitschriften werden unten zitiert.

Die Rezension des ersten Teils der Sammlung, wie sie 1931 in *Nature* veröffentlicht wurde, besagte: „*Die in dieser Sammlung enthaltenen Arbeiten umfassen zehn über ebene Kurven und sieben über nichteuklidische, hauptsächlich hyperbolische Geometrie. Die Arbeiten der ersten Gruppe umfassen sechs, die sich mit solchen Themen wie der geometrischen Theorie eines ebenen nichtzyklischen Bogens, zyklischen und sextaktischen Punkten und einer verallgemeinerten Form des Böhmerschen Theorems befassen, bei denen Methoden der reinen Geometrie angewendet werden, in mehreren Fällen neue Methoden von erheblichem Interesse. In dieser Gruppe gibt es auch vier Arbeiten zur allgemeinen Theorie der oskulierenden Kegelschnitte, bei denen die Methoden der Differentialgeometrie auf eher neuartige Weise angewendet werden. Die Arbeiten in der zweiten Gruppe bieten ebenfalls einige neue Aspekte, und unter einer*

Reihe von interessanten Ergebnissen kann eine Erweiterung der bekannten Korrespondenz zwischen einem rechtwinkligen Dreieck und einem dreirechtwinkligen Viereck in hyperbolischer Geometrie hervorgehoben werden, sodass ein regelmäßiges Fünfeck einbezogen wird. Das Buch kann allen empfohlen werden, die sich für Geometrie interessieren, ob euklidisch oder nicht, und die etwas über den Fortschritt der geometrischen Studien an indischen Universitäten erfahren möchten." [Nature, no. 3205, vol. 127, April 4, (1931), 516]

Die gleiche Sammlung von Arbeiten wurde 1931 von Professor Virgil Snyder im *Bulletin of the American Mathematical Society* rezensiert, und der genaue Text der Rezension wird unten zitiert. Professor Synder schrieb:

Die vorliegende Sammlung enthält 17 Arbeiten, die zuvor in asiatischen Zeitschriften im Zeitraum 1908–1928 veröffentlicht wurden. Die behandelten Themen fallen in drei allgemeine Kategorien, die topologische Fragen betreffen, einschließlich zyklischer Punkte, sextaktischer Punkte usw. von ebenen Kurven, die Dreiecke und Vierecke in hyperbolischer Geometrie betreffen, und die Methoden zur Visualisierung von Darstellungen des vierdimensionalen Raums. Die Methoden sind meist die der elementaren Geometrie, obwohl differentielle Ausdrücke in der Behandlung der Oskulation frei verwendet werden. Die Beweise sind auffallend direkt und einfach, und viele der Theoreme wurden zuerst veröffentlicht, bevor sie von anderen aufgestellt wurden. Für Forscher in Topologie werden die Arbeiten von echtem Nutzen sein. [Bulletin of the American Mathematical Society, 36 (no. 9), (1931), 614]

Der zweite Band der gesammelten Arbeiten wurde 1932 erneut in *Nature* rezensiert. Die Rezension wird genau so zitiert, wie sie in der veröffentlichten Version vorliegt. Es wurde gesagt:

Dieser Band ist eine Fortsetzung des Bandes von Arbeiten desselben Autors, der 1929 veröffentlicht und am 4. April 1931 in Nature, S. 516, rezensiert wurde. Es gibt zwei Arbeiten über ebene konvexe Ovale, aber der Hauptteil des Buches besteht aus sieben Arbeiten über die Differentialgeometrie von Kurven in einem N-Raum. Letztere sind sowohl aufgrund der verwendeten originären Methoden als auch der erzielten Ergebnisse von besonderem Interesse. Sie befassen sich mit parametrischen Koeffizienten und ihren Eigenschaften, der Erweiterung der Serret-Frenet-Formeln auf Kurven im N-Raum, der Ausdrucksweise der Koordinaten in Bezug auf den Bogen, Krümmungen an einem singulären Punkt und oskulierenden Sphären. Leider ist die Untersuchung auf den euklidischen Raum beschränkt, aber der Autor behauptet, dass sie durch die Verwendung einer bestimmten Distanzformel ohne unüberwindbare Schwierigkeiten auf jede Art von nichteuklidischem Raum angepasst werden kann. Es wäre von einigem Interesse, wenn ein solches Programm tatsächlich durchgeführt würde, wenn auch nur für die vier- und fünfdimensionalen Räume, die in der Relativitätstheorie verwendet werden. Die abstrakte Natur der behandelten Themen macht die Arbeiten schwer lesbar, aber Studenten der algebraischen Geometrie sollten viel Interessantes finden. Das Buch ist klar gedruckt und ungewöhnlich frei von Druckfehlern und ist eine Ehre für die Calcutta University Press. [Nature, no. 3323, vol. 132, July 7, (1933):48]

Die Rezension der gleichen Sammlung von Arbeiten wurde 1932 von Professor Virgil Snyder im *Bulletin of the American Mathematical Society* durchgeführt. Er schrieb: „*Teil I der gesammelten Arbeiten wurde 1930 veröffentlicht und in diesem Bulletin, Bd. 36 (1931), S. 614, rezensiert. In Teil II wird die Paginierung fortgesetzt, und die Aufmachung ist die gleiche wie die von Teil I. Es enthält zwei Auf-*

sätze über die Topologie der Ebene, die 1931 in der Mathematischen Zeitschrift und im Tohuku Mathematical Journal erschienen sind, und sieben über die parametrische Darstellung von Kurven im n-Raum, von denen alle bis auf einen (der Griffiths-Memorial-Prize-Aufsatz von 1910) von 1909 bis 1915 im Bulletin of the Calcutta Mathematical Society veröffentlicht wurden. Die Argumentation und der Standpunkt der Arbeiten zur Topologie ähneln denen in Teil I. Es werden nur elementare Methoden verwendet, aber mit auffallender Originalität und Reichtum an neuen Ergebnissen. Die meisten davon betreffen zyklische und sextaktische Punkte auf kontinuierlichen Ovalen.

Die anderen Aufsätze handeln von Differentialgeometrie auf analytischen Kurven in einem euklidischen n-Raum. Eigenschaften werden in Bezug auf Determinanten von Ableitungen verschiedener Ordnungen der Koordinaten in Bezug auf den Parameter ausgedrückt.

Der erste intrinsische Parameter ist die Bogenlänge. Der zweite ist die Projektion der Fläche des Dreiecks, das durch drei Punkte gebildet wird, die auf der Kurve zusammenfallen, summiert über das Integrationsintervall usw. Eine Kurve in S hat n solche intrinsischen Parameter. Sie sind unabhängig von den gewählten Koordinaten und dem Parameter. Jede n−1 unabhängige Gleichungen, die diese Parameter verbinden, bestimmen eine Kurve in S, intrinsisch. Die verallgemeinerte Idee der Krümmung, sphärisch der Oskulation, quadrisch der Oskulation usw. kann nun ausgedrückt werden. Die Ergebnisse im Fall von ebenen Kurven werden mit denen verglichen, die durch projektive Differentialgeometrie erhalten wurden. Die gleichen Ideen werden dann auf Kurven in S ausgedehnt. Manchmal scheint die Menge an notwendiger Maschinerie ein wenig verwirrend, aber man wird bald durch ein unerwartetes allgemeines Theorem getröstet, das aus dem Labyrinth der Formeln hervorgeht. Die verschiedenen Arten von singulären Punkten und die damit verbundene parametrische Darstellung in Serien werden ausführlich behandelt. Die Arbeiten enthalten eine mächtige Waffe, um metrische Probleme in analytischen Kurven des Hyperraums zu bekämpfen" [Bulletin of the American Mathematical Society, 38(7), (1932), p. 480].

Einige Meinungen international bekannter Mathematiker über die Arbeit von Professor Mukhopadhyay könnten von Interesse sein.

Professor J. Hadamard (Paris) sagte:

Mein Interesse an Ihren neuen Methoden in der Geometrie einer ebenen Kurve, das ich 1909 in einer (anonymen) Notiz in der Revue générale des sciences zum Ausdruck gebracht hatte, hat seitdem keineswegs nachgelassen.

Genau in meinem Seminar oder Kolloquium am Collège de France haben wir solche Themen überprüft und alle meine Zuhörer und Kollegen waren sehr an Ihrer Art der Forschung interessiert, die wir alle als einen der wichtigsten Wege für die mathematische Wissenschaft betrachten.

Professor F. Engel (Geissen) kommentierte:

Ich bin überrascht über die schönen neuen Berechnungen zu den rechtwinkligen Dreiecken und den vier rechtwinkligen Quadrilateren (in hyperbolischer Geometrie)... Ihre Analogien im Gauß'schen Pentagramma Mirificum sind höchst bemerkenswert.

Professor W. Blaschke (Hamburg) schrieb:

Ich danke Ihnen sehr für die Zusendung Ihrer schönen geometrischen Arbeit. Wenn, wie ich hoffe, eine neue Ausgabe meiner Vorlesungen über Differentialgeometrie erscheint, werde ich nicht vergessen, zu erwähnen, dass Sie der Erste waren, der die schönen Theoreme über die Anzahl der zyklischen und sextaktischen Punkte auf einer Ovalform gegeben hat.

Professor F. Cajori (Kalifornien) schrieb an Professor S. D. Mukhopadhyay:

Ich gratuliere Ihnen zu Ihrem Erfolg in der Forschung. Wenn ich jemals die Zeit und Gelegenheit habe, meine Geschichte der Mathematik zu überarbeiten, werde ich Gelegenheit haben, auf Ihre interessante Arbeit zu verweisen.

Professor T. Hayashi (Japan) schrieb:

Aufrichtig gratuliere ich Ihnen zu Ihren Neuen Methoden in der Geometrie, *insbesondere zum* Konzept der Intimität.

Professor A. R. Forsyth (London) schrieb:

Ihre Arbeiten im Zusammenhang mit analytischer und Differentialgeometrie sind wertvoll und interessant.

Professor L. Gedeaux (Lüttich) kommentierte:

Eine erste Lektüre Ihrer Arbeiten hat mein großes Interesse geweckt. Wie ich geschrieben habe, beabsichtige ich, diese Fragen frühzeitig meinen Studenten der Géométrie supérieure vorzustellen, eine Vorstellung, in der ich die Arbeiten von M. Juel einbeziehen möchte.

Die oben zitierten Rezensionen aus international renommierten Zeitschriften sowie die Kommentare der damals bekannten Mathematiker spiegeln deutlich die Bedeutung der von Syamadas Mukhopadhyay durchgeführten Forschung und das Interesse wider, das sie in der mathematischen Arena der 30er-Jahre des 20. Jahrhunderts weckte. Nach seiner Pensionierung von der Fakultät für Reine Mathematik im Jahr 1932 nutzte S. D. Mukhopadhyay das Ghosh Travelling Fellowship der Universität Kalkutta und ging nach Europa, um die dortigen Bildungsmethoden zu studieren.

Dies gab ihm auch die Möglichkeit, persönlich mit den bedeutenden Mathematikern Europas zu interagieren. Er nutzte diese Gelegenheit und erläuterte die von ihm entwickelten Prinzipien den mathematischen Kreisen des Westens. Er studierte auch sorgfältig die vorherrschenden Bildungsmethoden in den von ihm besuchten europäischen Ländern. Bei seiner Rückkehr nach Indien schrieb er ausführliche Memoiren auf der Grundlage seiner Beobachtungen. Nach dem Tod von Ganesh Prasad im Jahr 1935 wurde Syamadas Mukhopadhyay zum Präsidenten der Calcutta Mathematical Society gewählt. Er zeigte großes Interesse an allen Angelegenheiten, die mit der Gesellschaft in Verbindung standen, bis zu seinem Tod im Jahr 1937.

Abgesehen von dem Mathematiker Syamadas Mukhopadhyay wird ein näherer Blick auf den Mann selbst sehr schön von seinem berühmten Schüler G. Bhar dargestellt. Dieser schrieb:

Mukhopadhyay war ein Mann mit weitreichende Interessen und großer Kultur. Er hatte eine künstlerische Ader und war einst ein begeisterter Amateurfotograf von nicht geringer Bedeutung. Seine Liebe zum Schönen und Erhabenen fand Ausdruck in seiner glühenden Leidenschaft für die Rosenkultur. Seine Sammlung von Rosen in seinem Landhaus in Mihijam ist einzigartig in Indien, und er bereicherte sie jedes Jahr durch direkte Importe von Rosenstämmen aus England, Frankreich, Holland und anderen europäischen Ländern.

Er war ein Mann mit einfachen Gewohnheiten und ein sehr zurückgezogen lebender Mensch, der es vorzog, dem Glamour des öffentlichen Lebens fernzubleiben. Er blieb in seiner eigenen Arbeit vertieft. Sehr richtig beobachtete sein anderer berühmter Schüler, M. C. Chaki: *„Mukhopadhyay hinterließ ein Beispiel für einfaches Leben und hochgeistiges Denken."* Am 8. Mai 1937 machte er seinen letzten Atemzug.

Dieser Artikel ist in dem Bemühen geschrieben, die Errungenschaften des großen Geometers von Indien hervorzuheben und der heutigen Generation bekanntzumachen sowie das Andenken an einen Mann zu bewahren, der so großzügig zur Welt der Mathematik beigetragen hat.

3.4   Wichtige Meilensteine im Leben von Professor Syamadas Mukhopadhyay

1866: Geboren am 22. Juni 1866 in Haripal im Hooghly-Distrikt des ungeteilten Bengalen.

1888: Abschluss am Hooghly College.

1890: Er erhält seinen M. A.-Abschluss in Mathematik vom Presidency College, Kalkutta (angeschlossen an die Universität Kalkutta).

1904: Wechsel zum berühmten Presidency College, Kalkutta. Er arbeitet dort acht Jahre lang.

1909: Veröffentlichung der Originalforschungsarbeit mit dem Titel *„New Methods in the Geometry of a Plane Arc I, Cyclic and Sextactic Points"* [Bulletin Bulletin of the Calcutta Mathematical Society, Vol. 1, (1909), 31–37]. Dies führt zur Entwicklung des berühmten Theorems, international bekannt als *„Mukhopadhyays Vierscheitelsatz".*

1909: Er gewinnt den Griffith's Prize der Universität Kalkutta für seine mathematische Dissertation mit dem Titel *„On the infinitesimal analysis of an arc".*

1910: Er erhält den Ph. D.-Grad der Universität Kalkutta für seine originäre Arbeit in Differentialgeometrie. Seine Dissertation trägt den Titel *„Parametric Coefficients in Differential Geometry of Curves".* Er ist der erste Inder, der einen Doktortitel in Mathematik an der Universität Kalkutta und in Indien erhält.

1912: Er tritt der neu gegründeten Fakultät für Reine Mathematik der Universität Kalkutta als Dozent bei.

1926: Er wird zum ordentlichen Professor in der Fakultät für Reine Mathematik, Universität Kalkutta, ernannt.

1931–1932: Die Universität Kalkutta veröffentlicht die meisten seiner wichtigen Forschungsarbeiten in zwei Bänden mit dem Titel *„Collected Geometrical Papers by Professor Syamadas Mukhopadhyay"*. Die Sammlung erhält breite Bewunderung von international bekannten Mathematikern, und sehr gute Rezensionen werden in *Nature* und im *Bulletin of the American Mathematical Society* veröffentlicht.

1935: Er wird zum Präsidenten der Calcutta Mathematical Society gewählt.

1937: Er stirbt am 8. Mai 1937 in Kalkutta.

Kapitel 4
Ganesh Prasad (1876–1935)

4.1 Geburt, frühe Bildung

Ganesh Prasad wurde am 15. November 1876 in der kleinen Stadt Ballia in Uttar Pradesh geboren. Er stammte aus einer wohlhabenden Familie. Nachdem er 1891 seine Aufnahmeprüfung der Universität mit einer Eins bestanden hatte, studierte er am Muir Central College in Allahabad. Dort schloss er 1895 sein Studium der Mathematik (Honours) ab. Anschließend erwarb er M. A.-Abschlüsse in Mathematik an den Universitäten Allahabad und Kalkutta und wurde 1898 von der Universität Allahabad für seine originären Beiträge zur mathematischen Forschung mit dem D. Sc.-Grad ausgezeichnet. Nach einer kurzen Tätigkeit als Dozent am Kayasth Pathshala in Allahabad erhielt er 1899 ein Stipendium der indischen Regierung, um in England weiterführende Studien und Forschungen in Mathematik zu betreiben.

4.2 Höhere Bildung, Karriere, Forschungsbeiträge

In Cambridge studierte Ganesh Prasad Mathematik am Christ Church College bei bedeutenden Mathematikern wie Professor E. W. Hobson FRS (Fellow of the Royal Society) (1856–1933), A. R. Forsyth FRS (1858–1942) und Sir E. T. Whittaker (1873–1956). Während seiner Zeit in Cambridge waren Allan Baker und Lamour seine Zeitgenossen. Damals nahm er am Wettbewerb um den Adams-Preis der Universität Cambridge teil. Dafür reichte er seine originäre Forschungsarbeit mit dem Titel *„On the Constitution of Matter and Analytical Theories of Heat"* ein. Aber in jenem Jahr wurde niemandem der prestigeträchtige Preis verliehen.

© Der/die Autor(en), exklusiv lizenziert an Springer Nature Singapore Pte Ltd. 2024
P. Mukherji, *Namhafte indische Mathematiker und Statistiker*,
https://doi.org/10.1007/978-981-97-0100-1_4

Danach zog Ganesh Prasad weiter nach Göttingen in Deutschland, um seine mathematische Forschung fortzusetzen. Er begann unter der Leitung des berühmten deutschen Mathematikers Professor Felix Klein (1849–1925) zu arbeiten. Er zeigte Professor Klein seine frühere Forschungsarbeit. Professor Klein war sehr beeindruckt davon und ließ die Arbeit in den Göttinger Abhandlungen veröffentlichen [*„On the Constitution of Matter and Analytical Theories of Heat"*: Abhandlungen der königl. Gesellschaft der Wissenschaften zu Göttingen, 1903] Während seiner Forschungsarbeit an der Universität Göttingen kam Ganesh Prasad in engen Kontakt mit Männern wie A. J. Sommerfeld, David Hilbert und Georg Cantor.

Während seines Aufenthalts in Göttingen löste Ganesh Prasad ein weiteres wichtiges Problem und verfasste es als mathematische Forschungsarbeit mit dem Titel *„On the Notion of Lines of Curvature"* und zeigte es Professor D. Hilbert. Professor Hilbert war sehr beeindruckt von Dr. Prasads Lösungsmethode und teilte sie sofort der Königlichen Gesellschaft der Wissenschaften zu Göttingen mit. Diese Arbeit wurde 1904 in den „Abhandlungen der königlichen Gesellschaft der Wissenschaften zu Göttingen" (eigene Übersetzung) veröffentlicht.

Nach fünf sehr fruchtbaren Jahren des Studiums und der Forschung im Ausland kehrte Dr. Ganesh Prasad 1904 nach Indien zurück. Bei seiner Rückkehr wurde er zum zusätzlichen Professor für Mathematik am Muir Central College Allahabad ernannt. Kurz darauf wurde er im selben Jahr zum Professor für Mathematik am Queen's College in Banaras ernannt. 1905 ging Pandit Sudhakar Dwivedi, der damalige Leiter der Fakultät für Mathematik am Queen's College in Banaras, in den Ruhestand. Dann musste Professor Ganesh Prasad zusätzliche Verantwortlichkeiten dort übernehmen. Als einziges Mitglied der Fakultät musste er allein in allen vier Abschlussklassen unterrichten. Aber selbst in diesem jungen Alter und mit so viel Unterrichtslast fand Professor Ganesh Prasad Zeit, zwei Studenten bei der Vorbereitung auf ihren D. Sc.-Grad zu helfen. Dies zeigt deutlich Professor Ganesh Prasads große Liebe zur mathematischen Forschung. Dieser Punkt wird später ausführlicher diskutiert und hervorgehoben.

Trotz seiner verschiedenen Verpflichtungen und eines überaus hektischen Arbeitsplans hielt sich Sir Asutosh Mookerjee gut über die zeitgenössische mathematische Forschung seiner Zeit informiert. Offensichtlich hatten die Leistungen von Ganesh Prasad in der mathematischen Forschung und seine Veröffentlichungen in wissenschaftlichen Zeitschriften die Aufmerksamkeit von Sir Asutosh erregt, der damals der Vizekanzler der Universität Kalkutta war. Er war gerade dabei, die Postgraduiertenfakultäten für reine und gemischte Mathematik an der Universität Kalkutta einzurichten. So verlor Sir Asutosh keine Zeit und lud Ganesh Prasad 1914 ein, der erste Rashbehary-Ghosh-Professor an der Fakultät für Gemischte Mathematik zu werden, die später als Fakultät für Angewandte Mathematik bekannt wurde. Vier Jahre lang diente Professor Prasad der Universität Kalkutta, kehrte aber 1917 als Professor für Mathematik an die Banaras Hindu University und auch als Ehrenrektor des Central Hindu College nach Banaras zurück. Nach sechs Jahren wurde er 1923 erneut von Sir Asutosh Mookerjee eingeladen, das Hardinge Professorship of Higher Mathematics in der Fakultät für Reine Mathematik zu übernehmen. Dr. Ganesh Prasad blieb bis zu seinem Tod am 9. März 1935 in dieser Position.

Dieser große Mathematiker erhöhte das Ansehen der Universität Kalkutta in zweierlei Hinsicht. Erstens sind seine persönlichen Forschungsbeiträge in der Mathematik legendär. Er war der Autor einer großen Anzahl von Forschungsarbeiten, Memoiren und Rezensionen. Zweitens spielte er eine entscheidende Rolle beim Aufbau von zwei starken Forschungsschulen in den Fakultäten für Gemischte Mathematik und Reine Mathematik.

Die Forschungsarbeit von Dr. Ganesh Prasad kann grob in drei Hauptgruppen eingeteilt werden. Die erste Gruppe besteht aus Arbeiten zur angewandten Mathematik, insbesondere in der Theorie der Potenziale. Auf diesem Gebiet nutzte Ganesh Prasad sein tiefes Wissen über die Theorie der Funktionen einer reellen Variablen. Die vor ihm tätigen Forscher hatten die Fälle nicht berücksichtigt, in denen unter besonderen Umständen die Differentialkoeffizienten entweder unendlich wurden oder nicht existierten. Dr. Ganesh Prasad untersuchte solche Fälle gründlich. Ein bemerkenswerter Beitrag zu dieser Gruppe war die Denkschrift mit dem Titel *„Constitution of Matter and Analytical Theories of Heat"*, die bereits früher erwähnt wurde. Diese Arbeit gilt als eine autoritative Lösung eines schwierigen Problems in der mathematischen Physik. Felix Klein betrachtete sie als eine sehr zufriedenstellende Lösung.

Auf Vorschlag von Hilbert nahm er Studien über die Krümmung von Oberflächen auf. Er arbeitete auch an der Potenzialtheorie, wo er viele bedeutende Beiträge leistete. In seiner Arbeit mit dem Titel *„On the Potential of Ellipsoids"* [Messenger of Mathematics, (1901), 8] verwendete er die Methode der Reihenexpansion. Tatsächlich ist dies ein Hinweis auf seine späteren Arbeiten über die Summationstheorie und asymptotische Expansionen. Das bemerkenswerteste Merkmal dieser Arbeit ist, dass sie eine Expansion jeder algebraischen Integralfunktion in sphärischen Harmonischen liefert. Da man sich mit Integralfunktionen befasst, ist das Wissen über die Singularitäten der Integrale nicht notwendig. Dr. Prasads Methode, das unzulässige Verhalten bestimmter Parameter zu umgehen, ist ziemlich bemerkenswert. Sie gilt für die Expansion in jedem Funktionenraum beliebiger Dimensionen.

Obwohl Professor Ganesh Prasad von seiner Ausbildung her ein reiner Mathematiker war, sind einige seiner Forschungsarbeiten zu vielen Problemen der angewandten Mathematik wirklich bemerkenswert. Fast ein Jahrhundert, nachdem er diese Arbeiten veröffentlicht hatte, begannen Mathematiker international Interesse an ihnen zu zeigen.

Die zweite Gruppe besteht aus Forschungsarbeiten zur Theorie der Funktion einer reellen Variablen, wobei der Schwerpunkt hauptsächlich auf Fourier-Reihen liegt. Dies war das Hauptinteresse von Professor Prasad. Die Arbeit auf diesem Gebiet macht den größten Teil seiner Forschung aus. Er hat eine Reihe von Ergebnissen zur Summierbarkeit und starken Summierbarkeit von Fourier-Reihen verfasst. Die meisten seiner Arbeiten auf diesem Gebiet basieren auf einer speziellen Art von Funktionen, die Diskontinuitäten zweiter Art aufweisen.

In seiner Arbeit mit dem Titel „*On the present state of the theory and application of Fourier Series*" [Bulletin of the Calcutta Mathematical Society, Vol. 2, (1910–1911), 17–24], stellte Ganesh Prasad in seinen abschließenden Bemerkungen drei Probleme auf, die als (A), (B) und (C) vor den Mathematikern seiner Zeit erwähnt wurden. Die mathematischen Ausdrücke sind zu umständlich und werden hier nicht erwähnt. Die historische Entwicklung im Zusammenhang mit diesen ist jedoch interessant. Übrigens sei erwähnt, dass die von Professor Ganesh Prasad vorgeschlagenen Probleme grundlegend für die Theorie der Fourier-Reihen sind. Später stellte ein russischer Mathematiker namens N. N. Luzin (1883–1950) über das zweite Problem (B), das von Professor Prasad gestellt wurde, eine Vermutung auf. Kurz gesagt, war diese, dass „*die Fourier-Reihe einer quadratisch integrierbaren Funktion, einschließlich kontinuierlicher Funktionen, fast überall konvergiert*". Im Jahr 1966 bewies der berühmte schwedische Mathematiker Lennart Carleson (geb. 1928) diese Vermutung als korrekt. Im Jahr 2006 erhielt er für diesen bedeutenden Beitrag den Abel-Preis.

Das oben genannte Ereignis unterstreicht die Tatsache, dass Ganesh Prasad sich sehr wohl der grundlegenden Probleme des Themas bewusst war, mit dem er sich beschäftigte. Durch seine eigenen Forschungsarbeiten lenkte er die Aufmerksamkeit der internationalen Gemeinschaft der Mathematiker auf diese Herausforderungen. So wurde das von ihm in seiner Veröffentlichung von 1910 aufgeworfene Problem schließlich 1966 von L. Carleson gelöst und brachte ihm den Abel-Preis ein.

Er hielt auch eine Reihe von sechs Vorlesungen über die Forschungen in der Theorie der Fourier-Reihen. Im Jahr 1928 veröffentlichte die Universität Kalkutta diese Vorlesungen in Form eines Buches mit dem Titel „*Six lectures on Recent Researches in the Theory of Fourier series*" [Universität Kalkutta (1928)]. In diesem Buch hat er das Konvergenzproblem der Fourier-Reihen ausführlich diskutiert. Es sei darauf hingewiesen, dass Ganesh Prasad eine bemerkenswerte Veröffentlichung mit dem Titel „*On the summability (C1) of the Fourier Series of a function at a point where the function has an infinite discontinuity of the second kind*" [Bulletin of the Calcutta Mathematical Society, Vol. 19, p. 51–58] gemacht hat.

Seine dritte Reihe von Forschungsarbeiten befasst sich mit sphärischen Harmonischen und Legendre-Funktionen. Es sei darauf hingewiesen, dass die sphärischen Harmonischen der Winkelteil der Lösung zur **Laplace-Gleichung** in **sphärischen Koordinaten** sind, wo keine azimuthale Symmetrie vorhanden ist. Er untersuchte die Expansion von Funktionen in einer Reihe von sphärischen Harmonischen.

Prof. Prasad hat einen interessanten Satz gegeben, mit dem eine beliebige Funktion leicht als Summe von Oberflächenharmonischen ausgedrückt werden kann [Vide Hobson, „*Theory of Spherical and Ellipsoidal Harmonics*"; University of Cambridge, (1931) p. 148]. Dieses Buch von E. W. Hobson wurde später 1955 erneut gedruckt. In dem oben genannten Buch bezog sich der Autor auf die Arbeit von Dougall, die 1913 veröffentlicht wurde, und kommentierte gleichzeitig, dass eine ähnliche Arbeit bereits 1912 von Ganesh Prasad veröffentlicht worden war. In diesem Zusammenhang schrieb Hobson:

Eine etwas andere, aber äquivalente, Form für f_n (Polynomfunktion vom Grad n) war bereits von G. Prasad gegeben worden. Mit dieser Formel wird der Wert von f_n über einer Kugel r = a als Summe von Oberflächenharmonischen ausgedrückt.

In diesem Zusammenhang sei erwähnt, dass Prof. Ganesh Prasads Buch mit dem Titel „*Treatise on Spherical Harmonics and the Functions of Bessel and Lamé*" als klassisches Werk in der Mathematik angesehen wird.

Das bemerkenswerteste an Prof. Ganesh Prasads Forschungsarbeit war, dass er immer herausfordernde Probleme in Bereichen aufgriff, die zu seiner Zeit sehr relevant waren. Er selbst arbeitete in solchen Bereichen und motivierte seine Forschungsstudenten, die damit verbundenen Probleme weiter zu untersuchen.

Er war ein bemerkenswerter Lehrer und Forschungsleiter in der modernen höheren Mathematik im kolonialen Indien. Deshalb lud der Mathematiker und Vizekanzler der Universität Kalkutta, Sir Asutosh Mookerjee, ihn zweimal ein und überredete ihn, die Verantwortung für beide Fakultäten, die für Gemischte und Reine Mathematik, seiner Universität zu übernehmen. Professor Ganesh Prasad war beide Male erfolgreich und trug maßgeblich zum Aufbau starker Forschungsschulen in beiden Fakultäten zur Zufriedenheit von Sir Asutosh bei.

Um den Punkt zu verdeutlichen, werden wir ein oder zwei Fälle aufgreifen. Zum Beispiel im Kontext seiner Arbeit mit dem Titel „*On the fundamental theorem of the Integral Calculus for Lebesgue Integrals* [Bulletin of the Calcutta Mathematical Society, 16, (1926) 109–116.], sind die folgenden Merkmale bemerkenswert. In zwei seiner früheren Arbeiten, nämlich „*On the fundamental theorem of Integral Calculus*" [Bulletin of the Calcutta Mathematical Society, 15, (1924–25), 1–4.] und „*On the fundamental theorem of the Integral Calculus in the case of Repeated Integrals*" [Bulletin of the Calcutta Mathematical Society, 16, (1926) (1–8)] hatte er die Probleme untersucht:

Entscheidung (1) ob der Differentialkoeffizient des riemannschen unbestimmten Integrals einer Funktion, die an einem Punkt im Integrationsgebiet eine Unstetigkeit zweiter Art aufweist, an diesem Punkt existiert oder nicht, und (2) den Wert im ersteren Fall zu finden, das heißt, wenn er existiert.

Nach diesen Berechnungen war sein Ziel in der dritten Arbeit, anhand ausgewählter Beispiele zu zeigen, dass für das Lebesgue-Integral einer Funktion, deren Unstetigkeiten der zweiten Art waren, viele Merkmale auftreten, die denen in den zuvor genannten Arbeiten ähnlich sind, obwohl die Funktion nach Riemanns Definition nicht integrierbar war.

Historisch gesehen ist zu bemerken, dass der erste ernsthafte Beitrag zur Untersuchung des Problems die Arbeit mit dem Titel „*Ueber die Differenzierbarkeit eines Integrales nach der oberen Grenze*" [Nachrichten der Königlichen Gesellschaft der Wissenschaften zu Göttingen, (1893), p. 696–700] war. Die Arbeit wurde von dem verstorbenen Professor J. Thomae aus Jena im Oktober 1893 der Königlichen Gesellschaft zu Göttingen vorgelegt. Die Einleitung zu der Arbeit, ins Englische übersetzt (Eigenübersetzung ins Deutsche), wäre: „Wenn $f(x)$ eine zwischen den Grenzen a und b integrierbare Funktion ist, wenn für einen Wert c von x zwischen a und b, $f(c + 0)$ nicht existiert", dann stellt sich die Frage, ob $\omega(x) = \int_a^x f(x)\mathrm{d}x$, einen progressiven Differentialkoeffizienten am Punkt C besitzt oder nicht. Da im Allgemeinen der progressive Differentialkoeffizient von $\omega(x)$ gleich $f(x+0)$ ist, liegt es nahe zu schlussfolgern, dass dieser Differential-koeffizient am Punkt C nicht existiert. Prof. Thomae bewies den oben genannten Satz mithilfe des zweiten Mittelwertsatzes von Du Bois-Reymond.

In dem bekannten Buch mit dem Titel *„Bericht über die Entwickelung der Lehre von den Punktmannigfaltigkeiten"* (Leipzig, 1900) widmet Prof. A. Schoen-flies ein ganzes Kapitel dem Fundamentalsatz der Integralrechnung.

Professor Ganesh Prasad schlug weiterhin das folgende Problem vor: *„Nicht differenzierbare Funktionen nach der Anzahl der Grenzpunkte zu klassifizieren, die ihre Nullstellen in einem endlichen Intervall besitzen".*

S. K. Bhar wurde von Ganesh Prasad ermutigt, die Untersuchung durchzu-führen.

Professor Ganesh Prasads eigener Forschungsstipendiat Dr. Avadesh Narayan Singh hatte unter seiner Anleitung zwei originäre Forschungsarbeiten auf diesem Gebiet veröffentlicht.

In der ersten Arbeit definierte Dr. Singh eine Klasse von nicht differenzierbaren Funktionen, die in den „Annals of Mathematics" [Vol. 28, (1927), S. 472–476] veröffentlicht wurde.

In der zweiten Arbeit der Serie mit dem Titel *„On the unenumerable zeros of Singh's of Non-differentiable functions'* [Bulletin of the Calcutta Mathematical So-ciety, 22, (1929), 91–102], hat Dr. A. N. Singh die Nullstellen dieser Klasse von Funktionen untersucht und nützliche Schlussfolgerungen gezogen.

Als drittes Beispiel werden wir erneut die Meisterschaft von Dr. Ganesh Prasad als Forschungsleiter zeigen. Bereits 1915 veröffentlichte Prof. Ganesh Prasad eine Forschungsarbeit mit dem Titel *„On the existence of the mean differential coeffi-cient of a continuous function"* [Bulletin of the Calcutta Mathematical Society, 3, (1911–12), 53–54]. In dieser Arbeit stellte Prof. Prasad eine Frage: *„Gibt es eine stetige Funktion, die für keinen Wert von x einen mittleren Differentialkoeffizienten hat?"*

Ermutigt durch Ganesh Prasad nahm einer seiner Schüler, Santosh Kumar Bhar, das Problem auf. Prof. Prasad hatte in seiner eigenen Arbeit die nicht differenzier-baren Funktionen von Weierstraß, Darboux, Lerch, Fabex und Landsberg unter-sucht. Er stellte fest, dass jede dieser Funktionen eine Menge von Punkten hat – überall dort dicht, wo die mittleren Differentialkoeffizienten existieren. S. K. Bhar untersuchte sorgfältig einige der zu dieser Zeit entdeckten nicht differenzier-baren Funktionen, wie die von Steintz [Mathematische Annalen, Bd. 52 (1892), S. 58–62], Peano [Mathematische Annalen, Bd. 26], A. N. Singh [Annals of Mat-hematics, 28 (1927), 472–476] und Hahn [Jahresber d. deutsch. Mathem.-Verei-nigung, Bd. 26 (1918), S.281–284] und kam zu identischen Schlussfolgerungen. Danach nahm S. K. Bhar einige nicht von Ganesh Prasad untersuchte nicht differenzierbare Funktionen auf und entdeckte schließlich einige wichtige Ergeb-nisse im Fall der Dini-Funktion [Annali di matematica, Ser. 2, t, (1877), 8].

S. K. Bhar folgerte daraus:

I. Im Allgemeinen existiert der mittlere Differentialkoeffizient an jedem rationalen Punkt in (0, 1) nicht.

II. Es ist vollständig bewiesen, dass in allen Fällen von irrationalen Zahlen der mittlere Differentialkoeffizient nicht existiert.

So ermutigt und inspiriert von Dr. Ganesh Prasad veröffentlichte S. K. Bhar eine bemerkenswerte Forschungsarbeit mit dem Titel „*On a continuous function which has no mean differential coefficient for any value of x*", die im Bulletin of the Calcutta Mathematical Society veröffentlicht wurde.

Prof. Ganesh Prasad hatte das Problem unabhängig einem seiner Schüler, Dr. Lakshmi Narayan, vorgeschlagen. Ohne vorherige Kenntnis der Ergebnisse von Thomae baute L. Narayan eine Theorie auf und nannte sie „Integration—Bild". Prof. Ganesh Prasad war jedoch der Meinung, dass die Methode von Dr. Lakshmi Narayan nicht geeignet sei, ein allgemeines Kriterium zu geben. Während er das Manuskript von Dr. L. Narayans Arbeit durchging [die in den „Proceedings of the Banaras Mathematical Society" in den Jahren 1924–1925 veröffentlicht wurde], wurde Prof. Ganesh Prasad an dem Problem interessiert. Er arbeitete an allen drei damit verbundenen Problemen, die am Anfang erwähnt wurden. Die von ihm gegebenen Kriterien gelten als einfacher und allgemeiner als das von Thomae gegebene Kriterium.

Mr. J. M. Whittaker, ein bekannter britischer Mathematiker, wurde ebenfalls auf das Problem aufmerksam, nachdem er die Arbeit von Dr. Lakshmi Narayan gelesen hatte. Später veröffentlichte er eine Arbeit mit dem Titel „*The differentiation of an Indefinite Integral*" [Proceedings of the Edinburgh Mathematical Soc., Vol. 46, part 2, Nov. 1925].

Diese Diskussion zeigt deutlich das außergewöhnliche Talent von Prof. Prasad, schwierige mathematische Probleme zu lösen, und auch seine Fähigkeit, andere Mathematiker zu motivieren, die damit verbundenen ungelösten Probleme aufzugreifen.

Eine weitere Forschungsarbeit von Professor Ganesh Prasad mit dem Titel „*On the zeros of Weierstrass's non-differentiable function*" („Proceedings of the Banaras Mathematical Society", Vol. XI, 1930, p. 1–8) weckte das Interesse vieler Mathematiker seiner Zeit. Professor Prasad inspirierte viele seiner Schüler, in diesem Bereich zu arbeiten, und mindestens drei sehr gute Arbeiten wurden von seinen Schülern veröffentlicht. Um die bemerkenswerte Fähigkeit von Professor Prasad zu zeigen, zu führen, zu ermutigen und das Beste aus seinen Schülern herauszuholen, möchten wir einige der Bemerkungen zitieren, die von den beteiligten Mathematikern gemacht wurden.

Ermutigt und unterstützt von Prof. Ganesh Prasad veröffentlichte Prof. Bholanath Mukhopadhyay eine Arbeit mit dem Titel „*On the limiting points of the zeros of a non-differentiable function first given by Dini*" (Bulletin of the Calcutta Mathematical Society, Vol. XXII, No. 2 and 3, 1930, p. 103–114), und in der Einleitung zu seiner Arbeit schreibt er:

Die Veröffentlichung von Dr. Ganesh Prasads bemerkenswerter Arbeit ‚On the zeros of Weierstrass's non-differentiable function' hat natürlich Mathematiker dazu veranlasst, die Nullstellen verschiedener Arten von nichtdifferenzierbaren Funktionen zu studieren.

Ein anderer Mathematiker, S. K. Bhar, veröffentlichte eine Arbeit mit dem Titel *„On the zeros of Non-differentiable functions of Darboux's type".*

S. K. Bhar schrieb im Verlauf der Arbeit:

... diejenigen, die eine grafische Darstellung von nicht differenzierbaren Funktionen geben wollten, wie Weiner, Felix Klein und G. C. Young im Fall der Weierstraß-Funktion, müssen gewünscht haben, die Nullstellen der betreffenden Funktion zu kennen. Erst kürzlich jedoch wurde die erste erfolgreiche Untersuchung dieser Art von Dr. G. Prasad veröffentlicht, der allgemeine Ausdrücke gegeben hat, aus denen die Nullstellen der Weierstraß-Funktion ermittelt werden können.

Seine bemerkenswerte Fähigkeit, Schüler zu inspirieren, führte zu einer reichen Ernte von brillanten Forschungsarbeiten in der Mathematik. Prof. Prasad inspirierte N. N. Ghosh, und er schrieb und veröffentlichte eine Arbeit mit dem Titel *„On the calculation of the zeros of Legendre Polynomials"* [Bulletin of the Calcutta Mathematical Society, 21 (1) (1929), 61–68].

Prof. G. Prasad ermutigte und leitete H. P. Banerjee dazu an, eine Arbeit mit dem Titel *„On the summability (C, 1) of Legendre series of a function at a point where the function has a discontinuity of the second kind"* zu veröffentlichen.

Die obigen Beispiele zeigen, wie erfolgreich Ganesh Prasad seine Schüler dazu motivierte, herausfordernde und wichtige mathematische Probleme aufzugreifen und zu lösen. In diesem Zusammenhang sollte bedacht werden, dass in dem von den Briten beherrschten kolonialen Indien des 19. Jahrhunderts die Mittel für Lehre und Forschung sehr knapp waren. Aber trotzdem gelang es Prof. Ganesh Prasad, viele talentierte Schüler dazu zu bringen, sich für solche unterbezahlten Berufe zu entscheiden und ihnen ihr Leben zu widmen.

Neben seiner Tätigkeit als hervorragender Lehrer, großartiger Forscher und brillanter Forschungsleiter in verschiedenen Bereichen der reinen und angewandten Mathematik, schrieb Prof. Prasad auch eine Reihe von Artikeln über die „Geschichte der Mathematik" und veröffentlichte ein bekanntes Buch über „Some great Mathematicians of the Nineteenth Century: Their lives and works". In dieser Abhandlung hat er über 16 mathematische Größen wie A. L. Cauchy (1789–1857), C. F. Gauß (1777–1855), C. G. J. Jacobi (1804–1851), N. H. Abel (1802–1829), K. T. W. Weierstraß (1815–1897), G. F. L. P. Cantor (1845–1918), J. H. Poincare (1854–1912), G. F. B. Riemann (1826–1866), J. G. Darboux (1842–1917), M. G. Mittag-Leffler (1846–1927), C. F. Klein (1849–1925), C. Hermite (1822–1901), F. Brioschi (1824–1897), L. Kronecker (1823–1891), A. L. G. G. Cremona (1830–1903) und A. Cayley (1821–1895) gesprochen und ihre mathematischen Leistungen und Beiträge ausführlich dargestellt.

Auch in diesem Bereich beeinflusste und inspirierte er zwei seiner Studenten an der Universität Kalkutta – B. B. Datta und A.N. Singh. Er inspirierte sie dazu, ernsthafte Forschungen auf den Gebieten der alten Hindu- und Jaina-Mathematik durchzuführen.

Dr. Prasad hat etwa 35 originäre Forschungsarbeiten in nationalen und internationalen Zeitschriften und 8 Bücher veröffentlicht. Er zog Studenten aus verschiedenen Teilen Indiens an, die begierig waren, unter seiner Anleitung zu forschen. Einige seiner angesehenen Studenten sind Professor B. N. Prasad von der Universität Allahabad, Professor A. N. Singh von der Universität Lucknow, Professor Braj Mohan von der Banaras-Hindu-Universität und Professor Hariprasanna Banerjee von der Universität Kalkutta. Eine Liste seiner bekannten Bücher ist unten angegeben:

- *Differential Calculus (1909),*
- *Integral Calculus (1910),*
- *An Introduction to Elliptic Function (1928),*
- *A Treatise on Spherical Harmonics and the Functions of Bessel and Lame (1930–1932),*
- *Six Lectures on Recent Researches in the Theories of Fourier Series (1928),*
- *Six Lectures on Recent Researches About Mean-Value Theorem in Differential Calculus*
- *Mathematical Physics and Differential Equations at the beginning of the twentieth Century*
- *Some Great Mathematicians of the Twentieth Century: Their Lives and Works (2 Bände).*

Er hielt sich über die zeitgenössische Forschungsarbeit auf dem Laufenden, die in den Bereichen der Mathematik, die ihn in verschiedenen europäischen Ländern interessierten, durchgeführt wurde. Er wollte auch, dass seine Studenten über die neuen Entwicklungen, die in der Mathematik stattfanden, informiert waren und ermutigte sie, Forschungen in dieser Richtung aufzunehmen. Seine speziellen Vorlesungen, die er von Zeit zu Zeit an verschiedenen Orten hielt, waren voll von solchen Materialien. Seine Antrittsvorlesung nach seiner Ernennung zum Rashbehary-Ghosh-Professor an der Fakultät für Gemischte Mathematik der Universität Kalkutta im Jahr 1914 mit dem Titel *„From Fourier to Poincaré: A Century of Progress in Applied Mathematics"* spiegelte die Tiefe seines Wissens und Verständnisses des Fachs wider.

Dieser gelehrte Wissenschaftler, brillante Mathematiker und beliebte Forschungsleiter starb am 9. März 1935 in Agra.

4.3   Wichtige Meilensteine im Leben von Professor Ganesh Prasad

1876: Geboren am 15. November 1876 in der kleinen Stadt Ballia in Uttar Pradesh.
1891: Besteht die Aufnahmeprüfung der Universität mit einer Eins.

1895: Abschluss vom Muir Central College, Allahabad, mit einer Eins in Mathematik (Honours).

1897: Erhält M. A.-Abschlüsse von den Universitäten Allahabad und Kalkutta.

1898: Erhält den D. Sc.-Abschluss von der Universität Allahabad.

1899: Reist mit einem Stipendium der indischen Regierung nach England, um höhere Studien an der Universität Cambridge zu verfolgen. Anschließend wechselt er nach Deutschland, um unter der Leitung von Professor F. Klein zu arbeiten.

1904: Kehrt nach Indien zurück.

1905: Wird zum Professor für Mathematik am Queen's College, Banaras, ernannt.

1914: Tritt der Universität Kalkutta als erster Rashbehary-Ghosh-Professor an der Fakultät für Gemischte Mathematik (später Fakultät für Angewandte Mathematik genannt) bei.

1917: Verlässt die Universität Kalkutta und tritt der „Banaras-Hindu-Universität" als Professor für Mathematik bei.

1923: Kehrt nach Kalkutta zurück und tritt der Universität Kalkutta erneut als erster indischer „Hardinge Professor" in der Fakultät für Reine Mathematik bei.

1935: Wird zum Gründungsmitglied der Indian National Science Academy gewählt.

1935: Stirbt am 9. März 1935 in Agra.

Kapitel 5
Bibhuti Bhusan Datta (1888–1958)

5.1 Geburt, Familie, Bildung

Bibhuti Bhusan Datta wurde am 28. Juni 1888 im Dorf Kanungopada in Chittagong im ungeteilten Bengalen [heutiges Bangladesch] geboren. Sein Vater Rashikchandra Datta war in einer untergeordneten Position in der Justizabteilung beschäftigt. Seine Mutter Muktakeshi Devi war eine religiöse und freundliche Dame. Obwohl seine Eltern arm waren, waren sie ehrlich, religiös und sehr hilfsbereite Menschen. Bibhuti Bhusan war das dritte von elf Kindern des Paares. Schon in seiner Kindheit zeigte Bibhuti Bhusan Anzeichen von großer Intelligenz.

Eine genaue Beobachtung des Lebens von Bibhuti Bhusan Datta zeigt zwei deutliche Eigenschaften in seiner Persönlichkeit. In den ersten Jahren seines Lebens war er ein Mathematiker, ein berühmter Mathematiklehrer an der Universität Kalkutta, ein hochintelligenter mathematischer Prüfer und ein Pionierforscher in der „Geschichte der Mathematik", der sich der Wiederherstellung des Ruhms der alten Hindu-Mathematik verschrieben hatte. In seinen späteren Jahren wurde er ein Heiliger und religiöser Philosoph, der alle weltlichen Besitztümer und Annehmlichkeiten aufgab. In der vorliegenden Abhandlung liegt der Schwerpunkt auf der Hervorhebung seiner Rolle als Pionier der Mathematik, der die mathematische Landschaft von Bengalen sowie Indien mit seiner originären Forschung in angewandter Mathematik und seiner bahnbrechenden Forschung in der Geschichte der alten Hindu-Mathematik bereicherte.

B. B. Datta bestand seine Eingangsprüfung im Jahr 1907 an der Chittagong Municipal School mit einer Eins und einem Verdienststipendium. Dann kam er nach Kalkutta und trat in das berühmte Presidency College ein, um weitere Studien zu verfolgen. Im Jahr 1909 bestand er die Zwischenprüfung in Naturwissenschaften (I. Sc.) mit einer Eins, erhielt jedoch kein Verdienststipendium. Im Jahr 1912 schloss er mit Auszeichnung in Mathematik am Scottish Church College,

Kalkutta, ab. Nach seinem Abschluss trat B. B. Datta in die neu gegründete Fakultät für Gemischte Mathematik (später bekannt als Angewandte Mathematik) des University College of Science, Universität Kalkutta, ein. Im Jahr 1914 bestand er die M. Sc.-Prüfung in Gemischter Mathematik an der Universität Kalkutta, und im Jahr 1915 erhielt er das Rashbehary-Ghosh-Stipendium und begann er seine Forschungsarbeit in Hydrodynamik.

5.2   Karriere, Forschungsbeiträge

Im Jahr 1916 wurde B. B. Datta eingestellt, um den damaligen Rashbehary-Ghosh-Professor Dr. Ganesh Prasad zu unterstützen. Im Jahr 1917 wurde er zum Dozenten in der Fakultät für Angewandte Mathematik an der Universität Kalkutta ernannt. In diesem Zusammenhang wäre es angebracht, zu erwähnen, dass der damalige Vizekanzler Sir Asutosh Mookerjee, der große Kenner akademischer Exzellenz, der Mann hinter dieser Ernennung war. Er hatte erneut einen brillanten Mathematiker ausgewählt, um der Fakultät für Angewandte Mathematik zu dienen. So begann B. B. Datta seine Lehrtätigkeit und galt bei den Studenten der Fakultät als sehr guter Lehrer. Er unterrichtete mit gleicher Leichtigkeit Statik, Dynamik, Hydrostatik, Astronomie und sogar ein für diese Zeit neues Fach wie die Theorie der Planeten. Neben seiner Lehrtätigkeit konzentrierte sich B. B. Datta auch auf seine Forschungsaktivitäten. Im Jahr 1919 erhielt er das renommierte Premchand-Roychand-Stipendium der Universität Kalkutta, und er wurde mit der Mouat-Medaille und dem „Elliot Prize" für seine originellen Beiträge auf dem Gebiet der angewandten Mathematik ausgezeichnet. Im Jahr 1921 erhielt er den D. Sc.-Grad von der Universität Kalkutta für seine herausragende Forschungsarbeit auf dem Gebiet der Hydrodynamik. Einige seiner wichtigen Forschungsbeiträge in verschiedenen Bereichen der Angewandten Mathematik, die in renommierten nationalen und internationalen Zeitschriften veröffentlicht wurden, sind unten aufgeführt:

(1) „On a method for determining the non stationary state of heat in an ellipsoid" [American Journal of Mathematics, Vol. 41, 1919, pp. 133–142],

(2) „On the distribution of electricity in the two mutually influencing spheroidal conductor" [Tohoku Mathematics Journal, 1920, pp. 261–267],

(3) „On the stability of the rectilinear vortices of compressible fluids in an incompressible fluid" [Philosophical Magazine, Vol. 40, 1920, pp. 138–148],

(4) „Notes on vortices of a compressible fluid" [Proceedings of the Banaras Mathematical Society, Vol. 2, 1920, pp. 1–9],

(5) „On the stability of two co-axial rectilinear vortices of compressible fluids" [Bulletin of the Calcutta Mathematical Society, Vol. 10 (No. 4), 1920, pp. 219–220],

(6) „On the periods of vibrations of straight vortex pair" [Proceedings of the Benaras Mathematical Society, Vol. 3, 1921, pp. 13–24],

(7) „*On the motion of two spheroids in an infinite liquid along their common axis of revolution*" [American Journal of Mathematics, Vol. 43, 1921, pp. 134–142].

Einige seiner Forschungsarbeiten zu den folgenden Themen blieben unveröffentlicht:

(1) Über die Bewegung von Sphäroiden in unendlichen Flüssigkeiten
(2) Entwicklung der Störungsfunktion, wenn die

(i) Exzentrizitäten und (ii) die gegenseitigen Neigungen der Bahnen gering sind

(3) Über die Wärmeleitung in einem Ellipsoid mit drei ungleichen Achsen
(4) Über den nicht stationären Zustand der Wärme in einem Ellipsoid
(5) Über die Bewegung von zwei Sphäroiden in einer unendlichen Flüssigkeit entlang der gemeinsamen Drehachse
(6) Ungleichheiten, die aus der Gestalt der Erde entstehen
(7) Über die Wärmeleitung in einem rotierenden Ellipsoid
(8) Säkulare Variationen
(9) Über das Transformationstheorem in Bezug auf sphäroidale Harmonische
(10) Über das Transformationstheorem in Bezug auf Sphäroide

Laut Experten waren diese unveröffentlichten Forschungsarbeiten von erheblichem Wert.

Bibhuti Bhusan Datta war sehr daran interessiert, grundlegende Theorien mit ihrer tatsächlichen physikalischen Interpretation in Verbindung zu bringen. Als Beispiel können wir erwähnen, dass B. B. Datta in einem dieser Papiere, „*On a physical interpretation of certain formulae in the Theory of Elasticity*", zeigte, wie bestimmte Formeln, die sich auf die Theorie der Elastizität eines homogenen Mediums beziehen, so interpretiert werden können, dass sie zu einer Erklärung der Gravitation führen.

Ein weiteres Forschungspapier mit dem Titel „*On the Figures of Equilibrium of a Rotating Mass of Liquid for Laws of Attractions other than the Law of Inverse Square*" – Teil I, das er unter der Leitung von Dr. Ganesh Prasad zur Untersuchung aufnahm, war ebenfalls recht interessant. Das Papier enthält die Ergebnisse seiner Erkenntnisse über die Gleichgewichtsfiguren einer rotierenden Masse einer homogenen inkompressiblen Flüssigkeit, deren Teilchen sich nach anderen Kraftgesetzen als dem newtonschen Gravitationsgesetz anziehen.

Im dritten Teil dieses gleichen Papiers bewies B. B. Datta ein Theorem für das Gesetz der direkten Entfernung, das analog zu einem Theorem von Poincare für das Gesetz des umgekehrten Quadrats der Entfernung ist.

Offensichtlich hatte B. B. Datta eine Vorliebe dafür, die Ergebnisse berühmter Mathematiker und ihrer aufgestellten Theorien zu verallgemeinern. Seine Forschung in Angewandter Mathematik hatte viel Anwendungspotenzial für physikalische und reale Probleme. Zwei Forschungsarbeiten von B. B. Datta, die auch im heutigen Kontext für praktische Probleme relevant sind, seien hier erwähnt. Im frühen Teil des 20. Jahrhunderts betrachtete er das Problem der Bestimmung des nicht stationären Zustands der Wärme in einem Ellipsoid. Bei der Lösung dieses

Problems verallgemeinerte er die Gleichung der elliptischen Oberfläche mithilfe von festen Harmonischen. Dann erhielt er mithilfe von Randbedingungen eine algebraische Gleichung. Er fand auch eine mathematische Methode zur Bestimmung der Näherungswerte der Wurzeln dieser Gleichung. Er berechnete auch die Änderungen im thermischen Feld in einer Richtung senkrecht zur elliptischen Ebene. Bei der Lösung dieses Problems erhielt er zwei transzendentale Gleichungen. Er schloss dieses Forschungspapier im Jahr 1917 ab, und es wurde schließlich im Jahr 1919 als Forschungspapier mit dem Titel *„On a method for determining the non-stationary state of heat in an ellipsoid"* [American Journal of Mathematics, Vol. 41, 1919, pp. 133–142], veröffentlicht.

Beiläufig sei bemerkt, dass mit der Entdeckung von Antennen und anderen elektrischen Geräten in jüngster Zeit die Lösung von physikalischen Problemen im Zusammenhang mit elliptischen und sphärischen Oberflächen sehr wichtig geworden ist.

Zu Beginn des 20. Jahrhunderts befand sich die mathematische Forschung in unserem Land noch in den Kinderschuhen. Es gab keine Forschungsleiter. Es gab keine hydrodynamischen Labore irgendwo in Indien. Daher war es äußerst schwierig oder genauer gesagt fast unmöglich, experimentelle Forschungsarbeiten in Angewandter Mathematik und insbesondere in der Strömungsmechanik durchzuführen. Aber in dieser Situation ist es wirklich erstaunlich, wie B. B. Datta an dem Problem der Stabilität von kreisförmigen Wirbeln gearbeitet hat. Er löste das Problem mit mathematischen Techniken. Er hatte jedoch keine Möglichkeit, es experimentell zu überprüfen. Aber interessanterweise handelt es sich bei diesem Problem tatsächlich um ein reales Problem, das häufig bei der Stromerzeugung durch Turbinen auftritt. B. B. Datta arbeitete auch ausgiebig an kompressiblen Flüssigkeiten.

Vor dem Hintergrund der mathematischen Welt Indiens im frühen 20. Jahrhundert sind die Forschungsbeiträge und Leistungen von B. B. Datta in der Angewandten Mathematik wirklich beeindruckend.

Wenn die Forschungsbeiträge von B. B. Datta im Bereich der Strömungsmechanik reichhaltig sind, dann sind seine Beiträge im Bereich der Geschichte der Mathematik gewaltig. Indien hat, wie allgemein bekannt ist, seit der Antike eine reiche Tradition in der Mathematik. Viele große Mathematiker wurden hier geboren und leisteten grundlegende Arbeit auf den Gebieten der Arithmetik, Algebra, Geometrie und Trigonometrie. Leider waren jedoch nur sehr wenige gut dokumentierte Aufzeichnungen verfügbar. Im 19. und frühen 20. Jahrhundert stellten Mathematiker aus der westlichen Welt die „Hindu-Mathematik" als Teil der Astrologie dar. Sie behaupteten, dass die Hindu-Mathematik ein Werkzeug zur Erstellung astrologischer Vorhersagen sei. Mit unermüdlicher Ausdauer und unbezwingbaren Anstrengungen war B. B. Datta der erste Mathematiker, der die alte indische Mathematik als Teil der international anerkannten „reinen Mathematik" darstellte. Er demonstrierte sehr erfolgreich, dass die alten Hindus Forschung in reiner Mathematik betrieben und diese später auf praktische Probleme angewendet hatten. Er wurde berühmt für seine originäre Forschung in der Geschichte der alten Hindu-Mathematik.

Im Jahr 1923 wurde der damalige Direktor des Varanasi Central College und
der bekannte Mathematiker Prof. Ganesh Prasad zum zweiten Mal als „Hardinge-
Professor für Höhere Mathematik" in die Fakultät für Reine Mathematik der Universität Kalkutta zurückgeholt. Dies war ein Wendepunkt im Leben von Dr. B.
B. Datta. Prof. Ganesh Prasad war selbst ein berühmter Mathematikhistoriker.
Er inspirierte seine beiden Studenten Bibhuti Bhusan Datta und Avdesh Narayan
Singh, ernsthafte Forschungen auf dem Gebiet der alten Hindu-Mathematik aufzunehmen. Dr. B. B. Datta war ein großer Patriot. Er bewunderte und respektierte die
alten Hindu- und Jain-Mathematiker und Philosophen zutiefst. Er war bereits tief
verletzt durch die Kommentare und die Haltung vieler Mathematikhistoriker, die,
ohne tiefer in das Thema einzudringen, kühn die Abhängigkeit der Hindu-Mathematiker von externen Quellen behaupteten. Es gab auch eine Tendenz unter vielen
ausländischen Mathematikhistorikern, die Entdeckungen der alten indischen Mathematiker völlig zu ignorieren und den späteren Mathematikern anderer Länder
die Anerkennung zukommen zu lassen. Manchmal weigerten sie sich durch fal-
sche Analogien und Interpretationen, die Beiträge der Hindu-Mathematiker anzu-
erkennen.

Dr. B. B. Datta war sehr beunruhigt durch solche Ereignisse. Prof. Ganesh Prasads Einfluss auf ihn wirkte wie ein Katalysator. So gab er um diese Zeit schließlich seine Forschungen in Angewandter Mathematik auf und widmete sich ganz
der Entschlüsselung der Geschichte der Hindu-Mathematik. Aber der Weg war
schwierig. Inzwischen ist weithin bekannt, dass viele der reichen Entdeckungen
und Beiträge der alten Hindu-Gelehrten zur Wissenschaft in den alten Sanskrit-
Büchern berühmter Weisen niedergelegt sind. Die Tradition der alten Weisen war
es, alles in poetischer Form zu verfassen. Auch die Mathematiker folgten diesem
Brauch, und ihre Bücher bestanden aus einer großen Anzahl von Sanskrit-Slokas.
Um in dieser poetischen Weise zu schreiben, musste man die Regeln von Reimen
und Metren befolgen. Obwohl es viele technische Begriffe gab und die alten Hindus Wortzahlen kannten, wurden dennoch für die Ausdrucksweise der mathematischen Entdeckungen in poetischer Form alternative geeignete Wörter gefunden
und frei verwendet. Zudem konnten aufgrund des Fehlens von Druckpressen in
den von den Schülern kopierten Originalschriften der Meister einige Fehler enthalten sein. Mit der Zeit wurde es schwierig, das Original zu identifizieren. Wie
Sailesh Das Gupta, der zu B. B. Datta forscht, hervorgehoben hat: „Der größte
Vorteil in dieser Hinsicht war die reichliche Anzahl von Kommentaren zu solchen
Büchern, die einen auf den richtigen Weg führen. Mehr als 100 Kommentare wurden zu Bhaskaracharyas Lilavati geschrieben.

Es wird die Aufgabe des Forschers sein, das Ziel des Autors zu verstehen. Obwohl jedes Wort mehr als eine Bedeutung haben kann, muss er den richtigen Inhalt
erfassen, indem er ihn im richtigen Kontext analysiert."

[Ref: Mathematiker Bibhuti Bhusan Datta–Sailesh Das Gupta, gelesen am 28-
06-1988 im Auftrag der Calcutta Mathematical Society].

Dies waren die immensen Schwierigkeiten, die sich in den Weg stellten, wenn
es darum ging, die Beiträge der alten Hindu- und Jaina-Mathematiker in ihrer
richtigen Perspektive ins Licht zu rücken. Ein sehr großer Teil der indischen Be-

völkerung war sich dieser großen Leistungen der alten Hindu- und Jaina-Mathematiker nicht bewusst, und aufgrund falscher Interpretation des Inhalts wurden unrichtige Schlussfolgerungen gezogen, die den Menschen unzutreffende Informationen lieferten.

Dr. B. B. Datta hatte jedoch großen Erfolg mit seiner Unternehmung. Er war wirklich ein großer Mathematiker. Mit einem logischen Verstand versuchte er, die Schriften der alten Mathematiker zu entschlüsseln. In diesem Zusammenhang ist es bemerkenswert, dass der berühmte Mathematikhistoriker D. E. Smith sehr herausfordernd erklärte: „Was die Verbreitung der hindu-arabischen Ziffern in Europa, die Herkunft der Ziffern, die Herkunft des Symbols Null, die frühe Geschichte der römischen Ziffern und das Stellenwertsystem betrifft – solche Probleme haben schon lange die Aufmerksamkeit der Gelehrten auf sich gezogen, aber die Felder sind keineswegs vollständig beackert."

Für Dr. B. B. Datta muss dies eine große Herausforderung gewesen sein, die er annahm und zu der er praktisch alle Fragen durch seine verschiedenen Artikel und Bücher beantwortete. Dr. Datta beherrschte bei der Aufstellung seiner eigenen Theorie oder beim Widerspruch gegen eine Theorie gegen den Beitrag der Hindu-Mathematiker zunächst alle Fakten über diese spezielle Theorie. Dazu gehörten sowohl Punkte, die für die Theorie sprachen, als auch solche, die dagegen sprachen. Dann analysierte er kritisch, lehnte einige ab und akzeptierte andere. Auf der Grundlage dessen, was er akzeptiert hatte, zog er eine Schlussfolgerung.

Dr. B. B. Datta schrieb fast 60 Artikel über die Beiträge der alten Hindu- und Jaina-Mathematiker. Einige dieser Artikel wurden in renommierten ausländischen Zeitschriften wie „American Mathematical Monthly", „Bulletin of the American Mathematical Society", „Quellen und Studien Zur Geschichte der Mathematik", „Archeion" und „Scientica" veröffentlicht. Viele dieser Artikel wurden geschrieben, um die falschen Anschuldigungen und falschen Schlussfolgerungen in Bezug auf den Beitrag der Hindu-Mathematiker zu korrigieren.

Einige relevante Abschnitte aus seinen verschiedenen Artikeln werden hier zitiert, um den Punkt zu verdeutlichen. In einem Artikel mit dem Titel *„Geometry - Hindu Origin of Geometry"*, schreibt Dr. B. B. Datta:

> Die hinduistische Geometrie begann in einer sehr frühen Periode, sicherlich nicht später als in Ägypten, wahrscheinlich früher, beim Bau von Altären für das vedische Opfer. Im Laufe der Zeit wuchs sie jedoch über ihren ursprünglichen Opferzweck oder die Grenzen der praktischen Nützlichkeit hinaus und begann auch, als Wissenschaft um ihrer selbst willen gepflegt zu werden. Tatsächlich besteht kein Zweifel daran, dass das Studium der Geometrie als Wissenschaft zuerst in Indien begann. Darüber hinaus war die frühe Hindu-Geometrie weit fortgeschrittener als die zeitgenössische ägyptische oder chinesische Geometrie. Die griechische Geometrie war noch nicht geboren.

In diesem Zusammenhang ist eine Bemerkung des bekannten Historikers R. C. Dutta [„Short History of Greek Mathematics",—Journal of Gower Society, Cambridge, 1884, p. 129], sehr relevant. Er schreibt: „Obwohl die Errungenschaften der Hindus in der Geometrie zu einem späteren Zeitpunkt in den Schatten gestellt wurden, wird nie vergessen werden, dass die Welt ihre ersten Lektionen in Geometrie nicht Griechenland, sondern Indien verdankt."

Dr. B. B. Datta hat diese Tatsachen auf sehr wissenschaftliche Weise festgestellt. Um den Punkt zu verdeutlichen, wird ein Beispiel angeführt. Der griechische Geometer Demokrit (400 v. Chr.) bezeichnete die ägyptischen Geometer mit dem Begriff „Harpedonoptae" [„A history of Civilization in Ancient India"—Romesh Chandra Dutta, Vol. 1, 1893, pp. 70]. Der berühmte Mathematiker Cantor (1845–1918) erklärte, dass das Wort durch Zusammensetzung zweier griechischer Wörter entstanden ist und „Seilbefestiger" oder „Seilspanner" bedeutet. In diesem Zusammenhang argumentierte Dr. B. B. Datta richtig, dass in Griechenland ebenso wie in Ägypten die Geometrie immer als „Landvermesser" bezeichnet wurde. Daher ist die Vorstellung des Wortes „Seilbefestiger" oder „Seilspanner" weder griechisch noch ägyptisch. Während in Sanskrit das Synonym für Geometer „śulba-bid" ist, was übersetzt „der Experte in Seilmessung" bedeutet. Tatsächlich werden die alten Hindu-Abhandlungen über Geometrie „Sulba-Sutras" oder die „Regeln der Seilmessung" genannt. Aufgrund solcher Erkenntnisse kommentierte B. B. Datta: „Daher vermute ich, dass Demokritas seinen Begriff für die Geometer auf seinen indischen Reisen erhielt. Hier ist dann wahrscheinlich ein spezifisches Beispiel für den Kontakt der Hindu- und der griechischen Geometrie, an den fast alle Autoren mehr oder weniger glauben." [B. B. Datta: *„Origin and History of the Hindu names for Geometry"; Quellen und Studien,* Bd. 1, Heft 2, 1929].

In demselben Artikel hat B. B. Datta kommentiert, dass „die Verwendung des Wortes rajjū zumindest in seiner gewöhnlichen Bedeutung von Seil so früh wie im Veda auftritt" [Rig—Veda, Atharva Veda, Satapatha Brahaman].

In einer gut recherchierten Studie über Algebra hat Dr. B. B. Datta mit Überzeugung festgestellt, dass die Araber das Fach von den Hindus gelernt haben. In diesem Artikel über „Ursprung der Algebra" schreibt Dr. Datta:

„Die Wissenschaft der Algebra erhielt ihren Namen von dem Titel eines bestimmten Werkes des Arabers Mohammad bin Musa, Alkhowarizmi (820 n. Chr.) ‚al-gebr-w'al mugābalah', das eine frühe systematische Behandlung des allgemeinen Themas enthält, die sich von der Wissenschaft der Zahlen unterscheidet. Das ... Dieses Buch wurde von frühen westlichen Gelehrten zusammen mit anderen arabischen Werken über Algebra übersetzt. So lernte Europa zuerst von den Arabern die Algebra. Aber der Inhalt von Alkhowarizmis Abhandlung war nicht sein ursprünglicher Beitrag. Er hatte ihn von den Hindus. Tatsächlich bekamen die Araber in der Arithmetik wie auch in der Algebra ihre ersten Lektionen von den Hindus ...

Die Hindus waren tatsächlich weit fortgeschrittener als alle anderen Nationen in der Analyse. Darüber hinaus sollte man sich daran erinnern, dass Form und der Geist der modernen Algebra im Wesentlichen hinduistisch und weder griechisch noch chinesisch sind.

Die Beiträge der Hindus zur Algebra sind von grundlegender Natur. Sogar einige der technischen Begriffe, die in der modernen Algebra häufig verwendet werden, sind hinduistischen Ursprungs."

Wiederum im Kontext der Verwendung von Analysis in der Hindu-Mathematik hat Prof. B. B. Datta geschrieben, dass: „die Verwendung einer Formel, die Differentiale beinhaltet, in den Werken alter Hindu-Mathematiker zweifellos festgestellt wurde. Dass die Vorstellungen von instantaner Veränderung und Bewegung in die Hindu-Idee von Differentialen eingegangen sind, wie sie in den Werken von Manjula, Āryabhatta II und Bhāskara II zu finden sind, wird durch das Epitheton Tatkalika (augenblicklich) gati (Bewegung) deutlich, das diese Differentiale bezeichnet".

In einem anderen Kontext schrieb Dr. B. B. Datta: „Die Berechnung von Sonnen- und Mondfinsternissen ist eines der wichtigsten Probleme der Astronomie. In alten Zeiten war dieses Problem wahrscheinlich wichtiger als heute, da die genaue Zeit und Dauer der Finsternis aufgrund des Fehlens der notwendigen mathematischen Ausrüstung seitens des Astronomen nicht vorhergesagt werden konnte. In Indien fasteten die Hindus und vollzogen verschiedene andere religiöse Riten anlässlich von Finsternissen. Daher war die Berechnung von nationaler Bedeutung. Sie bot dem Hindu-Astronomen eine Möglichkeit, die Genauigkeit seiner Wissenschaft zu demonstrieren."

Zwischen 1925 und 1947 schrieb Dr. Datta mindestens 55 Forschungsarbeiten, alle die Mathematik der alten Hindus und Jainas betreffend. Dr. Datta war sehr gut in Sanskrit bewandert. Er hatte die Veden, die Upanishaden und die Puranas, die Sanskrit-Literatur, die Abhandlungen über alte indische Philosophie und die alten Bücher über Mathematik, die in Sanskrit geschrieben worden waren, intensiv studiert. Aus diesen wertvollen Quellen sammelte B. B. Datta Tausende von Fakten und Referenzen. 1935 wurde Dr. Dattas Klassiker „The History of Hindu Mathematics" Teil I und II veröffentlicht. Dr. A. N. Singh von der Universität Allahabad war dabei der Co-Autor. Die beiden Bände des Buches wurden erstmals 1935 und 1938 in Lahore veröffentlicht. In Teil I dieses Klassikers ist die Geschichte der hinduistischen Zahlen, einschließlich des Dezimal-, Stellenwertsystems, zusammen mit anderen Systemen klar beschrieben. Namhafte Mathematikhistoriker wie Rosen, Reinaud, Woepcke, Strachey, Taylor und viele andere glaubten, dass das sogenannte hinduistisch-arabische Zahlensystem allein eine Entdeckung der Hindus gewesen sei. Aber es gab einige Kontroversen in dieser Angelegenheit. Einige Mathematikhistoriker akzeptierten diese Ansicht nicht. Dr. B. B. Datta nahm die Herausforderung an und sammelte Tausende von Fakten und Referenzen und bewies mit deren Hilfe in diesem Buch die Urheberschaft der gegenwärtigen Zahlen auf einer soliden wissenschaftlichen Basis. So musste aus den sogenannten hinduistisch-arabischen Zahlen das Wort „arabisch" gestrichen werden. Der Mann, der für diese denkwürdige Aufgabe verantwortlich ist, ist niemand anderes als Dr. B. B. Datta.

Teil II des Buches befasst sich mit den Beiträgen der Hindus zur Algebra. Es belegt, dass die Hindus ein bemerkenswertes Maß an Erfolg beim Finden ganzzahliger allgemeiner Lösungen unterbestimmter Gleichungen, biquadratischer Gleichungen und der barga prakanti (Pellsche Gleichung) hatten. Es gab einen dritten Teil des Buches, der zu Lebzeiten von B. B. Datta unveröffentlicht blieb. Nach einigen Nachforschungen wurde das Manuskript aufgespürt. Dieser Teil besteht aus hinduistischer Geometrie, den Beiträgen der Hindus zur Trigonometrie, Analysis, Permutation und Kombination, zu Wurzeln, Reihen und magischen Quadraten. Aus diesen wurde die Geschichte der hinduistischen Geometrie, Trigonometrie und Analysis in der „Indian Journal of History of Science" (IJHS) in den Jahren 1980–1983 veröffentlicht.

Nun wird ein kurzer Bericht über eine andere Facette in der Persönlichkeit von Dr. B. B. Datta aufgezeichnet. Schon von Kindheit an hatte B. B. Datta eine große Faszination für Askese. Er zog es vor, mehr Bücher über Philosophie als über jedes andere Thema zu lesen. Für ihn als sehr einfacher Mann mit einem bescheidenen Lebensstil hatten weltliche Besitztümer keine Anziehungskraft. Sein letztendliches Ziel war es, ein „Sanyasi" zu werden. Obwohl er ein sehr respektierter und bewunderter Professor in der Fakultät für Angewandte Mathematik war, besuchter er ab 1928 die Universität sehr unregelmäßig. Um 1930 reichte er tatsächlich seine Kündigung in der Fakultät für Angewandte Mathematik ein und zog in ein berühmtes Pilgerzentrum namens Pushkar in Rajasthan und beschloss, dort dauerhaft zu bleiben. Aber sein Lehrer Prof. Ganesh Prasad, der damals der Hardinge Professor of Higher Mathematics war, überredete Dr. Datta, an die Universität Kalkutta zurückzukehren. Durch die Bemühungen von Prof. Ganesh Prasad wurde Dr. B. B. Datta 1931 als spezieller „Readership Lecturer" ernannt. Ihm wurde erlaubt, nur Forschungsarbeit zu betreiben, und er wurde von den Lehrpflichten befreit. 1931 hielt Dr. B. B. Datta sechs Vorlesungen über alte hinduistische Geometrie. 1932 veröffentlichte die Universität Kalkutta diese Vorlesungen in Form eines Buches. Das Buch trug den Titel *„The Science of Sulba – A Study of Hindu Geometry"*. Dieses Buch ist weltweit immer noch sehr gefragt unter Forschern der alten indischen Mathematik.

Diese Vorlesungen waren das Ergebnis intensiver Forschung von B. B. Datta. Er enthüllte, dass die vedischen Priester sich mit den praktischen Problemen beschäftigten, die bei der Konstruktion von Altären für die Durchführung religiöser Rituale auftraten. Auf diese Weise entwickelten sie eine Art „esoterische Geometrie als ihr geheimes Eigentum".

Dr. Datta fand heraus, dass die Probleme, die damals bei der Konstruktion von Altären unterschiedlicher Formen mit gegebenen Flächen und einer festgelegten Anzahl von Ziegeln auftraten, „ein vielfältiges Wissen über Eigenschaften geometrischer Figuren einschließlich ihrer Flächen, der Idee der Vermessung, Kenntnisse der Arithmetik und sogar der Algebra für die ordnungsgemäße Durchführung erforderlich machten".

Die mathematischen Probleme, die sich daraus ergaben, waren:

- Teilung einer beliebigen Figur in eine festgelegte Anzahl von Teilen.
- Eine gerade Linie rechtwinklig zu einer anderen geraden Linie von einem externen Punkt aus zu zeichnen.
- Konstruktion der geometrischen Formen, die sich an definierte Flächen halten.
- Kombination und Transformation von Flächen.
- Verwendung der Formel $x^2 + y^2 = z^2$ in Verbindung mit dem Satz des Pythagoras und Finden von drei geeigneten Zahlen, die die Gleichung sowohl für ganze Zahlen als auch für rationale Zahlen erfüllen.

- Ähnliche Figuren mit unterschiedlichen Flächen. Für die Durchführung der zugehörigen Berechnungen wurde das Problem der Ermittlung des Wertes von $\sqrt{2}$ notwendig. Griechische Mathematiker stießen ebenfalls auf ähnliche Probleme. Jedoch ließen sie sie als ungelöst stehen. Aber diese irrationale Zahl störte die alten Hindu-Mathematiker nicht. Tatsächlich fanden sie sehr gute Näherungen für den Wert von $\sqrt{2}$ sowie eine weitere irrationale Zahl π. Baudhayanas und Apastambas Formeln gab den ungefähren Wert von $\sqrt{2} = 1,4142156$ an, der bis auf fünf Dezimalstellen korrekt ist. Aryabhata gab einen sehr genauen Näherungswert für π, der gleich $3,1416$ ist. Dies war der beste bis dahin bestimmte Wert.

Aber viele Mathematikhistoriker waren nicht bereit, eine solche hohe Genauigkeit der hinduistischen Mathematiker zu akzeptieren. Rodet, Smith und Heath schrieben es dem griechischen Einfluss zu. B. B. Datta lehnte nach intensiver Forschung auf diesem Gebiet die Hypothese der ausländischen Historiker aus drei Gründen ab.

Er stellte fest, dass:

1 eine solche Genauigkeit den griechischen Mathematikern dieser Zeit unbekannt war,
2 die Hindu- und Jaina-Mathematiker die Zahl „ayuta" verwendet hatten, lange bevor sich die Griechen Zahlen mit so vielen Nachkommastellen bewusst wurden,
3 Aryabhatas Ergebnis mithilfe der Trigonometrie erzielt wurde. Die Griechen kannten zu dieser Zeit die Trigonometrie nicht.

Dr. Datta führte mühsame Forschungen durch, um die Überlegenheit der alten Hindu-Mathematik vor der Welt zu beweisen und zu belegen. Einmal von einer Tatsache überzeugt, war Dr. Datta sehr mutig in der Verteidigung seiner Ergebnisse. Seine Forschung zum „alphabetischen Zahlensystem" ist ein Beispiel dafür. In dem zugehörigen Artikel, der 1929 veröffentlicht wurde, führte Dr. Datta eine sehr ausführliche und logisch strenge Diskussion. Er stellte fest, dass die Gewohnheit, Zahlen mithilfe von Alphabeten zu schreiben, bei den Indern, Griechen, Juden und Arabern sehr verbreitet war. Er diskutierte die von den alten Indern verfolgte Methode im Detail. Laut Dr. Datta verwendete der berühmte indische Mathematiker Aryabhat I 42 Alphabete für seine Methode. Er folgte dem „Shiva Sutra". Auch Panini hatte das „Shiva Sutra" verwendet. Dr. Datta hat in seiner Forschungsarbeit unerschrocken auf die Unstimmigkeiten in der zugehörigen Forschungsarbeit von J. J. Fleet hingewiesen. Er kommentierte, dass Fleet wahrscheinlich durch die Schriften von Alberuni in die Irre geführt wurde. Dr. Datta war auch ziemlich kritisch gegenüber den Schriften von Shankar Balakrishna Dikshit (Indian Astrology, 1876), Sudhakar Dwivedi (Ganaktarangini), Shri Gourishankar Hirachand Ojha (Ancient Indian Alphabets—2nd ed., 1918), C. M. Whees (On the Alphabetic Notation of the Hindus: Transactions of the Literary Society of Madras, part I, 1827). Im Jahr 1935 übersetzte E. Jacquet Dr. Dattas

Artikel ins Französische. Dieser wurde im selben Jahr im „Journal Asiatique" veröffentlicht. Es gab viele Folgepublikationen zu diesem Artikel, von L. Rodet [Sur
la véritable significance de la notation numérique inventée per Aryabhatta, Journal
Asiatique, 1880, Part II], M. Cantor [Geschichte der Mathematik, Bd 5, Leipzig,
1907] und G. R. Kaw [Notes on Indian Mathematics Arithmetical Notation—Journal of Asiatic Society of Bengal, Vol. 3, 1907].

In einem bengalischen Artikel über „Acharya Aryabhatta and his disciples",
veröffentlicht im Jahr 1933, diskutierte Dr. Datta ausführlich die Bücher, die
vom großen Mathematiker geschrieben wurden, und zog seine eigenen Schlussfolgerungen über Aryabhattas Geburtsort. Er gab auch einige neue Informationen
über Aryabhattas Schüler. Laut Dr. B. B. Datta waren neben Pandu Rangaswami,
Latdev und Nishankuba Shanker auch Prabhakar, Bhaskar und Lalla Schüler von
Aryabhata. Der berühmte Historiker der Mathematik, Kripashankar Shukla, bewies in einem seiner Artikel, dass Bhaskar kein Schüler von Aryabhata gewesen
war. Er lehnte Dr. Dattas Theorie mit ausreichender logischer Begründung ab.
Viele Mathematikhistoriker gaben Südindien als Geburtsort von Aryabhata an.
Shankar Balakrishna Dikshit bemerkte, dass Almanache, die Aryabhattas Sidd-
hanta folgen, in Südindien und insbesondere von den Vaishnavite-Sekten von Karnataka und Mysore verwendet werden. Daher glaubte Dikshit, dass Aryabhata in
Südindien geboren wurde. Sambasiu Shastri unterstützte diese Ansicht ebenfalls.
Dr. B. B. Datta lehnte mithilfe schöner Logik diese Ansichten ab und stellte fest,
dass Aryabhata in einem Ort namens Kusumpur nahe der modernen Stadt Patna
geboren worden war.

Lange Zeit hatte Dr. B. B. Datta eine lose Beziehung zu seiner Alma Mater,
der Universität Kalkutta. Im Jahr 1933 entschied er sich schließlich im Alter
von 45 Jahren, dort in den Ruhestand zu gehen. Danach zog er von Ort zu Ort
in ganz Indien. Er war in akuter finanzieller Not, und aufgrund seines asketi-
schen Lebensstils und unzureichender Ernährung begann seine Gesundheit sich
zu verschlechtern. Er verbrachte die letzten Jahre seines Lebens unter dem an-
genommenen Namen „Swami Vidyaranya" und lebte in einem „Ashram" in Pus-
kara im Bundesstaat Rajasthan. Er verlor seine Mutter im März 1958. Kurz danach
verabschiedete sich Dr. B. B. Datta am 6. Oktober 1958 von dieser sterblichen
Welt und ging zu seiner sehr gewünschten himmlischen Heimat.

Dr. Bibhuti Bhusan Datta wird lange für die einzigartige Kombination aus
mathematischer Brillanz und frommen Neigungen in seiner Persönlichkeit in Erinnerung bleiben. Seine Beiträge als Forscher in der Geschichte der alten Hindu-
Mathematik haben ihm einen festen Platz unter den Mathematikhistorikern dieser Welt eingebracht. Seine Bücher und Artikel sind unverzichtbares Quellen-
material für jeden ernsthaften Forscher in dieser Disziplin. In den Annalen der
indischen Mathematikgeschichte wird B. B. Datta immer ein Name sein, der mit
Ehrfurcht und Respekt in Erinnerung behalten und geschätzt wird. Es waren Pioniere wie er, die für das Goldene Zeitalter der Mathematik in Bengalen im 20.
Jahrhundert verantwortlich waren.

5.3 Wichtige Meilensteine im Leben von Dr. Bibhuti Bhusan Datta

1888: Geboren am 28. Juni 1888 im Bezirk Chittagong im damaligen Ostbengalen.

1907: Besteht die Eingangsprüfung mit der Note Eins und einem Verdienststipendium.

1909: Besteht die Zwischenprüfung in Naturwissenschaften (I. Sc.) am Presidency College, Kalkutta.

1912: Abschluss in Mathematik (Honours) am Scottish Church College, Kalkutta.

1914: Besteht die M. Sc.-Prüfung in gemischter Mathematik an der Fakultät für Gemischte Mathematik, University College of Science, Universität Kalkutta.

1917: Ernennung zum Dozenten an der Fakultät für Gemischte Mathematik, Universität Kalkutta.

1919: Erhält das Premchand Roychand Studentship (PRS) von der Universität Kalkutta.

1921: Verleihung des D. Sc.-Grades von der Universität Kalkutta für originale Beiträge in angewandter Mathematik.

1930: Reicht seine Kündigung bei der Fakultät für Angewandte Mathematik ein und verlässt sie, um ein asketisches Leben in Pushkar in Rajasthan zu führen.

1931: Kehrt zur Universität Kalkutta zurück und tritt dort als spezieller „Readership Lecturer" ein.

1932: Dr. Dattas klassisches Buch mit dem Titel „The Science of Sulba—A Study in Hindu Geometry" wird von der Universität Kalkutta veröffentlicht.

1933: Endgültiger Ruhestand von der Universität Kalkutta im Alter von 45 Jahren.

1935: „The History of Hindu Mathematics (Teil I)"; verfasst von B. B. Datta und A. N. Singh, veröffentlicht in Lahore [jetzt in Pakistan].

1938: „The History of Hindu Mathematics (Teil II)"; verfasst von B. B. Datta und A. N. Singh, veröffentlicht in Lahore [jetzt in Pakistan].

1958: Verstirbt am 6. Oktober 1958 in Pushkar, Rajasthan.

Kapitel 6
Prasanta Chandra Mahalanobis (1893–1972)

6.1 Geburt, Familie, Bildung

Prasanta Chandra Mahalanobis (P. C. Mahalanobis) wurde am 29. Juni 1893 in der Stadt Kalkutta in einer kultivierten und gebildeten bengalischen brahmanischen Familie geboren. Sein Vater Prabodh Chandra war ein künstlerischer Mensch mit einer besonderen Liebe zur Malerei. Beruflich war er jedoch mit der familien-eigenen Apotheke verbunden. Er gab seine Ambitionen, Maler zu werden, auf und wurde ein erfolgreicher Geschäftsmann. Nach und nach übernahm er die Ver-antwortung für die Großfamilie. Prabodh Chandra hatte eine Vielzahl von Freun-den, die in ihren jeweiligen Berufen erfolgreich waren, und einige waren Promi-nente der Zeit. Dazu gehörten wichtige Ärzte wie Kedarnath Das, Narendranath Basu, Upendranath Brahmachari und Philanthropen wie Subodh Mallick, Schrift-steller wie Satyendranath Dutta, Upendra Kishore Roy Chowdhury und viele an-dere. Prasanta Chandras Mutter Nirodbashini Devi war die jüngere Schwester des berühmten Arztes Dr. Nilratan Sircar. Allerdings verlor er sie im Jahr 1907, als er erst 14 Jahre alt war. Danach kümmerte sich sein Vater um ihn und seine fünf an-deren Geschwister mit viel Fürsorge und Zuneigung.

Subodh Chandra Mahalanobis, der jüngere Bruder von Prabodh Chandra, war ein großer Forscher auf dem Gebiet der Physiologie. Er studierte Physiologie und begann in dieser Disziplin im Forschungslabor des Royal College of Physicians an der Universität Edinburgh zu forschen. Er machte dort seinen Abschluss und wurde 1898 zum Fellow der Royal Society of Edinburgh gewählt. Im selben Jahr wurde er zum Professor und Leiter des Fachbereichs Physiologie an der Uni-versität Cardiff in Wales in Großbritannien ernannt. Tatsächlich war er der erste Inder, der den Lehrstuhl für Physiologie an einer britischen Universität innehatte.

P. Mukherji, *Namhafte indische Mathematiker und Statistiker*,
https://doi.org/10.1007/978-981-97-0100-1_6

Nach seiner Rückkehr nach Indien gründete er im Jahr 1900 den Fachbereich Physiologie am berühmten Presidency College in Kalkutta. Er wurde somit zum Pionier, indem er Physiologie als eigenständige Disziplin in nichtmedizinischen Hochschulen in Indien einführte. Später gründete er auch das Postgraduierten-Department für Physiologie und übernahm die Leitung des Fachbereichs an der Universität Kalkutta. Er war ein berühmter Wissenschaftler mit einer großen Anzahl von Forschungsveröffentlichungen. Der Onkel Professor Subodh Chandra hatte einen großen Einfluss auf den jungen Prasanta Chandra.

Prasanta Chandra (P. C. Mahalanobis) besuchte die von seinem eigenen Großvater Guru Charan Mahalanobis gegründete Brahmo Boys' School. Er bestand die Eingangsprüfung der Universität Kalkutta im Jahr 1908. Im selben Jahr trat er in das berühmte Presidency College von Kalkutta ein und machte dort 1912 seinen Abschluss mit Auszeichnung in Physik. Er erhielt eine Eins sowohl in der Eingangs- als auch in der Zwischenprüfung. Aber es gab nichts Spektakuläres in seiner Leistung. Die vorgeschriebenen Lehrpläne in der Schule oder am College interessierten P. C. Mahalanobis nie wirklich. Während seiner Studienzeit konnte er sich nie auf Lehrbücher oder auf Bücher, die mit den Fächern seiner Studien zusammenhingen, beschränken. Er hatte ein breites Interessenspektrum in so unterschiedlichen Fächern wie Astronomie, Architektur, Logik, Philosophie und Psychologie. Nach eigener Aussage gab Prasanta Chandras Vater ihm absolute Freiheit in Sachen Bildung, und der Sohn war dem Vater dafür immer dankbar.

Im März 1913, noch bevor seine Ergebnisse mit Auszeichnung vorlagen, segelte P. C. Mahalanobis nach England, um dort seine Studien fortzusetzen. Ursprünglich hatte er beschlossen, in London zu studieren. Aber nach einem kurzen Besuch in Cambridge entschied er sich für ein Studium dort. Schließlich schrieb er sich am King's College in Cambridge ein und begann, Mathematik zu studieren. Aber sein Ergebnis in der Tripos (I)-Prüfung in Mathematik war sehr enttäuschend. Er schaffte es gerade so, eine Drei zu bekommen. Danach wechselte er sein Studienfach und legte 1915 die Tripos (II) in Physik ab. Er machte seine Sache sehr gut und war der einzige Inder, der bis dahin Eins in Naturwissenschaften in der Tripos (II)-Prüfung erhielt.

Nach Abschluss seiner „Tripos" (II)-Prüfung arbeitete er für einige Zeit im berühmten Cavendish Labor. Er hatte sogar Pläne, unter C. T. R. Wilson und Sir J. J. Thomson zu arbeiten. Aber diese Pläne wurden nicht verwirklicht. Während seines Aufenthalts in England schloss er einige wichtige Freundschaften. Rabindranath Tagore hatte 1913 den Nobelpreis gewonnen. P. C. Mahalanobis hatte das große Glück, Tagore nahezukommen, da der Dichter zu dieser Zeit einige Zeit in London verbrachte. Der junge Prasanta Chandra stand in der Gunst des Dichters und hatte freien Zugang zu ihm. Diese Freundschaft zwischen ihnen dauerte trotz des Altersunterschieds so lange, wie Tagore lebte. Tagore spielte eine sehr wichtige Rolle in allen zukünftigen Aktivitäten von P. C. Mahalanobis, und der junge Mann unterstützte auch Tagore in all seinen Unternehmungen.

P. C. Mahalanobis kam während seines Aufenthalts in Cambridge in Kontakt mit dem legendären mathematischen Genie Srinivasa Ramanujan. Sie wurden gute Freunde. P. C. Mahalanobis bewunderte Ramanujan sein ganzes Leben lang.

Das wichtigste Ereignis, das gegen Ende seines Aufenthalts in Cambridge stattfand, waren sein Engagement in Statistik und sein Interesse daran. Professor C. R.
Rao sagte dazu: „Zum Zeitpunkt von Mahalanobis' Abreise von Cambridge nach
Indien war der Erste Weltkrieg im Gange, und es gab eine kurze Verzögerung auf
seiner Reise. Er nutzte diese Zeit, um in der Bibliothek des King's College zu stö-
bern. Eines Morgens, Macauley, der Tutor, ... lenkte seine Aufmerksamkeit auf einige gebundene Bände von Biometrika ... Mahalanobis war so interessiert, dass
er einen kompletten Satz von Biometrika-Bänden kaufte ... Er begann, die Bände
auf dem Boot während seiner Reise zu lesen, und setzte sein Studium und die Be-
arbeitung von Übungen in seiner Freizeit nach seiner Ankunft in Kalkutta fort."

Eine weitere Person, die P. C. Mahalanobis stark beeinflusste und inspirierte,
war Professor Brajendranath Seal, von 1912–1921 Professor für Philosophie
an der Universität Kalkutta. Er ermutigte P. C. Mahalanobis, Studien in Statistik
aufzunehmen. Professor Seal als Vorsitzender eines Ausschusses für Prüfungsreformen an der Universität Kalkutta beteiligte P. C. Mahalanobis an der Rechenarbeit im Zusammenhang mit der Übung „Prüfungsreformen". P. C. Mahalanobis
war ihm sein ganzes Leben lang dankbar. In einem Brief vom 2. Juni 1935, ad-
ressiert an Prof. Seal, schrieb er: „Ich kann im Großen und Ganzen sagen, dass
ich Ihnen den gesamten Hintergrund meines statistischen Wissens verdanke, insbesondere in seinen logischen Aspekten. (Ich möchte hier nebenbei erwähnen,
dass ich auch Mr. C. W. Peake auf der technischen Seite viel verdanke, denn er
führte mich sehr früh, ich glaube, im Jahr 1915, in Karl Pearsons Biometric Tables, Part I, ein, von denen gerade zu dieser Zeit die erste Ausgabe erschienen war
und von der die erste Kopie von Mr. Peake nach Indien gebracht wurde).

Meine erste Einführung in die tatsächliche statistische Analyse (in ihrem modernen mathematischen Sinn) war in Verbindung mit Ihrer Arbeit über die Pro-
zentsätze der Bestehensquoten an der Universität Kalkutta ... Im Laufe dieser
Arbeit machten Sie eine umfassende Untersuchung der gesamten Frage, unter Verwendung detaillierter Untersuchungen der Häufigkeitsverteilungen von Noten in
den verschiedenen Universitätsprüfungen in verschiedenen Jahren, Korrelationen
zwischen Noten, Prozentsatz der Bestehensquoten in verschiedenen Jahren, Rate
der Fortsetzung von höheren Studien, Abgangsquoten usw., mit separater Studie
für Frauen und ich glaube, Studenten bestimmter ausgewählter Gemeinschaften.
Ich war eng mit der tatsächlichen Rechenarbeit verbunden ...

In Ihrer Ansprache vor dem Races Congress in Rom ... hatten Sie sehr klar und
nachdrücklich auf die Notwendigkeit hingewiesen, den n-dimensionalen Hyper-
Raum zur Darstellung von Rassenarten[1] zu verwenden. Sie hatten diese Idee auch
mehrmals mit mir besprochen ... Ihre Idee war der Ausgangspunkt meiner eigenen

---

[1]Die in diesem Buch zu findende Bezeichnung der „Rasse" gibt das im Amerikanischen vor-
herrschende Konzept von „race" wieder: Gemeint ist die Einteilung der US-amerikanischen Bevölkerung nach geographischer Herkunft seiner Vorfahren wie Schwarze/Afroamerikaner, Weiße/
Amerikaner europäischer Abstammung, Lateinamerikaner, Asiaten. In diesem Buch ist der Begriff „Rasse" ausschließlich in dieser Bedeutung zu verstehen.

Arbeit über die verallgemeinerte Distanz zwischen statistischen Gruppen. Ich habe die Arbeit an diesem Thema wieder aufgenommen und bin zuversichtlich, dass Ihre Idee eines statistischen Feldes, wenn sie vollständig entwickelt ist, zu Ergebnissen von großer Bedeutung führen wird ..."

6.2   Karriere, Forschungsbeiträge

Nach seiner Rückkehr nach Indien aus England im Jahr 1915 wurde P. C. Mahalanobis von seinem berühmten Onkel väterlicherseits, Professor S. C. Mahalanobis (der damals Professor und Leiter der Fakultät für Physiologie am Presidency College war), zum Treffen mit dem Direktor des Presidency College mitgenommen. Dem jungen P. C. Mahalanobis wurde die Stelle eines Assistenzprofessors zur Vertretung in der Fakultät für Physik angeboten. Danach trat er offiziell in den Indischen Bildungsdienst (IES) ein und arbeitete weiterhin als regulärer Dozent in der Fakultät für Physik des Presidency College. Erst nach sieben langen Jahren, im Jahr 1922, wurde er Professor in der Fakultät für Physik. Später wurde er Direktor des Presidency College und ging 1948 in den Ruhestand. Neben seinen Aufgaben am Presidency College arbeitete Professor Mahalanobis auch als „Meteorologe" für die „Eastern Region", stationiert in Kalkutta von 1922 bis 1926.

Ab 1924 begann Prof. Mahalanobis im Alleingang, an verschiedenen meteorologischen und anderen Problemen mit statistischen Methoden zu arbeiten. Mit der Hilfe von S. K. Banerjee, der vorübergehend eingestellt wurde, begann Prof. Mahalanobis mit der Erstellung des Berichts über „Überschwemmungen in Nordbengalen". Sie verfügten über keinen separaten Raum und über sehr wenige Geräte, um große Berechnungen durchzuführen. Unbeirrt von diesen Schwierigkeiten führte Prof. Mahalanobis die Arbeit fort. Im Jahr 1928 wurde Professor P. C. Mahalanobis offiziell von den Regierungen von Bihar und Orissa gebeten, einen Bericht über Niederschläge und Überschwemmungen zu erstellen. Da die Anfrage offiziell war, konnte Prof. Mahalanobis mit Genehmigung und Erlaubnis der Hochschulbehörden ein kleines statistisches Labor in einer abgeteilten Ecke eines Durchgangs des Baker Labors des Presidency College einrichten. Er konnte auch einige Assistenten mit einer sehr geringen finanziellen Vergütung einstellen, die er aus eigener Tasche bezahlte. Das war der erste Schritt zur Gründung von Prof. Mahalanobis erträumten Institut.

Aber bevor wir weiter vorgehen, ist es angebracht, die Hauptforschungsgebiete und Beiträge von Professor Prof. Mahalanobis zu diskutieren. Professor Mahalanobis hat sich einen festen Platz in der Geschichte der theoretischen und angewandten Statistik erworben: aufgrund seiner bahnbrechenden Beiträge in den Bereichen „Multivariate Analyse", Fehlertheorie bei Feldversuchen und Theorie und Anwendung von „groß angelegten Stichprobenuntersuchungen".

In Indien war die Statistik im ersten Viertel des 20. Jahrhunderts fast unbekannt. Das Fach wurde an keiner Universität gelehrt, noch wurde irgendwelche Forschung durchgeführt. Aber getrieben von seiner persönlichen Leidenschaft für das Fach, wagte es Prof. Mahalanobis, allein in diesem neuen Bereich zu arbeiten, ohne Hilfe von irgendwoher. Er verbrachte mehr als die Hälfte seines aktiven Lebens mit der Durchführung von Forschungen. Im Großen und Ganzen kann seine Forschungskarriere in drei Perioden unterteilt werden.

Die erste Periode war 1919–1932. Während dieser Zeit schrieb er insgesamt 38 Forschungsarbeiten. Von diesen waren 37 Ergebnisse der eigenständigen Arbeit von P. C. Mahalanobis. Während dieser Zeit arbeitete er in neun verschiedenen Bereichen.

Im Gegensatz dazu spiegelt die zweite Periode 1933–1951 Forschungsarbeiten von eher kollaborativer Natur wider. Die Gesamtzahl der in dieser Periode veröffentlichten Arbeiten betrug 198 in ebenso vielen verschiedenen Problemgebieten. Dies war zweifellos seine kreativste Periode. Er hatte zu dieser Zeit einige brillante junge Leute um sich, die mit ihm zusammenarbeiteten. Die Liste enthält S. S. Bose, R. C. Bose, S. N. Roy, K. R. Nair, den Anthropologen D. N. Mazumdar und C. R. Rao.

In der letzten Periode 1952–1971 wurden von Prof. Mahalanobis und einigen seiner Mitarbeiter insgesamt 58 Forschungsarbeiten durchgeführt.

Mahalanobis-Distanz:

Der größte Beitrag von Prof. Mahalanobis ist das, was als D^2-Statistik oder „Mahalanobis-Distanz" bekannt ist.

Während der Nagpur-Sitzung des Indian Science Congress im Jahr 1920 bat N. Annadale, der damalige Director of Zoological Survey of India, P. C. Mahalanobis, die anthropometrischen Messungen an der Gemeinschaft von Menschen mit gemischter britischer und indischer Abstammung zu analysieren. Er übergab die gesammelten Daten an Prof. Mahalanobis. Schon früher hatte Mahalanobis ein Interesse an anthropometrischen Studien entwickelt, als er Artikel in der Zeitschrift Biometrika las. So verlor er keine Zeit und machte umfangreiche und detaillierte Studien und Analysen. Dabei fand er eine Möglichkeit, Populationen mithilfe eines multivariaten Distanzmaßes zu vergleichen und zu gruppieren. Es wird als „D^2" bezeichnet und wurde von Sir R. A. Fisher, FRS (1890–1962), der ein international bekannter Statistiker aller Zeiten ist, nach Mahalanobis benannt. Die Forschungsarbeit mit dem Titel *„Anthropological observations on Anglo-Indians of Calcutta"* [Rec. Indian Museum, 23, (1922), 1–96], die 1922 veröffentlicht wurde, war Mahalanobis' erste Arbeit in diesem Fachgebiet. Dies war eine bemerkenswerte Forschungsarbeit. Sie stellte Prof. Mahalanobis' Fähigkeit unter Beweis, statistische Methoden zur Informationsgewinnung aus gegebenen Daten anzuwenden und entsprechend Schlussfolgerungen zu ziehen.

Von 1922 bis 1936 schrieb und veröffentlichte Professor Mahalanobis insgesamt 15 Arbeiten, die sich mit Rassenursprung, Rassenmischung und anderen anthropometrischen Themen unter Verwendung statistischer Konzepte und Werkzeuge befassten. Diese Untersuchungen führten zur Formulierung der Statistik, die in der modernen statistischen Literatur als „Mahalanobis-Distanz" bekannt ist und weit verbreitet in Problemen im Zusammenhang mit taxonomischer Klassifikation verwendet wird.

In einer Arbeit mit dem Titel „*On the need for standaradization in measurements on the living*" [Biometrika, 20 A, (1928), 1–31] untersuchte Mahalanobis anthropometrische Daten, die aus verschiedenen Quellen gesammelt wurden, und zeigte, dass aufgrund von Unterschieden in den Definitionen der Messungen in verschiedenen Untersuchungen keine vergleichende Studie durchgeführt werden konnte.

Seine berühmte Arbeit, die 1936 veröffentlicht wurde und den Titel „*On the generalised distance in statistics*" [Proceedings of National Institute of Sciences. 2, (1936), 45–55] trägt, ist vielleicht seine beste Arbeit im Bereich der D^2-Statistik. Im selben Jahr veröffentlichte er in Zusammenarbeit mit S. N. Roy und R. C. Bose eine weitere wichtige Arbeit in Sankhya mit dem Titel „*Normalisation of variates and the use of rectangular coordinates in the theory of sampling distributions*" [Sankhya, 3, (1936), 1–40]. P. C. Mahalanobis veröffentlichte unabhängig eine Arbeit mit dem Titel „*Normalisation of Statistical variates and the use of rectangular coordinates in the theory of sampling distributions*" [Sankhya, 3, (1937), 35–40].

Prof. Mahalanobis' frühe Arbeit zur statistischen Analyse anthropometrischer Daten stellte viele theoretische Probleme, die wiederum ein weites Feld für die Forschung in der „multivariaten Analyse" eröffneten. Seine drei Studenten, R. C. Bose, S. N. Roy und C. R. Rao, leisteten hervorragende Forschungsarbeit und bemerkenswerte Beiträge in diesem Bereich.

Im Jahr 1945 schrieb Professor Mahalanobis in Zusammenarbeit mit D. N. Majumdar, der ein Anthropologe war, und C. R. Rao eine sehr wichtige Forschungsarbeit mit dem Titel „*Anthropometric Survey of United Providences 1941; A statistical study*" [Sankhya, 9, (1949), 89–324]. Diese Forschungsarbeit ist von großer wissenschaftlicher Exzellenz.

Feldversuche:

Ein weiterer Forschungsbereich von P. C. Mahalanobis verdient besondere Erwähnung. Er schrieb allein oder in Zusammenarbeit mit anderen 50 Forschungsarbeiten und Berichte zu Themen, die mit Agronomie zusammenhängen. Eine beträchtliche Anzahl von ihnen waren Feldversuche. Seit den 1920er-Jahren führte P. C. Mahalanobis solche Feldexperimente ganz allein durch, praktisch ohne Hilfe von irgendjemandem.

Der weltbekannte Statistiker R. A. Fisher aus Großbritannien führte fast die gleiche Art von Arbeit in der Rothamstead Station durch. Als P. C. Mahalanobis jedoch seine Feldexperimente begann, war er sich Fishers Arbeit nicht bewusst. Es war R. A. Fisher, der nach dem Sehen einiger von Mahalanobis' Veröffentlichungen in diesem Bereich die Initiative ergriff und ihm einige seiner eigenen Arbeiten zusandte. So wurde ein professioneller Kontakt zwischen ihnen hergestellt. Es war eine lang anhaltende Beziehung und wurde für Professor Mahalanobis in vielerlei Hinsicht sehr hilfreich.

Statistische Tabellen:

Auf dem Gebiet der „theoretischen Statistik" hat Prof. P. C. Mahalanobis bedeutende Beiträge geleistet, indem er sie in Form von „Statistischen Tabellen" berechnet und dargestellt hat. 1932 war er der Erste, der die von R. A. Fisher abgeleiteten Ergebnisse in Bezug auf die einprozentigen und fünfprozentigen Punkte der Verteilung tabellierte. Ein Kommentar des Statistikers K. R. Nair ist aus historischer Sicht wichtig. Er schrieb:

> *Seine (P. C. Mahalanobis) erste Tabellierung von fünf Prozentpunkten und einem Prozentpunkt erschien 1932. Heute wird diese Menge üblicherweise als Snedecors F bezeichnet, da Snedecor, in Unkenntnis der indischen Arbeit, später das Varianzverhältnis unter dem Symbol F tabellierte, das zu Ehren von Fisher gewählt wurde. In der Statistischen Medizinischen Forschung (1938) vermied Fisher die Verwendung von F, da dieses Symbol nicht in der Tabellierung von Mahalanobis verwendet wurde, die Vorrang hatte.*

Professor Mahalanobis erstellte 1933 drei weitere Tabellen. Davon wurde „Tables for L-Tests" in Sankhya (Volume-I) veröffentlicht. Die „Tables for L-tests" wurden 1934 in Sankhya (Volume-I) veröffentlicht.

Groß angelegte Stichprobenuntersuchung:

Ein weiterer Bereich, in dem Professor P. C. Mahalanobis einen grundlegenden Beitrag leistete, ist die „angewandte Statistik" durch die Entwicklung der „Theorie der Stichprobenuntersuchung".

Die erste verzeichnete Referenz zu Professor Mahalanobis' Beteiligung an dieser Disziplin geht auf das Jahr 1932 zurück, als er einen Vortrag mit dem Titel „Theory of Sample Survey" im Statistischen Labor des Presidency College in Kalkutta hielt.

Er definierte „Stichprobe" wie folgt:

„Eine Stichprobe besteht aus zwei oder mehr Grundeinheiten, die auf zufällige Weise aus einer Population (Universum oder Feld) durch den Stichprobenrahmen gezogen werden und wo die Schlussfolgerung über die Population auf den Beobachtungen, Messungen und Experimenten an den Variaten (oder Merkmalen) der Grundeinheiten in der Stichprobe basiert."

Von Anfang an hatte Professor Mahalanobis die immensen Potenziale der Methode der Zufallsstichprobe und auch die Notwendigkeit für eine korrekte Interpretation der Ergebnisse, die aus Stichprobenuntersuchungen hervorgehen, klar erkannt.

Mahalanobis begann bereits 1937, die Methode der Stichprobenuntersuchung in seinem Schema für einen Mikrozensus der Juteernte in Bengalen zu verwenden. Der international bekannte Statistikprofessor Harold Hotelling (1895–1973) aus den USA schrieb 1938 nach sorgfältiger Prüfung von Mahalanobis' Schema für einen Mikrozensus in Bengalen: „… keine Technik der Zufallsproben wurde, soweit ich feststellen kann, in den Vereinigten Staaten oder anderswo entwickelt, die an Genauigkeit oder Wirtschaftlichkeit mit der von Professor Mahalanobis beschriebenen vergleichbar ist." Professor Mahalanobis setzte sich dafür ein, groß angelegte Stichprobenuntersuchungen zu popularisieren, indem er tatsächlich ihre Nützlichkeit demonstrierte. Dr. Y. P. Seng schrieb 1951 in einer Bewertung von Professor Mahalanobis' herausragender Arbeit auf dem Gebiet der Stichprobenuntersuchungen: „Indien kann daher sicherlich behaupten, zusammen mit den Vereinigten Staaten zu den führenden Nutzern der Stichprobenmethode in der Sozial- und Wirtschaftsforschung zu gehören. Und es ist eine sehr glückliche Kombination, denn in den Vereinigten Staaten haben wir ein typisches Beispiel für ein industrielles und hoch entwickeltes Land, während in Indien die Bedingungen eher denen eines weniger hoch entwickelten Landes entsprechen oder genauer gesagt, den Bedingungen derjenigen Länder, die, wie China, keine echten Statistiken haben und wo solche Statistiken, wenn sie überhaupt erhältlich sind, hauptsächlich durch Mikrozensus erhoben werden müssen, für die die Erfahrung Indiens als Leitfaden und als nachahmenswertes Beispiel dienen wird."

Professor F. Yales, FRS (1902–1994) bemerkte 1951 im Zusammenhang mit der Arbeit der United Nations Sub-Commission on Sampling: „Er (Mahalanobis) erkannte daher klarer als die meisten, dass, wenn mehr globale Erhebungen in den weniger entwickelten Ländern ordnungsgemäß durchgeführt würden, die Verwendung der Stichprobenmethode unerlässlich wäre. Und er war es, der die Einrichtung der Unterkommission für Statistische Stichproben vorschlug, um die ordnungsgemäße Anwendung von Stichprobenmethoden zu unterstützen."

Und schließlich die Bemerkungen von Professor Sir R. A. Fisher, FRS, im Jahr 1962, während der ersten Einberufung des Indian Statistical Institute: „Ich muss kaum sagen, dass ich mich auf das Aufkommen einer statistisch kompetenten Technik der Stichprobenuntersuchung beziehe, mit der ich glaube, dass Professor Mahalanobis' Name immer verbunden sein wird. Was zuerst meine Bewunderung am stärksten anzog, war, dass die Arbeit des Professors nicht imitativ war."

Zufallsstichproben und Stichprobenuntersuchungstechniken sind das Fundament der angewandten Statistik. Professor Mahalanobis selbst und seine Schüler wie D. B. Lahiri, J. M. Sengupta, M. N. Murthy, S. K. Banerji und andere leisteten lobenswerte Arbeit mit diesen Methoden in verschiedenen Bereichen wie Erntebefragung, Landwirtschaft, Demografie, Niederschlags- und Hochwasserstudien, Fischerei, Industrie und vielen anderen sozioökonomischen Bereichen.

Es sollte beachtet werden, dass die Techniken der „großflächig angelegten Stichprobenuntersuchung", die heute verwendet werden, größtenteils auf der Pionierarbeit von Prof. P. C. Mahalanobis und seinem Team in den 40er- und 50er-Jahren des 20. Jahrhunderts basieren. Diese Methodik zur Durchführung von groß angelegten Stichprobenuntersuchungen wurde in den Jahren 1937–1944 in Verbindung mit den zahlreichen Untersuchungen entwickelt, die unter der Leitung von Mahalanobis vom „Indian Statistical Institute" geplant und durchgeführt wurden. Die grundlegenden Ergebnisse zur groß angelegten Stichprobenuntersuchung wurden von Prof. P. C. Mahalanobis in seiner Arbeit mit dem Titel „On large scale sample surveys" [Phil. Transactions of the Royal Society, London, Series B, (1944), 329–451] veröffentlicht. Sie wurde auch von ihm bei einem „Meeting" der „Royal Society" in London vorgestellt. Seine drei wichtigsten Beiträge zu den Stichprobenuntersuchungstechniken sind: (i) Pilotuntersuchungen, (ii) Konzept des optimalen Untersuchungsdesigns und (iii) ineinandergreifendes Netzwerk von Proben.

Es sollte hier angemerkt werden, dass die Exzellenz von Professor Mahalanobis' wissenschaftlicher Leistung in der untrennbaren Beziehung liegt, die zwischen Theorie und ihrer Anwendung dargestellt wird. Er war davon überzeugt, dass „Statistik" eine Schlüsseltechnologie war, die für Probleme, die in verschiedenen wissenschaftlichen, soziologischen und wirtschaftlichen Situationen auftreten, verwendet werden konnte. Während seines gesamten Lebens blieb er in all seinen Forschungsbeiträgen fest davon überzeugt.

Operations Research:
Ein weiterer Bereich, in dem Prof. Mahalanobis in den frühen Jahren seiner Karriere arbeitete, betrifft Flussüberschwemmungen. Diese Arbeit fiel unter „Operations Research" (OR). Dies wurde nach dem Zweiten Weltkrieg zu einer separaten Disziplin. Er arbeitete am Überschwemmungsproblem verschiedener indischer Flüsse wie Damodar, Brahmini, Mahanadi usw. Tatsächlich war er der erste, der hierfür Berechnungen machte und die Idee für ein Mehrzweckprojekt (Flutkontrolle, Bewässerung und Energie) für das „Mahanadi-Flusssystem" in Orissa (heutiges Odisha) hatte. Dies bildete die Grundlage für das „Hirakud-Wasserkraftprojekt", das 1957 in Betrieb genommen wurde.

Fractile Graphical Analysis:
In den letzten zehn Jahren seines Lebens entwickelte Prof. Mahalanobis eine semi-nichtparametrische Methode zum Vergleich von zwei Proben. Er nannte sie „Fractile Graphical Analysis". Diese Technik findet weitreichende Anwendung in Sozioökonomie, Demografie, Psychologie, Biometrie usw.

Fehler in Erhebungsdatensätzen und deren Korrekturen:
Bevor wir die Diskussion über Professor P. C. Mahalanobis' Beitrag in verschiedenen Bereichen der Statistik beenden, ist es notwendig, auf eine bestimmte Eigenschaft in seiner beruflichen Laufbahn hinzuweisen. Prof. Mahalanobis legte großen Wert auf die gründliche Überprüfung von Erhebungsdatensätzen und entwickelte systematische Methoden zur Fehlererkennung und zur Durchführung notwendiger Anpassungen. Er war äußerst akribisch in Bezug auf die Richtigkeit und Zuverlässigkeit der gesammelten Daten. Er war äußerst vorsichtig in Bezug auf Fehler. Er hatte ein besonderes Interesse an einigen theoretischen Problemen wie: Beobachtungsfehler, Messfehler, Stichprobenfehler usw. Zweifelte er jemals an den gesammelten Daten oder den damit verbundenen Berechnungen, überprüfte er das gesamte Problem selbst Schritt für Schritt. Er war auch sehr genau in Bezug auf die Art und Weise, wie Daten präsentiert werden sollten. Später, als die Studenten von Professor Mahalanobis' Besessenheit von fehlerfreien Beobachtungen und Messungen usw. erfuhren, konstruierten sie einen Spitzname mit seinem Initial PCM. Sie bezeichneten ihn unter sich als „Professor of Counting and Measurements".

Einrichtung von Institutionen:

Prof. P. C. Mahalanobis war eine Größe unter den Institutionsbegründern Indiens. Seine bedeutendste Leistung war die Gründung des Indian Statistical Institute (ISI) in Kalkutta. Er rief das Institut 1931 mit dem Ziel ins Leben, eine Umgebung für hochrangige Forschung, Lehre, Ausbildung und Durchführung von Großprojekten zu schaffen. Ein kurzer historischer Bericht über die Gründung des ISI und die Eröffnung einer separaten Fakultät für Statistik für Postgraduiertenkurse an der Universität Kalkutta ist im Kapitel „Historische Einleitung und Einführung" gegeben. Seine Rolle bei der Einrichtung der „National Sample Survey" (NSS) ist zweifellos eine seiner herausragenden Leistungen.

Prof. P. C. Mahalanobis war der „Chief Executive Secretary" des Indian Statistical Institute, Kalkutta, von der Gründung bis ans Ende seines Lebens. Unter seiner dynamischen Führung konnte das ISI seine Glaubwürdigkeit als weltweit anerkannte Institution, die Forschung und Ausbildung an der Schnittstelle von Statistik und anderen Disziplinen fördert, erfolgreich etablieren. Diese umfassten physikalische, biologische, geologische und sozioökonomische Wissenschaften. Er hatte die einzigartige Fähigkeit, talentierte Menschen zu identifizieren, und rekrutierte so die hellsten Köpfe, damit sie am ISI arbeiten. Wie bereits früher erwähnt, erklärte das indische Parlament das ISI 1959 zu einem „Institut von nationaler Bedeutung". Das ISI, Kalkutta, führte dann Bachelor-, Master- und Forschungsprogramme ein und begann auch, Abschlüsse in Statistik als Bachelor, Master und Doktor der Statistik zu vergeben. Prof. Mahalanobis war sich auch der Bedeutung internationaler Zusammenarbeit bewusst. Er lud herausragende Forscher aus anderen Ländern ein, das Institut zu besuchen. Als das ISI international als hervorragendes Forschungszentrum für Statistik bekannt wurde, kamen berühmte Wissenschaftler und Statistiker aus aller Welt und verbrachten Zeit am ISI, Kalkutta. Einige der prominenten Persönlichkeiten sind J. L. Doob. R. A. Fisher, Ragnar Frisch, J. K. Galbraith, J. B. S. Haldane, A. N. Kolmogorov, S. Kuznets, R. Stone, A. Wald und N. Wiener.

Im neu gegründeten ISI, unter der mutigen Führung von Prof. P. C. Mahalanobis, wurden im Jahr 1937 die neuen Techniken der Zufallsstichprobe zur Schätzung von Fläche und Ertrag von Jutepflanzen in Bengalen verwendet. Wieder war es Prof. Mahalanobis, der 1938 die treibende Kraft für die Organisation der ersten Konferenz über Statistik, die „Indian Statistical Conference" war. Er setzte all seine Überzeugungskraft und Geduld ein, um die Verwaltung der Universität Kalkutta von der Notwendigkeit der Einrichtung einer separaten Fakultät in Statistik zu überzeugen, und sie nahm tatsächlich 1941 ihre Arbeit auf. Prof. P. C. Mahalanobis war der Ehrenvorsitzende der Fakultät. Unter seinem Einfluss wurde Statistik 1942 zum ersten Mal in der Geschichte des Indian Science Congress als separate Disziplin in der „Mathematics Section" aufgenommen. Anschließend fing ab 1945 ein separater Abschnitt für Statistik an. Nachdem Indien seine Unabhängigkeit erlangt hatte, erkannte der erste Premierminister Indiens, Jawaharlal Nehru, die Bedeutung der Verwendung statistischer Techniken für eine bessere wirtschaftliche Planung und Umsetzung. So wurde 1949 eine „Central Statistical Unit" von der Regierung Indiens mit Prof. P. C. Mahalanobis als „Honorary Statistical Adviser" zum Kabinett initiiert. Für eine größere administrative Effizienz wurde 1951 die „Central Statistical Organization" (CSO) von der Zentralregierung gegründet. Die Aufgabe der neu gegründeten Agentur bestand darin, alle statistischen Aktivitäten der Regierung zu koordinieren. Kurz danach wurde eine separate Fakultät für Statistik gebildet. Jawaharlal Nehru hatte großes Vertrauen in Prof. Mahalanobis und stand ihm nahe. So wurde auf Anraten von Prof. Mahalanobis die National Sample Survey (NSS) im Jahr 1950 gegründet. Professor P. C. Mahalanobis spielte eine Schlüsselrolle bei der Einrichtung der National Sampling Survey (NSS) und der Central Statistical Organisation (CSO). Mit der Erfahrung, die er zuvor in Bengalen gesammelt hatte, wollte er sie im ganzen Land umsetzen. Man kann klar sagen, dass eine der größten Leistungen von Prof. P. C. Mahalanobis die Gründung der NSS im Jahr 1950 war. Prof. C. R. Rao sagte dazu:

> *Es handelt sich um eine fortlaufende Übung, bei der eine große Anzahl von Feldforschern im ganzen Land Informationen über sozioökonomische und demografische Aspekte der Bevölkerung periodisch auf einer Stichprobenbasis sammeln ... Die Aufgabe erwies sich als äußerst schwierig, insbesondere weil es weltweit kein Parallelbeispiel für die Verwendung von fortlaufenden Stichprobenuntersuchungen zur Erhebung offizieller Statistiken in einem ganzen Land gab. Mahalanobis war mehr mit den praktischen Aspekten von Stichprobenuntersuchungen als mit mathematischer Forschung zu Stichprobenuntersuchungen beschäftigt. Als Vorsitzender der United Nations Sub-Commission on Sampling (1947–51) befürwortete er die Verwendung von Stichprobenmethoden in weniger entwickelten Ländern zur Erhebung von sozioökonomischen und demografischen Daten und legte Spezifikationen für die Durchführung von groß angelegten Stichprobenuntersuchungen fest.*

Im Jahr 1949 wurde Prof. Mahalanobis zum Vorsitzenden des „Indian National Income Committee" ernannt. Dies veranlasste ihn, über die makroökonomischen Probleme Indiens nachzudenken. Er stellte fest, dass es Lücken in den berechneten nationalen Einkommensinformationen gab. Tatsächlich schlug er zur Schließung dieser Lücken die Gründung der NSS im Jahr 1950 vor. Er gründete auch eine statistische Einheit, die sich mit der Untersuchung des nationalen Einkommens befasste. Die Idee der „Qualitätskontrolle" wurde in Indien von Prof. P. C. Mahalanobis zur Verbesserung der Qualität von Industrieprodukten und zur Standardisierung der Preisstruktur von Fertigprodukten eingeführt.

Neben all diesen wichtigen Verantwortlichkeiten wurde Prof. Mahalanobis auf Anfrage des damaligen Premierministers Herrn Nehru mit der „Planungskommission" in Verbindung gebracht. Er war tief in die Formulierung von Indiens „Zweitem Fünfjahresplan" involviert. Bei all diesen Aktivitäten war er ein enger Berater des Premierministers. Während er diese monumentalen Verantwortlichkeiten wahrnahm, wurde Prof. Mahalanobis auf breitere nationale und internationale Probleme aufmerksam. Während dieser Zeit schrieb er ausführlich über Themen wie:

- „Priorität von Schlüsselindustrien",
- „Die Rolle der wissenschaftlichen Forschung, der technischen Arbeitskräfte und der Bildung für die wirtschaftliche Entwicklung",
- „Industrialisierung von ärmeren Ländern und Weltfrieden",
- „Arbeitsmarktprobleme, Arbeitslosigkeit und demografische Probleme".

6.3   Besondere Ehrungen und Auszeichnungen

Prof. P. C. Mahalanobis war ein international anerkannter Statistiker und der „Vater der Statistik" in Indien. Er wurde als „Ehrenmitglied" in zahlreiche berühmte Gesellschaften gewählt und erhielt viele Auszeichnungen und Anerkennungen aus dem In- und Ausland.

Er war der Gründer der „National Academy of Sciences" [heute bekannt als „Indian National Science Academy" (INSA)]. Später diente er auch als Präsident der INSA in den Jahren 1957–1958. Er war auch gewähltes „Mitglied" der „Indian Academy of Science", Bangalore. Im Jahr 1945 wurde er zum „Mitglied" der „Royal Society", London (FRS) gewählt. Er wurde zum „Präsidenten" des jährlichen „Indian Science Congress" gewählt, der 1950 in Pune stattfand. Im Jahr 1951 wurde er zum „Mitglied" der „Econometric Society, USA" gewählt. Er wurde 1952 zum „Mitglied" der „Pakistan Statistical Association" gewählt und 1954 zum „Ehrenmitglied" der „Royal Statistical Society, UK". Im Jahr 1957 wurde er zum „Ehrenpräsidenten" des „International Statistical Institute" gewählt, 1958 als „ausländisches Mitglied" der „USSR Academy of Sciences" und 1959 zum „Mitglied" des King's College, Cambridge University. Prof. Mahalanobis wurde 1961 zum „Mitglied" der „American Statistical Association" und im Jahr 1963 zum „Mitglied" der „World Academy of Arts and Science" gewählt. Im Jahr 1968 verlieh ihm die Regierung von Indien die renommierte Auszeichnung „Padmabibhushan" für seine Beiträge zur Wissenschaft und seine Dienste für sein Land.

Prof. P. C. Mahalanobis war Empfänger mehrerer „Medaillen" für seine herausragenden Beiträge zur Wissenschaft und Gesellschaft. Die „Weldon-Medaille" der Universität Oxford wurde ihm 1944 verliehen. In Indien erhielt er 1957 die „Sir-Deviprasad-Sarvadhikari-Goldmedaille", 1961 die „Durgaprasad-Khaitan-Goldmedaille" und 1968 die „Sriivasa-Ramanujan-Goldmedaille" für seine Beiträge zur Wissenschaft. Prof. P. C. Mahalanobis wurde anlässlich seines 70. Geburtstages im Jahr 1963 mit der „Goldmedaille der Tschechoslowakischen Akademie der Wissenschaften" geehrt. Er erhielt auch viele „Ehrendoktortitel" von verschiedenen Universitäten, einschließlich der Universität Kalkutta und der Universität Delhi.

Prof. P. C. Mahalanobis starb in Kalkutta einen Tag vor seinem 89. Geburtstag, am 28. Juni 1972, aufgrund einiger postoperativer Komplikationen. Mit seinem Tod verloren Bengalen und Indien einen ihrer größten Statistiker aller Zeiten. In seinem „Nachruf" schrieb ein anderer Doyen der Statistik und enger Mitarbeiter von Prof. Mahalanobis, Prof. C. R. Rao:

> *Die statistische Wissenschaft war ein jungfräuliches Feld und praktisch unbekannt in Indien vor den 20er-Jahren. Die Entwicklung der Statistik war wie die Erforschung eines neuen Territoriums. Es brauchte einen Pionier wie Mahalanobis, mit seinem unbeugsamen Mut und seiner Hartnäckigkeit, um allen Widerstand zu bekämpfen, alle Hindernisse zu beseitigen und weite Felder des neuen Wissens für den Fortschritt von Wissenschaft und Gesellschaft zu öffnen. Mit dem Tod von Prof. Mahalanobis hat Indien eine herausragende Persönlichkeit verloren, wie sie vielleicht nur einmal in mehreren Generationen geboren wird.*

6.4   Wichtige Meilensteine im Leben von Professor Prasanta Chandra Mahalanobis

1893: Geboren in Kalkutta am 29. Juni 1893.

1908: Besteht die Aufnahmeprüfung an der Brahmo Boys' School in Kalkutta.

1912: Besteht Physik (Honours) mit einer Eins am Presidency College in Kalkutta.

1913: Reist nach England, um höhere Studien zu verfolgen.

1913: Tritt dem King's College, Universität Cambridge, England, bei.

1915: Kehrt nach Abschluss der Tripos (II)-Prüfung mit einer Eins nach Indien zurück.

1915: Tritt dem Presidency College in Kalkutta zunächst als Vertretung bei. Danach arbeitet er beim „Indian Educational Service" (IES) als ständiges Mitglied der Fakultät für Physik des Presidency College in Kalkutta.

1922: Wird Professor in der Fakultät für Physik am Presidency College in Kalkutta. Entdeckt die berühmte D^2-Statistik, die in der modernen statistischen Literatur als „Mahalanobis-Distanz" bekannt ist.

1928: Richtet ein kleines „statistisches Labor" in einem Vorzimmer des Baker-Labors des Presidency College in Kalkutta ein.

1931: Am 14. Dezember 1931 wird von Prof. Mahalanobis und einigen seiner akademischen Freunde eine Entscheidung über die Gründung des „Indian Statistical Institute" getroffen. Danach beginnt das „Institut" unter der Leitung von Prof. Mahalanobis, inoffiziell zu arbeiten.

1931–1972: Dient als Chief Executive Secretary des Indian Statistical Institute.

1932: Am 28. April 1932 wird das „Indian Statistical Institute" (ISI) offiziell registriert.

1933: Prof. Mahalanobis beginnt mit der Veröffentlichung der ersten Zeitschrift über Statistik namens „Sankhya" in Indien. Er ist auch seit ihrer Gründung „Editor" der Zeitschrift.

1935: Gründungsmitglied der „National Academy of Sciences [heute "Indian National Science Academy„ (INSA)]. Im selben Jahr wird er auch zum "Fellow„ der "Indian Academy of Sciences„ in Bangalore gewählt.

1942: Die britische Regierung verleiht Prof. Mahalanobis den "Order of the British Empire„ (OBE). Die Universität Oxford verleiht ihm den renommierten "Weldon Memorial Prize„ und die Goldmedaille.

1945: Wird zum „Fellow" der „Royal Society of London" (FRS) gewählt.

1947–1951: Vorsitzender der „United Nations Sub-Commission on Sampling".

1949: „Ehrenamtlicher Statistischer Berater" der indischen Regierung.

1950: Gründung der „National Sample Survey" (NSS).

1950: Wird zum „Präsidenten" des jährlichen „Indian Science Congress" in Pune gewählt.

1951: Wird zum „Fellow" der „Econometric Society, USA" gewählt.

1952: Wird zum „Fellow" der „Pakistan Statistical Association" gewählt.

1954: Wird zum „Ehrenmitglied" der „Royal Statistical Society, UK" gewählt.

1957: Wird zum „Ehrenpräsidenten" des „International Statistical Institute" gewählt.

1957–1958: Präsident der „Indian National Science Academy".

1958: Wird zum „Ausländischen Mitglied" der „USSR Academy of Sciences" gewählt.

1959: Wird zum „Fellow" des King's College in Cambridge, England gewählt.

1961: Wird zum „Fellow" der „American Statistical Association" gewählt.

1963: Wird zum „Fellow Member" der „World Academy of Arts and Science" gewählt.

1963: Erhält die „Goldmedaille der Tschechoslowakischen Akademie der Wissenschaften" anlässlich seines 70. Geburtstages.

1968: Die Regierung von Indien verleiht ihm den renommierten „Padmabibhushan"-Preis für seine Beiträge zur Wissenschaft und Dienste für Indien.

1968: Erhält die „Srinivasa-Ramanujan-Goldmedaille" für seine Beiträge zur Wissenschaft.

1972: Stirbt am 28. Juni 1972 in Kalkutta aufgrund postoperativer Komplikationen.

Kapitel 7
Nikhil Ranjan Sen (1894–1963)

7.1 Geburt, frühe Bildung

Nikhil Ranjan Sen wurde am 23. Mai 1894 geboren. Sein Vater war Sri Kalimo-
hon Sen und seine Mutter Bidhumukhi Devi. Er wurde im Distrikt Dacca geboren,
der heute in Bangladesch liegt. Seine schulische Ausbildung begann in der Dacca
Collegiate School, aber er bestand seine Eingangsprüfung an der Rajsahi Collegiate School im Jahr 1909. Später studierte er am Presidency College in Kalkutta.
Meghnad Saha und Satyendranath Bose waren beide seine Klassenkameraden ab
dem Jahr 1911. Am Presidency College hatte N. R. Sen das Privileg, von so illustren Professoren wie Acharya Jagadish Chandra Bose und Acharya Prafulla Chandra Roy unterrichtet zu werden. Zweifellos wurden die jungen talentierten Studenten wie M. N. Saha, S. N. Bose und N. R. Sen stark von diesen großen Wissenschaftlern beeinflusst. Beide Acharyas schafften es sehr erfolgreich, den Geist der
Forschung in diese jungen Köpfe zu pflanzen. Im Jahr 1913 trat N. R. Sen nach
dem Erwerb eines ersten Abschlusses in B. Sc. (Mathematik Honours) der M. Sc.-
Klasse in der Fakultät für Angewandte Mathematik (damals Mixed Mathematics
genannt) der Universität Kalkutta bei. Die Kurse fanden jedoch am Presidency
College statt. N. R. Sen erwarb 1916 seinen M. Sc.-Abschluss mit der besten Note.

7.2 Karriere, höhere Bildung, Forschungsbeiträge

Im Jahr 1917 wurde N. R. Sen von dem berühmten Mathematiker und Vizekanzler
Sir Asutosh Mookerjee für eine Lehrtätigkeit an der neu gegründeten Fakultät
für Angewandte Mathematik der Universität Kalkutta berufen. Sir Asutosh ermutigte und inspirierte Nikhil Ranjan Sen dazu, ernsthafte Forschungsarbeit im
Bereich der Mathematik aufzunehmen. In den ersten Jahren seiner Karriere inte-

© Der/die Autor(en), exklusiv lizenziert an Springer Nature Singapore Pte Ltd. 2024
P. Mukherji, *Namhafte indische Mathematiker und Statistiker*,
https://doi.org/10.1007/978-981-97-0100-1_7

ressierte sich N. R. Sen sehr für die Theorie des Newtonschen Potenzials sowie
für die mathematischen Theorien der Elastizität und hydrodynamischen Wellen.
Er veröffentlichte eine Reihe von Forschungsarbeiten in diesen Bereichen in bekannten nationalen und internationalen Zeitschriften. Im Jahr 1921 erwarb er den
D. Sc.-Abschluss von der Universität Kalkutta für seine originellen Beiträge zur
angewandten Mathematik. Kurz darauf gewährte ihm die Universität Kalkutta
einen Studienurlaub, und er ging nach Deutschland, um weitere Forschungen zu
betreiben. Dort arbeitete er am neu gegründeten „Institut für Physik" in Berlin
mit Professor Max von Laue (1879–1960). Unter Professor von Laue führte N. R.
Sen Forschungen in der Allgemeinen Relativitätstheorie und zu kosmologischen
Problemen durch. Während seines Aufenthalts in Europa arbeitete Nikhil Ranjan
an verschiedenen berühmten Zentren für fortgeschrittene Studien und Forschungen in Mathematik auf dem Kontinent, nämlich Berlin, München und Paris. Während dieser Besuche kam N. R. Sen in Kontakt mit großen Wissenschaftlern wie
Max Planck, Arnold Sommerfeld, Albert Einstein und Louis de Broglie. Er nutzte
diese Gelegenheiten und nahm ernsthaft Studien in dem neu entwickelten Fach
Quantenmechanik auf. Er lernte auch die mathematische Theorie der Wahrscheinlichkeit und die Theorie der Topologie während seines Aufenthalts in Deutschland. Eine bemerkenswerte Tatsache ist, dass Nikhil Ranjan Sen, obwohl er als
angewandter Mathematiker ausgebildet wurde, großes Interesse an verschiedenen
Zweigen der reinen Mathematik hatte.

Seine Forschungsaktivitäten erstreckten sich auch über ein breites Spektrum
von Fächern und Themen. Er leistete bemerkenswerte Arbeit zu einigen Problemen der sphärischen Harmonischen. Professor Ganesh Prasad, der erste Rashbehary-Ghosh-Professor für angewandte Mathematik, beeinflusste N. R. Sen in
dieser Hinsicht. In den frühen 30er-Jahren leistete Professor Sen eine erhebliche
Menge an Arbeit zur Wellenmechanik, die auch Diracs relativistische Gleichungen einschloss. Er nahm Probleme der Kosmologie auf. Er untersuchte die relativistischen Effekte in stellaren Körpern. Um 1940, nachdem Bethes Gesetz der
Energieerzeugung festgelegt worden war, begann N. R. Sen mit der Arbeit an Problemen der stellaren Konstitution. In Indien leistete er Pionierarbeit bei der Untersuchung der inneren Konstitution von Sternen. In Zusammenarbeit mit seinen Studenten konstruierte er stellare Modelle auf der Grundlage der theoretischen Gesetze der thermonuklearen Energieerzeugung.

Von 1950 an bis zum Ende seines Lebens leistete N. R. Sen eine Menge origi-
neller Forschung auf dem Gebiet der Strömungsdynamik. In Indien leistete er auf
dem Gebiet der Strömungsdynamik Pionierarbeit bei der Erforschung der Grenzschicht, des Wellenwiderstands, der isotropen Turbulenz und der Stoßwellen.
Seine Untersuchungen zur Heisenbergschen Gleichung für den Zerfall der isotropen Turbulenz verdienen besondere Erwähnung.

Er baute ein starkes Team von Forschern auf, zu denen unter anderem U. R.
Barman, N. L. Ghosh und T. C. Roy gehörten. Persönlich veröffentlichte Prof. N.
R. Sen 46 Forschungsarbeiten in verschiedenen bekannten nationalen und inter-
nationalen Zeitschriften.

Nach seiner Rückkehr aus Europa übernahm Dr. N. R. Sen 1924 die Position des „Rashbehary- Ghosh-Professors" für angewandte Mathematik an der Universität Kalkutta. Das war der Beginn einer glorreichen Ära für die Fakultät für Angewandte Mathematik. Professor N. R. Sen führte neue Fächer in den Postgraduierten-Lehrplan ein und inspirierte seine jungen Kollegen und Forschungsassistenten dazu, originelle und herausfordernde Probleme in modernen Bereichen wie Relativität, Astrophysik, Quantenmechanik, Geophysik, Statistische Mechanik, Strömungsdynamik, Magneto-Hydrodynamik, Elastizitätstheorie und Ballistik aufzugreifen und zu lösen. Er war die Inspirationsquelle für Forscher an der Universität Kalkutta, und unter seiner dynamischen Führung wurde die Fakultät für Angewandte Mathematik zu einem lebendigen Zentrum für Forschung und Lehre in angewandter Mathematik und erwarb einen Ruf im ganzen Land, der schwer zu übertreffen ist. Aus offensichtlichen Gründen wurde er der „Vater der angewandten Mathematik in Indien" genannt.

Prof. N. R. Sens Forschungsarbeit beinhaltete theoretische Modellierungen als Lösungen von Einsteins Gleichungen mit physikalischen Eigenschaften. Einige der bekanntesten sind:

I. Statische Lösung mit sphärischer Symmetrie in allgemeinster Form,
II. Sphärische Schale mit Oberflächenmaterie,
III. Beziehung zum De-Sitter-Universum: Eine Transformation der Lösung innerhalb der Schale führt zum De-Sitter-Modell,
IV. Gleichgewicht eines geladenen Teilchens mit einer bestimmten sphärischen Grenze.

Er war maßgeblich an der Einrichtung eines Labors für numerische Berechnungen in der Fakultät für Angewandte Mathematik beteiligt. Er war dort auch verantwortlich für die Einrichtung des hydrodynamischen Labors mit einem Gerinne und einem Windkanal. Er war sich der Notwendigkeiten der Durchführung von Forschungen auf Augenhöhe mit fortgeschrittenen Ländern bewusst. Trotz des Zugangs zu begrenzten Ressourcen bemühte er sich nach Kräften, die Fakultät so gut wie möglich auszustatten.

Trotz seines sehr hektischen Zeitplans, der Unterricht, Forschung und Verwaltung der Fakultät für Angewandte Mathematik beinhaltete, diente Prof. N. R. Sen in verschiedenen Ausschüssen und Beratungsgremien von wissenschaftlichen und pädagogischen Akademien und Agenturen in ganz Indien.

Er war Gründungsmitglied des National Institute of Sciences seit dessen Anfängen im Jahr 1935. Sein ganzes Leben lang war er tief mit der Indian Association for the Cultivation of Science in Kalkutta und der Calcutta Mathematical Society verbunden. Er arbeitete sehr hart daran, den Standard des von der Calcutta Mathematical Society veröffentlichten „Bulletin" zu erhöhen. Er war auch mit der Gründung des „Indian Statistical Institute" in Kalkutta von Anfang an verbunden.

Professor Sen leistete bemerkenswerte Beiträge in verschiedenen Disziplinen der angewandten Mathematik. Seine vollständige Publikationsliste rechtfertigt diese Aussage voll und ganz. Aber abgesehen von seinen persönlichen Beiträgen zur wissenschaftlichen Forschung wird er geehrt für seine Rolle bei der Modernisierung der Fakultät für Angewandte Mathematik, für seine Inspiration zahlreicher Studenten, die Forschung in verschiedenen Bereichen der angewandten Mathematik aufzunehmen, und für die Steigerung des Ansehens der Fakultät als Modellzentrum für exzellente wissenschaftliche Forschung in den Annalen der Universität Kalkutta. Sein Andenken wird von jedem ernsthaften Forscher der angewandten Mathematik nicht nur in Bengalen, sondern im ganzen Land geschätzt.

7.3 Wichtige Meilensteine im Leben von Professor Nikhil Ranjan Sen

1894: Geboren im Distrikt Dacca (im ehemaligen Ostbengalen, heute Bangladesch) am 23. Mai 1894.

1909: Besteht die Eingangsprüfung an der Rajshahi Collegiate School, im ehemaligen Ostbengalen.

1913: Erhält den B. Sc. in Mathematik (Honours) mit einer Eins vom Presidency College, Kalkutta.

1916: Erhält den M. Sc. in Gemischter Mathematik von der Universität Kalkutta. Er wird Erster mit einer Eins.

1917: Ernennung zum Dozenten in der neu eingerichteten Fakultät für Gemischte Mathematik (später Angewandte Mathematik genannt), Universität Kalkutta.

1921: Erhält den D. Sc.-Grad von der Universität Kalkutta für seine originellen Beiträge in angewandter Mathematik.

1921: Geht für weitere Forschungen nach Deutschland. Dort führt er Forschungen in Zusammenarbeit mit Professor Max von Laue durch.

1924: Kehrt nach Kalkutta zurück und tritt als „Rashbehary-Ghosh-Professor" für angewandte Mathematik an der Universität Kalkutta an.

1935: Gründungsmitglied des „National Institute of Sciences" [später bekannt als Indian National Science Academy (INSA)].

1963: Stirbt in Kalkutta am 13. Januar 1963 nach langer Krankheit.

Kapitel 8
Suddhodan Ghosh (1896–1976)

8.1 Geburt, Familie, Bildung

Suddhodan Ghosh wurde am 26. Juli 1896 in einer wohlhabenden und aristo-
kratischen bengalischen Familie in Kalkutta geboren. Sein Vater Sarat Chandra Ghosh stammte aus einer reichen Familie und war selbst ein wohlhabender
Grundbesitzer. Seine Mutter Patitpabani Debi war eine gutherzige, großzügige
und fromme Dame. Seine gesamte Kindheit wurde gut durch eine Bemerkung
von S. Ghosh selbst beschrieben. Er sagte: „Ich wurde als Schwächling geboren.
Meine zarte Konstitution erlaubte es mir nicht, an irgendeiner gesunden Frei-
zeitbeschäftigung teilzunehmen. Ich konnte kaum ein paar Meter laufen, weil
mir die Luft ausging. Der Hausarzt prophezeite, dass ich keine zwölf Jahre überleben würde. So wurde ich das Haustier und verwöhnte Kind meiner Mutter. Dank
den Gebeten und Bußen meiner Mutter und durch Gottes Gnade überlistete ich
die Ärzte und entwickelte mich zu einem normalen Kind. Bücher wurden meine
Freude, meine einzige fesselnde Leidenschaft. Mit einer Leidenschaft für Bücher entwickelte ich eine Liebe zur Einsamkeit. Allein und abseits von den Auf-
regungen der Welt vertiefte ich mich in Bücher und Schriften und beobachtete pro-
fane und göttliche Dinge aus der Ferne."

Der berühmte Wissenschaftler Acharya P. C. Ray war mit S. Ghosh verwandt.
Sein Großvater Haranchandra Ghosh war der erste Bengale, der zum Chefrichter
des Kalkutta Small Cases Court ernannt wurde. Seine Familie und bekannten Verwandten hatten einen tiefen und bleibenden Einfluss auf den jungen S. Ghosh.

Schon in seiner Kindheit zeigte S. Ghosh eine außergewöhnliche Begabung
für Mathematik. Nach Abschluss seiner frühen Schulbildung in der Metropolitan
Institution (gegründet von Ishwar Chandra Vidyasagar), wurde S. Ghosh 1910 in
die siebte Klasse der renommierten Hindu School Klasse aufgenommen. Obwohl
sein berühmter Großvater Haranchandra Ghosh einer der Gründungsstifter der
Hindu-Schule war, wurde S. Ghosh streng nach Leistung aufgenommen, da er eine

Aufnahme über die „Stifterquote" abgelehnt hatte. In allen Schulprüfungen belegte S. Ghosh immer den ersten Platz auf der Liste der erfolgreichen Kandidaten. Der renommierte Mathematiklehrer U. L. Bakshi hatte eine besondere Vorliebe für S. Ghosh. 1914 bestand S. Ghosh die Universitätseingangsprüfung mit einer Eins und belegte den 10. Platz in der Rangfolge nach Leistung.

Kurz danach traf die Familie Ghosh eine Reihe von Tragödien. Der älteste Onkel väterlicherseits von S. Ghosh, P. C. Ghosh, starb plötzlich. Sein jüngster Bruder konvertierte zum Christentum und wurde gezwungen, das Haus zu verlassen. Die bedeutende „Ghosh-Großfamilie" zerfiel. In der Zwischenzeit trat S. Ghosh dem Scottish Church College bei und schrieb sich für die Zwischenklasse in Naturwissenschaften ein. 1916 bestand er die I. Sc [Zwischenprüfung in Naturwissenschaften] und belegte den 8. Platz in der Rangfolge nach Leistung in der kombinierten Liste [I. A. und I. Sc.] der erfolgreichen Kandidaten. Er erhielt die höchsten Noten in Mathematik von allen Studenten. Er trat dem berühmten Presidency College of Calcutta bei, um auf einen B. Sc. in Mathematik zu studieren, den er mit Auszeichnung bestand. Zu dieser Zeit hatten seine Eltern immense finanzielle Probleme. Eine Tante von S. Ghosh, die in eine reiche Familie geheiratet hatte, half ihm finanziell, damit er die notwendigen Bücher und einen hölzernen Almirah für die Aufbewahrung der Bücher, Schreibmaterialien, Notizbücher usw. kaufen konnte. Im Presidency College machte S. Ghosh die besten Erfahrungen, die sich ein Student erträumen konnte. Von Lehrern wie Acharya J. C. Bose, Acharya P. C. Ray und Dr. D. N. Mallik erhielt S. Ghosh die notwendige Inspiration und Anleitung, die ihm halfen, sich zu einem Gelehrten der höchsten Klasse zu entwickeln. 1918 erhielt S. Ghosh den ersten Platz mit einer Eins in Mathematik (Honours) vom Presidency College. Er war der Empfänger der „Goldmedaille der Universität" für seine bemerkenswerte akademische Leistung. Nachdem er nach Hause gekommen war, legte S. Ghosh die Goldmedaille zu Füßen seiner Mutter. Sie segnete ihn im Gegenzug mit einem Goldmohar aus der Ära Akbars. S. Ghosh schätzte das Geschenk seiner Mutter bis zum letzten Tag seines Lebens. Als sein letzter Wunsch wurde der Goldmohar nach seinem Tod der Universität Kalkutta geschenkt.

1918 trat er der Fakultät für Gemischte (Angewandte) Mathematik am University College of Science, Universität Kalkutta, bei, um sein Postgraduiertenstudium fortzusetzen. Zu dieser Zeit war Prof. S. N. Bose Mitglied der Fakultät und lehrte die „Mathematische Elastizitätstheorie". S. Ghosh war so beeindruckt von der Art und Weise, wie S. N. Bose das Fach erklärte, dass er eine lebenslange Faszination für Kontinuumsmechanik entwickelte. 1920 bestand S. Ghosh die M. Sc.-Prüfung erneut und belegte den ersten Platz mit einer Eins in Gemischter Mathematik. Er erhielt etwa 90 % der Gesamtpunktzahl. Er erhielt erneut die „Goldmedaille der Universität" für seine brillante wissenschaftliche Leistung. Seine Mutter war nicht mehr am Leben, so konnte sie seine zweite Goldmedaille nicht sehen.

8.2 Karriere, Forschungsbeiträge

Sofort nach Erhalt seines M. Sc. begann S. Ghosh, als „Forschungsstipendiat" unter der Leitung von Prof. N. R. Sen, dem damaligen „Rashbehary-Ghosh-Professor" und Leiter der Fakultät für Angewandte Mathematik, zu arbeiten. Es ist zu beachten, dass in jenen Tagen die Stipendien nur 75 indische Rupien pro Monat einbrachten. S. Ghosh hatte ein beneidenswertes Angebot der Imperial Bank of India [vergleichbar mit der heutigen State Bank of India] abgelehnt und sich auch geweigert, wie von Acharya P. C. Ray vorgeschlagen, ins Ausland zu gehen, um höhere Studien zu absolvieren, und war mit der geringen Vergütung, die er als „Rashbehary-Ghosh-Stipendiat" erhielt, durchaus zufrieden. Es war sein Traum, in seiner Heimat zu bleiben, mit gerade genug Geld, um die Grundbedürfnisse zu decken, und Mathematikforschung zu betreiben. Er glaubte persönlich, dass ein Leben in Reichtum und Luxus ein Hindernis für wissenschaftlichen und intellektuellen Eifer sei. 1925 nahm er an einem Wettbewerb teil und gewann das renommierte „Premchand Roychand Studentship" von der Universität Kalkutta. Er wurde auch mit der „Sir-Asutosh-Mookerjee-Goldmedaille" von der Universität für seine herausragenden Forschungsbeiträge ausgezeichnet. 1928 erhielt S. Ghosh den D. Sc.-Grad von der Universität Kalkutta.

Auf Drängen seines Lieblingslehrers Prof. S. N. Bose ging Dr. S. Ghosh 1928 an die Universität Dacca im damaligen Ostbengalen und trat der Fakultät für Mathematik als Dozent bei. Aber nach einem kurzen Aufenthalt kehrte er nach Kalkutta zurück. Kurz danach wurde er als Dozent an seiner Alma Mater, der Fakultät für Gemischte Mathematik an der Universität Kalkutta, ernannt. Er wurde von seinen Studenten und Kollegen für sein tiefes Wissen in Mathematik und seine bewundernswerten Unterrichtstechniken sehr geschätzt.

Dr. S. Ghosh war ein Mann der Prinzipien; Ehrlichkeit und Integrität waren gleichbedeutend mit seinem Charakter. Es gibt viele Beispiele, die das beweisen. 1953 wurde Dr. Ghosh für die Stelle eines Readers in der Fakultät für Angewandte Mathematik (früher bekannt als Gemischte Mathematik) ausgewählt. Tatsächlich war dies die erste solche Stelle, die für die Fakultät geschaffen wurde. Dr. Ghosh lehnte das Angebot jedoch ab, da er das Gefühl hatte, dass viele gleich qualifizierte ältere Kollegen übergangen wurden. Die Universitätsbehörden mussten letztendlich diese Stelle an eine Schwesterfakultät übertragen. Ein weiterer Vorfall spiegelt auch seinen Glauben an Wahrheit und Ehrlichkeit wider. 1954 war Prof. J. C. Ghosh der Direktor des neu gegründeten Indian Institute of Technology (IIT) in Kharagpur, Westbengalen. Er suchte einen brillanten Mathematiker, der zum Leiter der Fakultät für Mathematik werden sollte. Prof. S. N. Bose hatte den Namen von Dr. S. Ghosh für die Stelle nachdrücklich empfohlen. In der Zwischenzeit hatte ein Zeitgenosse von Prof. S. Ghosh mit ihm gesprochen und ihn indirekt gebeten, sich nicht zu bewerben, weil er dann keine Chance auf eine Auswahl hätte. Dr. S. Ghosh hatte seinem Freund versichert, dass er sich nicht bewerben würde. Später, als er von den Behörden des IIT, Kharagpur, sogar durch seinen ehemaligen Betreuer Prof. N. R. Sen, angesprochen wurde, bewarb er sich nicht für die Stelle. Er verriet nicht, dass er sich fernhielt, weil er seinem Freund ein Versprechen gegeben hatte. Aber ein Mann, der der Wahrheit und Integrität verpflichtet ist, konnte nicht von seinem selbst gewählten Weg der Gerechtigkeit abgebracht werden.

Dr. S. Ghosh folgte seiner Lebensphilosophie konsequent. Wenn er das Gefühl hatte, dass etwas nicht fair war, widersetzte er sich mutig und kümmerte sich nicht um das Ergebnis. Ein weiteres solches Ereignis ereignete sich 1958. Er hatte Meinungsverschiedenheiten mit dem damaligen Leiter der Fakultät für Angewandte Mathematik bezüglich des Lehrplans und der Verteilung der Lehrbelastung unter seinen Kollegen dort. Er reichte prompt seinen Rücktrittsbrief bei den Universitätsbehörden ein. Diese akzeptierten den Brief jedoch nicht. Sie kannten seinen Wert, und der damalige Schatzmeister der Universität Kalkutta, Dr. Satish Chandra Ghosh, konnte ihn irgendwie dazu überreden, an der Fakultät für Reine Mathematik der Universität anzufangen. Das Ereignis wurde tatsächlich zu einem Segen für diese Fakultät. Die Universitätsbehörden erkannten die Unentbehrlichkeit von Prof. S. Ghosh und machten ihn bald zum Leiter der Fakultät für Reine Mathematik. Was ein großer Verlust für die Fakultät für Angewandte Mathematik war, wurde zu einem großen Gewinn für die Fakultät für Reine Mathematik.

Nachdem Prof. N. R. Sen in den Ruhestand getreten war, war der „Sir-Rasbehary-Ghosh-Lehrstuhl" der Fakultät für Angewandte Mathematik vakant, und die Stelle wurde ordnungsgemäß ausgeschrieben. Dr. S. Ghosh bewarb sich nicht einmal. Aber die Stelle wurde ihm von der zuständigen Behörde angeboten. Dann nahm er das Angebot mit seiner gewohnten Bescheidenheit an. Prof. S. Ghosh fungierte als „Sir-Rashbehary-Ghosh-Professor" und Leiter der Fakultät für Mathematik von 1959 bis 1963. Er suchte keine Verlängerung und ging genau dann in den Ruhestand, als es fällig war. Während seiner Amtszeit half und inspirierte er die Studenten auf jede mögliche Weise. Er führte sie in herausfordernde ungelöste Probleme ein und leitete sie selbstbewusst an, damit sie in ihrer eigenen Forschungsarbeit originelle Beiträge leisten konnten. Sein persönliches tiefes Wissen und seine Vision ermöglichten es, ihre kreative Fähigkeit zu entfachen.

Prof. S. Ghosh war bekannt für seine Pünktlichkeit. In seiner 35-jährigen Lehrtätigkeit an der Universität Kalkutta nahm er nur 13 Tage Urlaub.

Wie bereits erwähnt, war er ein großer Bewunderer von Prof. S. N. Bose und besonders von seiner Lehre beeindruckt. Fasziniert von der „Kontinuumsmechanik" leistete Prof. S. Ghosh wertvolle Beiträge sowohl zur Strömungsmechanik als auch zur Festkörpermechanik. Sein zusätzlicher Vorteil war sein beneidenswertes Wissen in „Reiner Mathematik". Seine bemerkenswerte Originalität lag darin, komplexe technische Probleme auf solche der Reinen Mathematik zu reduzieren. Tatsächlich war das erste Forschungspapier, das Prof. S. Ghosh 1924 im Bereich der „Strömungsmechanik" veröffentlichte, mit dem Titel *„On liquid motion inside certain rotating circular arcs"* [Bull. Cal. Math. Soc., 15, (1924), 27–46]. Seine Diskussion beinhaltete die Lösung der Laplace-Gleichung in ψ', der Stromfunktion und ihrem Wert an den festgelegten Grenzen. Ein weiteres wichtiges Papier in diesem Bereich trägt den Titel *„On the steady motion of viscous liquid due to translation of a tore parallel to its axis"* [Bull. Cal. Math. Soc.,

18, (1927), 185]. Prof. S. Ghosh löste dieses Problem mithilfe von krummlinigen Koordinaten (α', β') und nahm eine bestimmte Art von Stoke-Funktion an. 1928 veröffentlichte er das Papier mit dem Titel „*The steady rotational motion of a liquid within fixed boundaries*" [Bull. Cal. Math. Soc., 19, (1928), 59–66]. Danach verlagerte Prof. S. Ghosh seine Aufmerksamkeit auf Probleme der „Elastizitätstheorie".

Seine Arbeit in der Elastizitätstheorie umfasste (i) Biegung von elastischen Platten, (ii) Versetzungsprobleme, (iii) ebene Probleme, (iv) Schwingungen von Ringen und (v) Torsions- und Biegeprobleme. Er veröffentlichte mehr als 20 Forschungsarbeiten zu den oben genannten Themen. Eine kurze Diskussion wird über seine wichtigen Forschungsbeiträge geführt.

Das Problem der Biegung einer belasteten kreisförmigen Platte, bei der die Last gleichmäßig verteilt war, wurde erstmals vom französischen Mathematiker S. D. Poisson (1781–1840) gelöst. Ein weiterer berühmter französischer Experte für Mechanik und Mathematik, A. J. C. B. de Saint-Venant (1797–1886), untersuchte den Fall, bei dem die Last gleichmäßig um einen konzentrischen Kreis verteilt war. Der australische Mathematiker J. H. Michell FRS (1863–1940) untersuchte den Fall, bei dem die Last an einem Punkt konzentriert war. In seinem veröffentlichten Papier mit dem Titel „*On a problem of elastic circular plates*" [Bull. Cal. Math. Soc., 16, (1925), 63–70], erhielt Prof. S. Ghosh die Form der Durchbiegung einer Platte, wenn (a) die Last gleichmäßig zwischen zwei konzentrischen Kreisen und zwei Radien verteilt war und (b) die Last entlang des Bogens eines konzentrischen Kreises verteilt war. In einem weiteren, im selben Jahr veröffentlichten Papier mit dem Titel „*On the solution of $\Delta'_1{}^4 w' = C$ in bipolar coordinates and its application to a problem in elasticity*" [Bull. Cal. Math. Soc., 16, (1925), 117–122], wurde die Lösung von ihm in bipolaren Koordinaten erhalten und verwendet, um die Durchbiegung einer elastischen Platte zu finden, die von zwei nichtkonzentrischen Kreisen begrenzt und durch ihr eigenes Gewicht gebogen wurde. In dem Papier mit dem Titel „*On the bending of a loaded elliptic plate*" [Bull. Cal. Math. Soc., 21, (1929), 191–194] erhielt Prof. S. Ghosh die Lösung der Biegung einer elliptischen Platte, bei der die Last am Fokus konzentriert war.

Prof. S. Ghosh leistete bemerkenswerte Forschungsarbeit zu den Problemen der Versetzung, wie sie nach dem Konzept in der mathematischen Elastizitätstheorie auftreten. Nach dieser Theorie besteht somit die physikalische Möglichkeit, dass Verschiebungen in mehrfach verbundenen Räumen durch mehrwertige Funktionen ausgedrückt werden. Der weltberühmte italienische Mathematiker und Physiker V. Volterra FRS (1860–1940) hatte die Lösungen der Gleichgewichtsgleichungen auf das Problem der Versetzung in einem hohlen Zylinder angewendet, der durch zwei konzentrische Kreise in Bezug auf Polarkoordinaten begrenzt war. Prof. S. Ghosh verwendete in seinem Papier mit dem Titel „*On certain many valued solutions of the equations of elastic equilibrium and their application to the problem of dislocation in bodies with circular boundaries*" [Bull. Cal. Math. Soc., 17, (1926), 185–194] den Ausdruck für die Spannungsfunktion X in bipolaren Koordinaten zur Lösung des Problems der Versetzung in einem hohlen

Zylinder, dessen Querschnitt durch zwei nichtkonzentrische Kreise begrenzt war, aufgrund von (a) parallelen Rissen und (b) keilförmigen Rissen. In dem Papier mit dem Titel „*On the solution of the equations of elastic equilibrium suitable for elliptic boundaries*" [Transactions of American Mathematical Society, 32, (1930), 47], löste Prof. S. Ghosh biharmonische Gleichungen unter Verwendung von elliptischen Koordinaten. Er wendete es dann auf das Problem der ebenen Dehnung an. Er stellte fest, dass die von A. E. H. Love (1863–1940) zur Lösung von Problemen in der ebenen Dehnung in elliptischen Koordinaten verwendete Methode nur auf Fälle anwendbar ist, in denen die Oberflächenverschiebungen gegeben sind. Die von Prof. Ghosh in dem oben genannten Papier entwickelte Methode lieferte zusätzlich zu Loves Lösung die Lösung eines unendlichen Festkörpers mit elliptischem zylindrischem Hohlraum, der einem Druck auf der inneren elliptischen Grenze ausgesetzt war. Seine Methode lieferte auch die Lösung des Problems der Versetzung für einen keilförmigen Riss in einem Körper, der von zwei konfokalen elliptischen Zylindern begrenzt war.

C. Chree FRS (1860–1928) hatte das Problem zur Bestimmung von Spannung und Dehnung in rotierenden elliptischen Zylindern und Scheiben unter Verwendung von kartesischen Koordinaten gelöst. Aber die so erhaltenen Ausdrücke waren sehr kompliziert. N. M. Basu und H. M. Sengupta haben in ihrem Artikel mit dem Titel „*On the strain in a rotating elliptic cylinder*" [Bull. Cal. Math. Soc., 18, (1927), 141–145] elliptische Koordinaten verwendet; aber ihre Methode ist nur auf langsam rotierende Zylinder mit fast kreisförmigen Querschnitten anwendbar. Prof. S. Ghosh hat jedoch in seinem Artikel mit dem Titel „*On the plane strain and stress in rotating elliptic cylinders and discs*" [Bull. Cal. Math. Soc., 19, (1928), 117–126] das Problem auf allgemeinere Weise betrachtet und die gleiche für die Spannungsfunktion X ohne jegliche Einschränkungen gelöst. Seine weiteren wichtigen Beiträge in diesem Bereich der „ebenen Probleme" sind unten aufgeführt:

- „*On the stress and strain in a rolling wheel*" [Bull. Cal. Math. Soc., 25, (1933), 99–106],
- „*Plane strain in an infinite plate with an elliptic hole*" [Bull. Cal. Math. Soc., 28, (1936), 21–47],
- „*Stress distribution in a heavy circular disc held with its plane vertical by a peg at the centre*" [Bull. Cal. Math. Soc., 28, (1936), 145–150],
- „*On the distribution of stress in a semi-infinite plate under the action of a couple at a point in it*" [Bull. Cal. Math. Soc., 29, (1937), 177–184],
- „*Stress distribution in an infinite plate containing two equal circular holes*" [Bull. Cal. Math. Soc., 31, (1939), 149–159],
- „*On plane strain and plane stress in aeolotropic bodies*" [Bull. Cal. Math. Soc., 34, (1942), 157–169],

Prof. S. Ghosh führte auch Studien in den Bereichen „Schwingung des Rings" und „Torsions- und Biegeprobleme" durch. Besondere Erwähnung verdienen seine drei unten aufgeführten Artikel:

- *„On the flexure of an isotropic elastic cylinder"* [Bull. Cal. Math. Soc., 39, (1947), 1–14]
- *„On a new function-theoretic method of solving the torsion problem for some boundaries"* [Bull. Cal. Math. Soc., 39, (1947), 107–112]
- *„On the flexure of a beam whose cross-section is bounded partly by a straight line"* [Bull. Cal. Math. Soc., 40, (1948), 77–82].

In diesen drei Artikeln wird die bemerkenswerte mathematische Fähigkeit von Prof. S. Ghosh offenbart, da er funktionstheoretische Methoden zur Lösung von Torsions- und Biegeproblemen entwickelt.

Wie bereits erwähnt, war Prof. S. Ghosh ein führender Forscher auf dem Gebiet der Elastizitätstheorie. Er wurde 1951 zum „Fellow" der Indian National Science Academy (INSA) gewählt für seine originellen und herausragenden Beiträge in der angewandten Mathematik. Seine Fähigkeit, komplexe technische Probleme auf reine Mathematik zu reduzieren, war wirklich bemerkenswert. Viele seiner Forschungsarbeiten wurden in Standardlehrbüchern über „Elastizitätstheorie" und relevanten Nachschlagewerken dieser Disziplin zitiert. Die Probleme der „Torsion und Biegung", wie sie von Prof. S. Ghosh und seinem Studenten Prof. D. N. Mitra gelöst wurden, werden ausführlich in dem Buch *„Resistance des matériaux, théorique et expérimentale"* [(Vol. I), Dunod, Paris, 1954] von Robert L'Hermite besprochen. Prof. S. Ghosh war Mitglied der „London Mathematical Society" und der „Calcutta Mathematical Society".

Viele Studenten erwarben ihre Doktortitel unter der Leitung von Prof. S. Ghosh. Einige von ihnen brachten es im Leben ziemlich weit. Ehemalige Studenten von ihm waren Prof. D. N. Mitra, Professor und Leiter der Fakultät für Mathematik, IIT, Kharagpur. Prof. B. Karunes, Professor und Leiter der Fakultät für Angewandte Mechanik, IIT, Delhi; Prof. J. G. Chakrabarty, Professor an der Fakultät für Angewandte Mathematik, Universität Kalkutta; Prof. S. K. Khamrui, Professor an der Fakultät für Mathematik, Jadavpur Universität, Kalkutta und Dr. (Sm.) Lakshmi Sanyal, Direktorin am Sarojini Naidu Girls' College, Kalkutta.

Prof. S. Ghosh verließ sein Elternhaus im Jahr 1919 nach dem Tod seiner Mutter. Er blieb unverheiratet und führte ein sehr bescheidenes Leben. Nach seiner Pensionierung gab er den größten Teil des Geldes, das er von der Universität erhielt, an verschiedene wohltätige Einrichtungen, wie die Sri-Ramakrishna-Mission, Bharat Sevasram Sangha, Mutter Teresas „Schwestern der Nächstenliebe", die Heilsarmee, das Rote Kreuz usw. Er machte großzügige Spenden bei Naturkatastrophen und half vielen bedürftigen Menschen still und leise. Er war ein frommer Mann und führte ein Leben der Entsagung.

Gegen Ende seines Lebens zwangen ihn schlechte Gesundheit und steigende Preise für lebensnotwendige Güter, ein Leben in Armut zu führen. Aber glücklicherweise halfen ihm zwei seiner ehemaligen Studentinnen, Dr. Lakshmi Sanyal und Dr. Mina Majumder, durch diese schwierigen Zeiten. Sie verhielten sich wie Mütter und pflegten den großen gelehrten Edelmann mit selbstloser Liebe und Fürsorge bis zum Schluss. Prof. Ghosh starb am 6. Mai 1976 in Kalkutta. Er hinterließ sein goldenes Erbe an Rechtschaffenheit, Güte und tiefgründiger Gelehrsamkeit.

8.3   Besondere Ehrungen

Er wurde zum „Fellow" der Indian National Science Academy (INSA) gewählt für seine originellen und herausragenden Beiträge in der angewandten Mathematik.

8.4   Wichtige Meilensteine im Leben von Professor Suddhodan Ghosh

1896: Geboren in einer wohlhabenden bengalischen Familie von Grundbesitzern am 26. Juli 1896.

1914: Besteht die Universitätseingangsprüfung mit einer Eins und einem hohen Rang auf der Verdienstliste.

1916: Besteht die I. Sc.-Prüfung am Scottish Church College, Kalkutta. Er erreicht den achten Rang in der kombinierten Verdienstliste (I. A. und I. Sc.) der Universität Kalkutta. Er erzielt die höchsten Noten in Mathematik von allen erfolgreichen Kandidaten.

1918: Er belegt den ersten Platz mit einer Eins in der Prüfung zum B. Sc. in Mathematik (Honours) vom Presidency College. Er wird für seine brillante Leistung mit der Goldmedaille der Universität ausgezeichnet.

1920: Er belegt erneut den ersten Platz mit einer Eins in der M. Sc-Prüfung in gemischter (angewandter) Mathematik der Universität Kalkutta. Er erzielt etwa 90 % der Gesamtpunktzahl. Er wird für seine herausragende Leistung mit der Goldmedaille der Universität ausgezeichnet.

1920: Er tritt der Fakultät für Gemischte (Angewandte) Mathematik als „Sir Rashbehary Ghosh Research Scholar" unter Prof. N. R. Sen bei, um Forschungen in angewandter Mathematik zu betreiben.

1925: Er gewinnt das renommierte „Premchand Roychand Studentship" der Universität Kalkutta. Er wird auch mit der „Sir-Asutosh-Mookerjee-Goldmedaille" der Universität Kalkutta für seine herausragenden Forschungsbeiträge in der Mathematik ausgezeichnet.

1928: Er erhält den D. Sc.-Grad der Universität Kalkutta für seine originale Forschung in angewandter Mathematik.

1928: Er tritt der Fakultät für Gemischte (Angewandte) Mathematik der Universität Kalkutta als Dozent bei.

1951: Zum „Fellow" der Indian National Science Academy (INSA) gewählt.

1958: Er tritt der Fakultät für Reine Mathematik als Professor und Leiter der Fakultät bei.

1959: Er tritt als „Sir-Rashbehary-Ghosh-Professor" und Leiter der Fakultät für Angewandte Mathematik der Universität Kalkutta bei.

1962: Er verlässt die Universität Kalkutta, um in den Ruhestand zu gehen.

1976: Er stirbt am 6. Mai 1976 in Kalkutta.

Kapitel 9
Rabindranath Sen (1896–1974)

9.1 Geburt, Kindheit, Bildung

Rabindranath Sen wurde am 7. Januar 1896 in Dacca im damaligen Ostbengalen geboren. Jetzt ist dies die Hauptstadt des heutigen Bangladesch. Sein Vater Jogendra Nath Sen war ein Anwalt am Obersten Gericht von Kalkutta. Er war auch ein enger Freund von Sir Asutosh Mookerjee. Jogendra Nath wurde als Mitglied des „Senats" und des „Syndicate" der Universität Kalkutta gewählt. R. N. Sens Mutter Hemanta Kumari Devi stammte aus einer wohlhabenden Familie und war eine religiöse und gutherzige Person. Jogendra Nath Sen starb bei einem Autounfall in Kalkutta. Aufgrund des plötzlichen Todes seines Vaters in relativ jungem Alter lebte R. N. Sen mit seiner Mutter im Haus seines Großvaters mütterlicherseits in Dacca. Er besuchte die „Dacca Collegiate School" und absolvierte sein Studium am „Dacca College". Für sein Postgraduiertenstudium kam R. N. Sen jedoch nach Kalkutta und trat der Fakultät für Reine Mathematik der Universität Kalkutta bei. Im Jahr 1920 erhielt er seinen M. A.-Abschluss in reiner Mathematik mit Auszeichnung von der Universität Kalkutta.

9.2 Höhere Studien, Karriere, Forschungsbeiträge

R. N. Sen begann seine Forschungsarbeit auf dem Gebiet der Differentialgeometrie. Diese spezielle Art der Geometrie ist eine mathematische Disziplin, die die Techniken der Differential- und Integralrechnung sowie der linearen Algebra verwendet, um die geometrischen Eigenschaften von Kurven und Flächen zu studieren. R. N. Sen begann seine Arbeit an der Differentialgeometrie mit der Untersuchung von Simplexen in n-Dimensionen. Seine erste Forschungsarbeit mit dem

Titel *„Simplexes in n-dimensions"* wurde im „Bulletin of the Calcutta Mathematical Society" [Bull. Cal. Math. Soc., Vol. 18, pp. 33–64, 1926] veröffentlicht.

Im Jahr 1928 ging R. N. Sen zur University of Scotland, Edinburgh, um unter der Leitung des bekannten Mathematikers Sir E. T. Whitaker weitere Forschungen zu betreiben. R. N. Sen war Empfänger des renommierten „Newton-Stipendiums". In nur zwei Jahren schloss er seine Forschungsarbeit ab. Im Jahr 1930 erhielt er seinen Ph. D.-Abschluss von der Universität Edinburgh für seine Dissertation mit dem Titel „On the Newer Theories of Space".

Nach seiner Rückkehr nach Indien aus Großbritannien arbeitete er zunächst am „Asutosh College", einem lokalen privaten College in Kalkutta, als Dozent für Mathematik für einen kurzen Zeitraum von zwei Jahren. Im Jahr 1933 trat er jedoch seiner Alma Mater, der Fakultät für Reine Mathematik an der Universität Kalkutta, als Dozent bei. Im Jahr 1954 übernahm Dr. Sen die Leitung der Fakultät für Reine Mathematik und wurde auch zum „Hardinge-Professor" für Reine Mathematik ernannt. Er diente in dieser Funktion sieben lange Jahre. Prof. R. N. Sen diente dieser bekannten Fakultät nach besten Kräften. Er unterrichtete in der Postgraduiertenklasse, betreute Forschungsstudenten, schrieb nützliche Lehrbücher und führte während seiner sieben Jahre als „Hardinge-Professor" für Reine Mathematik persönlich brillante Forschungen durch. Er trat 1961 von der Fakultät zurück. Zwei besondere Leistungen, die auf seine bemerkenswerte Fähigkeit als Geschäftsführer hinweisen, müssen besonders erwähnt werden. Seit ihrer Gründung stand die Fakultät für Reine Mathematik unter der Kontrolle des „University College of Arts". Es war Prof. R. N. Sens intensiven und unermüdlichen Bemühungen zu verdanken, dass die Fakultät unter die Schirmherrschaft des „University College of Science" gestellt wurde. Die zweite wichtige Maßnahme war die Neugestaltung der Fakultätsbibliothek unter Berücksichtigung der Anforderungen der Forschungsaktivitäten. Es wäre keine Übertreibung zu sagen, dass Professor R. N. Sen der leuchtende Stern der Fakultät für Reine Mathematik der Universität Kalkutta war.

Prof. R. N. Sen leistete enorme Forschungsbeiträge auf dem Gebiet der Differentialgeometrie. Seine Forschungsaktivitäten können grob wie folgt klassifiziert werden:

1. Differentialgeometrie von Riemann-Räumen. In diesem Zusammenhang ist zu beachten, dass die riemannsche Geometrie eine nicht euklidische Geometrie ist, in der Geraden Geodäten sind und in der das Parallelenpostulat von Euklid durch das Postulat ersetzt wird, dass innerhalb einer Ebene jedes Paar von Linien sich schneidet. Eine klassischer riemannsche Mannigfaltigkeit hat eine Metrik, die durch einen speziellen riemannschen Krümmungstensor definiert ist.

2. Differentialgeometrie von Finsler-Räumen. Übrigens ist die Finsler-Geometrie die riemannsche Geometrie ohne die quadratische Einschränkung. Sie erhielt ihren Namen von der Dissertation, die Finsler 1918 einreichte. Tatsächlich hat die Finsler-Geometrie die Finsler-Mannigfaltigkeit als Hauptobjekt der Untersuchung.

Nach Abschluss mit einem Ph. D. arbeitete Dr. R. N. Sen für einige Zeit an Problemen im Zusammenhang mit Hyperebenen. Seine beiden bemerkenswerten Arbeiten auf diesem Gebiet sind „On Curvature of a Hypersurface" [Bull. Cal. Math. Soc., 23, (1931), 1–10] und „On Rotations in Hypersurfaces" [Bull. Cal. Math. Soc., 23, (1931), 195–209]. Im Jahr 1931 veröffentlichte Dr. R. N. Sen in den „Proceedings of the Edinburgh Mathematical Society" eine Forschungsarbeit mit dem Titel „On One Connection between Levi-Civita parallelism and Einstein's Teleparallelism" [Proc. Edinb. Math. Soc., Ser. 2, Part 4, (1931), 252–255]. Es ist zu beachten, dass es sich bei dem „Teleparallelismus" um einen beliebigen Parallelismus handelt, der als entfernter Parallelismus bekannt ist. Zwischen 1931 und 1946 veröffentlichte er eine Reihe von Forschungsarbeiten über Parallelismus, einschließlich einer Reihe von Arbeiten über Parallelismus im riemannschen Raum. Seine Arbeit im Zusammenhang mit dem Teleparallelismus wurde international anerkannt vom bekannten Geometrie-Professor T. Levi-Civita der Universität Rom, Italien.

Prof. M. C. Chaki, der bekannteste Schüler von Professor R. N. Sen, hat festgestellt: "Sens Untersuchungen über das Verhalten einer beliebigen parallelen Verschiebung in einem metrischen Raum führten 1949–1950 zur Entdeckung eines algebraischen Systems affiner Verbindungen, in dem der Levi-Civita-Parallelismus identifiziert werden konnte. Diese Arbeit wird als hochbedeutend angesehen und von I. M. H. Etherington von der Universität Edinburgh als „Senian Geometry" bezeichnet. Das algebraische System affiner Verbindungen, das Prof. R. N. Sen entdeckte, wurde auf Finsler-Räume angewendet. Die vier Arbeiten, die sich auf ein algebraisches System beziehen, das von einem einzigen Element erzeugt wird, und seine Anwendung in der riemannschen Geometrie, sind unten aufgeführt:

- „On an Algebraic System Generated by a Single Element and its Application in Riemannian Geometry" [Bull. Cal. Math. Soc., 42, (1950), 1–13],
- „On an Algebraic System Generated by a Single Element and its Application in Riemannian Geometry" [Bull. Cal. Math. Soc., 42, (1950), 117–187],
- „On an Algebraic System Generated by a Single Element and its Application in Riemannian Geometry III" [Bull. Cal. Math. Soc., 43, (1951), 77–94],
- „Corrections to my papers on an Algebraic System etc." [Bull. Cal. Math. Soc., 44, No. 2, (1952)].

Zwischen 1950 und 1952 veröffentlicht, sind diese vier Forschungsarbeiten wichtige Beiträge von Prof. R. N. Sen. Besonders erwähnt werden müssen für die folgenden zwei Forschungsarbeiten von Professor R. N. Sen:

- „On New Theories of Space in General Relativity" [Bull. Cal. Math. Soc., 56, (1964), 1–14],
- „On New Theories of Space in Unified Field Theory" [Bull. Cal. Math. Soc., 56, (1964), 147–162].

Wie aus den Titeln der oben genannten Arbeiten hervorgeht, befassen sie sich mit der allgemeinen Relativitätstheorie und der vereinheitlichten Feldtheorie. Diese

Forschungsarbeiten wurden von berühmten Mathematikern und Physikern hoch gelobt. Laut Prof. M. C. Chaki wurde diese Arbeit in den folgenden wichtigen Büchern zitiert:

1. „Theory of Linear Connections" von Dr. J. Strik
2. „Ricci Calculus" von J. A. Sohontin
3. „Vorlesungen über Diffusionsgeometrie" von G. Vranceanu.

Diese Arbeit von Prof. R. N. Sen wurde im bekannten Buch „On the History of Unified Field Theories" [Springer] von Hubert F. M. Goenner von der Universität Göttingen erwähnt und diskutiert. Diese Arbeit wurde auch von verschiedenen Forschern in Indien und im Ausland zitiert.

Prof. Ram Bilas Misra hat in seinem Buch „Differential Geometry, its past, present and future" ausführlich über die Beiträge von Prof. R. N. Sen in verschiedenen Bereichen der Differentialgeometrie diskutiert.

Viele Studenten der Universität Kalkutta erwarben ihre Doktorgrade unter der Anleitung von Prof. R. N. Sen. Einer seiner Studenten, Dr. Hrishikesh Sen, arbeitete und wurde später Fakultätsmitglied der Universität Burdwan, Westbengalen. Wie bereits erwähnt, war M. C. Chaki der erfolgreichste und bekannteste Student von Prof. R. N. Sen. Prof. Chaki arbeitete auch an der Finsler-Geometrie und an verschiedenen anderen Zweigen der Geometrie. Er war ein hervorragender Lehrer und ein sehr vielseitiger Mathematiker.

Prof. R. N. Sen erhielt in seiner illustren Karriere viele akademische und berufliche Auszeichnungen. Um nur einige zu nennen: Er wurde 1954 zum Mitglied der National Academy of Sciences (heute bekannt als Indian National Science Academy) gewählt, war 1956 Präsident der Sektion Mathematik des Indian Science Congress und von 1963 bis 1966 dreimal hintereinander Präsident der Calcutta Mathematical Society.

Ein herausragender Akademiker, ein fähiger und innovativer Geschäftsführer, ein brillanter Lehrer und ein sehr bescheidener und humaner Mensch: Professor Rabindranath Sen war ein Leuchtturm unter den Mathematikern von Bengalen. Er bereicherte den mathematischen Unterricht und die Forschung in Indien mit seinem selbstlosen und engagierten Einsatz für eine edle Sache. Er starb am 19. Juli 1974 in Kalkutta.

9.3 Wichtige Meilensteine im Leben von Professor Rabindra Nath Sen

1896: Geboren am 7. Januar 1896 in Dacca, der Hauptstadt des heutigen Bangladesch.
1920: Erhält den M. A.-Abschluss in reiner Mathematik mit einer Eins von der Universität Kalkutta.

1928: Geht mit dem „Newton-Stipendium" nach Schottland, UK, um höhere Studien zu betreiben.

1930: Erhält den Ph. D. von der Universität Edinburgh, Schottland, für seine Dissertation mit dem Titel „On the Newer Theories of Space".

1933: Tritt der Fakultät für Reine Mathematik der Universität Kalkutta als Dozent für Mathematik bei.

1954: Wird „Hardinge-Professor" und Leiter der Fakultät für Reine Mathematik an der Universität Kalkutta.

1954: Wird zum Mitglied der National Academy of Sciences, Indien, gewählt.

1956: Wird zum Präsidenten der Sektion Mathematik des Indian Science Congress gewählt,

1961: Geht von der Universität Kalkutta in den Ruhestand.

1963–1966: Wird für drei aufeinanderfolgende Amtszeiten zum Präsidenten der Calcutta Mathematical Society gewählt.

1974: Stirbt am 19. Juli 1974 in Kalkutta.

Kapitel 10
Bibhuti Bhusan Sen (1898–1976)

10.1 Geburt, Bildung

Bibhuti Bhusan Sen wurde am 1. März 1898 in einem Dorf im Bezirk Chittagong im damaligen Ostbengalen (heutiges Bangladesch) geboren. Sein Vater Shyama Charan Sen war ein Regierungsanwalt und seine Mutter Dusmanta Kumari Sen eine gutherzige, fromme Hausfrau. B. Sen war ein glänzender Schüler und zeigte schon in seinen Schultagen Anzeichen von Brillanz. Er bestand die Universitäts-eingangsprüfung, die damals von der Universität Kalkutta durchgeführt wurde, im Jahr 1913. Er belegte den ersten Platz im Bezirk Chittagong und erhielt ein Regierungsstipendium. Danach kam er nach Kalkutta und trat in das berühmte Presidency College in die Zwischenklasse ein. Im Jahr 1915 bestand er die Intermediate Examination in Science mit einer Eins. Er gewann Stipendien während seiner gesamten akademischen Laufbahn. Im Jahr 1917 bestand er die B. Sc.-Prüfung in Mathematik (Honours) und belegte den ersten Platz mit einer Eins. Obwohl B. Sen sich für den M. Sc.-Kurs in gemischter Mathematik am University College of Science in der Universität Kalkutta eingeschrieben hatte, konnte er aufgrund einiger Probleme zu Hause nicht an der Abschlussprüfung im Jahr 1919 teilnehmen. Er überwand jedoch den vorübergehenden Rückschlag durch seine Ausdauer und Intelligenz und schloss die M. Sc.-Prüfung im Jahr 1921 ab. Er belegte nicht nur den ersten Platz mit einer Eins, sondern erzielte auch in allen Fächern der M. Sc.-Prüfung die höchsten Punktzahlen aller erfolgreichen Kandidaten. Er erhielt die „Goldmedaille der Universität" für seine herausragende Leistung in der Prüfung.

10.2   Karriere, Forschungsbeiträge

Nach Abschluss seines Postgraduiertenstudiums hatte B. Sen kurze Lehrtätig-
keiten. Er unterrichtete zunächst an einem privaten College im heutigen Bangladesch und dann am Ramjash College in Agra, UP. Nach einem Jahr in Agra kehrte
er nach Kalkutta zurück. Es gibt Berichte, dass Sir Asutosh Mookerjee, der damalige Vizekanzler der Universität Kalkutta, B. Sen als Vollzeitdozenten in der
Fakultät für Gemischte Mathematik am University College of Science der Universität Kalkutta einstellen wollte. Aber aufgrund des plötzlichen und vorzeitigen
Todes von Sir Asutosh (in Patna) wurde B. Sen dieses Privileg verwehrt. Im Jahr
1924 trat er in den „Bengal Educational Service" ein. Seine erste Stelle war am
Chittagong Government College. Später wurde er an das Islamia College (heute
bekannt als Maulana Azad College), Kalkutta, versetzt. Dort arbeitete er bis 1933.
Danach wurde er an das Krishnanagar College versetzt und arbeitete dort bis
1939. Danach wurde er 1940 wieder an das Islamia College zurückversetzt. Im
Jahr 1943 wurde B. Sen am Bengal Engineering College in Shibpur, Howrah, ein-
gesetzt. Er trat 1945 in das berühmte Presidency College in Kalkutta ein. Dann
wurde er im selben Jahr wieder an das Bengal Engineering College zurückversetzt
und arbeitete dort bis 1948. Im Jahr 1949 wurde er wieder an das Presidency College zurückgeholt und arbeitete dort bis 1951. Er wird als herausragendes Mitglied
des Lehrkörpers dieses renommierten Colleges in Erinnerung behalten. Schließlich wurde er 1952 zum Direktor des Hooghly Mohsin College ernannt und trat
dort 1953 im Alter von 55 Jahren, gemäß den damaligen Regeln, in den Ruhestand. Danach ging er als Professor für Mathematik an das Birla College of Science. Nach einer kurzen Tätigkeit dort trat er 1956 auf Bitte von Dr. Triguna Sen,
dem damaligen Rektor der Jadavpur-Universität in Kalkutta, als Professor und
Leiter der Fakultät für Mathematik der genannten Universität bei. Unter seiner dynamischen Leitung begannen die Bachelor- und Masterkurse an der Jadavpur-Universität. Gleichzeitig setzte Prof. B. Sen viel harte Arbeit und Mühe ein, um dort
nach und nach eine starke Forschungsschule in Kontinuumsmechanik aufzubauen.

Während seiner Studienzeit in der Postgraduiertenklasse der Fakultät für Gemischte Mathematik (Angewandte Mathematik) hatte B. Sen das Glück, von
herausragenden Mathematikern der angewandten Mathematik wie Prof. S. N.
Bose, Prof. N. R. Sen und einigen anderen unterrichtet zu werden. Von Prof. S.
N. Bose lernte er dessen besonderen Beitrag zur „Elastizitätstheorie". B. Sen war
von seiner wunderbaren Unterrichtstechnik begeistert und entwickelte nach und
nach eine große Vorliebe für das Fach. In seinem Herzen hatte B. Sen wahrscheinlich auch den Wunsch, in der Disziplin zu forschen. Aber im frühen 20. Jahrhundert gab es in Indien kaum eine geeignete Infrastruktur, um selbst theoretisch
orientierte Fächer wie Mathematik zu erforschen. Es gab keine Bücher über höhere Mathematik von indischen Autoren im Land. Alle Bücher wurden von ausländischen Mathematikern geschrieben und im Ausland veröffentlicht. Sie waren
also ziemlich teuer und weit außerhalb der Reichweite von Studenten aus mittleren Einkommensschichten. Fotokopiertechnologie war unbekannt, und auch

Schreibmöglichkeiten waren in Indien rar. Selbst die neu gegründete Fakultät für Gemischte Mathematik (Angewandte Mathematik) konnte ihren Studenten nicht die notwendigen Bücher und Zeitschriften zur Verfügung stellen. Die Kolonialherren waren nicht daran interessiert, den Universitäten ausreichende Mittel für solche Ausgaben zur Verfügung zu stellen. Aber Studenten wie B. Sen waren unerschütterlich, und sie hatten den Willen, solche Widrigkeiten zu überwinden. Da er die Bücher aufgrund von Geldmangel nicht kaufen konnte, kopierte B. Sen persönlich die beiden umfangreichen Bücher „A Course of Modern Analysis" von E. T. Whitaker und G. N. Watson und „A Treatise on the Mathematical Theory of Elasticity" von A. E. H. Love. Häufige Versetzungen an abgelegene Orte und wiederholte Posten in Degree Colleges konnten die Begeisterung dieses mathematischen Genies für die Erreichung von Exzellenz in seinem gewählten Feld nicht dämpfen. Nur um zu zeigen, wie engagiert er für seine Sache war, mag es reichen, auf Grundlage verfügbaren Aufzeichnungen darauf hinzuweisen, dass B. Sen zwischen 1933 und 1939, während seiner Tätigkeit am Krishnanagar College, nicht weniger als 19 Forschungsarbeiten veröffentlicht hat. Er hatte keinen Betreuer, der ihn anleitete, keine geeigneten Bibliotheken noch notwendige Bücher und Zeitschriften, und dennoch wurden 6 dieser 19 Arbeiten in der berühmten britischen Zeitschrift „Philosophical Magazine" und eine auf Deutsch verfasst und in der bekannten deutschen Zeitschrift ZTP [Z für Tech Phys.] veröffentlicht. Dieser Trend setzte sich während seiner gesamten Dienstzeit fort. Es war ihm nie wichtig, wo er war. Er setzte seine wertvollen Beiträge in verschiedenen Bereichen der Elastizität fort. B. Sen führte bemerkenswerte Forschungsarbeiten in den Bereichen Elastodynamik, Thermoelastizität, Viskoelastizität, Magnetoelastizität, Piezoelastizität, Plastizität, gekoppelte Spannungen, theoretische Seismologie usw. durch. Er hat wahrscheinlich die größte Anzahl von Ph. D.-Studenten (etwa 50) unter allen zeitgenössischen Mathematikern seiner Zeit betreut. Neben der Elastizität hat er auch bemerkenswerte Forschungsarbeiten auf dem Gebiet der Strömungsmechanik durchgeführt. Er betreute einige Ph. D.-Studenten bei der Lösung von Problemen im Zusammenhang mit der Strömungsmechanik.

Obwohl Prof. B. Sen regelmäßig hochwertige Forschungsarbeiten in bekannten, hochrangigen Zeitschriften veröffentlichte, war er vielleicht nie sehr daran interessiert, selbst einen formellen Forschungsabschluss zu erwerben. Er reichte schließlich eine handgeschriebene [nicht getippte] Dissertation ein und erwarb den D. Sc.-Grad von der Universität Kalkutta. Zu diesem Zeitpunkt waren bereits 40 seiner früheren Forschungsarbeiten in renommierten Zeitschriften veröffentlicht worden. Der einzige andere bekannte berühmte indische Mathematiker, der eine handgeschriebene Dissertation eingereicht und einen Ph. D.-Grad erworben hat, war Hans Raj Gupta von der Universität Punjab. Prof. B. Sen führte bemerkenswerte Forschungen in verschiedenen Bereichen der Elastizität durch, und seine Forschungsarbeit wurde in berühmten Büchern wie „Thermoelasticity" von Witold Nowacki [Pergamon Press, New York, (1962)], „Theory of Elasticity" von Stephen Timoshenko und James N. Goodier [McGraw Hill, New York, (1951)], „Theory of Plates and Shells" von Stephen Timoshenko und Winowsky-Kreiger [McGraw Hill, New York (1959)] ausführlich diskutiert.

Prof. B. Sen veröffentlichte 57 Forschungsarbeiten zu verschiedenen Themen der Kontinuumsmechanik in renommierten nationalen und internationalen Zeitschriften. Wie bereits früher erwähnt, war Prof. B. Sen ein produktiver Forscher auf dem Gebiet der Elastizität. Zwei seiner Veröffentlichungen auf diesem Gebiet verdienen eine besondere Erwähnung. Sie sind:

- „*Two-dimensional boundary-value problems of Elasticity*" [Proc. Royal Soc. London, A, 187, (1946), 87–101]
- „*Note on the direct determination of steady state thermal stresses in circular discs and spheres*" [Bull. Calcutta Math. Soc., Sir Asutosh Mookerjee Birth Centenary Commemoration Volume, 56, (1964), 77–81].

Die Beiträge von Prof. B. Sen auf dem Gebiet der Strömungsmechanik sind ebenfalls lobenswert. In diesem Zusammenhang ist die besondere Erwähnung der folgenden zwei Forschungsarbeiten unerlässlich. Sie sind:

- „*Note on the application of trilinear coordinates in some problems of elasticity and hydrodynamics*" [Bull. Calcutta Math. Soc., 27, (1935), 73–78]
- „*Note on the flow of viscous liquid through a channel of equilateral triangular section under exponential pressure gradient*" [Rev. Roumania Sci. Tech. Ser. Mecanique Appl., 9, (1964), 307–310].

Es sei darauf hingewiesen, dass er aus Prinzip nie die Mitautorenschaft von Forschungsarbeiten beanspruchte, die von seinen Doktoranden veröffentlicht wurden. Einige seiner Doktoranden wurden später erfolgreiche Fachleute. Prof. Manindra Nath Mitra, Prof. Arabinda Mukhopadhyay, Prof. Achintya Kumar Mitra, Prof. Bikash Ranjan Das, Prof. Kripa Sindhu Chaudhury und viele andere, die Doktoranden unter der Aufsicht von Prof. B. Sen waren, hielten seine Flagge hoch, indem sie selbst gute Lehrer und Forscher wurden. Sie alle wurden Professoren an verschiedenen namhaften Universitäten und Institutionen. Sie betreuten auch viele Doktoranden erfolgreich.

Prof. B. Sen hat auch drei Bücher über höhere Mathematik verfasst, die unten aufgeführt sind:

1. *A Treatise on Special Functions* [Allied Publishers, Calcutta (1967)]
2. *An Elementary Treatise on Laplace Transforms* [The World Press Pvt. Ltd., Calcutta, (1969)]
3. *A Treatise on Numerical Analysis* [Dasgupta und Co., Calcutta, (1977)].

Das zuletzt erwähnte Buch wurde nach dem Tod von Prof. B. Sen veröffentlicht.

10.3   Besondere Ehrungen

Das Jahr 1952 war ein besonderes im Leben von Prof. B. Sen. In diesem Jahr wurde er zum Fellow des National Institute of Sciences gewählt [heute bekannt als Indian National Science Academy (INSA)]. Im selben Jahr wurde er auch zum

Präsidenten der Mathematiksektion der Indian Science Congress Association gewählt. Er wurde auch zum „Präsidenten" der Calcutta Mathematical Society gewählt.

Der Ruhm von Prof. B. Sen als brillanter Mathematiker und Forschungsleiter war so groß, dass 1963 der damalige Premierminister von Indien, Sri Jawaharlal Nehru, persönlich eingriff und die UGC überzeugte, eine Sondergenehmigung zu erteilen, damit Prof. B. Sen, der bereits das Alter von 65 Jahren überschritten hatte, der Visva Bharati Universität beitreten konnte. 1963 trat Prof. B. Sen der historischen Visva Bharati Universität in Shantiniketan bei, die vom Nobelpreisträger Rabindra Nath Thakur gegründet worden war. Prof. B. Sen übernahm die Leitung der Fakultät für Mathematik, die seit 1961 in Betrieb war. Prof. B. Sen baute praktisch die neue Fakultät dieser traditionsreichen Universität auf. Wie es seine Gewohnheit war, begann er, eine Forschungsschule für Kontinuumsmechanik in der neuen Fakultät zu gründen. Später bekleidete er den Lehrstuhl des „Direktors" des „Vidya Bhabana" (College of Post-Graduate Studies) an der Visva Bharati.

Im Zusammenhang mit Visva Bharati sollte vielleicht eine kleine Interaktion von Prof. B. Sen mit dem Dichter erwähnt werden. Jahre zuvor hatte Prof. B. Sen nach dem Lesen des berühmten, auf Bengali geschriebenen wissenschaftsbezogenen Buches des Dichters *„Viswaparichaya"* einen Brief an den Nobelpreisträger Rabindranath Thakur geschrieben, in dem er einige notwendige Korrekturen vorschlug. Der Dichter nahm nicht nur die Korrekturen vor, sondern würdigte die Vorschläge von Prof. Sen in der „Vorwort" der nächsten Ausgabe.

Schließlich zog er sich 1968 zurück und kehrte nach Kalkutta zurück. Die Jadavpur-Universität ehrte Prof. B. Sen im selben Jahr als Professor emeritus. Er blieb in dieser Funktion, bis er am 13. Dezember 1976 seinen letzten Atemzug tat.

Ein brillanter Mathematiker, ein überragender Forschungsleiter und ein fürsorglicher Lehrer: Er war eine Schlüsselfigur in der Entwicklung der mathematischen Forschung in Bengalen im 20. Jahrhundert.

10.4 Wichtige Meilensteine im Leben von Professor Bibhuti Bhusan Sen

1898: Geboren am 1. März 1898 im Bezirk Chittagong im ungeteilten Bengalen.
1913: Besteht als Bester die Aufnahmeprüfung der Universität im Bezirk Chittagong.
1915: Besteht die Intermediate-Prüfung in Naturwissenschaften am Presidency College, Kalkutta, mit einer Eins und erhält ein Verdienststipendium.
1917: Besteht den B. Sc. in Mathematik (Honours) als Bester mit einer Eins an der Universität Kalkutta.

1921: Besteht die M. Sc.-Prüfung in gemischter Mathematik (angewandter Mathematik) als Erster mit einer Eins an der Universität Kalkutta. Er wird Empfänger der „Goldmedaille der Universität".

1924: Tritt in den „Bengal Educational Service" ein.

1946: Erhält den D. Sc.-Grad in Mathematik von der Universität Kalkutta.

1952: Wird „Fellow" des National Institute of Sciences. Wird „Präsident" der Sektion Mathematik des Indian Science Congress in Kalkutta.

1952: Tritt als Direktor dem Hooghly Mohsin College, Westbengalen, bei.

1953: Tritt aus dem „Bengal Educational Service" aus.

1956: Tritt der Jadavpur-Universität, Kalkutta, als Professor und Leiter der Fakultät für Mathematik bei.

1963: Tritt der Visva-Bharati-Universität, Shantiniketan, Westbengalen, als Professor und Leiter der Fakultät für Mathematik bei.

1968: Wird „Professor emeritus" an der Jadavpur-Universität.

1976: Verstirbt am 13. Dezember 1976 in Kalkutta.

Kapitel 11
Raj Chandra Bose (1901–1987)

11.1 Kindheit, Familie, Bildung

Geboren am 19. Juni 1901 in Hoshangabad, Madhya Pradesh, in einer kultivierten
bengalischen Familie, war Raj Chandra der älteste Sohn von Pratap Chandra Bose,
einem Armeearzt, und Ushangini Devi, mit drei jüngeren Geschwistern. Seine
frühe Kindheit verbrachte er in Rohtak, einer kleinen Stadt in Punjab (jetzt in Ha-
ryana). Schon in sehr jungen Jahren wurde erkannt, dass er ein sehr intelligentes
Kind mit einem fotografischen Gedächtnis war, und nicht überraschend führte dies
dazu, dass die Eltern, insbesondere sein Vater, hohe Ambitionen für seine Zukunft
hatten. Als Ergebnis hatte er zwar eine glückliche Kindheit, stand aber oft unter
Druck, akademische Leistungen zu erbringen. Dies wurde durch seine eher zarte
Konstitution verschärft. Bemerkenswert ist, dass er während seiner Universitäts-
aufnahmeprüfung an Influenza erkrankte, nicht sehr gut in der Prüfung abschnitt
und infolgedessen das Verdienststipendium knapp verpasste.

Um sein Studium fortsetzen zu können, musste er 1917 nach Delhi ziehen, da
es ohne ein Stipendium für ihn nicht möglich war, sein Studium in Punjab fortzusetzen. 1919, im Jahr des Massakers von Jalianwalla Bag, wurden die Zwischen-
prüfungen der Universität Punjab aufgrund politischer Unruhen verschoben. Als
die Prüfungen schließlich abgehalten wurden, belegte er dabei den ersten Platz,
zur großen Zufriedenheit seines Vaters. Die Situation verschlechterte sich jedoch
kurz darauf, als er seinen Vater verlor; seine Mutter war bereits früher gestorben.
Dies führte zu einer schweren finanziellen Krise für die Familie, die nun nur noch
aus den Geschwistern bestand, und Raj Chandra war gezwungen, eine Stelle an
einer Sekundarschule anzunehmen und auch einige Privatstunden zu geben, um
über die Runden zu kommen. In Bezug auf die immense Not, die sie in dieser Zeit
durchmachen mussten, schrieb Bose einmal: [„*Autobiography of a mathematical
statistician; The making of Statisticians*“, J. Gani (Hrsg.), Springer-Verlag, New
York (1982)].

P. Mukherji, *Namhafte indische Mathematiker und Statistiker*,
https://doi.org/10.1007/978-981-97-0100-1_11

Im Sommer 1921, nachdem mein Bruder die Schule abgeschlossen hatte, zog ich mit meiner Familie nach Delhi, wo wir vier in einem einzigen Raum lebten, der uns von der Familie eines Schülers zur Verfügung gestellt wurde, den ich unterrichtete. Mein Bruder begann ein Studium und nahm eine Stelle als Nachhilfelehrer an. Mit diesem Einkommen und den Stipendien, die wir beide erhielten, konnten wir irgendwie überleben. Meine B. A.-Prüfung (Honours) (im Jahr 1922) war zwei Monate entfernt, als unsere Nachhilfejobs ausliefen. Mein Stipendium sollte auch auslaufen. Wir standen am Rande des Verhungerns am Vorabend der Prüfung. Glücklicherweise konnten wir eine Flasche Chinin aus dem Medikamentenvorrat meines Vaters verkaufen. Dies brachte einen guten Preis ein, da Chinin nach dem Ersten Weltkrieg sehr knapp war.

11.2   Höhere Bildung und Forschung

Raj Chandra Bose setzte seine Ausbildung in Delhi fort, kämpfte unermüdlich gegen die Armut und trug die Last, seinen jüngeren Bruder und seine zwei jüngeren Schwestern großzuziehen. 1924 erwarb er den M. A.-Abschluss in angewandter Mathematik von der Universität Delhi (die Universität Delhi war 1921 aus der Universität Punjab hervorgegangen). Obwohl er die höchsten Noten unter den Postgraduierten erzielte, wurde ihm aufgrund von Fehlzeiten in den Postgraduierten-Klassen, wie es die Universität vorschreibt, keine Eins zuerkannt. Sein Bemühen, eine Lehrtätigkeit in Delhi zu bekommen, war nicht erfolgreich. Seth Kedarnath Goenka, ein Geschäftsmann aus Delhi, der von seinen Lehrfähigkeiten angezogen war, versprach, ihn zu unterstützen, damit er sein Studium in Kalkutta (jetzt Kolkata) fortsetzen könne, was er anstrebte. Über diesen Übergang erinnert sich Raj Chandra. [„Autobiography of a mathematical statistician; The making of Statisticians", J. Gani (Hrsg.), Springer-Verlag, New York (1982)].

Nun nahm mein Schicksal eine weitere Wendung. Seth Kedarnath Goenka, dessen jüngeren Bruder ich unterrichtete, war so zufrieden mit meiner Arbeit, dass er sich bereit erklärte, mich so lange zu unterstützen, wie ich es brauchte, in Kalkutta, wo ich reine Mathematik studieren wollte. So kam ich 1925 nach Kalkutta............... . Hier hatte ich das Glück, die Aufmerksamkeit von Prof. Syamadas Mukherjee zu erregen, einem feinen Geometer der alten Schule. Seine Hauptinteressen zu dieser Zeit waren nichteuklidische Geometrie, n-dimensionale Geometrie und globale Eigenschaften von konvexen Kurven. Er gab mir ein Zimmer in seinem Haus und freien Zugang zu seiner Bibliothek. Er sicherte mir auch eine gute Nachhilfestelle, sodass ich keine Hilfe mehr von Sethji benötigte.

So begannen die Kalkutta-Jahre von Raj Chandra als Postgraduierten-Student im Fachbereich Reine Mathematik der Universität Kalkutta, und 1927 belegte er den ersten Platz mit einer Eins in der M. A.-Prüfung in reiner Mathematik an der Universität Kalkutta. Er gewann die Universitätsmedaille und die K.-Mallik-Goldmedaille. Dies war eine lobenswerte Leistung, insbesondere da die Universität Kalkutta zu dieser Zeit das Epizentrum der mathematischen Lehre und Forschung im Land war und die besten Studenten aus ganz Indien um die Ehre konkurrierten.

Raj Chandra Bose war von Januar 1928 bis Dezember 1929 Forschungsassistent in Mathematik im Fachbereich Reine Mathematik und arbeitete unter der

Leitung von Professor Syamadas Mukhopadhyay. Tatsächlich wohnte er auch im Haus des Letzteren. In Anerkennung der Beiträge von Professor Syamadas Mukhopadhyay in seinem Leben schrieb Raj Chandra Bose: [„*Autobiography of a mathematical statistician; The making of Statisticians*", J. Gani (Hrsg.), Springer-Verlag, New York (1982)].

Er war ein engagierter Lehrer; von ihm lernte ich den Geist der mathematischen Forschung. Ich machte auch guten Gebrauch von seiner Bibliothek und lernte alle Mathematik, die ich konnte. Meine besonderen Favoriten waren Hilberts Grundlagen der Geometrie und Kleins Icosahedron und Elementary Mathematics from a Higher Point of view. Der dadurch gegebene Anstoß hat einen tiefgreifenden Einfluss auf meine mathematische Karriere gehabt.

Die Möglichkeiten für Forschung und akademische Aktivitäten waren in Indien vor der Unabhängigkeit sehr begrenzt. Mit großer Mühe gelang es R. C. Bose, eine Stelle am Asutosh College, einem Undergraduate College in Kalkutta, zu bekommen. Trotz der hohen Arbeitsbelastung am College verfolgte Raj Chandra seine Studien im Bereich der Geometrie unter der Leitung und Inspiration seines ehemaligen Lehrers und Mentors Professor Syamadas Mukhopadhyay. Seine erste Forschungsarbeit über Hyperbolische Geometrie, in Zusammenarbeit mit Professor Mukhopadhyay, wurde 1926 veröffentlicht. Danach blickte er nie zurück. Er widmete sich mit eingleisiger Hingabe dem Thema, und in den nächsten sieben Jahren bis 1933 hatte er über ein Dutzend originelle Forschungsarbeiten von hoher Qualität auf seinem Konto – in den Bereichen Differentialgeometrie von konvexen Kurven und hyperbolische Geometrie.

1931 gründete Professor P. C. Mahalanobis das Indian Statistical Institute (ISI), das zunächst von einem kleinen Raum im Presidency College in Kalkutta aus operierte. Er war auf der Suche nach geeigneten Personen, um das Studium und die Forschung der Statistik in Indien voranzutreiben. Angezogen von Boses umfangreicher Forschungsarbeit, ging Professor P. C. Mahalanobis 1932 persönlich zu Bose nach Hause und lud ihn ein, als Teilzeitmitglied des neu gegründeten Instituts beizutreten. Bose zögerte zunächst, nahm das Angebot aber an. Er arbeitete samstags und während der Ferien des Colleges für das Institut. Im Januar 1933 trat R. C. Bose als Forschungsstipendiat in das ISI ein. Obwohl er kaum eine Grundlage in der Statistik hatte, hatte er in den Augen von Professor P. C. Mahalanobis offensichtlich großes Potenzial.

In Bezug auf seine Einführung in die Statistik schrieb Bose: [„*Autobiography of a mathematical statistician; The making of Statisticians*", J. Gani (Hrsg.), Springer-Verlag, New York (1982)].

.... *Der Sekretär brachte mir den Band von Biometrika (1900-1932), die damals wichtigste statistische Zeitschrift, zusammen mit einer getippten Liste von 50 Artikeln. Es gab auch R A Fishers Buch Statistical Methods for Research Workers. Als ich Mahalanobis besuchte, sagte er: ,Du sagtest, dass du nicht viel über Statistik wüsstest. Beherrsche die 50 Artikel, deren Liste du erhalten hast, und Fishers Buch. Das wird für deine statistische Ausbildung vorerst ausreichen'. So begann meine Ausbildung in Statistik.*

Einige Monate später rekrutierte Professor Mahalanobis auch einen weiteren jungen und brillanten Mathematiker, S. N. Roy, ein Sprössling der Fakultät für Angewandte Mathematik der Universität Kalkutta. R. C. Bose und S. N. Roy wurden Mitarbeiter und enge Freunde und übernahmen die Aufgabe, die mathematische Statistik am ISI voranzutreiben. Im Jahr 1935 wurden sowohl R. C. Bose als auch S. N. Roy reguläre Mitarbeiter des ISI.

Interessanterweise trug R. C. Bose innerhalb eines Jahres nach seiner Hinwendung zur Statistik einen Artikel zum Thema bei und brachte seine Expertise in der hyperbolischen Geometrie in das neu angenommene Gebiet ein [„On the application of hyperspace geometry to the theory of multiple correlation", Sankhya, Vol. 1, S. 338–342, 1934].

Es sei daran erinnert, dass P. C. Mahalanobis im Jahr 1925 das neuartige Konzept einer Maßnahme der Divergenz zwischen zwei Populationen eingeführt hatte. Diese Idee wurde von ihm auf der theoretischen Seite in einem Artikel von 1928 weiterentwickelt. In Letzterem fand er die ersten vier Momente dessen, was als klassische Form der D^2-Statistik für den unkorrelierten Fall bezeichnet wird. Er leitete bestimmte ungefähre Ergebnisse für die „studententisierte" Form der Statistik ab. Im Jahr 1935 erhielt R. C. Bose die genaue Verteilung sowie das Moment der klassischen D^2-Statistik für den korrelierten Fall. Diese Arbeit wurde als Forschungsarbeit mit dem Titel „On the exact distribution and moment coefficients of the D²-statistic" verfasst und 1936 in Sankhya veröffentlicht.

Später veröffentlichte R. C. Bose auch in Zusammenarbeit mit S. N. Roy einen weiteren Artikel mit dem Titel „Distribution of Studentised D²-statistic" in Sankhya im Jahr 1938 [Vol. 4, Part I, Special Conference Number, pp. 19–38]. Am Ende des Artikels gibt es einen Vermerk unter der Überschrift „Discussion on R. C. Bose and S. N. Roy's Paper", der sich auf die Konferenzpräsentation bezieht. Der folgende anerkennende Kommentar von R. A. Fischer, ein Altmeister auf diesem Gebiet zu dieser Zeit, ist erwähnenswert:

> Professor Fisher bemerkte, dass er und die Professoren Hotelling und Mahalanobis unwissentlich dasselbe Gebiet betreten hatten. Er war froh, die gegenwärtige Gelegenheit zu nutzen, um diesen Punkt zu klären. Die Arbeit von R. C. Bose und S. N. Roy hat die Arbeit einen deutlichen Schritt vorangebracht.

Zusammen mit dem oben Genannten hatte Professor Mahalanobis festgestellt, dass die Arbeit das notwendige mathematische Werkzeug zur Verwendung der D^2-Statistik geliefert hatte, wenn nur die Stichprobenwerte der Streuung bekannt waren. Diese Arbeit gilt als R. C. Boses größter Beitrag zur mathematischen Statistik.

Unter Verwendung von R. A. Fishers Konzept, eine n-Stichprobe durch einen Punkt in einem euklidischen Raum der Dimension n darzustellen, führten P. C. Mahalanobis, S. N. Roy und R. C. Bose die Idee der t-Koordinaten oder „rechteckigen Koordinaten" ein. Dieses Ergebnis wurde als „Normalisation of variates and the use of rectangular coordinates in theory of sampling distributions" in Sankhya im Jahr 1936 veröffentlicht.

Zu dieser Zeit fand eine wichtige Entwicklung statt, die einen tiefgreifenden Einfluss auf die Forschungskarriere von R. C. Bose hatte. Um 1936 musste der berühmte deutsche Mathematiker F. W. Levi wegen der antijüdischen Politik der nationalsozialistischen Herrscher Deutschland verlassen. Die Universität Kalkutta hatte das große Glück, ihn zu bekommen, und ernannte ihn zum „Hardinge-Professor" und Leiter der Fakultät für Reine Mathematik, die nach dem Tod von Professor Ganesh Prasad vakant war. In Europa fanden verschiedene neue Entwicklungen in der reinen Mathematik statt, und Levi führte sie in den Lehrplan der Universität Kalkutta ein. So wurden Themen der abstrakten Algebra wie Gruppen, Ringe, Körper, neue Entdeckungen in der projektiven Geometrie, nichteuklidische Geometrie, die Anwendungen der Vektorgeometrie und des Vektorrechnens alle an der Universität gelehrt und boten den Studierenden eine Auseinandersetzung mit den Themen auf Augenhöhe mit ihren internationalen Kollegen. Levi organisierte auch Seminare über Algebra und Geometrie. Bose nahm regelmäßig an diesen von Levi gehaltenen Seminaren teil und hatte auch die Möglichkeit, sich frei mit Levi auszutauschen. Er interessierte sich besonders für endliche Körper und endliche Geometrien, und aller Wahrscheinlichkeit nach half ihm dies, seinen Denkprozess im modernen Stil zu entwickeln. Darüber hinaus bot Levi ihm im Jahr 1938 eine Halbzeitstelle an der Universität Kalkutta an, um Moderne Algebra zu unterrichten, wie sie in jenen Tagen in der Fakultät für Reine Mathematik bezeichnet wurde.

Eine weitere bemerkenswerte Entwicklung sollte folgen. In Boses eigenen Worten [„*Autobiography of a mathematical statistician; The making of Statisticians*", J. Gani (Hrsg.), Springer-Verlag, New York (1982)]:

„R. A. Fisher, der führende Statistiker der Welt zu dieser Zeit, kam 1938–1939 als Gastprofessor an das Institut. Zu dieser Zeit war er an der Untersuchung und Konstruktion von Designs interessiert, die als statistische Designs bezeichnet werden, die in statistisch kontrollierten Experimenten verwendet werden sollten. Er stellte uns einige Probleme vor, die aus dieser Untersuchung hervorgingen. Mir fiel ein, dass ich die Theorie der endlichen Körper und endlichen Geometrien, die ich damals unterrichtete, erfolgreich als Werkzeuge für die Konstruktion von Designs verwenden konnte. Ich löste während seines Aufenthalts eines der Probleme, die er gestellt hatte. Er bat mich, meine Methoden systematisch zu entwickeln und ihm eine Arbeit zu schicken, die er versprach, in den *Annals of Eugenics* zu veröffentlichen, deren Herausgeber er war. So entstand meine Arbeit über „*The Construction of Balanced Incomplete Designs*" im Jahr 1939; sie ist mittlerweile ein Klassiker und wird in jedem Buch zum Thema zitiert.

Die glückliche Kombination von Umständen, die oben beschrieben wurde, änderte die Richtung meiner Arbeit und ich sollte die nächsten 18 Jahre meines Lebens (1940–1958) fast ausschließlich der Untersuchung verschiedener Aspekte statistischer Designs widmen."

R. C. Bose war zweifellos ein Pionier in der Anwendung von endlichen Geometrien, endlichen Körpern und den kombinatorischen Eigenschaften in der Konstruktion von Designs. Seine Arbeit von 1938 „On the application of the properties of Galois fields to the problem of construction of hyper Graeco-Latin Squares" [Sankhya, Vol. 3, 1938, pp. 323–339] ist sehr bedeutend. In der Einleitung hatte Bose geschrieben:

Es wird gehofft, dass die Eigenschaften von Galois-Körpern und die damit verbundenen endlichen Geometrien in vielen Problemen des experimentellen Designs nützlich sein werden, und der Autor hofft, diese Angelegenheit in nachfolgenden Arbeiten weiter zu verfolgen.

Es sei hier zum Nutzen eines allgemeinen Lesers in Erinnerung gerufen, dass ein Körper eine Struktur auf einer Menge ist, die Operationen der Addition, Multiplikation, Subtraktion und Division beinhaltet, bestimmte grundlegende Regeln erfüllt, die man im Falle von rationalen Zahlen (Brüchen) oder reellen Zahlen kennt. Ein endlicher Körper ist einer, bei dem die zugrunde liegende Menge endlich ist (im Gegensatz zum Fall der reellen Zahlen). Ein solcher Körper wird auch als Galois-Körper bezeichnet (zu Ehren von Evariste Galois). Tatsächlich war Bose bis Mitte der 1950er-Jahre hauptsächlich damit beschäftigt, eine mathematische Theorie der Designs unter Verwendung der Geometrien zu entwickeln, die mit Räumen modelliert über endlichen Körpern assoziiert sind.

Nach unermüdlicher Überzeugungsarbeit durch Professor P. C. Mahalanobis beschloss die Universität Kalkutta schließlich, eine separate Fakultät für Statistik zu gründen, und 1941 begann die neu eingerichtete Fakultät mit Professor P. C. Mahalanobis als Ehrenleiter sowie mit R. C. Bose und S. N. Roy als Teilzeitangestellten. Für einige Zeit unterrichtete R. C. Bose sowohl in der Fakultät für Reine Mathematik als auch in der Fakultät für Statistik, aber nach ein paar Jahren trat er von der Ersteren zurück und wurde ein Vollzeitlehrer in der Fakultät für Statistik. 1945, als Professor P. C. Mahalanobis aufgrund seiner Verpflichtungen am ISI die Leitung abgab, übernahm R. C. Bose die Leitung der Fakultät. 1947 erhielt er den D. Lit.-Grad von der Universität Kalkutta für seine originale Arbeit über multivariate Analyse und Design von Experimenten. Einer der Prüfer der Arbeit war R. A. Fisher.

Dies ist der historische Bericht über die akademischen Aktivitäten von Professor R. C. Bose während seines Aufenthalts in Bengalen. Aber nur der Vollständigkeit halber müssen einige Dinge erwähnt werden. Kurz nach Erhalt seines Doktorgrades ging R. C. Bose in die USA und arbeitete dort als Gastprofessor an mehreren berühmten Universitäten. Schließlich zog er dauerhaft in die USA und arbeitete lange Zeit an der University of North Carolina. Nach seinem Ruhestand dort im Jahr 1971 trat er der Colorado State University, Fort Collins, bei und arbeitete dort bis 1980.

Während seines Aufenthalts in den USA arbeitete R. C. Bose weiterhin an verschiedenen Themen, bemerkenswert unter ihnen sind PBIB-Designs, gegenseitig orthogonale lateinische Quadrate, faktorielle Designs, drehbare Designs, mehrdimensionale Designs, Codierungstheorie, Datenorganisation, Graphentheorie, additive Zahlentheorie, projektive Geometrie und partielle Geometrien.

Die folgenden sind einige der Themen, mit denen der Name von Professor R. C. Bose untrennbar verbunden ist:

- Differentialgeometrie von konvexen Kurven und hyperbolische Geometrie
- Assoziationsschemata

- Bose-Mesner-Algebra
- Die mathematische Theorie des Designs von Experimenten unter Verwendung statistischer und mathematischer Methoden
- Codierungstheorie einschließlich fehlerkorrigierender Codes
- Verbindung zwischen Graphentheorie und Designs.

Zu den berühmten studentischen Mitarbeitern von R. C. Bose gehören C. R. Rao, S. S. Shrikhande, D. K. Roy Chaudhuri, K. R. Nair. Der berühmte Zahlentheoretiker S. Chowla hat auch mit ihm zusammengearbeitet.

In seiner während seines Aufenthalts in den USA durchgeführten Forschung müssen zwei sehr bemerkenswerte Ergebnisse besonders erwähnt werden. In drei gemeinsam mit S. S. Shrikhande und E. T. Parker verfassten Arbeiten widerlegte Prof. R. C. Bose die Vermutung von Euler über die Nichtexistenz von zueinander orthogonalen griechisch-lateinischen Quadraten der doppelten Ordnung einer ungeraden Zahl. Dies brachte ihm den Spitznamen „Euler-Spoiler" ein.

Die zweite bemerkenswerte Leistung war die Entwicklung eines effizienten Systems von fehlerkorrigierenden Binärcodes, bekannt als BCH-Codes, gemeinsam mit D. K. Roy Chaudhury.

11.3 Besondere Ehrungen

Professor R. C. Bose wurde mit vielen Auszeichnungen aus Indien sowie den USA geehrt. Das Indian Statistical Institute, Kalkutta, verlieh ihm 1971 den D. Sc. (*Honoris causa*). 1976 wurde er zum Mitglied der renommierten US National Academy of Sciences gewählt. 1979 verlieh ihm die von Rabindra Nath Tagore gegründete Visva-Bharati-Universität den „*Deshikottama*"-Preis. Vor Kurzem hat das Indian Statistical Institute, Kolkata, mit finanzieller Unterstützung der Zentralregierung, ein fortgeschrittenes Institut für Kryptographie eingerichtet. Dieses wurde „*R. C. Bose Centre for Cryptography and Security*" genannt.

Professor Raj Chandra Bose war ein inspirierender Lehrer. Viele seiner Schüler wurden später weltbekannte Mathematiker und Statistiker. Er war ein belesener Mann mit einem Gespür für Sprachen und konnte Verse auf Arabisch, Bengali, Persisch, Sanskrit und Urdu rezitieren. Er war auch eine viel gereiste Person. Er war ein begeisterter Gärtner und hatte ein großes Interesse an Kunst, Kultur und Geschichte. Er war ein sanfter und freundlicher Mensch sowie ein netter Mensch.

Professor R. C. Bose war ein großer Mathematiker und ein ebenso großer theoretischer Statistiker. Sein Leben ist eine Chronik eines großen intellektuellen Strebens, das zur Perfektion erfüllt wurde. Er starb 1987 in Colorado, USA. Er wird lange für seine herausragenden Beiträge in Erinnerung bleiben.

11.4   Wichtige Meilensteine im Leben von Professor Raj Chandra Bose (bis 1949)

1901: Geboren am 29. Juni 1901 in Hoshangabad, Madhya Pradesh.

1917: Besteht die Universitätseingangsprüfung in Punjab.

1919: Besteht die Intermediate Examination und belegt den ersten Platz an der Universität Delhi.

1924: Erhält seinen M. A.-Abschluss in angewandter Mathematik von der Universität Delhi. Er belegt den ersten Platz mit einer Eins; die Universität erklärt dies jedoch nicht offiziell, da er nicht die erforderliche Anwesenheitsquote im Unterricht hat.

1927: Belegt den ersten Platz mit einer Eins in der M. A.-Prüfung (reine Mathematik) der Universität Kalkutta. Gewinnt die Goldmedaille der Universität und die K.-Mallik-Medaille.

1928–1929: Arbeitet als Forschungsstipendiat in der Fakultät für Reine Mathematik der Universität Kalkutta, unter der Leitung von Professor Syamadas Mukhopadhyay.

1932: Auf persönliche Einladung von Professor P. C. Mahalanobis tritt er dem Indian Statistical Institute (ISI) als Teilzeit-Forschungsstipendiat bei. Das ISI ist damals in einem kleinen Raum im Baker Laboratory des Presidency College, Kalkutta, untergebracht.

1933: Tritt offiziell als Vollzeit-Forschungsstipendiat am ISI, Kalkutta, bei.

1934: Veröffentlicht seine berühmte Arbeit mit dem Titel „*On the application of hyperspace geometry to the theory of multiple correlation*"   [Sankhya, Vol. 4, (1934), 338–342].

1936: Kommt in Kontakt mit Professor F. W. Levi von der Fakultät für Reine Mathematik, Universität Kalkutta.

1938: Kommt in Kontakt mit dem weltberühmten Statistiker Professor R. A. Fisher, der kam, um eine Vorlesungsreihe am ISI, Kalkutta, zu halten. Diskussionen mit ihm inspirierten R. C. Bose, Forschungen zum „Design von Experimenten" aufzunehmen.

1938: Veröffentlicht die berühmte Forschungsarbeit mit dem Titel „*On the application of the properties of Galois fields to the problem of construction of hyper Graeco-Latic Squares*" [Sankhya, Vol. 3, (1938), 323–339.]. R. C. Bose war ein Pionier in der Verwendung von endlichen Geometrien, endlichen Feldern und kombinatorischen Problemen bei der Konstruktion von Designs.

1938: In Zusammenarbeit mit S. N. Roy veröffentlicht er die Arbeit mit dem Titel „*Distribution of the Studentized D^2 statistic*" [Sankhya, Vol. 4, (1938), 19–38]. Dies wird als R. C. Boses größter Beitrag zur „Mathematischen Statistik" angesehen.

1939: Er veröffentlicht die Forschungsarbeit mit dem Titel „*On the construction of balanced incomplete block designs*" [Annals Eugenics, (London), Vol. 9, (1939), 358–398]. Diese Arbeit gilt als Klassiker und wird in allen modernen Lehrbüchern zum Thema zitiert.

1941: Tritt der neu gegründeten Fakultät für Statistik an der Universität Kalkutta als Teilzeit-Lehrer bei.

1945: Wird zum Leiter der Fakultät für Statistik an der Universität Kalkutta ernannt.

1947: Erhält den D. Lit.-Abschluss von der Universität Kalkutta für seine originelle Arbeit zur multivariaten Analyse und zum Design von Experimenten.

1949: Professor R. C. Bose emigriert dauerhaft in die USA.

1987: Verstirbt in den USA.

Kapitel 12
Bhoj Raj Seth (1907–1979)

12.1 Geburt, Kindheit, Bildung

Bhoj Raj Seth (B. R. Seth) wurde am 27. August 1907 in Bhura im Bundesstaat Punjab geboren. Seine Familie glaubte an hohe Ideale des Dienstes an der Gemeinschaft, und diese Werte wurden B. R. Seth von Kindheit an vermittelt. Sein ganzes Leben lang erfüllte er seine Pflicht gegenüber seiner Familie und stand seinen Schülern und Freunden bei. Nach Abschluss seiner frühen Bildung zog er nach Delhi und trat dem Hindu College bei, um sein Studium fortzusetzen. 1927 erhielt er den B. A.-Abschluss in Mathematik (mit Auszeichnung) als Bester mit einer Eins. Er wurde mit der „Goldmedaille der Universität" für seine hervorragende Leistung ausgezeichnet. 1929 bestand er die M. A. Prüfung in Mathematik an der Universität Delhi erneut als Erster mit einer Ersten Klasse. Er erhielt erneut die „Goldmedaille der Universität" für seine herausragende akademische Fähigkeit. Aufgrund seiner außergewöhnlichen Leistung bei der Postgraduiertenprüfung wurde ihm das „ Stipendium der Zentralregierung" für ein weiterführendes Studium in Großbritannien verliehen. Er trat der Universität London bei und schrieb sich für den M. Sc.-Studiengang ein. Er studierte dort Elastizitätstheorie, Fotoelastizität, Strömungsmechanik und Relativitätstheorie. 1932 wurde B. R. Seth der M. Sc.-Abschluss der Universität London verliehen. Danach begann er unter der Leitung von Prof. L. N. G. Filon FRS (1875–1937), Goldsmid Professor für angewandte Mathematik am University College der Universität London, mit der Forschung. 1934 wurde B. R. Seth der Ph. D.-Abschluss der Universität London für seine Dissertation mit dem Titel „Finite Strain in Elastic Problems" verliehen. Zwischenzeitlich besuchte B. R. Seth im Jahr 1933 einige Kurse an der Universität Berlin in Deutschland.

© Der/die Autor(en), exklusiv lizenziert an Springer Nature Singapore Pte Ltd. 2024   113
P. Mukherji, *Namhafte indische Mathematiker und Statistiker*,
https://doi.org/10.1007/978-981-97-0100-1_12

12.2   Karriere, Forschungsbeiträge

Nach seiner Rückkehr aus Europa im Jahr 1937 trat B. R. Seth seiner Alma Mater, dem Hindu College in Delhi, als Leiter der Abteilung für Mathematik bei. Gleichzeitig wurde er auch als „Reader" in Mathematik an der Universität Delhi ernannt. Er arbeitete zwölf lange Jahre mit Hingabe und Auszeichnung in beiden Institutionen. Er konnte eine gute Forschungstradition in Mathematik an der Universität Delhi etablieren. Viele seiner Studenten am Hindu College wurden von ihm inspiriert und wurden später anerkannte Mathematiker. Anfang 1949 ging Prof. B. R. Seth für zwei Jahre an die Iowa State University in den USA. Sofort nach seiner Rückkehr nach Indien im Jahr 1951 wurde er als Professor und Leiter der Abteilung für Mathematik am neu gegründeten Indian Institute of Technology (IIT), Kharagpur in West Bengal, ernannt. Dies war Indiens erstes solches Institut. Während seines langen Aufenthalts von 16 Jahren am IIT, Kharagpur, baute Prof. B. R. Seth erfolgreich eine starke Forschungsschule in Elastizitätstheorie, Plastizitätstheorie, Strömungsdynamik, Rheologie und numerischer Analyse auf. Unter seiner dynamischen Führung erlangte diese Fakultät für Mathematik in diesen Bereichen national und international Anerkennung als führendes Forschungszentrum.

Mit großer Weitsicht und Vision gründete Prof. B. R. Seth die „Indian Society of Theoretical and Applied Mechanics (ISTAM)" und pflegte sie 25 Jahre lang. Dies war eine der ersten interdisziplinären Plattformen Indiens, auf der Ingenieure, angewandte Mathematiker, Statistiker und Informatiker sich trafen und Probleme von gemeinsamem Interesse diskutierten.

Im Jahr 1966 übernahm Prof. B. R. Seth das Amt des Vizekanzlers der neu gegründeten Dibrugarh-Universität in Assam. Er diente dort bis 1971 und vollendete die gesamte Amtszeit. Dann wurde er eingeladen, die Leitung des „Birla Institute of Technology (BITS)" in der Stadt Mesra im Ranchi-Distrikt im Bundesstaat Bihar zu übernehmen. Er belebte die Institution wieder und arbeitete hart für ihren „autonomen Status".

Er verließ 1977 das BITS in den Ruhestand und zog nach Delhi. Für einige Zeit war er ein besuchender „Fellow" am IIT, Delhi. Ab 1977 arbeitete er als „Professor emeritus" an der Universität Delhi bis zu den letzten Tagen seines Lebens im Jahr 1979.

Während dieser 42 Jahre seines Lebens arbeitete Prof. B. R. Seth mit großer Hingabe an hohen akademischen Idealen und inspirierender Führung. Er kämpfte furchtlos für seine Studenten und jüngeren Kollegen für gerechte Anliegen.

Nun wird eine kurze Diskussion über die persönlichen Forschungsbeiträge von Prof. B. R. Seth geführt.

Prof. B. R. Seth leistete bemerkenswerte Beiträge in drei Bereichen der angewandten Mathematik: (a) Elastizitätstheorie, (b) Plastizitätstheorie und (c) Strömungsdynamik.

Ein großer Teil der Dissertation von B. R. Seth wurde in der bekannten Zeitschrift „Transactions of the Royal Society" veröffentlicht. Das spiegelt die hohe Qualität der von ihm für seinen Ph. D.-Grad durchgeführten Forschung wider.

Seine Dissertation umfasst die Behandlung zweiter Ordnung von einfacher Torsion, reiner Biegung und Torsion auf der Grundlage einer quasi-linearen Spannungs-Dehnungs-Beziehung. Viele bekannte Forscher wie Elderton, K. Pearson, S. Timoshenko oder D. H. Young haben zum „Problem von Saint-Venant" der Torsion und Biegung beigetragen. Aber sie hatten alle nur den symmetrischen Fall betrachtet. 1934 gelang es B. R. Seth, die erste vollständige Lösung für ein rechtwinkliges gleichschenkliges Dreieck zu geben. In Anerkennung der von B. R. Seth geleisteten Arbeit kommentierte Prof. A. C. Stevenson: „Keine Darstellung der Arbeit am Problem von Saint-Venant wäre vollständig, wenn sie nicht der Arbeit von Seth Tribut zollte."

B. R. Seth löste auch vollständig das Problem im Zusammenhang mit einer exzentrischen Hohlwelle. Probleme von Flüssigkeiten in rotierenden Zylindern mit dreieckigem Querschnitt wurden von ihm gelöst. Seine erste Arbeit zu diesem Thema wurde 1934 in der „Quarterly Journal of Mathematics, Oxford" veröffentlicht. Auf Vorschlag des Herausgebers erweiterte B. R. Seth seine Methoden auf den Bereich außerhalb des Zylinders und veröffentlichte eine Arbeit über diese Lösung. Anschließend wurden solche potenziellen Probleme sowohl für äußere als auch für innere Bereiche von B. R. Seth umfassend gelöst.

In der Strömungsdynamik sei auf zwei bemerkenswerte Beiträge von B. R. Seth hinzuweise. Er bewies, dass in einem Kanal mit geschlossenem Querschnitt stehende Transversalwellen nicht möglich sind. Er schlug auch eine Modifikation in Lambs Lösung für einen Kanal mit kreisförmigem Querschnitt vor und wies darauf hin, dass der angenommene Annäherungsmodus instabil war. Seine andere wichtige Arbeit bestand darin, zu zeigen, dass eine langsame viskose Lösung durch Überlagerung von zwei Effekten erzielt werden konnte; (i) einer aufgrund von wirbelfreier Strömung für die gleiche Grenze und (ii) aufgrund einer konzentrierten Kraft in einer unendlichen Flüssigkeit, da der vom Körper erlittene Widerstand gleich der konzentrierten Kraft war.

Neben seiner Arbeit an der Elastizitätstheorie und der Strömungsdynamik arbeitete B. R. Seth auch mit Prof. F. C. Harris vom University College der Universität London zusammen, um experimentelle Arbeiten an den fotoelastischen Eigenschaften von Zelluloid durchzuführen.

1936 verbrachte B. R. Seth ein Jahr an der Universität Perugia in Italien. Im nächsten Jahr, 1937, erhielt er den D. Sc.-Abschluss von der Universität London für seine originellen Beiträge auf den Gebieten der Elastizitätstheorie und Strömungsdynamik.

Nach seiner Rückkehr nach Indien setzte B. R. Seth seine Arbeit an der Elastizitätstheorie fort. Er löste Probleme der Biegung, Schwingung und Stabilität von Membranen und Platten mit dreieckigen Grenzen, indem er die Theorie der endlichen Dehnung auf diese Probleme anwandte. Während der 60er-Jahre des letzten Jahrhunderts leistete er einen sehr wichtigen Beitrag, indem er unter anderem den Zeitpunkt bestimmte, an dem die konstitutiven Gleichungen ihre Form ändern. Dies führte zur Einführung des Konzepts der „Transition". Es ist zu beachten, dass T. Y. Thomas durch eine Reihe von Ad-hoc-Annahmen wie die der Inkompressibilität und einer bestimmten Form der Ausbeutebedingung theoretische

Ergebnisse über den Zusammenbruch von dicken Zylindern erzielte. Diese Ergebnisse stimmten gut mit den experimentellen Ergebnissen von P. W. Bridgman überein. Aber die „Transitionstheorie", wie sie von B. R. Seth und anderen entwickelt wurde, liefert all diese Ergebnisse und allgemeinere Ergebnisse, ohne vorherige Annahmen zu treffen. Der von B. R. Seth verfasste Artikel mit dem Titel „Transition theory of elastic plastic deformation, creep and relaxation" [Nature, 195, (1962), 896–897] sollte besonders erwähnt werden. Es ist zu beachten, dass die klassische makroskopische Behandlung von Problemen in Plastizität, Kriechen und Relaxation semi-empirische Ausbeutebedingungen wie die von H. Tresca, von Mises und Kriech-Dehnungsgesetze wie die von F. H. Norton, F. K. G. Odqvist, L. M. Kachanov und anderen annehmen muss. Dies ist eine direkte Folge der Verwendung linearer Dehnungsmaße, die die nichtlineare Übergangsregion, durch die die Ausbeute erfolgt, und die Tatsache, dass Kriech- und Relaxationsdehnungen tatsächlich nie linear sind, vernachlässigen. Tresca fand eine Übergangszone und nannte sie „Mittelzone". I. Todhunter und K. Pearson unterstützten diesen Befund. In diesem Zustand nimmt das gesamte Material teil, und nicht nur eine Linie oder eine bestimmte Region, wie es die früheren Forscher angenommen hatten. B. R. Seth wies in dem oben genannten Artikel darauf hin, dass eine numerische Untersuchung von Fließ- und Deformationstheorien zeigt, dass eine kontinuierliche Annäherung durch einen Übergangszustand zu einer zufriedenstellenden konvergenten Lösung führt. In seinen vielen anderen Forschungsarbeiten zeigte er, dass alle Übergangsfelder wie Grenzschichten, Schocks, elastisch-plastische Verformungen, Kriechen und Ermüdung subharmonischen oder superharmonischen Charakter haben und dass Wirbelstärke und Spin eine wichtige Rolle bei ihrem Wachstum spielen.

B. R. Seth verwendete eine asymptotische Behandlung im endlichen Torsionsproblem. Dies lieferte eines der wenigen Beispiele, in denen ein plastischer Zustand, der aus einer großen Verformung resultierte, durch die elastische Theorie vorhergesagt werden konnte. Dies ist ein bemerkenswertes Merkmal.

Um seine umfangreiche Arbeit kurz zusammenzufassen, ist zu beachten, dass seine Arbeit über endliche Dehnung in elastischen Problemen eine Behandlung zweiter Ordnung von einfacher Torsion, reiner Biegung und Torsion auf der Basis einer quasi-linearen Spannungs-Dehnungs-Beziehung lieferte. Prof. B. R. Seth war der erste Mathematiker, der erfolgreich die erste vollständige Lösung für ein rechtwinkliges gleichschenkliges Dreieck gab. Ebenso konnte er die vollständige Lösung für eine exzentrische Hohlwelle beschreiben. Er arbeitete auch an Problemen im Zusammenhang mit Biegung, Schwingung und Stabilität von Membranen und Platten mit dreieckigen Grenzen, indem er die Theorie der endlichen Dehnung anwandte.

B. R. Seth hat mehr als 100 Artikel in bekannten nationalen und internationalen Zeitschriften veröffentlicht. Davon zeugen seine umfangreichen Beiträge zur Elastizität, Plastizität, Grenzschichttheorie, Potenzialtheorie und einer Reihe anderer verwandter Disziplinen. Seine bemerkenswerteste Arbeit bezieht sich auf das Problem von Saint-Venant, Potenzialströme für äußere und innere Bereiche, Verteilungen von generalisierten Singularpunkten, systematische Theorie der Transition und nichtlineare Maße der Verformung.

Die wichtigen Forschungsbeiträge von Prof. B. R. Seth wurden ausführlich in Standardwerken wie „Mathematical Theory of Elasticity" von I. S. Sokolnikoff [(1956), McGraw-Hill] und „Elasticity and Plasticity" von J. N. Goodier und P. G. Hodge [(1958), Wiley and Sons] erwähnt. Die Erweiterungsvorlesungen, die Prof. B. R. Seth an der Universität Lucknow hielt, wurden in Form einer Monographie mit dem Titel „Two Dimensional Boundary Value Problems" von derselben Universität veröffentlicht.

Prof. B. R. Seth hielt eine Reihe von Erweiterungsvorlesungen zu verschiedenen Themen an verschiedenen indischen Universitäten. Neben den Vorlesungen, die er an der Universität Lucknow hielt und die bereits oben erwähnt wurden, hielt er 1954 Vorlesungen über „Finite Deformations" an der Osmania-Universität, Hyderabad. 1964 hielt er erneut eine Reihe von Vertiefungsvorlesungen über „Transition Theory of Elastic Plastic Deformations" an derselben Universität. 1965 hielt er eine ähnliche Vorlesungsreihe über „Some Problems in Fluid Mechanics" an der Jadavpur-Universität, Kalkutta.

Er betreute mehr als zwei Dutzend Doktoranden, von denen viele später bekannte Mathematiker wurden.

12.3 Besondere Ehrungen und Auszeichnungen

Neben seinen Diensten in indischen Institutionen arbeitete Prof. B. R. Seth als „Gastprofessor" an drei verschiedenen amerikanischen Institutionen. Dies waren die Iowa State University, Ames, Iowa (1949–1950), das Mathematics Research Centre, Universität Wisconsin, Madison (1961–1962) und die Oregon State University, Oregon (1967–1968). Er war ein sehr weit gereister Mathematiker. Er besuchte mehr als zwei Dutzend Länder in Europa, Asien, Australien und Nordamerika. Er hielt Vorlesungen an vielen berühmten Universitäten der Welt. Er wurde viermal von der Akademie der Wissenschaften der UdSSR und fünfmal von der Polnischen Akademie der Wissenschaften zu speziellen Vorlesungen eingeladen. Er nahm an sechs internationalen Mathematikerkongressen und vier internationalen Kongressen über theoretische und angewandte Mechanik in verschiedenen ausländischen Städten teil.

Prof. B. R. Seth wurde als „Fellow" der Indian National Science Academy (INSA), der Indian Academy of Sciences (Bangalore), der Delhi School of Economics und des Institute for Social and Economic Change (Bangalore) gewählt. Er war der erste Inder, der als „Fellow" der Polnischen Akademie gewählt wurde. 1968 wurde Prof. B. R. Seth der D. Sc. (Honoris causa) vom IIT, Kharagpur, verliehen, als Anerkennung für seinen immensen Beitrag zur allgemeinen Entwicklung des Instituts. 1957 wurde ihm die „Euler-Medaille" von der Akademie der Wissenschaften der UdSSR für seine herausragenden Beiträge zur „Kontinuumsmechanik". Im März 1978 erhielt er den begehrten „Dr. B. C. Roy

National Award for Eminent Men of Science" für das Jahr 1977. Er ist der einzige
Mathematiker in Indien, der diese Auszeichnung bis heute erhalten hat.
Er starb am 12. Dezember 1979 in Delhi an einer Herzkrankheit.

12.4 Wichtige Meilensteine im Leben von Professor Bhoj Raj Seth

1907: Geboren am 27. August 1907 in einer mittelständischen punjabischen Familie in Bhura in Punjab.

1927: Er erhält seinen B. A.-Abschluss (mit Auszeichnung) in Mathematik vom Hindu College der Universität Delhi. Er belegt von allen erfolgreichen Kandidaten der Delhi Universität in diesem Jahr den ersten Platz mit einer Eins. Er wird mit der Goldmedaille der Universität für seine hervorragende Leistung ausgezeichnet.

1929: Er erhält seinen M. A.-Abschluss in Mathematik vom Hindu College der Universität Delhi. Er wiederholt seine frühere Leistung und belegt erneut den ersten Platz mit einer Eins an der Universität Delhi. Er wird erneut mit der Goldmedaille der Universität für seine bemerkenswerte Leistung ausgezeichnet.

1929: Aufgrund seiner herausragenden Leistung wird ihm das „Central Government Scholarship" verliehen, und er geht nach England, UK, um höhere Studien zu verfolgen. Er tritt in die Postgraduiertenabteilung für Mathematik am University College der Universität London ein.

1932: Er erhält den M. Sc.-Abschluss in Mathematik von der Universität London.

1933: Er besucht Kurse in Mathematik an der Universität Berlin, Deutschland.

1934: Er wird mit dem Ph. D.-Grad der Universität London für seine Dissertation mit dem Titel „Finite Strain in Elastic Problems" ausgezeichnet.

1936: Er verbringt ein Jahr an der Universität Perugia in Italien.

1936: Gewählt zum „Fellow" der Indian Academy of Sciences (Bangalore).

1937: Er erhält den D. Sc.-Abschluss von der Universität London für seine originellen Beiträge in angewandter Mathematik.

1937: Tritt als Leiter der Fakultät für Mathematik am Hindu College, Delhi, ein. Tritt auch als „Reader" in der Fakultät für Mathematik, Universität Delhi, ein.

1948: Teilnahme am 7. „International Congress on Theoretical and Applied Mechanics" (ICTAM) in London, UK.

1949–1950: Tritt der Abteilung für Mathematik der Iowa State University, Ames, Iowa, in den USA, als „Gastprofessor" bei und arbeitet dort.

1950: Teilnahme an der „International Conference of Mathematicians" (ICM) in Harvard, USA.

1951: Tritt als Professor und Leiter der Fakultät für Mathematik am IIT, Kharagpur in West Bengal, Indien, ein.

1954: Teilnahme an der „International Conference of Mathematicians" (ICM) in Amsterdam, Niederlande.

1955: Präsident der „Mathematics Section" der jährlichen Versammlung der Indian Science Congress Association in Baroda.

1957: Teilnahme am „International Symposium on Boundary Layers", organisiert von der „International Union of Theoretical and Applied Mechanics" (IUTAM) in Freiberg, Deutschland (ehemaliges Ostdeutschland).

1957: Die Akademie der Wissenschaften der UdSSR verleiht ihm die „Euler-Medaille" in Anerkennung seiner Beiträge zur Kontinuumsmechanik.

1958: Teilnahme am „International Symposium on Non-homogeneities in Elasticity and Plasticity", organisiert von der „International Union of Theoretical and Applied Mechanics" (IUTAM) in Warschau, Polen.

1958: Teilnahme am „International Congress on Rheology" in Westdeutschland.

1959: Teilnahme am „International Symposium on Elastic–Plastic Shells", organisiert von der „International Union of Theoretical and Applied Mechanics" (IUTAM) in Delft, Niederlande.

1961: Gewählt zum „Fellow" der Indian National Science Academy (INSA), New Delhi.

1961: Teilnahme am „International Symposium on Secondary Effects", organisiert von der „International Union of Theoretical and Applied Mechanics" (IUTAM) in Haifa, Israel.

1961–1962: Arbeitet im „Mathematics Research Centre", Universität Wisconsin, Madison, in den USA, als „Gastprofessor".

1963: Teilnahme am „International Symposium on Continuum Mechanics", organisiert von der „International Union of Theoretical and Applied Mechanics" (IUTAM) in Tbilisi, Georgien (ehemalige UdSSR).

1964: Teilnahme am 11. „International Congress on Theoretical and Applied Mechanics" (ICTAM) in Montreal, Kanada.

1964–1966: Präsident der „Indian Society of Theoretical and Applied Mechanics".

1967–1968: Tritt der Fakultät für Mathematik, Oregon State University, Oregon, USA, als „Gastprofessor" bei und arbeitet dort.

1968: Teilnahme an der „International Conference of Mathematicians" (ICM) in Stockholm, Schweden.

1968: Das IIT, Kharagpur, ehrt ihn, indem es ihm den D. Sc. (Honoris causa) als Anerkennung für seinen immensen Beitrag zum Institut verleiht.

1969: Präsident der „Mathematical Association of India".

1970: Teilnahme an der „International Conference of Mathematicians" (ICM) in Nizza, Frankreich.

1971: Teilnahme an der Fifth Commonwealth Educational Conference in Canberra, Australien.

1972: Teilnahme am 13. „International Congress on Theoretical and Applied Mechanics" (ICTAM) in Moskau, UdSSR.

1972: Teilnahme am „International Congress on Rheology" in Frankreich.

1974: Teilnahme an der „International Conference of Mathematicians" (ICM) in Vancouver, Kanada.

1976: Teilnahme am „International Symposium on Creep", organisiert von der „International Union of Theoretical and Applied Mechanics" (IUTAM), in Göteborg, Schweden.

1976: Teilnahme am 13. „International Congress on Theoretical and Applied Mechanics" (ICTAM) in Delft.

1976: Teilnahme am „International Congress on Rheology" in Schweden.

1978: Teilnahme an der „International Conference of Mathematicians" (ICM) in Helsinki, Finnland.

1978: Geehrt mit dem „Dr. B. C. Roy National Award for Eminent Men of Science".

1979: Verstirbt an einem Herzinfarkt am 12. Dezember 1979 in Delhi.

Kapitel 13
Subodh Kumar Chakrabarty (1909–1987)

13.1 Geburt, Familie, Bildung

S. K. Chakrabarty wurde am 18. Juli 1909 in Barishal im ehemaligen Ostbengalen (heutiges Bangladesch) geboren. Nachdem er seinen Vater Sitala Kanta Chakrabarty im Alter von sechs Jahren verloren hatte, wurde er von seiner Mutter Sarala Devi aufgezogen. Er absolvierte seine frühe Bildung in Ostbengalen. Er bestand seine Reifeprüfung im Jahr 1925 und die Zwischenprüfung in Naturwissenschaften (I. Sc.) im Jahr 1927. Er graduierte in Mathematik (Honours) beim Government Brajamohun College in Barishal im Jahr 1929. Danach kam er nach Kalkutta und schrieb sich an der berühmten Fakultät für Angewandte Mathematik der Universität Kalkutta für ein Postgraduiertenstudium ein. Im Jahr 1932 schloss er mit Auszeichnung ab und stand nicht nur in der Fakultät für Angewandte Mathematik, sondern auch unter allen erfolgreichen Kandidaten, die in diesem Jahr für die M. Sc.-Prüfung in verschiedenen Fächern angetreten waren, an erster Stelle. Für seine herausragende Leistung in der M. Sc. Prüfung wurde ihm die „Sir-Asutosh-Mukherjee-Goldmedaille" verliehen.

13.2 Karriere, Forschungsbeiträge

Nach Abschluss seines Postgraduiertenstudiums begann S. K. Chakrabarty an der Mathematik-Fakultät des „City College" in Kalkutta zu unterrichten. Während er dort lehrte, begann er nebenbei im Jahr 1935 als Teilzeitdozent an der Fakultät für Angewandte Mathematik zu arbeiten und unterrichtete in den Postgraduiertenklassen. Dann bekam sein akademisches Leben eine neue Dimension. Im Jahr 1940 kam Dr. H. J. Bhabha an die Universität Kalkutta, um einen Kurs von „Gastvorträgen" über kosmische Strahlen zu halten. Zu dieser Zeit arbeitete S. K. Chakrabarty an einigen diskreten Problemen der Quantenmechanik. Nachdem er Bhabhas Vorlesungen gehört und persönlich mit ihm interagiert hatte, interessierte er sich für die „Entwicklung von kosmischen Schauern" durch die „Kaskadenprozesse". Auf der Grundlage der von Bhabha und Heitler sowie von Carlson und Oppenheimer vorgebrachten physikalischen Ideen legten Bhabha und Chakrabarty eine elegante und rigorose Analyse für die genaue Schätzung von „Schauerpartikeln und Quanten" in verschiedenen Tiefen vor, die durch ein Elektron und ein Photon erzeugt werden, wenn sie durch feste Materialien oder die Atmosphäre hindurchgehen. Sie behandelten das Problem gründlich, sowohl aus der Sicht der physikalischen Annahmen als auch der mathematischen Verfahren. In einer Reihe von Untersuchungen studierten Bhabha und Chakrabarty den Effekt des „Kollisionsverlustes" und leiteten Lösungen für die „Kaskadengleichungen" ab, die zur Schätzung der Energieverteilung der „Schauerpartikel und Photonen" aller Energien verwendet werden können, einschließlich derer, die nahe und sogar unterhalb der „kritischen Energie" liegen. Bhabha war sehr beeindruckt von der mathematischen Genialität von S. K. Chakrabarty und lud ihn ein, Bangalore zu besuchen, wo Bhabha seine eigene Forschungseinheit eingerichtet hatte. S. K. Chakrabarty nahm die Einladung an und besuchte Bangalore im Zeitraum von Februar bis Juni 1941. Ihre gemeinsame Forschung erbrachte die oben genannten Ergebnisse.

S. K. Chakrabarty gewann bald viel Anerkennung für seine brillante Forschungsarbeit. Er war Empfänger des renommierten Premchand-Roychand-Stipendiums (PRS) der Universität Kalkutta. Im Jahr 1943 erhielt er den D. Sc.-Grad der Universität Kalkutta für seine originellen Beiträge in der mathematischen Physik. Im selben Jahr erhielt er die „Mouat-Medaille" von der Universität Kalkutta. Im Jahr 1944 verlieh ihm die „Royal Asiatic Society" den „Elliot Prize" in Anerkennung seiner innovativen Forschungsarbeit.

Im Jahr 1945 verließ Dr. S. K. Chakrabarty Kalkutta und trat als Direktor der Observatorien von Colaba und Alibag in Bombay an. In der Zwischenzeit hatte Dr. H. J. Bhabha das Tata Institute of Fundamental Research (TIFR) als Direktor übernommen. Dies war die Zeit, als Chakrabarty und Bhabha erneut zusammenarbeiteten und die berühmte Theorie der „Kaskadenschauer in kosmischer Strahlung" entwickelten. In den folgenden Jahren leisteten sie gemeinsam bedeutende Beiträge zur Dynamo-Theorie der S_q-Variationen, den Beziehungen zwischen geomagnetischen Stürmen und Emissionen von Sonnenkorpuskeln, Erdbebenquellenmechanismen aus der Analyse von Seismogrammen. Die Interaktion zwischen diesen beiden Wissenschaftlern blieb fest in einem fruchtbaren wissenschaftlichen Austausch verankert und endete erst mit dem vorzeitigen Tod von Dr. Bhabha.

Im Jahr 1948 ging Dr. S. K. Chakrabarty in die USA und arbeitete für einige Zeit am California Institute of Technology (CALTECH), Pasadena als „Visiting Research Fellow". Dort hatte er die Gelegenheit, mit einer Gruppe von renommierten Seismologen unter der Leitung von Prof. B. Gutenberg in Zusammenarbeit mit C. F. Richter zu arbeiten. Er leistete eine erhebliche Menge an theoretischer Arbeit durch die Analyse der Aufzeichnungen der „Walker-Pass-Erdbeben" vom 15. März 1946. Zu dieser Zeit begann Dr. Chakrabarty auch seine Forschung über die Antwortcharakteristika von elektromagnetischen Seismografen und ihre genaue Schätzung durch Experimente, die in Zusammenarbeit mit Dr. Benioff am Seismological Laboratory, Pasadena, durchgeführt wurden.

Eine Zusammenfassung einiger dieser Arbeiten, an denen Dr. S. K. Chakrabarty beteiligt war, wurde in die UNESCO-Publikation mit dem Titel *„Manual of Seismological Observatory Practice"* aufgenommen. Dieser Bericht wurde vom Internationalen Komitee für die „Standardisierung von Seismografen und Seismogrammen" zusammengestellt und vorbereitet. Dieses „Komitee" war im Zusammenhang mit einer UNESCO-Resolution gegründet worden.

Nach seiner Rückkehr nach Indien arbeitete Dr. Chakrabarty nach einiger Zeit bei der „Meteorologischen Abteilung" der indischen Regierung. Er entschied sich dann, zu kündigen und nach Kalkutta zurückzukehren. Schließlich trat er 1949 in das Bengal Engineering College (B. E. College) [heute ISET], Shibpur, Howrah, einem Vorort nahe Kalkutta, ein. Er übernahm die Position des Professors und Leiters der Fakultät für Mathematik und arbeitete dort bis 1963. Während seiner Zeit am B. E. College spielte Professor Chakrabarty eine sehr proaktive Rolle in verschiedenen akademischen und administrativen Angelegenheiten. Unter der Schirmherrschaft des „Council of Scientific and Industrial Research" (CSIR) gründete Prof. S. K. Chakrabarty eine „Seismografische Station" auf dem Gelände des B. E. College und führte Studien über Mikroseismen und Seewellen und ihre Korrelation mit zyklonischen Störungen durch. In gewisser Weise war Prof. S. K. Chakrabarty einer der Pionierforscher auf dem Gebiet der „Theoretischen Seismologie" in Indien. Er versuchte, eine Forschungsschule für „Theoretische Seismologie und Geophysik" in Bengalen zu etablieren. Neben der Kosmologie waren Seismologie und Atmosphärenwissenschaften seine Interessengebiete. Persönlich veröffentlichte Prof. S. K. Chakrabarty 39 Forschungsarbeiten in renommierten nationalen und internationalen Zeitschriften. Es ist zu beachten, dass drei dieser Forschungsarbeiten von ihm auf Deutsch verfasst und im „Verlag von Julius Springer (VVJS)", einer berühmten deutschen wissenschaftlichen Zeitschrift, veröffentlicht wurden. Die drei Arbeiten sind unten aufgeführt:

- *„Stark-Effekt des Rotationsspektrums und elektrische Suszeptibilität bei hoher Temperatur"* [VVJS, Berlin Sonderdruck, Zeitschrift für Physik (ZFP), 102, Band 1 und 2, Heft (1936), 102–111].
- *„Das Eigenwertproblem eines zweiatomigen Moleküls und die Berechung der Dissoziationsenergie"* [VVJS, Berlin Sonderdruck, Zeitschrift für Physik (ZFP), 109, Band 1, 2 Heft (1937), 25–38].
- *„Notiz über den Stark-Effekt der Rotationsspektren"* [VVJS, Berlin Sonderdruck, Zeitschrift für Physik (ZFP), 110, Band 11, 12 Heft (1938), 688–691].

Offenbar handelt es sich dabei um Probleme, die mit der Quantenmechanik zusammenhängen. Seine gemeinsame Forschungsarbeit mit H. J. Bhabha mit dem

Titel „*The cascade theory with collision loss*" [Proc. Royal Soc., London, A, 181, (1943), 267–303] ist eine bemerkenswerte Veröffentlichung.

Die folgenden 2 unten genannten Forschungsarbeiten wurden international anerkannt. Sie sind:

- „*Cascade showers under thin layers of materials*" [Nature, London, 158, (1946), 166].
- „*Sudden commencements in geomagnetic field variations*" [Nature, London, 167, (1951), 31].

Prof. S. K. Chakrabarty war der Autor der unten aufgeführten drei Bücher:

- „*Teaching of Mathematics in Secondary Schools*" [West Bengal Board of Secondary Education (1974)].
- „*Elements of Discrete Mathematics (with applications to Computer Science)*" [Allied Publishers Ltd., (1976)].
- „*A teacher's commentary on elements of Discrete Mathematics*" [Allied Publishers Ltd., (1978)].

Im Jahr 1963 trat Prof. S. K. Chakrabarty seiner Alma Mater, der Fakultät für Angewandte Mathematik an der Universität Kalkutta, als „Rashbehary-Ghosh-Professor" und Leiter der Fakultät bei. Er arbeitete dort bis zu seiner Pensionierung im Jahr 1974.

Während seiner Amtszeit am University College of Science an der Universität Kalkutta bemühte er sich sehr, die Forschung in den Bereichen „Theoretische Seismologie" und „Mathematische Geophysik" zu fördern. Sein umfangreiches Wissen in diesen Disziplinen und die frühere Erfahrung seiner gemeinsamen Forschung mit herausragenden Geophysikern wie den Professoren B. Gutenberg, C. F. Richter, V. H. Benioff, J. A. Fleming und anderen machten Prof. S. K. Chakrabarty zu einem legendären Experten auf dem Gebiet. Prof. Chakrabarty versuchte auch, ernsthafte Forschung zu Themen wie diskrete Mathematik mit Anwendungen auf die Informatik, Automatentheorie, Künstliche Intelligenz usw. zu initiieren. Er hatte die Installation eines IBM-Computers auf dem Gelände des University College of Science arrangiert, aber das Projekt musste aufgrund politischer Einmischung aufgegeben werden. Dies stellte sich als großer technologischer Rückschlag nicht nur für die Universität Kalkutta, sondern für den gesamten Bundesstaat Westbengalen heraus.

13.3   Besondere Ehrungen

Prof. S. K. Chakrabarty wurde 1949 zum „Fellow" der National Academy of Sciences (heutige Indian National Science Academy) gewählt. Er war viele Jahre lang Vorsitzender des Cosmic Ray Research Committee der Atomic Energy Commission von der indischen Regierung. Er wurde zum Präsidenten der Mathematiksektion der jährlichen Sitzung der Indian Science Congress Association gewählt, die 1954 in Hyderabad stattfand. Prof. Chakrabarty war von 1970 bis 1972 Präsident der Calcutta Mathematical Society. Er war der Gründer und Vorsitzender des „Advanced Study Centre of Mathematics" in der Fakultät für Angewandte Mathematik, University College of Science, Universität Kalkutta.

Prof. S. K. Chakrabarty war ein herausragender Gelehrter, ein angesehener Wissenschaftler und ein Pionierforscher auf dem Gebiet der „mathematischen Geophysik" und „Atmosphärenwissenschaften" in Indien. Er starb in Kalkutta in den frühen Morgenstunden des 14. Novembers 1987 nach kurzer Krankheit.

13.4   Wichtige Meilensteine im Leben von Professor Subodh Kumar Chakrabarty

1909: Geboren am 18. Juli 1909 in Barishal im ehemaligen Ostbengalen.

1929: Abschluss in Mathematik (Honours) vom Barishal Brajamohun College.

1932: Erhält den M. Sc. in angewandter Mathematik als Bester mit einer Eins von der Universität Kalkutta. Erhält die „Sir-Asutosh-Mukherjee-Goldmedaille" von der Universität Kalkutta für die besten Noten unter allen erfolgreichen Studenten in allen Fächern.

1943: Erhält den D. Sc.-Grad von der Universität Kalkutta für originale Beiträge in mathematischer Physik.

1945–1948: Arbeitet als Direktor der Observatorien Colaba und Alibag, Bombay.

1948: Geht als Gastwissenschaftler zum California Institute of Technology (CALTECH), Pasadena, USA.

1949: Tritt dem Bengal Engineering College (B. E. College), Shibpur, Howrah [heutiges ISET] als Professor und Leiter der Fakultät für Mathematik bei.

1949: Zum „Fellow" des National Institute of Sciences gewählt [heutige „Indian National Science Academy" (INSA)].

1954: Zum „Präsidenten" der Mathematiksektion des Indian Science Congress in Hyderabad gewählt.

1963: Tritt dem University College of Science, Universität Kalkutta, als „Rashbehary-Ghosh-Professor" und Leiter der Fakultät für Angewandte Mathematik bei.

1970–1972: Zum „Präsidenten" der Calcutta Mathematical Society gewählt.

1974: Pensionierung von der Universität Kalkutta.

1987: Stirbt in Kalkutta am 14. November 1987 nach kurzer Krankheit.

Kapitel 14
Manindra Chandra Chaki (1913–2007)

14.1 Geburt, Bildung

Manindra Chandra Chaki (M. C. Chaki) wurde am 1. Juli 1913 im Dorf Deuli im
Bezirk Bagura im damaligen Ostbengalen (heutiges Bangladesch) geboren. Sein
Vater Keshab Chandra Chaki war ein Grundbesitzer und seine Mutter Kunjaka-
mini Debi eine fromme und gutherzige Hausfrau. M. C. Chaki erhielt seine Schulausbildung in Ostbengalen. Es ist zu beachten, dass ihn Mathematik in seinen frühen Schuljahren nicht besonders interessierte. Aber unter der Inspiration seines
Privatlehrers Sri Durgadas Banerjee entwickelte er eine Vorliebe für das Fach. Im
Jahr 1930 schloss M. C. Chaki seine Reifeprüfung an der Gaibandha High School
im Bezirk Rangpur mit einer Eins ab. Er erzielte mehr als 75 % der Gesamtpunktzahl. Danach zog er nach Kalkutta und schrieb sich am Bangabasi College,
einem privaten College in der Stadt, ein. Im Jahr 1932 bestand M. C. Chaki die
Zwischenprüfung in Naturwissenschaften (I. Sc.) an diesem College mit einer
Eins. Anschließend nahm er die Zulassung am Rajshahi Government College in
Rajshahi, Ostbengalen, an. Anfangs schrieb er sich für den B. A.-Kurs (Honours)
in Englisch ein. Dann wurde Prof. B. M. Sen (1888–1978), selbst ein angesehener
Mathematiker, der Direktor dieses College. Er riet M. C. Chaki, den Studiengang
für Mathematik (Honours) zu belegen. Auf seinen Rat hin zog sich Chaki aus dem
Englischkurs zurück und trat in den B. A.-Studiengang (Honours) in Mathematik
ein, mit Sanskrit als Nebenfach. Im Jahr 1934 schloss er mit einer Zwei in der B.
A.-Prüfung (Honours) in Mathematik ab. Danach trat er in die Fakultät für Reine
Mathematik an der Universität Kalkutta ein, um ein Postgraduiertenstudium auf-
zunehmen. Im Jahr 1936 bestand er die M. A.-Prüfung in reiner Mathematik als
Zweiter mit Eins an der Universität Kalkutta.

Im Anschluss daran besuchte M. C. Chaki auf Vorschlag seines Onkels für kurze Zeit die Jurakurse der Universität Kalkutta. Aber er war überhaupt nicht an dem Fach interessiert und gab es schließlich auf. Daraufhin unterrichtete er einige Zeit als Teilzeitdozent an verschiedenen privaten Hochschulen. Schließlich kehrte er 1950 als Teilzeitdozent in seine Alma Mater, die Fakultät für Reine Mathematik an der Universität Kalkutta, zurück. Er begann auch unter der Leitung des berühmten Geometers und Hardinge-Professors für reine Mathematik, Prof. R. N. Sen, mit der Forschung in Mathematik.

14.2 Karriere, Forschungsbeiträge

Seine Lehrtätigkeit begann M. C. Chaki nach Abschluss seines M. A. in reiner Mathematik 1939 als Dozent für Mathematik und Englisch am Azizul Haque College in Bagura, Ostbengalen. Er war dort bis 1945 tätig. 1945 kam er nach Kalkutta und trat dem Bangabasi College als Dozent für Mathematik bei und unterrichtete dort bis 1952. Er arbeitete von 950–1952 auch als Teilzeitdozent für Mathematik an seiner eigenen Alma Mater, der Fakultät für Reine Mathematik an der Universität Kalkutta. Schließlich wurde er 1952 in derselben Fakultät als Vollzeitdozent für reine Mathematik eingestellt. 1960 wurde er zum „Reader" in reiner Mathematik ernannt und diente in dieser Funktion während der Jahre 1960–1972. 1972 wurde er zum „Sir Asutosh Birth Centenary Professor of Higher Mathematics" (früher bekannt als „Hardinge Professor of Higher Mathematics") in der Fakultät für Reine Mathematik an der Universität Kalkutta ernannt. Er hatte den Lehrstuhl des Professors bis zu seiner Pensionierung im Jahr 1978 inne. Als Lehrer war er sehr erfolgreich und bei der Studentenschaft beliebt.

Was M. C. Chakis Forschungsbeiträge betrifft, sei erwähnt, dass er 1956 seinen D. Phil in reiner Mathematik für seine Dissertation mit dem Titel „On some problems in Riemannian Geometry" von der Universität Kalkutta erhielt. Einer der Prüfer der Arbeit, Prof. L. P. Eisenhart von der Princeton University, USA, lobte die Arbeit sehr. Dr. M. C. Chaki war ein produktiver Forscher in verschiedenen Bereichen der Geometrie. Er leistete bemerkenswerte Beiträge auf den Gebieten der riemannschen Geometrie, der klassischen Differentialgeometrie, der modernen Differentialgeometrie, der theoretischen Physik, der allgemeinen Relativitätstheorie und der Kosmologie sowie der Geschichte der Mathematik. Mehr als 20 Studenten erhielten unter seiner Aufsicht ihren Ph. D. Er veröffentlichte persönlich mehr als 60 Forschungsarbeiten, die in renommierten nationalen und internationalen Zeitschriften veröffentlicht wurden. Nun werden einige seiner wichtigeren im 20. Jahrhundert veröffentlichten Arbeiten diskutiert. In der Arbeit mit dem Titel *„On a non-symmetric Harmonic Space"* [Bulletin of the Calcutta Mathematical Society, 44, (1952), 37–40], konstruierte Prof. Chaki ein Beispiel für einen einfachen harmonischen Raum mit Dimension n, $n > 4$, der weder flach noch symmetrisch im Sinne von Cartan, aber wiederkehrend ist. Dies führte zur Aufhebung einer Vermutung von A. Lichnerowicz (1915–1998), einem renommierten französischen Geometer. Nach seiner Vermutung muss die Dimension eines harmonischen Raums kleiner oder gleich 4 sein, andernfalls wird es ein Cartan-symmetrischer Raum sein. Diese Arbeit von Prof. Chaki wurde international anerkannt und wird im Buch mit dem Titel „Harmonic Spaces" [verfasst von H. S. Ruse und A. G. Walker; Roma, Edizioni cremonose (1961)] zitiert. In der Folge wurde in diesem Bereich von vielen Forschern sowohl in Indien als auch im Ausland viel geforscht. 1963, in der Arbeit mit dem Titel *„On conformally symmetric spaces"* [(mit Bandana Gupta) Indian Journal of Mathematics, 5 (2), (1963), 113–122], führte Prof. Chaki in Zusammenarbeit mit seiner ersten Forschungsstudentin Miss Bandana Gupta einen neuen Typ von riemannschem Raum ein, den konform symmetrischen Raum. In dieser Arbeit wurden zwei wichtige Ergebnisse bewiesen. Sie lauten wie folgt:

- Ein konform symmetrischer Raum hat eine konstante skalare Krümmung, wenn und nur wenn die erste kovariante Ableitung des Ricci-Tensors ein symmetrischer Tensor ist.
- Jeder Einstein-konform symmetrische Raum ist symmetrisch im Sinne von Cartan.

Diese Forschungsarbeit hatte einen bemerkenswerten Einfluss auf Forscher in der Differentialgeometrie. Polnische und japanische Forscher haben intensiv in diesem riemannschen Raum gearbeitet. Die Arbeit erwies sich als nützlich in der allgemeinen Relativitätstheorie. Einige Forscher in den USA haben konform symmetrische Räume mit semi-riemannscher Metrik oder unbestimmter Metrik untersucht. Es ist zu beachten, dass in der mathematischen Physik die konforme Symmetrie von Raum und Zeit durch eine Erweiterung der Poincare-Gruppe ausgedrückt ist. Die Erweiterung beinhaltet spezielle konforme Transformationen und Dilatationen.

Eine weitere interessante Tatsache ist, dass, als Prof. M. C. Chaki seine Studien zur riemannschen Geometrie begann, er Eisenharts Indexmethode zur Darstellung von Tensoren verwendete. Aber ab den frühen 80er-Jahren des 20. Jahrhunderts verlagerte sich sein Interesse auf die globale Differentialgeometrie von Mannigfaltigkeiten. Von da an schrieb er seine Forschungsarbeiten mit modernen indexfreien Notationen und riet seinen Studenten, dasselbe zu tun. 1987 führte Prof. Chaki den Begriff der Pseudo-Symmetrischen Mannigfaltigkeiten in seiner nun berühmten Forschungsarbeit mit dem Titel *„On Pseudo-Symmetric Manifolds"* [Analele Stn. AL. I. Cuzo. Din Lasi, Tome XXXIII (1), (1987), 53–58] ein. Er verwendete dieses neue Konzept und erhielt sechs wichtige Theoreme. Er widmete diese spezielle Forschungsarbeit dem berühmten japanischen Geometer Kentaro Yano (1912–1993) anlässlich dessen 74. Geburtstag. In der modernen mathematischen Literatur wurde diese Mannigfaltigkeit von Prof. M. Toomanian [Mathematical Reviews, USA, September, (1993), 4970.] als „Chaki-Mannigfaltigkeit" bezeichnet. Symbolisch wird eine n-dimensionale „Chaki-Mannigfaltigkeit" nun durch Chaki $(PS)_n$ bezeichnet.

Mehr als 20 Studenten erhielten ihren Ph. D. unter der Aufsicht von Prof. M. C. Chaki. Unter ihnen waren Dr. Bandana Barua (geb. Gupta), Dr. Dipak Kumar

Ghosh, Prof. U. C. De und Prof. M. Tarafdar, Mitglieder der Fakultät für Reine Mathematik an der Universität Kalkutta. Unter Prof. Chakis anderen Studenten waren Dr. A. N. Raychowdhury; Professor am NIT, Durgapur, Prof. Asoke K. Roy, Professor an der Jadavpur-Universität, Dr. K. K. Sharma, Professor an der Universität Tripura, und Dr. A. Konar, Professor an der Universität Kalyani. Dr. A. K. Bag und Dr. Pradip Kumar Majumdar machten ihren Ph. D. in „Geschichte der Mathematik" unter der Anleitung von Prof. Chaki. Dr. Bag war Leiter der „Abteilung für Wissenschaftsgeschichte" der Indian National Science Academy in Neu-Delhi. Er war auch Chefredakteur des „Indian Journal of History of Science". Dr. Majumdar war Professor für indische Astronomie an der „School of Vedic Studies" an der Rabindra-Bharati-Universität, Kalkutta.

14.3　Besondere Ehrungen

1951 wurde Prof. Chaki zum Fellow der Royal Astronomical Society, London, gewählt. Seit 1964 diente er als „Gutachter" für „Mathematical Reviews", USA. In der 63. Sitzung des Indian Science Congress, die 1976 in Visakhapatnam stattfand, war Prof. Chaki Präsident der Mathematiksektion. 1981 diente er als Präsident der Calcutta Mathematical Society. Er war Mitglied des Redaktionsausschusses der Zeitschrift „Tensor", Japan. Er war Ehrenmitglied der Asiatic Society, Kalkutta. 1993 wurde Prof. M. C. Chaki von der Universität Kalkutta als „Teacher of Eminence" geehrt.

Dieser renommierte Geometer und sehr bewunderte Lehrer der Mathematik, Prof. M. C. Chaki, verstarb am 21. Juli 2007 in Kalkutta.

14.4　Wichtige Meilensteine im Leben von Professor Manindra Chandra Chaki

1913: Geboren am 1. Juli 1913 in einem kleinen Dorf im Bezirk Bagura im damaligen Ostbengalen (heutiges Bangladesch).

1936: Abschluss des M. A. in reiner Mathematik mit der zweithöchsten Note und einer Eins von der Universität Kalkutta.

1952: Tritt der Abteilung für Reine Mathematik an der Universität Kalkutta als Dozent bei.

1951: Wahl zum Fellow der Royal Astronomical Society.

1956: Erwerb des D. Phil in reiner Mathematik von der Universität Kalkutta.

1960: Wird „Reader" für reine Mathematik an der Universität Kalkutta.

1972: Ausgewählt als „Sir Asutosh Birth Centenary Professor of Higher Mathematics" an der Fakultät für Reine Mathematik, Universität Kalkutta.

1976: Wahl zum Präsidenten der Mathematiksektion des 63. Indian Science Congress, der 1976 in Visakhapatnam stattfand.

1978: Geht von der Universität Kalkutta in den Ruhestand.

1981: Dient als Präsident der Calcutta Mathematical Society.

1993: Auszeichnung als „Teacher of Eminence" durch die Universität Kalkutta.

2007: Verstorben in Kalkutta am 21. Juli 2007.

Kapitel 15
Calyampudi Radhakrishna Rao FRS (1920–2023)

15.1 Geburt, Kindheit, Bildung

Calyampudi Radhakrishna Rao (C. R. Rao) wurde am 10. September 1920 in einer kleinen Stadt namens Huvvinna Hadagalli in der damaligen Präsidentschaft Madras des britisch beherrschten Indiens (heutiger Bundesstaat Karnataka) geboren. Da C. R. Rao das achte Kind seiner Eltern C. D. Naidu und A. Lakshmikanthamma war, wurde er nach der hinduistischen Gottheit Sri Krishna „Radhakrishna" genannt. C. D. Naidu war Inspektor bei der „Kriminalpolizei". Er erkannte früh die besondere Begabung von C. R. Rao für Mathematik und ermutigte seinen Sohn, ernsthaft Mathematik zu studieren und eine Karriere in diesem Fach zu verfolgen. Später hatte C. D. Naidu immer große Erwartungen an seinen brillanten Sohn und gestand, dass er hohe Hoffnungen auf die Leistungen von C. R. Rao setzte und oft sagte, C. R. Rao sei für ihn „Stolz, Hoffnung und Freude". Seine Mutter vermittelte ihm Disziplin und Arbeitsmoral. C. R. Rao widmete sein Buch „Statistics and Truth: Putting Chance to Work" [Ramanujan Memorial Lectures, Reprint Edition, Council of Scientific and Industrial Research, New Delhi, (1989)] seiner Mutter und würdigte ihre Rolle und ihren Einfluss in seinem Leben: „Ich schulde es meiner Mutter, A. Lakshmikantamma, dass sie in mir das Streben nach Wissen ausgelöst hat, dass sie mich in meinen jungen Jahren jeden Tag um vier Uhr morgens weckte und die Öllampe für mich anzündete, damit ich in den ruhigen Morgenstunden lernen konnte, wenn der Geist frisch ist." Seine Mutter war eine strenge Zuchtmeisterin und bestrafte den jungen C. R. Rao, wenn er ohne triftigen Grund die Schule schwänzte. Schließlich wurde C. R. Rao reifer und disziplinierter und schnitt in allen Schulexamen sehr gut ab. Während seiner Schulzeit gewann er 1935 das „Chandrasekhara-Stipendium" in Physik. Dies sollte der begehrteste Preis während seiner Schulzeit sein. Weil sein Vater beruflich bedingt häufig versetzt wurde, musste C. R. Rao in verschiedenen Schulen lernen. Schließlich ließ sich sein Vater nach seiner Pensionierung 1931 in

Visakhapatnam, in der heutigen Küstenregion Andhra, nieder. Nach erfolgreichem Abschluss seiner Schulausbildung trat C. R. Rao in das „Mrs. A. V. N. College" ein und bestand seine Zwischenprüfung in Naturwissenschaften (I. Sc.) mit Physik, Chemie und Mathematik. Er schnitt in allen Fächern sehr gut ab, aber seine überragende Leistung in Mathematik zeigte sein außergewöhnliches Talent in diesem Fach. Es ist erwähnenswert, dass ein weiterer herausragender indischer Wissenschaftler, der Nobelpreisträger Sir C. V. Raman, ebenfalls seine I. Sc.-Prüfung an derselben Hochschule abgelegt hat.

Auf Vorschlag seines Vaters setzte C. R. Rao sein Mathematikstudium fort und erwarb 1940 seinen M. A.-Abschluss in Mathematik an der Andhra University, Waltair (Visakhapatnam). In der genannten Prüfung belegte er den ersten Platz mit einer Eins.

Aufgrund des laufenden Zweiten Weltkriegs in Europa waren Arbeitsplätze in Mathematik rar. Daher entschied sich C. R. Rao, nach Kalkutta zu gehen, um ein Vorstellungsgespräch in der Abteilung für Vermessungswesen zu führen. Auf der Reise traf er zufällig einen jungen Mann, der sich kürzlich in einem Ausbildungsprogramm in Statistik am Indian Statistical Institute (ISI), Kalkutta, eingeschrieben hatte. Um mehr Informationen über den Kurs zu erhalten, ging C. R. Rao zum ISI und traf dort das Forschungspersonal. So erfuhr er von den laufenden Projekten dort und war überzeugt, dass das oben genannte Ausbildungsprogramm für ihn äußerst vorteilhaft sein würde. Er hatte das Gefühl, dass es seine Berufsaussichten verbessern und auch neue Möglichkeiten für eine Forschungskarriere eröffnen würde. In einem von der „Indian Academy of Science" veröffentlichten Interview mit dem Titel „Wise Decisions under uncertainty: an interview with C. R. Rao" [B. V. R. Bhat; Resonance: Journal of Science Educ., 18, (2013), 1127–1132] erklärte Prof. Rao: „Ich ging zurück nach Visakhapatnam und sagte meiner Mutter, dass die einzige Alternative für mich darin bestünde, mich am ISI für eine Ausbildung in Statistik einzuschreiben, und dass es mich 30 Rupien pro Monat kosten würde, in Kalkutta zu bleiben. Sie sagte, dass sie das Geld irgendwie aufbringen würde und dass ich nach Kalkutta gehen solle, um am ISI teilzunehmen. Ich reiste mit 30 Rupien in der Tasche nach Kalkutta und fing am 1. Januar 1941 beim ISI an." Das war ein Wendepunkt in seinem Leben.

Das ISI unter der dynamischen Führung des großen Visionärs und legendären Statistikers Prof. P. C. Mahalanobis bot ein Ausbildungsprogramm in Statistik an, das zu dieser Zeit in Indien einzigartig war. Dieses Programm zog Studenten aus dem ganzen Land und aus verschiedenen Disziplinen an. Regierungsbeamte, die statistische Techniken zur Datenanalyse und Modellierung anwenden wollten, nahmen ebenfalls an diesem vom ISI gesponserten Kurs teil. Obwohl C. R. Rao das Programm in Bezug auf die Lehre als „etwas unorganisiert" empfand, fühlte er sich glücklich, da er das Privileg hatte, mit der herausragenden Forschungsfakultät des ISI zu dieser Zeit in Kontakt zu kommen. Es gab solche Größen wie R. C. Bose, S. N. Roy, K. R. Nair und einige andere. In der Zwischenzeit startete die Universität Kalkutta, unermüdlich von Prof. P. C. Mahalanobis vorangetrieben, 1941 Indiens erstes Postgraduiertenprogramm in Statistik und wählte Prof. P. C. Mahalanobis zum Ehrenvorsitzenden der neu gegründeten Abteilung.

In Anerkennung des großen Potenzials von C. R. Rao drängte Prof. Mahalanobis ihn, sich für den neu eingeführten M. A.-Studiengang in Statistik an der Universität Kalkutta einzuschreiben. So trat C. R. Rao der ersten Gruppe von Studenten an der Universität bei. 1943 erwarb er seinen M. A.-Abschluss in Statistik von der Universität Kalkutta und schloss als Bester mit einer Eins ab. Er erzielte 87 % der Gesamtpunktzahl, ein bis heute unübertroffener Rekord. Er erhielt die Goldmedaille der Universität für seine herausragende Leistung in der M. A.-Prüfung. C. R. Rao stellte einen Rekord auf, da er zu den ersten fünf Personen gehörte, die in Indien einen Postgraduiertenabschluss in Statistik von einer indischen Universität erwarben. Die Abschlussarbeit für den Master-Abschluss, die der damals 23-jährige C. R. Rao einreichte, war eine außergewöhnliche wissenschaftliche Arbeit. In einem Interview mit Anil Kumar Bera [A. K. Bera; „The ET interview: Professor C. R. Rao", Economic Theory, 19, (2003), 331–400], erklärte Professor Rao: „Wenn ich meine Abschlussarbeit durchsehe, die von Prof. P. C. Mahalanobis am 18. Juni 1943 an den Prüfungsleiter der Universität Kalkutta weitergeleitet wurde, stelle ich fest, dass ich in der Zeit von 1941 bis 1943 hart gearbeitet haben muss. Die Abschlussarbeit bestand aus drei Teilen, dem ersten mit 119 Seiten über das Design von Experimenten, dem zweiten mit 28 Seiten über multivariate Tests und dem dritten mit 42 Seiten über bivariate Verteilungen." Laut einem der Prüfer der Abschlussarbeit war „die Arbeit fast gleichwertig mit einem Ph. D.-Abschluss." Seine Arbeit enthielt originale Beiträge, darunter eine Lösung für ein Charakterisierungsproblem, das vom renommierten norwegischen Ökonomen Ragnar Frisch formuliert worden war. 1949 wurde diese Lösung als „*Note on a problem of Ragnar Frisch*" [Econometrica, 15, (1949), 245–249] veröffentlicht.

15.2 Karriere, Forschungsbeiträge

Nachdem er seinen M. A.-Abschluss in Statistik an der Universität Kalkutta erworben hatte, trat C. R. Rao dem ISI als „Technischer Lehrling" bei. Er setzte seine Forschungsarbeit fort und unterrichtete als Teilzeitlehrer an der Fakultät für Statistik der Universität Kalkutta. Die frühe Erfolgsgeschichte in der Forschung von C. R. Rao bezieht sich auf seine Zusammenarbeit mit zwei herausragenden Mathematikern/Statistikern am ISI, nämlich R. C. Bose und S. N. Roy. In der Zeit von 1944–1946 veröffentlichte C. R. Rao eine Reihe von Forschungsarbeiten in verschiedenen Bereichen der Statistik. Er verwendete die Theorie der Kombinatorik im experimentellen Design, der linearen Schätzung und der multivariaten Analyse. Er arbeitete hauptsächlich weiterhin an mathematischer Statistik. Zu dieser Zeit bat Prof. P. C. Mahalanobis ihn, die Leitung eines Projekts zur Analyse multivariater anthropometrischer Daten zu übernehmen, die zur Zeit der Volkszählung von 1941 im Bundesstaat Uttar Pradesh gesammelt wurden. Diese Erfahrung beeinflusste C. R. Rao tief und inspirierte ihn, ernsthaft an der Wechselwirkung zwischen Anwendungen und Theorie zu arbeiten. Während seiner langen Karriere blieb dies seine zentrale Doktrin. Während C. R. Rao an diesem Projekt arbeitete, bat J. C. Trevor, ein Anthropologe am Duckworth-Labor in Cambridge, Prof. Mahalanobis, jemanden vom ISI zu entsenden, um ihm bei seiner Arbeit zur Analyse alter Skelettreste zu helfen, die von einer britischen Expedition im Sudan ausgegraben wurden. Prof. Mahalanobis, der lebenslange Mentor von C. R. Rao, empfahl seinen Lieblingsprotegé für die Aufgabe. So segelte C. R. Rao im August 1946 nach Cambridge, England. Er begann seine Arbeit am Anthropologischen Museum und trat gleichzeitig dem King's College der Universität Cambridge bei, um unter der Leitung von Prof. R. A. Fisher FRS (1890–1962), einem der größten Statistiker aller Zeiten, Forschungen durchzuführen. Prof. Fisher war damals der „Balfour Chair Professor of Genetics" an der Universität Cambridge.

Schon in diesem jungen Alter von 26 Jahren war C. R. Rao ein Mann, der wusste, wie man das Beste aus seinen Möglichkeiten macht. Er lernte Genetik von Fisher, nahm einen Kurs in stochastischen Prozessen beim berühmten britischen Statistiker M. S. Barlett FRS (1910–2002) und beteiligte sich an einer Wirtschaftslesegruppe, die das bahnbrechende Buch „Theory of Games and Economic Behaviour" [verfasst von John von Neumann und Oskar Morgenstern; Princeton University Press (1944)] studierte. Er schaffte es sogar, die Veranstaltungen der Cambridge Debating Society zu besuchen und bekam so Kontakt zu einigen der führenden Wissenschaftler, Philosophen und Politikern der Zeit, darunter der weltbekannte Mathematiker Bertrand A. W. Russell FRS (1872–1970). In jenen Tagen arbeitete C. R. Rao in Vollzeit am Anthropologischen Museum. Seine Arbeit beinhaltete die statistische Analyse von Messungen an Skeletten, die in Jebel Moya im weit entfernten Sudan ausgegraben worden waren. Darüber hinaus begann Rao auf Anweisung von Prof. Fisher einige Experimente mit Mäusen zur Kartierung von Chromosomen durchzuführen. Basierend auf der Arbeit im Museum reichte C. R. Rao eine Dissertation mit dem Titel „Statistical Problems of Biological Classification" an der Universität Cambridge ein. Er erhielt seinen Ph. D.-Abschluss in Statistik von der Universität im Jahr 1948. Jahre später, im Jahr 1965, erwarb C. R. Rao den Grad Sc. D. von der Universität Cambridge, UK, für seine gesamten Beiträge zur Theorie und Anwendung in der Statistik.

Es wäre relevant, einige der wichtigsten Beiträge zu diskutieren, die C. R. Rao in der Zeit von 1945–1965 geleistet hat. Kurz vor seiner Abreise nach England, im Jahr 1945, hatte er das Papier mit dem Titel *„Information and accuracy attainable in the estimation of statistical parameters"* [Bulletin of the Calcutta Mathematical Society, 37 (3), (1945), 81–91] veröffentlicht. Diese Forschungsarbeit etablierte seinen Ruf als eine der Legenden der modernen Statistik. In einer klaren Weise mit eleganten Beweisen geschrieben, gab der Artikel zwei grundlegende Ergebnisse in der statistischen Inferenz. Später ebnete er auch den Weg für das Wachstum in das Gebiet der Informationsgeometrie. In seinen zwei Artikeln mit dem Titel *„On the mathematical foundation of theoretical statistics"* [Philosophical Transactions of the Royal Society, A, 222, (1921), 309–368] und *„Theory of statistical estimation"* [Mathematical Proceedings of the Cambridge Philosophical Society, 22, (1925), 700–725], etablierte Prof. Fisher das Konzept der „Fisher-Transformation". In dem oben erwähnten Artikel von 1945 konnte Rao zeigen, dass jeder unverzerrte Schätzer eines Parameters eine Varianz hat, die durch das Reziproke der „Fisher-Transformation" nach unten begrenzt ist. Er erhielt das Ergebnis durch eine einfache Anwendung der Cauchy-Schwartz-Ungleichung. Dies wurde zu einem der bekanntesten Theoreme in der Statistik. Der schwedische Mathematiker Harold Cramér hatte jedoch die Informationsungleichung aufgestellt, und diese erschien in seinem renommierten Buch mit dem Titel „Mathematical methods of Statistics" [Princeton University Press, New Jersey, (1946)]. C. R. Rao war sich dieser Entdeckung nicht bewusst. Später wurde die Ungleichheit als „Cramér-Rao-Untergrenze" bekannt. Diese untere Grenze ist von großer Bedeutung im Bereich der Signalverarbeitung und wurde in vielen Bereichen der Wissenschaft und Technik ausgiebig genutzt. Das zweite grundlegende Ergebnis, das ein Nebenprodukt von Raos Forschungsarbeit von 1945 war, bezieht sich auf die Verbesserung der Effizienz eines Schätzers. Im Jahr 1947 bewies David Blackwell in seinem Artikel mit dem Titel „*Conditional expectation and unbiased sequential expectation*" [Annals of Mathematical Statistics, 18, (1947), 105–110] das gleiche Ergebnis unabhängig. Dieses Ergebnis ist in der modernen statistischen Literatur als „Satz von Rao-Blackwell" bekannt.

C. R. Raos Artikel von 1945 war auch einer der ersten, der differentialgeometrische Ansätze auf probabilistische Modelle anwendete. Dies schuf den Rahmen für das neue Feld der Informationstheorie. Er betrachtete die parametrische Familie als riemannsche Mannigfaltigkeit mit der Fisher-Informationsmatrix als dem zugehörigen riemannschen Metriktensor. Die durch diese riemannsche Metrik induzierte geodätische Distanz wurde von Rao als Maß für die Unähnlichkeit zwischen zwei Wahrscheinlichkeitsverteilungen vorgeschlagen. Diese riemannsche geodätische Metrikdistanz ist in der statistischen Literatur als „Fisher-Rao-Distanz" bekannt.

Ein weiterer Durchbruch von C. R. Rao beinhaltet seinen nun berühmten „The Score Test". In seinen zwei Forschungsarbeiten „Large sample tests of statistical hypotheses concerning several parameters with applications to problems of estimation" [Proceedings of the Cambridge Philosophical Society, 44, (1948), 50–57] und „Method of scoring linkage data giving simultaneous segregation of three factors" [Heredity, 4, (1950), 37–59], stellte Rao eine neue Technik für Statistiker vor. Obwohl es mehrere Jahre dauerte, bis der „Test" Teil der gängigen Statistikliteratur wurde, ist C. R. Raos „Score Test" heute Teil der Werkzeugkiste jedes Statistikers.

Eine weitere bemerkenswerte Forschungsarbeit, die von C. R. Rao durchgeführt wurde, führte zum Konzept der verallgemeinerten Inversen. Im Jahr 1954 wurde Prof. C. R. Rao gebeten, die Langzeiteffekte von Strahlung auf Opfer von Atombombenexplosionen in Hiroshima und Nagasaki zu analysieren. Die von ihm durchgeführte statistische Analyse führte zur Entdeckung einer Inversen von $X'X$, wobei X die Modellmatrix im üblichen linearen Modell darstellte. Aber $X'X$ war singulär. Daher war die Inverse undefiniert. In seinem Aufsatz mit dem Titel „*Analysis of dispersion for multiply classified data with unequal number of cells*" [Sankhyā, Ser. A, 15, (1955), 253–280] führte Rao das Konzept der „Pseudoinversen" ein. Im selben Jahr veröffentlichte R. A. Penrose einen Aufsatz über verallgemeinerte Inversen [Ref: Proceedings of the Cambridge Philosophical

Society, 51, (1955), 406–413]. Nach Durchsicht von Penroses Aufsatz und weiteren Untersuchungen konnte Prof. Rao die Schlüsselbedingung für eine verallgemeinerte Inverse entdecken. In seinem berühmten Forschungsaufsatz mit dem Titel „*A note on generalized inverse of a matrix with applications to problems in mathematical statistics*" [Journal of the Royal Statistical Society, Ser. B, 24, (1962), 152–158] wurde die Berechnung von g-Inversen (die Abkürzung von verallgemeinerten Inversen, wie von Prof. Rao geprägt) und die vereinheitlichte Theorie der linearen Schätzung von Prof. Rao im Detail vorgestellt. Mithilfe seines Kollegen Sujit Kumar Mitra am ISI, Kalkutta, wurde das Thema der g-Inversen vollständig von Prof. C. R. Rao entwickelt, und sie schrieben zusammen eine Monografie mit dem Titel „Generalized Inverse of Matrices and its Applications" [Wiley, New York, (1971)].

In seiner fast acht Jahrzehnte langen Karriere hat Prof. C. R. Rao phänomenale Beiträge in vielen Bereichen der theoretischen und angewandten Statistik geleistet. Seine Forschungen in verschiedenen anderen Disziplinen wie Wirtschaft, Elektrotechnik, Anthropologie und Genetik haben Generationen von Forschern beeinflusst und ihnen neue Wege eröffnet. Kurz gesagt, Prof. Rao hat durch die Entwicklung der Schätzungstheorie in kleinen Stichproben den Anwendungsbereich statistischer Techniken in der Praxis erweitert. Sein Name ist mit vielen Ergebnissen in diesem Bereich verbunden, wie der Cramér-Rao-Untergrenze, dem Satz von Rao-Blackwell, dem Fisher-Rao-Theorem, der Raoschen Effizienz zweiter Ordnung und dem Geary-Rao-Theorem. In Verbindung mit der Codierungstheorie und im experimentellen Design verdient Raos Forschung über orthogonale Felder besondere Erwähnung. Er hat auch bahnbrechende Beiträge zur Entwicklung der multivariaten statistischen Analyse geleistet. Raos Score-Statistik und die Neyman-Rao-Statistik sind sehr nützliche asymptotische Hypothesentests. Wie bereits diskutiert, war Prof. Rao ein Pionier bei der Verwendung von differentialgeometrischen Techniken in Problemen, die mit statistischen Inferenzen zusammenhängen, basierend auf Raos Distanzfunktion. Er hat mehr als 30 Bücher in den Disziplinen Mathematik, Statistik und Ökonometrie veröffentlicht. Er hat mehr als 350 Forschungsarbeiten veröffentlicht – in Mathematik, Statistik und Wahrscheinlichkeitstheorie und mit besonderem Schwerpunkt auf statistischer Schätzungstheorie, multivariater Analyse, Charakterisierungsproblemen, Kombinatorik und Versuchsplanung, differentialgeometrischen Methoden in Problemen statistischer und mathematischer Genetik, verallgemeinerten Inversen von Matrizen und Matrixmethoden für lineare Modelle. Sein erstes Buch mit dem Titel „Advanced Statistical Methods in Biometric Research" [Wiley, New York, (1952)] basiert auf seiner Arbeit in Cambridge und gilt als Einführung in multivariate Methoden und ihre Anwendungen.

Nun zurück zu seiner Karriere, nach Abschluss seiner Arbeit in Cambridge kehrte Dr. C. R. Rao im August 1948 zum ISI, Kalkutta, zurück. Prof. P. C. Mahalanobis stellte ihn als Professor ein und machte ihn auch zum Leiter der laufenden „Research and Training School". Dies zeigt das Vertrauen, das Prof. Mahalanobis in seinen jungen 29-jährigen Schützling hatte. Prof. C. R. Rao wurde diesem gerecht. Unter seiner begeisterten Führung wurden die „Research and Training

School" umgestaltet und die Lehr- und Forschungsprogramme wurden besser organisiert. Der Fortschritt war spektakulär. Das Institut erwarb bald landesweit den Ruf als hervorragendes Zentrum für fortgeschrittene Studien, Forschung und Beratung in Statistik, Wahrscheinlichkeit und verwandten Disziplinen. Das ISI wurde zum Ziel von brillanten Studenten und Praktikern der Statistik aus allen Ecken Indiens. Ihr einziges Ziel war es, statistische Theorie und ihre Anwendungen in verschiedenen Bereichen zu erlernen. Prof. C. R. Rao nahm die damit verbundenen Herausforderungen mutig und voller Hingabe an und betreute viele angehende Forschungsstipendiaten. Er erwarb bald den Ruf eines ausgezeichneten Lehrers und eines sehr inspirierenden Forschungsleiters. Im Jahr 1950 begann Prof. Rao mit der Betreuung seines ersten Doktoranden D. Basu. Basu schloss seine Promotion im Jahr 1953 ab und leistete später grundlegende Beiträge zur statistischen Inferenz. Im Laufe der Jahre erwarben etwa 50 Studenten ihren Doktortitel unter der Leitung von Prof. C. R. Rao. Er hatte die einzigartige Fähigkeit, verschiedene Studenten in völlig unterschiedlichen Bereichen der Statistik zu einem gegebenen Zeitpunkt zu betreuen. Er kümmerte sich um Studenten in verschiedenen Disziplinen, die mit Wahrscheinlichkeit, Statistik, Ökonometrie und Mathematik zu tun hatten. Die Themen umfassten Stichprobenumfragen, multivariate Analyse, Qualitätskontrolle, Charakterisierung, experimentelles Design, gerichtete Daten, Kombinatorik und Graphentheorie. Er betreute auch Studenten in Bereichen wie statistische Genetik, Wahrscheinlichkeitstheorie und stochastische Prozesse sowie Spieltheorie. In einer kurzen Abhandlung werden einige seiner weltbekannten Studenten in Kap. 18 besprochen.

Nachdem Indien seine Unabhängigkeit erlangt hatte, strukturierte Prof. Rao das „Forschungs- und Ausbildungsprogramm" am ISI um, um den Bedürfnissen der Regierung und der Industrie gerecht zu werden. So wurden neue Kurse über statistische Qualitätskontrolle und industrielle Statistik in das Programm aufgenommen. Im Jahr 1953 richtete das ISI, Kalkutta, eine neue Abteilung für „Statistische Qualitätskontrolle" ein, um Beratungsdienstleistungen für die Industrie anzubieten. Das ISI richtete auch Zweigstellen für diese Arbeit in anderen Teilen des Landes ein. Prof. C. R. Rao leitete die „Research and Training School" von 1949 bis 1963 als Professor und Leiter. Von 1963 bis 1972 war er ihr Direktor. Er war auch am International Statistical Educational Centre (ISEC) beteiligt, einem Gemeinschaftsprojekt des ISI und des Internationalen Statistischen Instituts mit Unterstützung der UNESCO und der Regierung Indiens. Prof. Rao leitete auch deren Ausbildungsprogramme. Das ISEC hat sich weiterhin als wichtiges Ausbildungszentrum etabliert, das Kurse in theoretischer und angewandter Statistik für Teilnehmer aus Ländern des Nahen Ostens, Fernen Ostens, Südostasiens und Afrikas anbietet. Nach dem traurigen Tod von Prof. P. C. Mahalanobis im Jahr 1972 übernahm Prof. C. R. Rao die Position des Sekretärs des Indian Statistical Institute und diente in dieser Funktion von 1972 bis 1976. Während dieser Zeit startete Prof. C. R. Rao einige besondere Initiativen, und eine neue Verfassung wurde für das ISI ausgearbeitet, die dem Institut half, sich zu einem führenden Forschungsinstitut zu entwickeln. Von 1976 bis 1984 arbeitete er weiterhin am ISI als „Jawaharlal-Nehru-Professor". In der Zeit von 1987 bis 1992 hatte Prof. C. R. Rao das

National Professorship in Indien inne. Im Jahr 1979 nahm er jedoch Urlaub vom ISI und ging in die USA. Er schied endgültig und formal im Jahr 1984 aus dem ISI aus.

Obwohl er Indien im Jahr 1979 verließ, sollte aus historischer Sicht vollständig festgehalten werden, dass er im Jahr 1979 eine Professur an der Universität Pittsburgh antrat. Im Jahr 1988 trat er die „Eberly Family Chair"-Professur in Statistik an der Pennsylvania State University an. Er arbeitete weiterhin in dieser Funktion an der Fakultät für Statistik an der Pennsylvania State University. Er war dort auch der Direktor des „Center for Multivariate Analysis".

15.3 Besondere Ehrungen und Auszeichnungen

Professor C. R. Rao gehörte zu einer erlesenen Gruppe von Wissenschaftlern, die an der Entwicklung der Statistik als eigenständige wissenschaftliche Disziplin beteiligt waren. Es wird heute historisch anerkannt, dass die Grundlagen der Statistik in der ersten Hälfte des 20. Jahrhunderts fest in leistungsfähigen mathematischen und probabilistischen Theorien und Techniken verankert waren. B. Efron bezeichnete in seinem Buch mit dem Titel „The Statistical Century, Stochastic Musings: Perspectives from the Pioneers of the Late 20th Century" [Ed. John Panaretos, Lawrence Erlbaum Associates: New Jersey, (2003)] diese Periode als „das goldene Zeitalter der statistischen Theorie" und schrieb weiter: „Männer des intellektuellen Kalibers von Fisher, Neyman, Pearson, Hotelling, Wald, Cramer und Rao waren nötig, um die statistische Theorie zur Reife zu bringen."

Prof. C. R. Rao, ein weltberühmter Wissenschaftler von höchster Ordnung, erhielt zahlreiche Auszeichnungen und Ehrungen. 1967 wurde er zum Fellow der Royal Society, London, gewählt. Er wurde 1969 zum Ehrenmitglied der Royal Statistical Society, 1985 der Calcutta Statistical Association, 1990 der Finnish Statistical Society und 1995 des Institute of Combinatorics and Applications gewählt. Im selben Jahr wurde Prof. C. R. Rao in die National Academy of Sciences, USA, aufgenommen. Er wurde 1983 zum Ehrenmitglied des Internationalen Statistischen Instituts und 1986 der Internationalen Biometrischen Gesellschaft gewählt. Er war Präsident der Indian Econometric Society von 1971–1976, der Internationalen Biometrischen Gesellschaft von 1973–1975, des Instituts für Mathematische Statistik von 1976–1977, des Internationalen Statistischen Instituts von 1977–1979 und des Forums für Interdisziplinäre Mathematik von 1982–1984.

Prof. C. R. Rao wurden 19 Ehrendoktorwürden von verschiedenen indischen und ausländischen Universitäten verliehen. Er erhielt die Guy-Medaille in Silber der Royal Statistical Society, London, im Jahr 1965, die M.-N.-Saha-Medaille der Indian National Science Academy im Jahr 1969, die J. C.-Bose-Goldmedaille und Geldpreis im Jahr 1979, die Silver Plate mit dem Monogramm der Andhra Pradesh Academy of Sciences im Jahr 1984, die S. S.-Wilks-Medaille der American Statistical Association im Jahr 1989 und die Mahalanobis Birth Centenary Gold Medal Award der Indian Science Congress Association im Jahr 1996.

1968 ehrte die Regierung von Indien Prof. C. R. Rao, indem sie ihm die Auszeichnung „Padma Bhushan" verlieh.

Abschließend sei darauf hingewiesen, dass die beiden Menschen, die Prof. C. R. Rao betreuten, von ihm immer als die „leitenden Kräfte" seines Lebens verehrt wurden. Einer von ihnen war Prof. P. C. Mahalanobis. Neben seiner legendären Rolle als Mathematiker und Statistiker hatte er die einzigartige Fähigkeit, das unglaubliche Talent des jungen C. R. Rao zu erkennen. Er war es, der C. R. Rao in den ersten Jahren seiner Karriere leitete und das Beste aus ihm herausholte. Der andere Mentor, in gewisser Weise, war Prof. R. A. Fisher. Nach Mahalanobis hatte Fisher den größten Einfluss auf Rao. Wie B. Efron in seinem 2003 veröffentlichten Buch [das bereits erwähnt wurde] schrieb: „Niemand war jemals besser sowohl im Inneren (mathematische Grundlagen) als auch im Äußeren (Methodik) der Statistik als Fisher, noch besser darin, sie miteinander zu verbinden. Seine theoretischen Strukturen führten nahtlos zu wichtigen Anwendungen und tatsächlich dazu, dass diese Anwendungen in Dutzenden von Bereichen gewaltig zunahmen." Anlässlich des 100. Geburtstags von Prof. Rao schrieb Efron: „Rao war wirklich Fishers Schüler, im Sinne der Fortführung der statistischen Tradition Fishers". Sowohl Mahalanobis als auch Fisher waren überragende Persönlichkeiten. Beide waren oft kompromisslos, aber äußerst leidenschaftlich in ihrer Arbeit. Sie glaubten zu Recht und aufrichtig, dass praktische Anwendungen die treibende Kraft hinter der statistischen Forschung sein sollten. Sie hatten erkannt, dass Anwendungen oft zur Entwicklung und Entdeckung neuer Theorien führten. Beide hatten ein Faible für die Bedeutung und Richtigkeit von gesammelten Daten. Beeinflusst von zwei solchen Größen der modernen Statistik, wurde C. R. Rao selbst zu einer gewaltigen Arbeitskraft auf dem Gebiet der modernen Statistik.

15.4 Wichtige Meilensteine im Leben von Professor Calyampudi Radhakrishna Rao

1920: Geboren am 10. September 1920 in einer kleinen Stadt im heutigen Bundesstaat Karnataka.

1940: Erhält den M. A.-Abschluss in Mathematik als Bester mit einer Eins von der Andhra University, Waltair.

1941: Am 1. Januar 1941 tritt er dem Indian Statistical Institute (ISI), Kalkutta, als Teilnehmer eines laufenden Ausbildungsprogramms in Statistik bei.

1941: Im Juli 1941 tritt er als Student des ersten Jahrgangs dem M. A.-Studiengang in Statistik an der Universität Kalkutta bei.

1943: Erhält den M. A.-Abschluss in Statistik von der Universität Kalkutta, als Bester mit einer Eins. Er erzielt 87 % der Gesamtpunktzahl, ein Rekord, der immer noch ungebrochen ist.

1943: Tritt dem ISI als „Technischer Lehrling" bei und wird auch Teilzeitdozent an der Fakultät für Statistik der Universität Kalkutta.

1946: Im August 1946 tritt C. R. Rao dem „Anthropological Museum" der Universität Cambridge als Vollzeitassistent von Prof. J. C. Trevor bei. Eingeschrieben am King's College, Cambridge, als Forschungsstudent unter der Leitung von Prof. R. A. Fisher FRS.

1948: Erhält seinen Ph. D.-Abschluss in Statistik von der Universität Cambridge.

1949: Im Juli 1949 tritt Dr. C. R. Rao dem ISI, Kalkutta, als Professor und auch als Leiter der berühmten „Research and Training School" des ISI bei.

1949–1963: Dient als Leiter der „Research and Training School" des ISI.

1963–1972: Dient als Direktor der „Research and Training School" des ISI.

1953: 1953: Sein erster Ph. D. Student D. Basu erhält seinen Abschluss in Statistik.

1965: Erhält den Sc. D.-Abschluss von der Universität Cambridge für seine gesamten Beiträge in der Statistik. Erhält die Guy-Medaille in Silber von der Royal Statistical Society, London.

1967: Zum Fellow der Royal Society (FRS), London, gewählt. Bekommt den Doktorgrad (honoris causa) von der Andhra University, Waltair.

1968: Die Regierung von Indien verleiht Prof. C. R. Rao die Auszeichnung „Padma Bhushan".

1969: Zum Ehrenmitglied der Royal Statistical Society, London, gewählt. Erhält die M.-N.-Saha-Medaille der Indian National Science Academy.

Bekommt den Doktorgrad (honoris causa) von der Leningrader Universität, UdSSR, verliehen.

Dient als Präsident der Indian Econometric Society.

Dient als „Chief Executive Secretary" des ISI. [Die Position war gleichbedeutend mit der Direktion].

1973: Bekommt den Doktorgrad (honoris causa) von der Universität Delhi.

1973–1975: Dient als Präsident der International Biometric Society.

1976–1984: Dient als „Jawaharlal-Nehru-Professor" am ISI.

1976: Bekommt den Doktorgrad (honoris causa) von der Universität Athen, Griechenland, verliehen.

1976–1977: Dient als Präsident des Institute of Mathematical Statistics.

1977: Bekommt den Doktorgrad (honoris causa) von der Osmania-Universität, Hyderabad, verliehen.

1977–1979: Dient als Präsident des International Statistical Institute.

1979: Bekommt den Doktorgrad (honoris causa) von der Ohio State University, Columbus, verliehen. Erhält die J. C.-Bose-Goldmedaille mit Geldpreis.

1982: Bekommt den Doktorgrad (honoris causa) von der Universidad Nacional de San Marcos, Lima, Peru, verliehen.

1982–1984: Dient als Präsident des Forum for Interdisciplinary Mathematics.

1983: Bekommt den Doktorgrad (honoris causa) von der University of Philippines, Manila, verliehen. Gewählt als Ehrenmitglied des „International Statistical Institute".

1984: Erhält die Silver Plate mit dem Monogramm der Andhra Pradesh Academy of Sciences.

1985: Bekommt den Doktorgrad (honoris causa) von der Universität Tampere, Finnland, verliehen. Gewählt zum Ehrenmitglied der Calcutta Statistical Association.

1986: Gewählt als Ehrenmitglied der International Biometric Society.

1989: Erhält die S. K.-Wilks-Medaille der American Statistical Association. Bekommt den Doktorgrad (honoris causa) von der Université de Neuchâtel. Bekommt den Doktorgrad (honoris causa) vom Indian Statistical Institute (ISI), Kalkutta, verliehen.

1990: Gewählt zum Ehrenmitglied der Finnish Statistical Society. Bekommt den Doktorgrad (honoris causa) von der Colorado State University, Fort Collins, USA, verliehen.

1991: Bekommt den Doktorgrad (honoris causa) von der Universität Hyderabad, Hyderabad, verliehen. Erhält den Doktorgrad (honoris causa) von der Agricultural University of Poznan, Polen.

1994: Bekommt den Doktorgrad (honoris causa) von der Slovak Academy of Sciences, Bratislava, verliehen.

1995: Gewählt zum Mitglied der National Academy of Sciences, USA.

1995: Gewählt zum Ehrenmitglied des Institute of Combinatorics and Applications. Bekommt den Doktorgrad (honoris causa) von der Universität Barcelona, Spanien, verliehen. Bekommt den Doktorgrad (honoris causa) von der Universität München, Deutschland, verliehen.

1996: Bekommt den Doktorgrad (honoris causa) von der Sri-Venkateswara-Universität, Tirupati, verliehen. Bekommt den Doktorgrad (honoris causa) von der University of Guelph, Kanada, verliehen.

Kapitel 16
Anadi Sankar Gupta (1932–2012)

16.1   Geburt, Familie, Bildung

Anadi Sankar Gupta wurde am 1. November 1932 im Dorf Goila im Bezirk Barishal im damaligen Ostbengalen [heutiges Bangladesch] geboren. Sein Vater war Pramode Charan Gupta und seine Mutter Usharani Gupta. Er besuchte die Domohani Kelejora High School in Asansol, Westbengalen.

Er machte eine illustre akademische Karriere. Im Jahr 1952 erhielt er eine Eins in Mathematik (Honours) vom renommierten Presidency College, Kalkutta. Im Jahr 1954 bestand er die M. Sc.-Prüfung mit einer Eins an der berühmten Fakultät für Angewandte Mathematik, Universität Kalkutta. Im Jahr 1957 trat A. S. Gupta der Mathematikabteilung des Indian Institute of Technology (IIT), Kharagpur in Westbengalen, als Assistenzdozent bei. Neben seinen dortigen Lehraufgaben begann er mit der Forschung in der Strömungsmechanik unter der Leitung von Prof. Gagan Behari Bandyopadhyay von derselben Abteilung. Im Jahr 1959 erhielt er seinen Ph. D.-Grad vom IIT, Kharagpur, für seine Dissertation mit dem Titel „Compressible Flows with Heat Transfer and Some Astrophysical Applications", für originale Beiträge in der Strömungsmechanik. Im Jahr 1967 erhielt er den D. Sc.-Grad in Mathematik für seine Dissertation mit dem Titel „Stability and Heat Transfer in Fluid Flows". Diese Arbeit wurde für originale Beiträge in "Wärmeübertragung" anerkannt.

16.2   Karriere, Forschungsbeiträge

Im Jahr 1968 wurde A. S. Gupta Professor in der Abteilung für Mathematik, IIT, Kharagpur. Er arbeitete dort bis 1993. Danach diente er als Ehrenwissenschaftler der Indian National Science Academy (INSA) in derselben Abteilung bis zum Ende seines Lebens. Prof. A. S. Gupta galt als hervorragender Lehrer für Mathematik. Am IIT, Kharagpur, unterrichtete er Mathematik und Mechanik für Ingenieurstudenten des Grund- und Aufbaustudiums. Darüber hinaus lehrte er viele fortgeschrittene Themen in Mathematik, Mechanik und Strömungsmechanik für Studenten der M. Sc.- und Post-M. Sc.-Klassen.

Er leistete bemerkenswerte Forschungsbeiträge zur Strömungsdynamik, zur hydrodynamischen und hydromagnetischen Stabilität, zur Wärme- und Stoffübertragung in Fluidströmungen und zur Grenzschichttheorie. Er leistete bedeutende Forschungsarbeit auf den Gebieten der newtonschen sowie der nichtnewtonschen Strömungsmechanik. Prof. A. S. Gupta initiierte Forschungen in den oben genannten Bereichen und baute eine starke Forschungsgruppe in der Strömungsmechanik am IIT, Kharagpur, auf. B. S. Dandapath, L. Rai, S. Sengupta, P. S. Gupta, K. Rajagopal, R. N. Jana, N. Dutta und einige andere waren seine aktiven Mitarbeiter. Prof. A. S. Gupta hat bemerkenswerte Forschungen auf den Gebieten (i) hydrodynamische Stabilität, (ii) Grenzschichttheorie, (iii) Wärmeübertragung und (iv) Magnetohydrodynamik (MHD) durchgeführt. Einige seiner bedeutendsten Beiträge werden hier diskutiert. Seine Analyse von stationärer und transienter freier Konvektion in einem elektrisch leitenden Fluid [Appl. Sci. Res. Holland, A9, (1960), 319] an einer heißen Oberfläche in Anwesenheit eines transversalen Magnetfeldes zeigt, dass das Feld eine Reduzierung der Oberflächenwärmeübertragung verursacht. Dieses Ergebnis stimmt mit den experimentellen Ergebnissen von A. F. Emery [Journ. Heat Transfer, U.S.A., Trans Amer. Soc. Mech. Engg., Ser C, (1963), 119] überein. Prof. A. S. Gupta und P. S. Gupta haben auch gezeigt, dass homogene und heterogene chemische Reaktionen zu einer Reduzierung des longitudinalen (Taylor) Diffusionskoeffizienten eines in laminarer Kanalströmung dispergierten Lösungsmittels führen [Proc. Royal. Soc., London, A 330, (1972), 59]. Prof. A. S. Guptas entsprechende Analyse im magnetohydrodynamischen Fall [A. S. Gupta und N. Annapurna: Proc. Royal. Soc., London, A 367, (1979), 281] zeigt, dass ein einheitliches transversales Magnetfeld zu einer Reduzierung des Taylor-Diffusionskoeffizienten eines gelösten Stoffes führt, der in einer laminaren Strömung einer leitenden Flüssigkeit in einem Kanal dispergiert ist.

Von 1961–1962 ging Prof. A. S. Gupta als „Senior Visitor" an die Fakultät für Angewandte Mathematik und Theoretische Physik (DAMTP), Universität Cambridge, England, im Rahmen des „Colombo Plan"-Programms. Dort erarbeitete Prof. Gupta zusammen mit Prof. L. N. Howard [A. S. Gupta und L. N. Howard: Journ. Fluid Mech., 14, (1962), 463] allgemeine Stabilitätskriterien für nichtdissipative wirbelnde Strömungen von inkompressiblen nichtleitenden sowie elektrisch leitenden Fluiden, die von Magnetfeldern durchdrungen sind. Es wurde gezeigt, dass für eine wirbelnde Strömung eines perfekt leitenden Fluids zwischen zwei konzentrischen Zylindern in Anwesenheit eines axialen Stroms eine ausreichende Bedingung für die Stabilität in Bezug auf achsensymmetrische Störungen darin besteht, dass eine geeignete Richardson-Zahl, die modifiziert wurde, um den axialen Strom zu berücksichtigen, nirgendwo weniger als 1/4 beträgt.

Prof. A. S. Gupta wurde 1972 mit dem renommierten S. S. Bhatnagar-Preis für seine herausragenden Beiträge in der Strömungsdynamik und Magnetohydrodynamik ausgezeichnet. In der Begründung wurde erwähnt: „Er hat bedeutende Beiträge auf dem Gebiet der Strömungsdynamik und Magnetohydrodynamik geleistet, insbesondere zur Wärmeübertragung in freier Konvektionsströmung in Anwesenheit eines Magnetfeldes. Seine Arbeit über die Stabilität einer Schicht rotierender elektrisch leitender Flüssigkeit in Anwesenheit eines einheitlichen Magnetfeldes, das parallel zur Rotationsachse ausgerichtet ist, ist wichtig, da sie die Störung endlicher Amplituden diskutiert."

Von 1979–1981 ging Prof. A. S. Gupta als „Gastprofessor" zur Fakultät für Maschinenbau und Angewandte Mechanik, Universität Michigan, Ann Arbor, USA. Dort arbeitete er in Zusammenarbeit mit Prof. C. S. Yih an der Theorie von laminaren und turbulenten Auftriebskörpern. Sie veröffentlichten das Papier mit dem Titel *„Plane buoyant plumes"* [Rev. Br. C. Mechanique, Rio di Janeiro, 111, (1981), 49].

Prof. A. S. Guptas zahlreiche Untersuchungen über den Fluss von newtonschen und viskoelastischen Fluiden, insbesondere in Bezug auf ihren Fluss über eine sich ausdehnende Oberfläche, finden sich in wichtigen Anwendungen in der Polymer- und Metallverarbeitung. Die Stabilität des Flusses eines viskosen Fluids über eine sich ausdehnende Oberfläche wurde von Prof. A. S. Gupta und S. N. Bhattacharya in dem Papier mit dem Titel *„On the stability of viscous flow over a stretching sheet"* [Quarterly of Applied Mathematics, U. S. A., XLII, (1985), 359] analysiert. Sie zeigten, dass der Fluss stabil war.

Prof. A. S. Gupta und S. N. Bhattacharya veröffentlichten ein weiteres wichtiges Papier mit dem Titel *„Instability due to a discontinuity in magnetic diffusivity in the presence of magnetic shear"* [Journal Fluid Mechanics, 509, (2004), 125]. In diesem Papier wurde die lineare Stabilität von zwei viskosen elektrisch leitenden Fluiden, die durch eine ebene Grenzfläche getrennt und von einem gescherten Magnetfeld parallel zur Grenzfläche durchdrungen sind, untersucht. Es wurde gezeigt, dass, wenn ein Magnetfeld an den ungestörten Grenzflächen verschwindet, die Konfiguration bei einer Oberflächenspannung von null immer instabil ist, sofern die magnetischen Diffusivitäten der beiden Felder unterschiedlich sind.

Prof. A. S. Gupta hat insgesamt 157 Forschungsarbeiten in renommierten nationalen und internationalen Zeitschriften veröffentlicht. Er ist Autor des Buches mit dem Titel „Calculus of Variations with Applications" [Prentice Hall of India, New Delhi, 1997]. Die wichtigen Ergebnisse aus seiner Forschungsarbeit wurden in einer großen Anzahl von Büchern und Monografien zitiert. Er betreute mehr als ein Dutzend Forschungsstipendiaten bei ihren Ph. D.-Programmen.

16.3   Besondere Ehrungen

Für seine originellen Beiträge in der Forschung in angewandter Mathematik und für seine Exzellenz als Lehrer erhielt Prof. A. S. Gupta mehrere Auszeichnungen und wurde als „Fellow" in Gelehrtengremien gewählt. Es wurde bereits erwähnt, dass er 1972 den renommierten „Shanti Swarup Bhatnagar Award" erhielt. 1978 wurde ihm der Preis der Federation of Indian Chambers of Commerce and Industry (FICCI) verliehen. 1980 wurde er zum „Fellow" der Indian National Science Academy (INSA) gewählt. 1985 wurde er zum „Präsidenten" des „Annual Congress" der „Indian Society of Theoretical and Applied Mechanics" gewählt. 1990 wurde er zum „Fellow" der „National Academy of Sciences (India)" in Allahabad gewählt. 1995 erhielt er den „P. L. Bhatnagar Memorial Lecture Award". 1999 wurde er zum „Präsidenten" des „Annual Congress of Indian Mathematical Society" gewählt. Prof. A. S. Gupta war von 2000 bis 2002 Mitglied des INSA-Rates. 2003 erhielt er den „Professor Vishnu Vasudeva Narlikar Memorial Lecture Award" der INSA. Von 2007 bis 2009 war er Mitglied des Rates der „Indian Mathematical Society".

Er war Mitglied des „Editorial Board" der Zeitschrift „Stability and Applied Analysis of Continuous Media" (Italien). Er war im Redaktionsausschuss des „Indian Journal of Pure and Applied Mathematics".

2003 wurde Prof. A. S. Gupta zum „Life Fellow" des IIT, Kharagpur, für seine herausragenden Beiträge und Dienste am Institut ernannt.

Prof. A. S. Gupta war ein bescheidener, freundlicher und einfacher Mann. Er wird lange für seine bemerkenswerten Forschungsbeiträge, seine hervorragenden Lehrfähigkeiten und die verdienstvolle Forschungsschule in Erinnerung bleiben, die er mit großer Sorgfalt und großem Engagement geschaffen hat.

Prof. A. S. Gupta verstarb am 14. Juni 2012 in Kolkata nach kurzer Krankheit.

16.4   Wichtige Ereignisse im Leben von Professor Anadi Sankar Gupta

1932: Geboren am 1. November 1932 im Bezirk Barishal im ehemaligen Ostbengalen [heutiges Bangladesch].

1952: Besteht die B. Sc.-Prüfung mit einer Eins in Mathematik (Honours) am Presidency College, Kalkutta.

1954: Besteht die M. Sc.-Prüfung mit einer Eins in angewandter Mathematik am University College of Science, Universität Kalkutta.

1957: Tritt der Abteilung für Mathematik, IIT, Kharagpur, als Assistenzdozent in Mathematik bei.

1959: Erhält den Ph. D.-Grad in angewandter Mathematik vom IIT, Kharagpur.

1961–1962: Besucht die Fakultät für Angewandte Mathematik und Theoretische Physik (DAMTP), Universität Cambridge, England, als „Senior Visitor" im Rahmen des „Colombo Plan"-Programms.

1967: Erhält den D. Sc.-Grad in angewandter Mathematik vom IIT, Kharagpur.

1968: Wird Professor in der Abteilung für Mathematik, IIT, Kharagpur.

1972: Erhält den „Shanti Swarup Bhatnagar"-Preis für originelle Beiträge in Strömungsmechanik und Magnetohydrodynamik.

1978: Empfänger des FICCI-Preises.

1979–1981: Geht zur Fakultät für Maschinenbau und Angewandte Mechanik, Universität Michigan, Ann Arbor, USA als „Gastprofessor".

1980: Wird zum „Fellow" der Indian National Science Academy (INSA), Neu-Delhi, gewählt.

1985: Wird zum „Präsidenten" des „Annual Congress" der „Indian Society of Theoretical and Applied Mechanics" gewählt.

1990: Wird zum „Fellow" der „National Academy of Sciences (India)", Allahabad, gewählt.

1995: Erhält den „P. L. Bhatnagar Memorial Lecture Award" der Indian Mathematical Society.

1999: Wird zum „Präsidenten" des „Annual Congress" der Indian Mathematical Society gewählt.

2000–2002: Dient als Council Member der Indian National Science Academy (INSA).

2003: Erhält den „Professor Vishnu Vasudeva Narlikar Memorial Lecture Award" der Indian National Science Academy (INSA).

2003: Wird zum „Life Fellow" des IIT, Kharagpur, Westbengalen, Indien, ernannt.

2007–2009: Dient als ein Council Member der „Indian Mathematical Society".

2012: Stirbt am 14. Juni 2012 in Kolkata nach kurzer Krankheit.

Kapitel 17
Jyoti Das (geb. Chaudhuri) (1937–2015)

17.1 Geburt, Bildung

Jyoti Chaudhuri, wie sie vor ihrer Heirat bekannt war, wurde am 21. August 1937 in einer bürgerlichen bengalischen Familie in Kalkutta geboren. Sie erhielt ihre Schulbildung in Kalkutta und bestand 1952 die Universitätseingangsprüfung mit einer Eins. Dann trat sie dem bekannten Bethune College bei und schloss ihre Zwischenprüfung in Naturwissenschaften (I. Sc.) 1954 mit einer Eins ab. Sie ging dann ans Scottish Church College in Kalkutta, um ihr Grundstudium fortzusetzen. 1956 erhielt Jyoti Chaudhuri ihren B. Sc.-Abschluss (Honours) in Mathematik als Beste mit einer Eins. Sie führte in dem Jahr die Liste aller erfolgreichen Kandidaten der B. A.- und B. Sc.-Prüfungen der Universität Kalkutta an. Sie wurde mit dem „Alfred-Clarke-Edward-Stipendium", vier Goldmedaillen, drei Silbermedaillen und einem Buchpreis für ihre überragende akademische Leistung ausgezeichnet. Dann trat sie der Fakultät für Reine Mathematik der Universität Kalkutta bei, um ihr Postgraduiertenstudium fortzusetzen. 1958 wiederholte sie ihre frühere Leistung, stand mit einer Eins in der M. Sc.-Prüfung in Reiner Mathematik an erster Stelle und führte gleichzeitig die Liste aller erfolgreichen Kandidaten des Jahres bei den M. A.- und M. Sc.-Prüfungen der Universität Kalkutta an. Sie wurde erneut mit vier Goldmedaillen und einem Buchpreis für ihre herausragenden akademischen Leistungen ausgezeichnet.

P. Mukherji, *Namhafte indische Mathematiker und Statistiker*,
https://doi.org/10.1007/978-981-97-0100-1_17

17.2   Karriere, Forschungsbeiträge

Nach Abschluss ihres Postgraduiertenstudiums trat J. Das dem Lady Brabourne College in Kalkutta als Dozentin für Mathematik bei. Aber bald erhielt sie das renommierte „Commonwealth-Stipendium" und ging zur Universität Oxford, UK, um Forschungsarbeit in Reiner Mathematik zu betreiben. 1964 wurde ihr der D. Phil.-Grad von der Universität Oxford für ihre originäre Forschung über die „Theorie der Eigenfunktionserweiterungen" verliehen.

Dr. J. Das konnte eine lange und illustre Lehrerfahrung aufweisen. Nach ihrer Rückkehr von der Universität Oxford nahm sie 1965 eine Fakultätsposition an der Jadavpur-Universität in Kalkutta an. Nach einer kurzen Tätigkeit im Jahr 1966 verließ sie diese erneut für die Universität Dundee in Schottland. Sie unterrichtete dort und setzte auch ihre Forschungsarbeit fort. 1968 kehrte sie endgültig nach Indien zurück und trat dem Indian Institute of Technology (IIT) in Madras bei. Nach vier Jahren, 1972, trat sie dem IIT, Kharagpur, in Westbengalen bei. Nachdem sie in den beiden führenden IITs in Indien sieben lange Jahre gedient hatte, kehrte sie 1975 schließlich nach Kalkutta zurück und trat ihrer Alma Mater, der Fakultät für Reine Mathematik der Universität Kalkutta, als Dozentin bei. 1979 wurde sie zur „Sir Asutosh Birth Centenary Professor of Higher Mathematics" [früher bekannt als Hardinge-Professor] und wurde damit die erste Mathematikerin in Indien, die eine Professur für Mathematik innehatte. Sie arbeitete bis zum Alter von 65 Jahren in dieser Funktion und zog sich schließlich 2002 aus der Universität Kalkutta zurück.

Nun werden die Forschungsbeiträge von Prof. J. Das diskutiert. Ihre Forschungsaktivitäten im Bereich der Reinen Mathematik können in die folgenden vier Bereiche unterteilt werden:

• Spezielle Funktionen
• Eigenfunktionserweiterungen
• Grundlagen der gewöhnlichen Differentialgleichungen
• Einige Probleme der Elementarmathematik

Prof. J. Das begann ihre Forschungskarriere mit der Arbeit an „speziellen Funktionen" unter der Leitung ihres ehemaligen Mathematiklehrers, Prof. Bholanath Mukherjee vom Scottish Church College. Prof. Mukherjee war in ganz Indien als Mitautor vieler Lehrbücher für die Grundkurse in Mathematik bekannt. Zwischen 1962 und 1967 veröffentlichte Prof. J. Das folgende sechs Arbeiten zu dem oben genannten Thema. Sie sind unten aufgeführt:

• *„On Bateman-integral functions"* [Math. Zeitschrift, 78, (1962), 25–32]
• *„On a relation connecting the second solution of Tchebycheff's equations of the second kind and Bessel functions"* [Annali della Universita di Ferrara, X, (1962), 123–129]
• *„A note on definite integrals involving the derivatives of hypergeometric polynomials"* [Rendiconti del Seminario Matematica della Università di Padova, XXXII, (1962), 214–220]

- *„On the generalization of a formula of Rainville"* [Proc. Amer. Math. Soc., 17, (1966), 552–556]
- *„On the operational representation of some hypergeometric polynomials"* [Rendiconti del Seminario Matematica della Università di Padova, XXXVIII, (1967), 27–32]
- *„Some special integrals"* [American Mathematical Monthly, 74, (1967), 545–548].

Vierzig Jahre nach diesen Veröffentlichungen konzentrierte sich Prof. J. Das auf andere Bereiche als „Spezielle Funktionen". Aber ab 2007 nahm sie wieder Studien in diesem Bereich auf und veröffentlichte verschiedene Forschungsarbeiten in den Jahren 2007, 2008, 2011, 2012 und 2013. Da diese alle im 21. Jahrhundert veröffentlicht wurden, liegen sie außerhalb des Geltungsbereichs dieser Monografie.

Bevor wir weiter fortfahren, ist es angebracht, die Schwierigkeiten zu beschreiben, die sie beim Start ihrer Forschungskarriere hatte. Diese war keineswegs ein leichtes Unterfangen. Mit einem beachtlichen akademischen Werdegang schrieb sich die junge J. Das Ende 1959 als Forschungsstipendiatin an der Fakultät für Reine Mathematik der Universität Kalkutta ein, unterstützt durch ein Universitätsstipendium. Ihr registrierter Betreuer war Dr. H. M. Sengupta, ein renommierter Experte auf dem Gebiet der „mathematischen Analyse". Unglücklicherweise änderte sich das Szenario abrupt mit dem plötzlichen Tod von Dr. Sengupta. Dies zwang auch J. Das dazu, das Universitätsstipendium aufzugeben. Im Januar 1961 wurde sie von der Public Service Commission, Westbengalen, als Dozentin für Mathematik am Lady Brabourne College, Kalkutta, ernannt. Nach einer kurzen Zeit dort erhielt J. Das im Oktober 1962 das Commonwealth-Stipendium und ging zur Universität Oxford in England, UK, um zur Theorie der „Eigenfunktionserweiterungen" zu forschen – unter der Leitung des international bekannten Mathematikers Prof. E. C. Titchmarsh FRS, der auch der Savilian Professor of Geometry an der Universität Oxford war. Aber das Unglück verließ J. Das nicht. Innerhalb von drei Monaten nach ihrer Ankunft an der Universität Oxford starb Prof. Titchmarsh im Januar 1963. Die junge Dame hatte dann drei Optionen: (i) nach Indien zurückzukehren, da sie es nicht schaffte, unter einer so illustren Person wie Prof. Titchmarsh zu forschen; (ii) sich an einer anderen Universität in Großbritannien einzuschreiben; (iii) ihre Forschungsarbeit an der Universität Oxford unter der Leitung von Prof. J. B. McLeod FRS, einem ehemaligen Studenten von Prof. Titchmarsh, fortzusetzen. J. Das wählte die dritte Option, da sie nicht bereit war, ohne einen Doktortitel aus Großbritannien nach Indien zurückzukehren. Aber mental war sie ziemlich aufgewühlt, weil sie in der Vergangenheit immer wieder ihre Betreuer verloren hatte.

Schließlich begann sie an einem Problem zu arbeiten, das von Prof. McLeod vorgeschlagen wurde. Aber J. Das konnte das Problem nicht lösen und wandte ihre Aufmerksamkeit einem Problem mit einer gewöhnlichen Differentialgleichung vierter Ordnung zu und schloss dieses erfolgreich ab. Da das entsprechende Problem mit einer gewöhnlichen Differentialgleichung zweiter Ordnung nicht lösbar war, waren weder Prof. McLeod noch Prof. W. N. Everitt bereit, J. Das' Lösung für die gewöhnliche Differentialgleichung vierter Ordnung zu akzeptieren, bis sie den Vorteil des Problems vierter Ordnung gegenüber dem Problem zweiter Ordnung aufzeigte. Sofort wurde das Papier an das Quarterly Journal of Mathematics gesendet, und es wurde 1964 veröffentlicht. J. Das berichtete über das gleiche Problem im „British Mathematical Colloquium" im Jahr 1963. J. Das schloss ihre Forschungsarbeiten für den Doktorgrad in etwas mehr als einem Jahr ab und erhielt den D. Phil.-Grad von der Universität Oxford im Mai 1964. Sie setzte ihre wissenschaftliche Arbeit in diesem Bereich bis 2004 fort. Während dieser Zeit veröffentlichte sie 32 Forschungsarbeiten im Bereich der Eigenfunktionserweiterungen und verwandten Themen. Einige dieser Arbeiten wurden gemeinsam mit Prof. W. N. Everitt, einem renommierten Mathematiker und Mitglied der Fakultät des Balliol College der Universität Oxford, verfasst. Prof. Everitt war ein Experte auf dem Gebiet der Eigenfunktionserweiterungen. In diesem Zusammenhang muss besonders auf die Forschungsarbeit mit dem Titel „*On the square of a formally self-adjoint differential expression*" [Journ. London Math. Soc., (2), 1, (1969) 661–673] hingewiesen werden. Diese Arbeit wurde in Zusammenarbeit mit Prof. W. N. Everitt durchgeführt und eröffnete eine neue Denkrichtung in diesem Bereich. Das Papier lieferte den entscheidenden Hinweis, der für die Untersuchung von iterierten linearen Differentialoperatoren zweiter Ordnung notwendig ist. Bis heute wurden Hunderte von Arbeiten zu dem von den Professoren J. Das und W. N. Everitt initiierten Thema verfasst. Mit diesem Problem ist eine kleine Geschichte verbunden. Dr. J. Das begann nach ihrer Rückkehr aus Oxford im Jahr 1964 an dem Problem des Quadrats eines formal selbstadjungierten Differentialausdrucks zweiter Ordnung zu arbeiten und kommunizierte durch Briefe über diese Arbeit mit Prof. W. N. Everitt. Diese Korrespondenz dauerte mehr als ein Jahr. Da es Prof. Everitt nicht gelang, eine angemessene Lösung für das Problem zu finden, beschloss er, sich mit ihr zusammenzutun, um das Problem vollständig zu lösen. Dafür arrangierte er für Dr. J. Das eine Dozentenstelle am Queen's College in Dundee, wo er zu dieser Zeit selbst arbeitete. Das war definitiv ein beispielloser Schritt. Dr. J. Das war so daran interessiert, das Problem zu lösen, dass sie nicht zögerte, ihre Stelle als Dozentin für Mathematik an der Jadavpur-Universität aufzugeben, da ihr der erforderliche Urlaub ohne Abgabe einer Bürgschaft für die Dienstleistung an der Universität für drei Jahre nach ihrer Rückkehr nicht gewährt wurde. Die Geschichte endet hier nicht. Dr. J. Das trat im Oktober 1966 in das Queen's College in Dundee ein, aber das Problem konnte bis September 1967 nicht gelöst werden. Bis dahin wurde das Queen's College in Dundee zur Universität Dundee aufgewertet und Dr. J. Das wurde eine feste Stelle in der Fakultät der Universität angeboten. Sie lehnte das Angebot jedoch ab, da sie die edle Absicht hatte, ihrem Heimatland zu dienen.

Im Jahr 1989 verwendete Prof. J. Das die Koordinatengeometrie, um Weyls Klassifikation der Grenzfälle von gewöhnlichen Differentialgleichungen zweiter Ordnung zu etablieren. Normalerweise betrachtet man zur Analyse einer nichtlinearen Gleichung eine lineare Approximation der gegebenen nichtlinearen Gleichung und wendet darauf eine lineare Analyse an, um zu einem Ergebnis zu gelangen. Der umgekehrte Prozess ist noch nie aufgetreten. In ihrer 1996 veröffentlichten Arbeit mit dem Titel „*Nonlinear analysis as an aid to linear analysis*" [Journ. Pure Maths., 13, (1996), 1–12], zeigte Prof. Das, dass manchmal eine nichtlineare Analyse nützlich ist, um Informationen über eine lineare Gleichung zu erhalten.

Gegen Ende der 90er-Jahre des 20. Jahrhunderts wandte Prof. J. Das ihre Aufmerksamkeit der Grundtheorie der gewöhnlichen Differentialgleichungen zu. In ihrer 1998 veröffentlichten Arbeit mit dem Titel „*A new method of solving linear homogeneous ordinary differential equations*" [Journ. Pure Maths., 17, (1998), 17–22], entwickelte Prof. J. Das eine neue Methode zur Lösung linearer Differentialgleichungen unter Verwendung der Funktionalanalysis, was eine bemerkenswerte interdisziplinäre Arbeit war.

Zu Beginn des 21. Jahrhunderts veröffentlichte Prof. J. Das eine Reihe von Forschungsarbeiten (mindestens sechs), in denen sie verschiedene neue Methoden und Techniken zur Lösung linearer gewöhnlicher Differentialgleichungen entwickelte. Da diese Monografie jedoch einen spezifischen Zeitrahmen hat, werden hier keine detaillierten Diskussionen über diese Arbeiten geführt. Wiederum wies Prof. J. Das in zwei ihrer Veröffentlichungen [2002, 2004] darauf hin, dass es viel Spielraum für Forschungen auf der elementaren Ebene der Mathematik gibt, wie etwa Verallgemeinerungen der Leibnitz-Regel, des Satzes von Rolle usw. Sie verallgemeinerte auch die „Brahmagupta-Dreiecke" und schrieb eine Arbeit als Hommage an den renommierten antiken indischen Mathematiker zu seinem 1500. Geburtstag.

Die vollständige Liste der Veröffentlichungen von Prof. J. Das wurde zusammen mit den Bibliografien der anderen berühmten mathematischen Wissenschaftler gegeben. Sie veröffentlichte insgesamt 58 Forschungsarbeiten in renommierten internationalen und nationalen Zeitschriften. Sie verfasste zwei Lehrbücher: (i) „Analytical Geometry" [Academic Publishers, Calcutta (2011) und (ii) „Ordinary Differential Equations" [Academic Publishers, Calcutta (2015)]. Letzteres wurde nach dem Tod von Prof. J. Das veröffentlicht.

Acht Forscher erhielten ihren Ph. D.-Grad unter der Leitung von Prof. J. Das. Prof. V. Krishna Kumar und Prof. Jayasree Sett sind zwei ihrer bekannten Schüler; beide wurden Professoren an verschiedenen Universitäten bzw. nationalen Instituten. Während die ersten sechs ihrer Ph. D.-Studenten an der „Theorie der Eigenfunktionserweiterungen" arbeiteten, arbeitete der siebte an einer grundlegenden Frage der „speziellen Funktion". Das Thema der Dissertation des letzten Studenten war bemerkenswerterweise eine innovative Idee, die geometrische Interpretationen mit Teilmengen der Lösungsmenge gegebener partieller Differentialgleichungen erster Ordnung verband.

Neben ihrer ernsthaften Forschung in der Mathematik widmete Prof. J. Das auch ihre Zeit der Popularisierung der Mathematik unter Schülern und Studenten. Sie schrieb mehrere Artikel und Reime in Bengali über Mathematik.

Sie war die größte Mathematikerin nicht nur in Bengalen, sondern vielleicht in ganz Ostindien. Sie diente in vielen wichtigen nationalen und staatlichen akademischen Ausschüssen.

Prof. J. Das war eine brillante Akademikerin, eine bemerkenswerte Forscherin, eine herausragende Lehrerin und eine sehr aufrichtige und fürsorgliche Forschungsleiterin. Genauso wie ihre Schüler sie verehrten, liebte sie sie auch mit mütterlicher Anmut. Im persönlichen Leben war sie eine pflichtbewusste Ehefrau und eine liebevolle Mutter und eine sehr bescheidene Person. Sie starb in Kalkutta nach einer kurzen Krankheit am 21. Mai 2015.

17.3 Besondere Ehrungen

Prof. J. Das war ein Gründungsmitglied der „West Bengal Academy of Science and Technology" (WAST). Die Universität Kalkutta verlieh ihr den Preis „Outstanding Faculty" für ihre langjährigen bemerkenswerten Dienste an der Universität und auch für ihre bahnbrechende originale Forschungsarbeit in ihren Spezialgebieten.

17.4 Wichtige Meilensteine im Leben von Professorin Jyoti Das

1937: Geboren in Kalkutta am 21. August 1937.

1956: Erhält den B.Sc.-Abschluss in Mathematik (Honours) als Beste mit einer Eins vom Scottish Church College, Kalkutta. Sie steht in ihrem Jahrgang an der Spitze der Liste aller erfolgreichen Kandidaten in den B. A.- und B. Sc.-Prüfungen der Universität Kalkutta.

1958: Erhält den M. Sc.-Abschluss in Reiner Mathematik als Beste mit einer Eins von der Universität Kalkutta. Sie steht an der Jahrgangsspitze aller erfolgreichen Kandidaten in den M. A.- und M. Sc.-Prüfungen der Universität Kalkutta.

1961: Tritt dem Lady Brabourne College in Kalkutta als Dozentin für Mathematik bei.

1962: Tritt der Universität Oxford, England, UK, als „Commonwealth Scholar" bei, um höhere Studien zu betreiben.

1964: Erhält den D. Phil.-Grad von der Universität Oxford für ihre originale Forschungsarbeit über die „Theorie der Eigenfunktionserweiterungen" unter der gemeinsamen Aufsicht der Professoren J. B. McLeod FRS und W. N. Everitt.

1964: Beginnt als „Dozentin" in der Fakultät für Mathematik, Jadavpur-Universität, Kalkutta.

1966: Tritt dem Queen's College, Dundee, Schottland, als Dozentin für Mathematik bei.

1975: Tritt der Fakultät für Reine Mathematik, Universität Kalkutta, als „Dozentin" bei.

1979: Wird „Sir Asutosh Birth Centenary Professor of Higher Mathematics"
(früher bekannt als Hardinge-Professor) und auch Leiterin der Fakultät für
Reine Mathematik, Universität Kalkutta. Sie wird die erste Mathematikerin in
Indien, die eine Professur in Mathematik innehat.

2002: Geht von der Universität Kalkutta in den Ruhestand.

2015: Verstirbt in Kalkutta nach kurzer Krankheit am 21. Mai 2015.

Kapitel 18
Einige herausragende Köpfe des Indian Statistical Institute

In diesem Kapitel werden sieben renommierte Forscher diskutiert, die am ISI und/oder der Universität Kalkutta ausgebildet wurden und während ihrer Tätigkeit dort herausragende Beiträge in den Bereichen Mathematik, Statistik und Wahrscheinlichkeitsrechnung geleistet haben. Sie verließen das ISI und wanderten in die USA aus. Dennoch waren sie in der zweiten Hälfte des 20. Jahrhunderts ein wichtiger Teil des Instituts. Ihre bemerkenswerten Beiträge in ihren jeweiligen Forschungsfeldern trugen zur Ehre des ISI bei. Die Namen dieser sieben großen Persönlichkeiten wurden chronologisch angeordnet.

18.1 Samarendra Nath Roy [S. N. Roy] (1906–1964)

S. N. Roy wurde am 11. Dezember 1906 in Kalkutta geboren. Sein Vater Dr. Kali Nath Roy war ein berühmter Journalist und der Herausgeber der Tageszeitung „The Tribune", die in Lahore, im ungeteilten Punjab vor der Unabhängigkeit, veröffentlicht wurde. Seine Mutter Suniti Bala Roy war Hausfrau.

Schon in seinen frühen Schuljahren war er ein sehr guter Mathematikschüler. Seine akademische Karriere verlief durchweg brillant. Im Jahr 1928 belegte er den ersten Platz an der Universität Kalkutta mit einer Eins mit Auszeichnung in Mathematik in der B. Sc.-Prüfung, die er am renommierten Presidency College in Kalkutta ablegte. Im Jahr 1931 belegte er erneut mit einer Eins in der M. Sc.-Prüfung der Fakultät für Angewandte Mathematik, Universität Kalkutta, den ersten Platz. In seinem Postgraduiertenstudiengang wählte er die „Relativitätstheorie" als sein Spezialgebiet. Nach Abschluss des Masterstudiums begann er zunächst unter der Leitung von Prof. N. R. Sen mit der Forschung zu kosmologischen Problemen. Zu dieser Zeit ging S. N. Roy zum neu gegründeten „Indian Statistical Institute" am Presidency College, um die dort vorhandenen Rechenmöglichkeiten zu nutzen. Bei solchen Besuchen traf S. N. Roy Prof. P. C. Mahalanobis. Beeindruckt von Roys mathematischen Scharfsinn, überredete Prof. Mahalanobis ihn, der kleinen Forschergruppe am ISI beizutreten. Im Jahr 1934 trat S. N. Roy als Teilzeitforscher bei, und ein Jahr später wurde er als Vollzeitstatistiker eingestellt. S. N. Roy hat herausragende Beiträge im Bereich der „Multivariaten Analyse" in der Statistik geleistet. Besondere Erwähnung verdient der Artikel mit dem Titel „*Distribution of the studentized D^2-statistic*" [(Mit R. C. Bose) Sankhyā, 4 (1938), 19–38]. In diesem Forschungsartikel arbeiteten R. C. Bose und S. N. Roy gemeinsam die Nicht-Null-Verteilung der studentisierten D^2-Statistik aus, die von Prof. P. C. Mahalanobis als wichtiges Werkzeug in seinen anthropometrischen Studien verwendet wurde. Diese neue Verteilung erleichterte die Berechnung der Leistungsfunktion von Hotellings T^2-Statistik. Im nächsten Jahr veröffentlichte er einen Artikel mit dem Titel „*p-statistics or some generalizations in analysis of variance appropriate to multivariate problems*" [Sankhyā, 4 (1939), 381–396]. Dies ist ein weiterer bemerkenswerter Beitrag, in dem S. N. Roy die Stichprobenverteilungen von p-Statistiken vollständig ausarbeitete.

Während er noch aktiv an statistischen Forschungen am ISI beteiligt war, wurde S. N. Roy 1938 zum Dozenten an seiner Alma Mater, der Fakultät für Angewandte Mathematik der Universität Kalkutta, ernannt. Im Jahr 1941 wurde S. N. Roy an die neu gegründete Fakultät für Statistik derselben Universität versetzt. Dort half er Prof. P. C. Mahalanobis und R. C. Bose bei deren Aufbau. Von 1946 bis 1949 war er stellvertretender Direktor des ISI. Zusammen mit dieser Aufgabe war S. N. Roy 1947–1948 vorübergehend Leiter der Fakultät für Statistik. Trotz dieser schweren administrativen Aufgaben setzte S. N. Roy seine bemerkenswerte Forschung in diskreter und kontinuierlicher multivariater Analyse fort. Er veröffentlichte einen weiteren wichtigen Artikel mit dem Titel „*The sampling distribution of p-statistics and certain allied statistics on the non-null hypothesis*" [Sankhyā, 4 (1942), 15–34]. Er leitete die Nicht-Null-Verteilung der latenten Wurzeln ab. Ein verwandter Artikel mit dem Titel „*The individual sampling distribution of the maximum and minimum and any intermediate one of the p-statistics on the null hypothesis*" [Sankhyā, 7 (1945), 133–158] ist ebenfalls wichtig. Zu dieser Zeit schrieb er eine Reihe von Artikeln über statistische Inferenz in multivariaten Problemen.

Er promovierte unter der gemeinsamen Leitung der Professoren P. C. Mahalanobis und N. R. Sen. Während der Jahre 1946–1949 diente Dr. S. N. Roy als stellvertretender Direktor des ISI, Kalkutta. Trotz hoher Unterrichtsbelastung und administrativer Pflichten leistete er in Zusammenarbeit mit Prof. P. C. Mahalanobis und R. C. Bose bemerkenswerte Beiträge in verschiedenen Bereichen der multivariaten Analyse, der p-Statistiken usw.

Im Frühjahr 1949 ging Dr. S. N. Roy als Gastprofessor für Statistik an die Columbia-Universität in der Stadt New York in den USA. Nach seiner Rückkehr nach Kalkutta wurde er zum Leiter der Fakultät für Statistik an der Universität Kalkutta ernannt. Im März 1950 verließ er jedoch Indien endgültig und trat der Fakultät für Statistik an der University of North Carolina in Chapel Hill als Professor für Statistik bei.

Während seines Aufenthalts in den USA arbeitete er in vielen Bereichen der Statistik, wie z. B. Analyse von Kontingenztabellen, Verteilung von Eigenwerten und Eigenvektoren, Wachstumskurvenanalyse, Einführung eines heuristischen Prinzips zur Konstruktion von Hypothesentests, basierend auf dem Prinzip der Vereinigung und Schnittmenge.

Er schrieb viele wichtige Forschungsarbeiten und zwei nützliche Monografien. Die erste Monografie trägt den Titel „Some Aspects of Multivariate Analysis" [John Wiley and Sons, New York (1957)], und die zweite trägt den Titel „Analysis and Design of Certain Quantitative Multiresponse Experiments" [S. N. Roy, R. Gnanadesikan und J. N. Srivastava, Oxford, New York, Pergamon Press (1971)]. Aufgrund seines plötzlichen Todes im Juli 1964 wurde das zweite Buch posthum veröffentlicht.

Prof. S. N. Roy erhielt viele akademische Auszeichnungen für seine originellen Beiträge zur Statistik. Im Jahr 1946 wurde er zum Mitglied des National Institute of Sciences in Indien [heute bekannt als „Indian National Science Academy"] gewählt. Er war Präsident der Statistiksektion des Indian Science Congress, der 1948 in Patna abgehalten wurde. Im Jahr 1951 wurde Prof. S. N. Roy zum Mitglied des International Statistical Institute gewählt.

Prof. S. N. Roy verstarb im Juli 1964 während eines Urlaubs in Kanada.

18.2 Debabrata Basu [D. Basu] (1924–2001)

D. Basu wurde am 5. Juli 1924 in Dacca im ehemaligen Ostbengalen (heutiges Bangladesch) geboren. Sein Vater N. M. Basu war ein bekannter Mathematiker seiner Zeit und leistete bemerkenswerte Arbeit in der Zahlentheorie. D. Basu erhielt seine frühe Bildung in Ostbengalen und erwarb seinen Masterabschluss von der Universität Dacca im Jahr 1947. Nach der Teilung Indiens im Jahr 1948 kam er dauerhaft nach Kalkutta. Er arbeitete für eine kurze Zeit in einer privaten Versicherungsgesellschaft. Im Jahr 1950 trat er als Forschungsstipendiat unter der Leitung von Prof. C. R. Rao dem ISI, Kalkutta, bei. Dies war ein Wendepunkt im Leben von D. Basu. Der berühmte ungarische Mathematiker Abraham Wald (1902–1950) hielt zu dieser Zeit Vorträge über Bayes-Statistik am ISI, Kalkutta. Wald war für seine Forschungsbeiträge zur Entscheidungstheorie, Geometrie und Ökonometrie recht bekannt. D. Basu besuchte seine Vorlesungen und war von Wald sehr beeindruckt.

Im Jahr 1953 erwarb D. Basu seinen Doktortitel in Statistik von der Universität Kalkutta. Er war der erste Student von Prof. C. R. Rao, der unter seiner Anleitung den Doktortitel erhielt. Kurz darauf bekam D. Basu das Fulbright-Stipendium und ging an die University of California, Berkeley, USA. Dort kam er in engen Kontakt mit renommierten Statistikern wie Jerzy Neyman (1894–1981) und E. L. Lehman (1917–2009).

D. Basu ist bekannt für die Erfindung einfacher Beispiele, die einige Schwierigkeiten der auf Wahrscheinlichkeit basierenden Statistik und der frequentistischen

Statistik aufzeigen. Seine Paradoxien gelten als besonders wichtig für die Entwicklung der Stichprobenumfrage. Interessanterweise führte D. Basu nach eigenen Angaben lange Diskussionen mit Prof. R. A. Fisher, um einen Mittelweg zwischen der Bayes-Statistik und der an der Berkeley School praktizierten Statistik zu finden. Dies führte schließlich zu seinem bekannten Theorem, das die Unabhängigkeit von vollständig ausreichenden Statistiken und ergänzenden Statistiken festgestellt hat.

Dr. D. Basu unterrichtete eine Zeit lang am ISI, Kalkutta, zog dann aber an andere Orte. Im Jahr 1975 ging er dauerhaft in die USA, wo er 15 Jahre lang an der Florida State University lehrte. Im Jahr 1979 wurde er zum Fellow der „American Statistical Association" gewählt. Er war auch Fellow des „Institute of Mathematical Statistics" und gewähltes Mitglied des „International Statistical Institute". Sechs Studenten erhielten ihre Doktortitel unter der Leitung von Prof. D. Basu.

Prof. D. Basu verstarb am 24. März 2001 in Kalkutta.

18.3   R. Ranga Rao (1935–2021)

R. Ranga Rao wurde 1935 in der Stadt Madras (heutiges Chennai) geboren. Nachdem er seinen B. Sc. in Mathematik (Honours) von der Universität Madras erworben hatte, kam Ranga Rao nach Kalkutta. Im Jahr 1957 trat er als Forschungsstipendiat unter der Leitung von Prof. C. R. Rao dem ISI, Kalkutta, bei. Er gehörte zu der „Vierergruppe", die als „famous four" im ISI während 1956–1963 bezeichnet wurde. Er erwarb seinen Doktortitel von der Universität Kalkutta. Kurz darauf wanderte er dauerhaft in die USA aus und begann an der Universät Illinois in Urbana-Champaign, USA. Er arbeitete dort 40 lange Jahre und ging im Jahr 2001 in den Ruhestand. Prof. Ranga Rao ist bekannt für seine Beiträge zu Lie-Gruppen und Lie-Algebra. Sein Name ist verbunden mit den berühmten Kostant-Parthasarathy-Ranga Rao-Varadarajan-Determinanten, die 1967 veröffentlicht wurden. Er kehrte 2015 in seine Heimatstadt Chennai zurück. Im Jahr 2021 verstarb er dort.

18.4   Kalyanapuram Rangachari Parthasarathy [K. R. Parthasarathy] (1936–2023)

K. R. Parthasarathy wurde am 25. Februar 1936 in der Stadt Madras (heutiges Chennai) geboren. Er schloss seinen B. A. in Mathematik (Honours) am Ramakrishna Mission Vivekananda College unter der Universität Madras ab. Er trat in den späten 50er-Jahren des letzten Jahrhunderts als Forschungsstipendiat unter Prof. C. R. Rao dem ISI, Kalkutta, bei. Seine Promotion schloss er im Jahr 1962 ab, und er war der erste Empfänger des Doktortitels des ISI. Er erhielt den Shanti

Swarup Bhatnagar Prize in Mathematical Sciences im Jahr 1977. Sein Spezialgebiet ist die „Quantenwahrscheinlichkeit". Er ist auch Empfänger des „Third World Academy of Science" (TWAS)-Preises für seine herausragenden Beiträge in den mathematischen Wissenschaften. Nach Abschluss seiner Promotion am ISI arbeitete Dr. K. R. Parthasarathy von 1962–1963 als Dozent am „Steklow-Institut für Mathematik" der Akademie der Wissenschaften der UdSSR. Dort hatte er das Glück, in Zusammenarbeit mit dem weltbekannten sowjetischen Mathematiker Prof. Andrey Kolmogorov (1903–1987) zu arbeiten. Prof. Kolmogorov ist bekanntermaßen international anerkannt für seine bemerkenswerten Beiträge auf den Gebieten der Wahrscheinlichkeitsmathematik, Topologie, intuitionistischen Logik, Rechenkomplexität und algorithmischen Informationstheorie. Von 1964–1968 diente Dr. K. R. Parthasarathy als Professor für Statistik an der Universität Sheffield. Von 1968–1970 arbeitete er an der Universität Manchester und später an der Universität Nottingham. An der Universität Nottingham arbeitete Dr. K. R. Parthasarathy mit dem bekannten britischen Mathematiker Prof. R. L. Hudson (1940–2021) zusammen und leistete Pionierarbeit im „Quantenstochastikkalkül". Nach einigen Jahren an der Bombay Universität und dem IIT, Delhi, trat Dr. Parthasarathy 1976 als Professor in der Fakultät für Statistik des neuen Indian Statistical Institute, Delhi Centre, bei. Er diente dort bis zu seiner Pensionierung im Jahr 1996.

K. R. Parthasarathy war einer der „Vierergruppe", die 1956–1963 als „famous four" im ISI bezeichnet wurde. Sein Name ist verbunden mit den berühmten Kostant-Parthasarathy-Ranga Rao-Varadarajan-Determinanten, die 1967 veröffentlicht wurden.

Prof. Parthasarathy hat zwei Bücher mit den Titeln verfasst:

- Probabilistic Measures on Metric Spaces [Vol. 252, American Mathematical Society (1967)]
- An Introduction to Quantum Stochastic Calculus [Vol. 85, Springer (1992)].

18.5 Jayanta Kumar Ghosh [J. K. Ghosh] (1937–2017)

J. K. Ghosh wurde am 23. Mai 1937 in Kalkutta geboren. Er erwarb seinen Bachelor-Abschluss in Statistik am Presidency College in Kalkutta. Seinen M. Sc. in Statistik erhielt er von der Universität Kalkutta. Er begann seine Forschung unter der Leitung von Prof. H. K. Nandi von der Fakultät für Statistik an der Universität Kalkutta. Sein Spezialgebiet war die mathematische Bayes-Statistik mit ihren Anwendungen. Früh in seiner Karriere begann er mit der Untersuchung der sequenziellen Analyse. Er arbeitete an Invarianz, Suffizienz und Anwendungen zur sequenziellen Analyse. Er erwarb seinen Ph. D. in Statistik von der Universität Kalkutta. In seiner Doktorarbeit untersuchte er die durchschnittliche Stichprobengröße und die Effizienz des sequenziellen t-Tests. Er wurde von Abraham Walds Erfindung des Sequential Probability Ratio Test (SPRT) beeinflusst. Er setzte seine

Forschung zu diesen Themen fort und konnte unter sehr allgemeinen Bedingungen beweisen, dass bei der Reduzierung eines Problems durch Suffizienz und Invarianz die Reihenfolge der Anwendung dieser Kriterien unwesentlich ist. Er soll bedeutende Beiträge zur theoretischen Statistik in verschiedenen Richtungen geleistet haben. Er erweiterte die Ergebnisse von Fisher und Rao über die Effizienz zweiter Ordnung bei Maximum-Likelihood-Schätzern. Durch den Einsatz verfeinerter analytischer Werkzeuge erzielte Prof. J. K. Ghosh nützliche Ergebnisse in der asymptotischen Expansion der Verteilung von Stichprobenstatistiken. Hinsichtlich der Anwendung probabilistischer Methoden leistete er einen bemerkenswerten Beitrag zum Verständnis des Sedimenttransports in Flüssigkeitsströmungen durch stochastische Modelle. Er erhielt 1981 den renommierten Shanti Swarup Bhatnagar Award in Mathematical Sciences. 1982 wurde er zum Fellow der Indian National Science Academy gewählt. Er diente dem Indian Statistical Institute, Kalkutta, viele Jahre und wurde Mitte der 80er-Jahre des 20. Jahrhunderts Direktor des Instituts. Er veröffentlichte mehr als 50 Forschungsarbeiten und betreute 25 Doktoranden. Kurz nach seiner Pensionierung vom ISI wanderte er jedoch in die USA aus und ging dort an die Purdue-Universität. 2014 ehrte ihn die Regierung Indiens mit dem „Padma Shree" Award. Im Alter von 80 Jahren verstarb er 2017 in den USA.

18.6 Veeravalli Seshadri Varadarajan [V. S. Varadarajan] (1937–2019)

V. S. Varadarajan wurde am 18. Mai 1937 in Bangalore (heute Bengaluru) geboren. Da sein Vater Seshadri Varadarajan als Schulinspektor arbeitete, wurde er an verschiedene Orte versetzt. V. S. Varadarajan erhielt seine gesamte frühe Schulbildung in Tiruchirappalli und Salem. Als er die High School beendete, wurde sein Vater nach Madras (heute Chennai) versetzt. So studierte er dort und schloss 1954 seine I. Sc.-Prüfung am berühmten Loyola College von Madras ab. 1956 erwarb er seinen B. Sc.-Abschluss in Statistik (Honours) vom Presidency College unter der Universität Madras. Aber der Kurs enthielt auch viel Mathematik. Während seines letzten Jahres am Presidency College hatte Varadarajan das Privileg, einem Vortrag des legendären Statistikers Prof. C. R. Rao zu lauschen. Das inspirierte ihn, und so kam er nach Kalkutta und trat 1956 dem ISI, Kalkutta, als Forschungsstipendiat unter Prof. C. R. Rao bei. In einem mutigen Schritt begann V. S. Varadarajan mit der Arbeit an der Wahrscheinlichkeitstheorie statt in der Statistik. Er erwarb seinen Ph. D. unter der Leitung von Prof. C. R. Rao im Jahr 1960 von der Universität Kalkutta. Kurz danach ging er als Postdoktorand an die berühmte Princeton University. Dort traf er den bekannten amerikanischen Mathematiker Victor Bargmann

(1908–1989), der ihn dazu inspirierte, die Arbeiten des berühmten indisch-amerikanischen Mathematikers Harish-Chandra (1923–1983) zu studieren. Ende 1960 ging Dr. V. S. Varadarajan an die Universität Washington, Seattle, und verbrachte dort ein akademisches Jahr. Danach verbrachte er ein Jahr am berühmten „Courant Institute" an der Universität New York. Während seines Aufenthalts in den USA interessierte er sich für die „Darstellungstheorie".

Danach kehrte Dr. Varadarajan in der zweiten Hälfte des Jahres 1962 zum ISI, Kalkutta, zurück. Mit frischen Ideen im Kopf ermutigte er seine Freunde Ranga Rao und Parthasarathy, die Arbeiten der sowjetischen Mathematiker I. Gelfand (1913–2009) und M. A. Naimark (1909–1978) und natürlich Harish-Chandra zu studieren. Das eröffnete neue Forschungswege für die jungen Wissenschaftler.

Nachdem er etwa drei Jahre an seiner Alma Mater, dem ISI, Kalkutta, verbracht hatte, wanderte Dr. V. S. Varadarajan 1965 dauerhaft in die USA aus. Dort diente er bis zu seiner Pensionierung an der Universität von Kalifornien, Los Angeles.

Es ist zu beachten, dass Prof. Varadarajan bemerkenswerte Forschungsbeiträge auf den Gebieten der Wahrscheinlichkeitstheorie, der Lie-Gruppen und ihrer Darstellungen, der Quantenmechanik, der Differentialgleichungen und der Supersymmetrie geleistet hat. Seine bekanntesten Arbeiten beschäftigen sich mit der „Darstellungstheorie" und verwandten Themen. Zusammen mit dem führenden amerikanischen Mathematiker Bertram Kostant (1928–2017), der als führende Figur in der „Darstellungstheorie" galt, führte Prof. Varadarajan 1967 die berühmte „Kostant-Parthasarathy-Ranga Rao-Varadarajan"-Determinante ein. Seine beiden anderen bemerkenswerten Beiträge sind das „Trombi-Varadarajan-Theorem", das 1972 aufgestellt wurde, und die „Enright-Varadarajan-Module", die 1975 entdeckt wurden. Er wurde mit der „Onsager-Medaille" für seine originellen Beiträge in den mathematischen Wissenschaften ausgezeichnet.

Zusammen mit R. Ranga Rao, K. R. Parthasarathy, S. R. S. Varadhan war V. S. Varadarajan einer der „Vierergruppe", die 1956–1963 im ISI als „famous four" bezeichnet wurden. Während des 20. Jahrhunderts veröffentlichte er mehrere wichtige Bücher in höheren Bereichen der mathematischen und physikalischen Wissenschaften. Sie sind:

- Geometry of Quantum Theory [Springer Verlag (1968)]
- Lie Groups, Lies Algebras and Their Representations [Springer Verlag (1974)]
- Harmonic Analysis on Real Reductive Groups [Springer Verlag (1977)]
- An Introduction to Harmonic Analysis on Semisimple Lie Groups [Cambridge University Press (1989)].

Er war lange Zeit Diabetiker, und schließlich verstarb der herausragende Mathematiker Prof. V. S. Varadarajan am 25. April 2019 in Kalifornien, USA.

18.7   Sathamangalam Ranga Iyengar Srinivasa Varadhan FRS [S. R. S. Varadhan] (geboren 2. Januar 1940)

S. R. S. Varadhan wurde am 2. Januar 1940 in Madras geboren. Er erwarb seinen Bachelor-Abschluss in Mathematik am Presidency College unter der Universität Madras. Im Jahr 1959 trat S. R. S. Varadhan als Forschungsstipendiat unter Prof. C. R. Rao in das ISI ein. Ursprünglich wollte der junge Enthusiast in der statistischen Qualitätskontrolle arbeiten. Aber die Geschichte geht so, dass Varadhan, nachdem er das bekannte Buch über Maßtheorie von Halmos durchgegangen war, seine Meinung änderte und der berühmten Gruppe von Forschern zur Wahrscheinlichkeitstheorie beitrat, die 1956–1963 im ISI als „famous four" bezeichnet wurde. Ein wichtiges Mitglied der Gruppe, V. S. Varadarajan, war jedoch zu dieser Zeit zu einem Postdoktorandenstipendium in die USA abgereist. Varadhan erhielt seinen Doktortitel vom ISI im Jahr 1963 für seine Dissertation mit dem Titel „Convolution Properties of Distributions on Topological Groups". Prof. C. R. Rao hatte dafür gesorgt, dass der berühmte sowjetische Mathematiker Prof. A. Kolmogorov bei der Verteidigung von Varadhans Doktorarbeit anwesend war.

Kurz danach wanderte Dr. S. R. S. Varadhan in die USA aus. Von 1963–1966 arbeitete er als Postdoktorandenstipendiat am „Courant Institute of Mathematical Sciences" an der Universität New York. Danach trat er dem Institut als Fakultätsmitglied bei und ist seitdem dort. Prof. Varadhan ist international bekannt für seine originellen Beiträge zur Wahrscheinlichkeitstheorie und insbesondere für die Schaffung einer einheitlichen Theorie großer Abweichungen.

Obwohl er das ISI, Kalkutta, und Indien im Jahr 1963 endgültig verließ, ist er zweifellos einer der herausragendsten Mathematiker seiner Zeit, der am Institut ausgebildet wurde. Er hat zahlreiche Auszeichnungen erhalten, darunter den begehrten „Abel-Preis" im Jahr 2008 für seine grundlegenden Beiträge zu großen Abweichungen. Die Regierung von Indien hat ihn im Jahr 2007 mit dem „Padma Bhushan"-Preis geehrt.

Epilog

Dieses Kapitel hat zwei Abschnitte. Im ersten Abschnitt „Schlussbemerkungen"
wurde hauptsächlich auf allgemeiner Ebene eine kurze Diskussion über die
Forschungsaktivitäten in Mathematik und Statistik (einschließlich Wahrscheinlichkeitsrechnung und anderen verwandten Bereichen) in den beiden großen Institutionen, nämlich der „Universität Kalkutta" und dem „Indian Statistical Institute", geführt, ohne die Beiträge der Pioniere, die bereits im Detail besprochen
wurden. Die akademischen Auswirkungen dieser Institutionen im nationalen und
internationalen Kontext wurden erwähnt. Ihr aktueller Status wurde ebenfalls diskutiert.

Der zweite Abschnitt „Bibliografien der 16 aufgeführten mathematischen
Wissenschaftlern" ist ausschließlich den Bibliografien der 16 großen Pioniere in
ihren jeweiligen Bereichen in Mathematik bzw. Statistik gewidmet. Aber im Falle
von zwei solchen Persönlichkeiten, nämlich Prof. R. C. Bose und Prof. C. R. Rao,
wurden nur die von ihnen während ihres Aufenthalts in Bengalen (formell) veröffentlichten Publikationen aufgenommen. Da beide schließlich Indien verließen
und dauerhaft in die USA auswanderten, ist der Schnitt notwendig, da die Monografie nur auf Bengalen bezogen ist. Zweitens wurden Arbeiten, die nach dem Jahr
2000 n. Chr. veröffentlicht wurden, aufgrund der zeitlichen Beschränkung der
Monografie (19. und 20. Jahrhundert) nicht berücksichtigt.

Schlussbemerkungen

Der aktuelle Stand der Institutionen

Zunächst ist eine kurze Diskussion über die Forschungsaktivitäten in den beiden
Mathematikabteilungen der Universität Kalkutta notwendig. Wenn eine unvorein-

P. Mukherji, *Namhafte indische Mathematiker und Statistiker,*
https://doi.org/10.1007/978-981-97-0100-1

genommene und neutrale Beobachtung gemacht wird, kann man sicher sagen, dass sowohl in den Fakultäten für Reine Mathematik als auch für Angewandte Mathematik der Universität Kalkutta die Forschungsaktivitäten nach den 70er-Jahren des 20. Jahrhunderts bestenfalls sporadisch waren.

Von Anfang an hatte die Fakultät für Reine Mathematik eine starke Forschungskultur in Bezug auf Geometrie verschiedener Arten. Dies wurde ausführlich diskutiert, als man sich mit den Pionieren Syamadas Mukhopadhyay, R. N. Sen und R. C. Bose befasste. Sie leisteten bemerkenswerte Beiträge und wurden international anerkannt. Der Weggang von R. C. Bose aus der Fakultät war ein großer Verlust. M. C. Chaki machte einige wertvolle Ergänzungen und bildete auch eine Reihe von Studenten in diesen Bereichen aus. Leider fiel jedoch die Qualität der Forschung in der Geometrie auf ein Mittelmaß und verlor ihr früheres Exzellenzniveau.

Im frühen 20. Jahrhundert leistete niemand in dieser Fakultät ernsthafte Arbeit im Bereich der Algebra oder mathematischen Analysis. Seltsamerweise konnte der erste Hardinge Professor of Higher Mathematics, Prof. W. H. Young FRS, obwohl er selbst ein international bekannter Forscher in der „mathematischen Analysis" war, niemanden in dieser Disziplin ausbilden. Prof. F. W. Levi, der wegen der antisemitischen Politik der damaligen Nazi-Herrscher Deutschland verlassen musste, nahm jedoch ein Angebot an und trat 1935 der Fakultät für Reine Mathematik als Hardinge Professor und Leiter der Fakultät bei. Er spielte eine sehr wichtige Rolle, indem er moderne mathematische Disziplinen wie „abstrakte Algebra", „Mengentheorie", „Kombinatorik" und "Topologie" in den Lehrplan der Universität Kalkutta einführte. Es war Prof. Levi, der eine sehr wichtige Rolle im akademischen Leben von Prof. R. C. Bose spielte. In gewisser Weise war er derjenige, der die Initiative ergriff, den Standard des Unterrichts in der Fakultät für Reine Mathematik auf das Niveau internationaler Universitäten anzuheben.

H. M. Sengupta, der Ende der 40er-Jahre des 20. Jahrhunderts von Dacca zur Fakultät für Reine Mathematik der Universität Kalkutta kam, versuchte, eine Forschungsschule für „mathematische Analysis" aufzubauen, und der berühmte Zahlentheoretiker aus Südindien, Prof. S. S. Pillai (1901–1950), der auf Einladung von Prof. Levi der gleichen Abteilung beitrat, versuchte, Studenten in der „Zahlentheorie" auszubilden. Aber der plötzliche und vorzeitige Tod von beiden war ein unersetzlicher Verlust für die Fakultät.

Prof. (Frau) Jyoti Das war selbst sowohl eine brillante Akademikerin als auch eine Forscherin. Ihre Beiträge wurden im Detail in Kap. 17 diskutiert. Leider konnte sie jedoch keine angemessene Schule in Differentialgleichungen, Eigenfunktionserweiterungen und verwandten Bereichen aufbauen.

Jedoch war die Fakultät für Reine Mathematik der Universität Kalkutta in den 30er-, 40er-und 50er-Jahren des 20. Jahrhunderts in ganz Indien für ihre Lehre und Forschung bekannt. Viele begabte Studenten aus anderen Bundesstaaten kamen und studierten in dieser Fakultät für den Postgraduiertenkurs. Sie führten auch Forschungen durch und erwarben ihre Doktorgrade von der Universität Kalkutta. Der bekannteste unter ihnen war R. C. Bose. Sein Leben und Werk werden ausführlich in Kap. 11 besprochen. Drei bekannte Mathematiker aus dem Bundesstaat Karnataka absolvierten ihre Postgraduiertenstudien an der Universität Kalkutta. Prof. B. S. Madhava Rao (1900–1987) erwarb seinen Masterabschluss von der Fakultät für Angewandte Mathematik, spezialisierte sich aber auch in verschiedenen Bereichen der reinen Mathematik. Er erwarb auch den D. Sc.-Grad von der Universität Kalkutta. Später wurde er ein bekanntes Fakultätsmitglied des Central College, Bangalore. Er war ein in ganz Indien bekannter Mathematiker. Prof. K. Venkatachaliengar (1908–2003) absolvierte seine Postgraduiertenstudien und belegte mit einer Eins den ersten Platz in der Fakultät für Reine Mathematik. Er erwarb auch den D. Sc.-Grad von der Universität Kalkutta für seine Beiträge zur reinen Mathematik. Er war ebenfalls ein bekannter Mathematiker im Bundesstaat Karnataka sowie in Indien. Prof. S. V. Hegde (1922–1976) machte ebenfalls seinen M. Sc. in der Fakultät für Reine Mathematik der Universität Kalkutta. Er starb recht früh, und der Bundesstaat Karnataka verlor einen aufstrebenden talentierten Mathematiker.

Die Fakultät für Reine Mathematik erlitt aus verschiedenen Gründen einen allmählichen Verfall. Die Ernennung von Fakultätsmitgliedern war oft voreingenommen, und die Universitätsverwaltung zeigte kein Interesse an der Entwicklung wesentlicher Infrastrukturen wie einer guten Bibliothek mit modernen Einrichtungen, zudem fehlten ausreichend modernste Rechenleistung, es wurden keine Programme wie der Austausch von Fakultäten mit führenden mathematischen Institutionen Indiens wie TIFR, HRI, IMSc durchgeführt, noch wurden die Lehrpläne aktualisiert oder neue Disziplinen eingeführt, um den Standard auf dem Niveau anderer Exzellenzzentren zu halten. Das letztendliche Ergebnis war der allmähliche Niedergang eines einst großartigen Zentrums für Lehre und Forschung im Bereich der reinen Mathematik.

Der Niedergang der legendären Fakultät für Angewandte Mathematik war ebenso erbärmlich. Nach dem Ruhestand von Prof. N. R. Sen begann die genannte Fakultät praktisch unter einer Identitätskrise zu leiden. Die Ernennungen von Fakultätsmitgliedern mit fragwürdigen akademischen Leistungen und der Mangel an Initiative zur Aktualisierung des Lehrplans waren zwei große Versäumnisse. Nachdem Prof. S. K. Chakrabarty 1963 die Leitung der Abteilung übernahm, versuchte er einige Korrekturmaßnahmen umzusetzen. Er spielte eine entscheidende Rolle bei der Ernennung einiger talentierter junger Männer zu Mitgliedern der Fakultät; er aktualisierte auch den Lehrplan unter Berücksichtigung der Anforderungen der Zeit. Er war sich voll und ganz über die Notwendigkeit im Klaren, Computer in der Abteilung zu installieren, um computerbezogene Studien und Forschungen sowie Rechenkapazitäten zu erleichtern. IBM hatte zugestimmt, einen Computer auf dem Campus des University College of Science [Rajabazar Campus] zu installieren, hauptsächlich aufgrund der unermüdlichen Bemühungen von Prof. Chakrabarty. Aber politische Einmischung von verschiedenen „Gewerkschaften" in der Universität, unterstützt von der damaligen Regierungspartei in Westbengalen, war verantwortlich für die Verhinderung der Installation. Dies war ein großer Rückschlag für die Abteilung. Unbeirrt und unermüdlich arbeitete Prof. S. K. Chakrabarty und schaffte es irgendwie, die theoretische Studie im Zusammenhang mit Computerhardware und -software in den Postgraduiertenlehrplan für Angewandte Mathematik aufzunehmen. Aber der Mangel an Computern war ein großes Hindernis für das gründliche Erlernen des Fachs. So verlor die Abteilung das Rennen, ein erstklassiges Zentrum für computerorientierte Studien im Land zu werden. Einige Leute führten einige Forschungen in Festkörper-, Strömungsmechanik und mathematischer Physik durch. Aber das Ergebnis war nichts Bemerkenswertes.

Es sollte jedoch beachtet werden, dass auch diese Fakultät in ihren Glanzzeiten viele helle Studenten aus anderen Bundesländern anzog. In diesem Zusammenhang wurde bereits Prof. B. S. Madhava Rao erwähnt. Prof. Phoolan Prasad (geboren 1944) wurde im Bundesstaat Bihar geboren. Er absolvierte seine Bachelor- und Masterstudien am berühmten Presidency College und der Fakultät für Angewandte Mathematik der Universität Kalkutta. Danach wechselte er zum Indian Institute of Science (IISc) in Bangalore und schloss dort seine Doktorarbeit ab. Später wurde er ein berühmtes Fakultätsmitglied der Fakultät für Mathematik des IISc, Bangalore. Er ist ein führender angewandter Mathematiker Indiens, sein Spezialgebiet ist die Strömungsmechanik mit verwandten Bereichen.

Ein weiteres Problem, mit dem diese Abteilung seit den 30er-Jahren des 20. Jahrhunderts konfrontiert war, war der Exodus brillanter Studenten zu grüneren Weiden. Einige gingen zum ISI, Kalkutta. Viele gingen ins Ausland. Insbesondere nachdem Indien seine Unabhängigkeit erlangt hatte, fügte die große Anzahl von Studenten, die in die USA gingen, der Abteilung einen schweren Schlag zu. So wurde eine Abteilung, die einst als Zentrum der Exzellenz in angewandter Mathematik galt, zu einem sehr mittelmäßigen Zentrum für Lehre und Forschung.

Nun ist auch eine Bewertung der Forschungsaktivitäten in den mathematischen Wissenschaften am Indian Statistical Institute (ISI) notwendig. Wie bereits in den ersten beiden Kapiteln diskutiert wurde, herrschte unter der dynamischen und innovativen Führung von Prof. P. C. Mahalanobis eine starke Forschungskultur in Statistik am ISI seit seiner Gründung in den frühen 30er-Jahren des letzten Jahrhunderts. Ab 1935 begannen hauptsächlich aufgrund von Dr. R. C. Bose Forschungen zu mathematischen Disziplinen wie Kombinatorik, linearer und abstrakter Algebra. Dann, in den 40er-Jahren, arbeiteten R. C. Bose und C. R. Rao zusammen mit dem berühmten Zahlentheoretiker und kombinatorischen Mathematiker Prof. S. S. Chowla, der damals in Lahore ansässig war. Mathematische Forschung auf einem breiten Spektrum von Gebieten war von da an ein Markenzeichen des ISI. Unter der Leitung von zwei der größten Statistiker des Jahrhunderts, Professor P. C. Mahalanobis und C. R. Rao, ging die Forschung sowohl in theoretischer als auch in angewandter Statistik mit großen Schritten voran. Obwohl Prof. Mahalanobis nicht sehr an „mathematischer Statistik" interessiert war, verbreitete sich die Kultur der Studien in diesem Bereich ab den frühen 50er-Jahren am ISI. Der Besuch von Abraham Wald sorgte für viel Aufregung am Institut. D. Basu (über den einige Diskussionen in Kap. 18 geführt wurden) war der erste, der mit Studien und Forschungen zur mathematischen Statistik begann. Der Besuch berühmter Statistiker aus dem Ausland und der Besuch vieler Juniorprofessoren des Instituts wie S. K. Mitra, R. G. Laha, J. Roy in den USA für ihre Doktorarbeiten oder kurze Besuche stärkten die Entwicklung der Forschung in der mathematischen Statistik am ISI. Die Forschungsergebnisse waren von hohem Standard. Mitte der 50er-Jahre hatte das Institut eine ausgezeichnete Fakultät, die in vielen Bereichen der Statistik, einschließlich der mathematischen Statistik, Forschung betrieb. Die Forschungsaktivitäten in der Wahrscheinlichkeitstheorie und den stochastischen Prozessen hinkten jedoch noch hinterher.

Das Jahr 1956 hat immer einen besonderen Platz im Kalender des ISI. Ein junger Student, V. S. Varadarajan, schloss in diesem Jahr sein Studium an der Universität Madras ab und trat als Forschungsstipendiat unter Prof. C. R. Rao in das ISI ein. Anstatt in Statistik zu arbeiten, entschied er sich, in der Wahrscheinlichkeitstheorie zu arbeiten. Sehr mutig begann er, die moderne Wahrscheinlichkeitstheorie und die notwendige Mathematik ganz alleine zu lernen. Bald darauf schlossen zwei andere Studenten aus Madras, R. Ranga Rao und K. R. Parthsarathy, ihr Studium an der Universität Madras ab und traten ebenfalls unter Prof. C. R. Rao in das ISI ein. Sie wurden sehr eng mit Varadarajan und skizzierten ein ehrgeiziges Studienprogramm für sich selbst. Sie lernten, was sie von den bestehenden Fakultätsmitgliedern des ISI lernen konnten. Aber abgesehen davon arbeiteten sie sehr hart mit großer Sorgfalt und Gründlichkeit und konnten einige der anspruchsvollen Grenzbereiche der Wahrscheinlichkeitstheorie erreichen und verstehen. Im Jahr 1959 konnte Varadarajan seine Dissertation über die Konvergenz von Wahrscheinlichkeitsmaßen in metrischen Räumen einreichen. Im selben Jahr folgte ein weiterer brillanter junger Mann dem gleichen Weg aus Madras. Nach Abschluss seines Studiums an der Universität Madras trat er als Forschungsstipendiat von Prof. C. R. Rao in das ISI ein. Auch er wurde seinen Vorgängern aus Madras sehr nahe und bald wurden sie als die „Vierergruppe" am Institut bekannt. Diese kleine und äußerst engagierte Gruppe von Forschern setzte ihre energische Forschungsarbeit fort, und ihre Interessen durchliefen eine Vielzahl von Themen wie topologische und analytische Aspekte der Wahrscheinlichkeitstheorie, Wahrscheinlichkeitstheorie von Gruppen, Ergodentheorie, Mathematik der Quantentheorie und Darstellungstheorie von Gruppen. Diese vier herausragenden Gelehrten werden in Kap. 18, betitelt „Einige herausragende Köpfe des Indian Statistical Institute", diskutiert. Ihre Beiträge im späteren Leben machten den Namen des ISI weltweit bekannt.

So erreichte das ISI, das die Erfüllung des Traums des genialen Wissenschaftlers Prof. P. C. Mahalanobis war, noch zu seinen Lebzeiten glorreiche Höhen. Die Brillanz und das engagierte Engagement von Prof. C. R. Rao trugen die Flamme weiter, und das Institut bleibt weiterhin ein Zentrum der Exzellenz in Lehre und Forschung, nicht nur in Statistik und Mathematik, sondern auch in verschiedenen anderen Wissenschaftszweigen. Es sollte besonders erwähnt werden, dass nicht nur in Indien, sondern auf der ganzen Welt, Studenten, die am ISI, Kalkutta (Kolkata), unterrichtet und ausgebildet wurden, beruflich sehr gut abgeschnitten haben und immer noch zu den Besten gezählt werden. Viele Mathematiker und Statistiker, die Studenten des ISI waren, haben prestigeträchtige Positionen sowohl in internationalen akademischen Institutionen als auch in internationalen Verwaltungsorganisationen wie der UNESCO, der FAO und dem UNICEF innegehabt.

Bibliografien der 16 aufgeführten mathematischen Wissenschaftler

Liste der Veröffentlichungen von Sir Asutosh Mookerjee

1. Beweis von Euklid I, 25 [Messenger of Mathematics, 10, (1880–1881), 122–123].
2. Erweiterung eines Theorems von Salmon [Messenger of Mathematics, 13, (1883–1884), 157–160].
3. Eine Anmerkung zu elliptischen Funktionen [Quarterly Journal of Pure and Applied Mathematics, 21, (1886), 212–217].
4. Über die Differentialgleichung einer Trajektorie [Journal of the Asiatic Society of Bengal, 56, Pt. II, No. 1, (1887), 117–120].
5. Über Monges Differentialgleichung zu allen Kegelschnitten [Journal of the Asiatic Society of Bengal, 56, Pt. II, No. 2, (1887), 134–145].
6. Eine Abhandlung über ebene analytische Geometrie [Journal of the Asiatic Society of Bengal, 56, Pt. II, No. 3, (1887), 288–349].
7. Ein allgemeines Theorem über die Differentialgleichungen aller Trajektorien [Journal of the Asiatic Society of Bengal, 57, Pt. II, No. 1, (1888), 72–99].
8. Über Poissons Integral [Journal of the Asiatic Society of Bengal, 57, Pt. II, No. 1, (1888) 100–106].
9. Über die Differentialgleichungen aller Parabeln [Journal of the Asiatic Society of Bengal, 57, Pt. II, No. 4, (1888), 316–332].
10. Bemerkungen zu Monges Differentialgleichungen aller Kegelschnitte [Proceedings of the Asiatic Society of Bengal, Februar, (1888)].
11. Die geometrische Interpretation von Monges Differentialgleichungen aller Kegelschnitte [Journal of the Asiatic Society of Bengal, 58, Pt. II, (1889), 181–186].
12. Einige Anwendungen elliptischer Funktionen auf Probleme des Mittelwerts (Erstes Papier) [Journal of the Asiatic Society of Bengal, 58, Pt. II, No. 2, (1889), 199–213].
13. Einige Anwendungen elliptischer Funktionen auf Probleme des Mittelwerts (Zweites Papier) [Journal of the Asiatic Society of Bengal, 58, Pt. II, No. 2, (1889), 213–231].
14. Über Clebschs Transformation der hydrokinetischen Gleichungen [Journal of the Asiatic Society of Bengal, 59, Pt. II, No. 1, (1890), 56–59].
15. Anmerkung zu Stokes Theorem und hydrokinetischer Zirkulation [Journal of the Asiatic Society of Bengal, 59, Pt. II, No. 1, (1890), 59–61].
16. Über eine Kurve der Aberration [Journal of the Asiatic Society of Bengal, 59, Pt. II, No. 1, (1890), 61–63].
17. Mathematische Notizen (Fragen und Lösungen) [Educational Times, London, 43, 44, 45, (1890–1892), 125–151, 144–182, 146–168].

Liste der Veröffentlichungen von Professor Syamadas Mukhopadhyay

1. ‚Geometrische Theorie eines nichtzyklischen Bogens in der Ebene, sowohl endlich als auch infinitesimal' [Journal of Asiatic Society of Bengal, (NS), IV, (1908)].
2. ‚Eine allgemeine Theorie der oskulierenden Kegelschnitte I' [Zeitschrift und Verhandlungen der Asiatischen Gesellschaft von Bengalen, (NS), IV, Nr. 4, (1908), 167–168].
3. ‚Eine allgemeine Theorie der berührenden Kegelschnitte II' [Zeitschrift und Verhandlungen der Asiatischen Gesellschaft von Bengalen, (NS), IV, Nr. 10, (1908), 497–509].
4. ‚Neue Methoden in der Geometrie eines ebenen Bogens I, zyklische und sextaktische Punkte' [Bulletin der Calcutta Mathematical Society, 1, (1909), 31–37].
5. ‚Über die Änderungsraten der oskulierenden Kegelschnitte' [Bulletin der Calcutta Mathematical Society, Nr. 2, (1909), 125–130].
6. ‚Parametrische Koeffizienten in der Differentialgeometrie von Kurven in einem N-Raum, I, Allgemeine Vorstellungen' [Bulletin der Calcutta Mathematical Society, 1, Nr. 2, (1909), 187–200].
7. ‚Parametrische Koeffizienten in der Differentialgeometrie von Kurven in einem N-Raum, II, Erweiterung der Serret-Frenet-Formeln auf Kurven in einem N-dimensionalen Raum' [Bulletin der Calcutta Mathematical Society, 1, Nr. 4, (1909), 233–234].
8. ‚Parametrische Koeffizienten in der Differentialgeometrie von Kurven in einem N-Raum, III, Grundlegende Formeln' [Bulletin der Calcutta Mathematical Society, 11, (1910)].
9. ‚Parametrische Koeffizienten in der Differentialgeometrie von Kurven in einem N-Raum, IV, Ausdrücke der Koordinaten eines Punktes auf einer Kurve in einem N-Raum als Potenzreihen in S' [Bulletin der Calcutta Mathematical Society, 111, (1911)].
10. ‚Intrinsische Parameter in der Differentialgeometrie von Kurven in einem N-Raum' [Griffiths Memorial Prize Essay, (1910), Veröffentlichungen der Universität Kalkutta].
11. ‚Parametrische Koeffizienten in der Differentialgeometrie von Kurven, V, Hauptausrichtungen und Krümmungen an einem singulären Punkt einer Kurve in einem N-Raum' [Bulletin der Calcutta Mathematical Society, V, (1913–14), 13–20].
12. ‚Eine Anmerkung zur stereoskopischen Darstellung des vierdimensionalen Raums' [Bulletin der Calcutta Mathematical Society, IV, (1912–13), 15].
13. ‚Antwort auf Prof Bryan's Kritik' [Bulletin der Calcutta Mathematical Society, VI, (1914–15), 55–56].
14. ‚Parametrische Koeffizienten in der Differentialgeometrie von Kurven in einem N-Raum, VI; Über parametrische Koeffizienten und oskulierende Sphären zu einer Kurve in einem N-Raum' [Bulletin der Calcutta Mathematical Society, VIII, (1915)].

15. ‚Eine Anmerkung zur aktuellen Sicht auf Operationen durch die vierte Dimension' [Bulletin der Calcutta Mathematical Society, IX, (1917)].

16. ‚Neue Methoden in der Geometrie eines ebenen Bogens II Zyklopunkte und Normalen' [Bulletin der Calcutta Mathematical Society, X, (1919), 65–72].

17. ‚Verallgemeinerungen bestimmter Sätze in der hyperbolischen Geometrie des Dreiecks' [Bulletin der Calcutta Mathematical Society, XII, (1920–21), 14–28].

18. ‚Geometrische Untersuchungen zur Korrespondenz zwischen einem rechtwinkligen Dreieck, einem vierseitigen Rechtwinkel und einem rechteckigen Fünfeck in hyperbolischer Geometrie' [Bulletin der Calcutta Mathematical Society, XIII, Nr. 4, (1922–23), 211–216].

19. ‚Einige allgemeine Sätze in der Geometrie der ebenen Kurve' [Sir Astosh Mookerjee Silver Jubilee, II, (1922), Veröffentlichungen der Universität Kalkutta].

20. ‚Entstehung eines elementaren Bogens' [Bulletin der Calcutta Mathematical Society, XVII, Nr. 4, (1926), 153].

21. Mit R C Bose ‚Über allgemeine Sätze der Co-Intimität von Symmetrien und hyperbolischen Triaden' [Bulletin der Calcutta Mathematical Society, XVII, Nr. 1, (1926), 39–55].

22. ‚Triadische Gleichungen in hyperbolischer Geometrie' [Bulletin der Calcutta Mathematical Society, XVIII, Nr. 4, (1927)].

23. ‚Anmerkung zu T Hayashis Abhandlung über die oskulierenden Ellipsen einer ebenen Kurve' [Circolo Mathematico Palermo, Tomo L 1, (1927)].

24. ‚Verallgemeinerte Form von Böhmers Theorem für elliptisch gekrümmte nicht-analytische Ovale' [Mathematische Zeitschrift, Band 30, (1929), 560–571].

25. ‚Erweiterte Mindestzahl-Theoreme von Zyklik und Sextaktik auf einer ebenen konvexen Oval' [Mathematische Zeitschrift, Band 33, (1931), 648–662].

26. ‚Kreise, die auf einer Oval mit undefinierter Krümmung auftreten' [Tohuku Journal of Mathematics, Japan, 37, (1931)].

27. ‚Untere Segmente von M-Kurven' [Journal of Indian Mathematical Society, XIX, (1931), 75–80].

28. ‚Zyklische Kurven eines Ellipsoids' [Journal of Indian Mathematical Society, XX, (1932), 246–250].

29. ‚Eine Auslegung der Ordnungsaxiome von Hilbert' [Indian Physico Mathematical Journal, III, (1932)].

30. ‚Gemattische Erweiterungen von elementaren Ketten' [Tohuku Journal of Mathematics, Japan, 38, (1933)].

Liste der Publikationen von Professor Ganesh Prasad

1. Über das Potenzial von Ellipsoiden variabler Dichten [Bote der Mathematik, 1901, 8].

2. Zusammensetzung der Materie und analytische Theorien der Wärme [Abhandlungen der Königlichen Gesellschaft der Wissenschaften zu Göttingen, 1903].

3. Erweiterung beliebiger Funktionen in einer Reihe von Kugelharmoniken [Math. Ann., 1912]. [Dies ist ein sehr wichtiges Ergebnis und wurde in Hobsons Buch mit dem Titel ‚Theorie der Kugel- und Ellipsoidharmoniken, 148' zitiert].

4. Über die Vorstellungen von Krümmungslinien [Verhandlungen der Königlichen Gesellschaft der Wissenschaften zu Göttingen, 1904].

5. Über den gegenwärtigen Stand der Theorie und Anwendungen der Fourier-Reihen [Bulletin der Calcutta Mathematical Society, 2, (1910–1911), 17–24].

6. Über einige aktuelle Forschungen zur Erweiterbarkeit von Funktionen in unendlichen Reihen [Bulletin der Calcutta Mathematical Society, 2, (1–2), (1910–11), 3–9].

7. Über die Existenz des mittleren Differentialkoeffizienten einer stetigen Funktion [Bulletin der Calcutta Mathematical Society, 3, (1911–1912), 53–54].

8. Über eine nicht-analytische Potenzialfunktion [Bulletin der Calcutta Mathematical Society, 10, (1–4), (1908–1913), 39–41].

9. Über die Grundlagen der Theorie der Oberflächen [Bulletin der Calcutta Mathematical Society, 10, (1–4), (1908–1913), 131–133].

10. Über die lineare Verteilung, die der Potentialfunktion mit vorgegebenem Randwert entspricht [Bulletin der Calcutta Mathematical Society, 5, (1913–1914), 47–52].

11. Über die zweiten Ableitungen des newtonschen Potentials aufgrund einer Volumenverteilung mit einer Diskontinuität der zweiten Art [Bulletin der Calcutta Mathematical Society, 6, (1914–1915), 47–52].

12. Über die vibrierende Saite mit einer unendlichen Anzahl von Kanten [Bulletin der Calcutta Mathematical Society, 7, (1915–1916), 25–32].

13. Über das Scheitern von Poissons Gleichungen und von Petrini's Verallgemeinerung [Bulletin der Calcutta Mathematical Society, 8, (1916–1917), 33–39].

14. Über die normale Ableitung des newtonschen Potentials aufgrund einer Oberflächenverteilung mit einer Diskontinuität zweiter Art [Bulletin der Calcutta Mathematical Society, 9, (1917–1918), 1–9].

15. Über den Fundamentaltheorem der Integralrechnung [Bulletin der Calcutta Mathematical Society, 15, (1–4), (1924–1925), 57–68].

16. Über den Fundamentalsatz der Integralrechnung für Lebesgue-Integrale [Bulletin der Calcutta Mathematical Society, 16, (1926), 109–116].

17. Über den Fundamentalsatz der Integralrechnung im Falle wiederholter Integrale [Bulletin der Calcutta Mathematical Society, 16, (1926), 1–8].

18. Über die Summierbarkeit (C1) der Fourier-Reihe einer Funktion an einer Stelle, an der die Funktion eine unendliche Diskontinuität zweiter Art aufweist [Bulletin der Calcutta Mathematical Society, 19, (1926), 51–58].

19. Über das Versagen des Lebesgue-Kriteriums für die Summierbarkeit (C1) der Fourier-Reihe einer Funktion an einer Stelle, an der die Funktion eine Dis-

kontinuität zweiter Art aufweist [Bulletin der Calcutta Mathematical Society, 19, (1926), 1–12].

20. Über die Summierbarkeit (C1) der abgeleiteten Reihe der Fourier-Reihe eines unbestimmten Integrals, bei dem das Integral eine Diskontinuität zweiter Art aufweist [Bulletin der Calcutta Mathematical Society, 19, (1926), 95–100].

21. Über die starke Summierbarkeit (C1) der Fourier-Reihe einer Funktion an einer Stelle, an der die Funktion eine unendliche Diskontinuität zweiter Art aufweist [Bulletin der Calcutta Mathematical Society, 19, (1926), 127–134].

22. Über das Scheitern des Lebesgue-Kriteriums für die Summierbarkeit (C2) der Fourier-Reihe einer Funktion an einer Stelle, an der die Funktion eine bestimmte Art von Diskontinuität zweiter Art aufweist [Bulletin der Calcutta Mathematical Society, 19, (1926), 25–28].

23. Über die Funktion θ im Mittelwertsatz der Differentialrechnung [Bulletin der Calcutta Mathematical Society, 20, (1927), 155–184].

24. Über die Differenzierbarkeit der Integralfunktion [Crelle's Journal, 160, (1929)]. [Laut Mathematikern der Zeit war es eine epochale Veröffentlichung].

25. Über Rolls Funktion als mehrwertige Funktion [Verhandlungen der Mathematischen Gesellschaft Benares, X, 1929].

26. Über die Summation unendlicher Reihen von Legendre-Funktionen [Bulletin der Calcutta Mathematical Society, 22, (4), (1930), 159–170].

27. Über die Nullstellen von Weierstrass's nicht differenzierbarer Funktion [Verhandlungen der Mathematischen Gesellschaft von Benares, XI, (1930), 1–8].

28. Über die Natur von θ im Mittelwertsatz der Differentialrechnung [Bulletin der Amerikanischen Mathematischen Gesellschaft, 36, (1930)].

29. Über die Summation unendlicher Reihen von Legendre-Funktionen (2. Papier) [Bulletin der Calcutta Mathematical Society, 23, (4), (1930), 115–124].

30. Über die Bestimmung von f(h), die einer gegebenen Rolle's Funktion θ(h) entspricht, wenn sie mehrfach ausgeprägt ist [Verhandlungen der Benares Mathematischen Gesellschaft, XII, (1931)].

31. Über das nichtorthogonale System der Legendre-Funktionen [Verhandlungen der Benares Mathematischen Gesellschaft, XII, (1931)].

32. Über die Differenzierbarkeit des unbestimmten Integrals und bestimmte Summierbarkeitskriterien [Adresse, die 1932 auf dem Mathematischen und Physikalischen Abschnitt des Wissenschaftskongresses gehalten wurde].

33. Über den Lebesgue'schen Integralmittelwert für eine Funktion mit einer Unstetigkeitsstelle zweiter Art [Verhandlungen der Benares Mathematischen Gesellschaft, XIV, (1933)].

34. Über Lebesgues absolutes Integralmittelwert für eine Funktion mit einer Diskontinuität der zweiten Art [Sondergedächtnisband der Tohoku Mathematischen Zeitschrift zu Ehren von Prof. Hayashi, (1933)].

35. ‚Hobson, Präsidentenansprache über das Leben und Werk des verstorbenen Professor Hobson' [Bulletin der Calcutta Mathematical Society, 25, (1933)].

36. Überprüfung: Lebesguesche Integrale und Fouriersche Reihen [Bulletin der Calcutta Mathematical Society, XVII, (4), (1926), 203–206].

Bücher geschrieben von Professor Ganesh Prasad

(1) Differentialrechnung (1909).
(2) Integralrechnung (1910).
(3) Eine Einführung in elliptische Funktionen (1928).
(4) Eine Abhandlung über sphärische Harmonien und die Funktionen von Bessel und Lamé (1930–32).
(5) Sechs Vorlesungen über aktuelle Forschungen in den Theorien der Fourier-Reihen (1928).
(6) Sechs Vorlesungen über aktuelle Forschungen zum Mittelwertsatz der Differentialrechnung.
(7) Mathematische Physik und Differentialgleichungen zu Beginn des 20. Jahrhunderts.
(8) Einige große Mathematiker des 19. Jahrhunderts (2 Bände).

Liste der Publikationen von Professor Bibhuti Bhusan Datta

Veröffentlichungen in der Strömungsmechanik

1. Über die Methode zur Bestimmung des nicht-stationären Zustands der Wärme in einem Ellipsoid [American Journal of Mathematics, 41, (1919), 133–142].
2. Über die Verteilung von Elektrizität in den zwei sich gegenseitig beeinflussenden spheroidalen Leitern [Tohuku Mathematical Journal, Japan, (1920), 261–267].
3. Über die Stabilität der geradlinigen Wirbel von kompressiblen Flüssigkeiten in einer inkompressiblen Flüssigkeit [Philosophical Magazine, 40, (1920), 138–148].
4. Notizen zu Wirbeln einer kompressiblen Flüssigkeit [Proceedings of the Benaras Mathematical Society, 2, (1920), 1–9].
5. Über die Stabilität von zwei koaxialen geradlinigen Wirbeln von kompressiblen Flüssigkeiten [Bulletin of the Calcutta Mathematical Society, 10 (4), (1920), 219–220].
6. Über die Perioden der Schwingungen eines geraden Wirbelpaares [Proceedings of the Benaras Mathematical Society, 3, (1921), 13–24].
7. Über die Bewegung von zwei Sphäroiden in einer unendlichen Flüssigkeit entlang ihrer gemeinsamen Achse der Revolution [American Journal of Mathematics, 43, (1921), 134–142].

Veröffentlichungen zur Geschichte der Mathematik

1. Al-Biruni und der Ursprung der arabischen Ziffern, Verhandlungen der Benaras Mathematischen Gesellschaft, 7/8, S. 9–23, (1925–26).
2. Eine Anmerkung zu Hindu-Arabischen Ziffern, American Mathematical Monthly, 33, S. 220–221, (1926).
3. Zwei Aryabhatas von Al-Birūni, Bulletin der Calcutta Mathematical Society, 17, S. 59–74, (1926).
4. Hindu (Nicht-Jaina) Werte von π, Zeitschrift der Asiatischen Gesellschaft von Bengalen, 22, S. 25–47, (1926c).
5. Frühe literarische Belege für die Verwendung von Null in Indien, American Mathematical Monthly, 33, S. 449–454, (1926) und 38, S. 566, (1931).
6. Über Mūla, den Hindu-Begriff für Wurzel, American Mathematical Monthly, 34, S. 420–423, (1927a).
7. Über den Ursprung und die Entwicklung der Idee des Prozents, American Mathematical Monthly, 34, S. 530–531, (1927b).
8. Ārybhata, der Autor von Ganita, Bulletin der Calcutta Mathematical Society, 18, S. 5–18, (1927c).
9. Frühe Geschichte der Arithmetik von Null und Unendlichkeit in Indien, Bulletin der Calcutta Mathematical Society, 18, S. 165–176, (1927d).
10. Die gegenwärtige Art der Zahlenausdrucks, Indian Historical Quarterly, 3, S. 530–540, (1927e).
11. Die Hindu-Methode zur Überprüfung arithmetischer Operationen, Journal der Asiatischen Gesellschaft von Bengalen (n.s), 23, S. 261–267, (1927f).
12. Hinduistische Beiträge zur Mathematik, Bulletin der Allahabad Universität Mathematische Vereinigung, 1, S. 49–72, (1927) und 36, (1929) (nachgedruckt).
13. Die Wissenschaft der Berechnung durch das Board, American Mathematical Monthly, 35, S. 520–529, (1928a).
14. Die Hindu-Lösung der allgemeinen Pell'schen Gleichung, Bulletin der Calcutta Mathematical Society, 19, S. 87–94, (1928b).
15. Über Mahaviras Lösung rationaler Dreiecke und Vierecke, Bulletin der Calcutta Mathematical Society, 20, S. 267–294, (1928b).
16. SabdaSamkhyapranali (Das Wort Nummernsystem) (auf Bengalisch), BangiyaSahityaParishadPatrika, Kalkutta, für B.S 1335, S. 8–30, (1928–1929).
17. Vaidic O Poranic Shishumar SabdaSamkhyapranali (Vedische und alte Shishumar Schreibsystem für Buchstabennummern), (auf Bengalisch), Bangiya-SahityaParishadPatrika, Kalkutta, für B.S 1335, S. 8–30, (1928).
18. Die Bakhshali Mathematik, Bulletin der Calcutta Mathematical Society, 21, S. 1–60, (1929).
19. Die Jaina Schule der Mathematik, Bulletin der Calcutta Mathematical Society, 21, S. 115–145, (1929).
20. Der Umfang und die Entwicklung der Hindu Ganita, Indische Historische Vierteljahrsschrift, 5, S. 479–512, (1929).

21. Eine kurze Rezension von G. R. Kaye, Das Bakhshali-Manuskript – Eine Studie in mittelalterlicher Mathematik (Kalkutta 1927), Bulletin des CMS, 35, S. 579–580, (1929).

22. Aksara Samkhya Pranali (Alphabetisches Zahlensystem) (auf Bengalisch), BangiyaSahityaParishadPatrika, Kalkutta für B.S 1336, S. 22–50, (1929–30).

23. Ursprung und Geschichte der hinduistischen Namen für Geometrie, Quellen und Studien zur Geschichte der Mathematik BI, S. 113–119, (1930).

24. Geometrie in der Jaina Kosmographie, Quellen und Studien zur Geschichte der Mathematik BI, S. 245–254, (1929–31).

25. Über die vermeintliche Verschuldung von Brahmagupta an Chin–Chang Suan–Shu, Bulletin der Calcutta Mathematical Society, 22, S. 39–51, (1930a).

26. Die zwei Bhaskaras, Indische Historische Vierteljahrsschrift, 6, S. 727–736, (1930).

27. Über die hinduistischen Namen für geradlinige geometrische Figuren, Journal der Asiatischen Gesellschaft von Bengalen (n.s), 26, S. 283–290, (1930).

28. JyamitiShastrerprachin Hindu nam o taharprasar (Alte Hindu-Namen der Wissenschaft der Geometrie und ihre Verbreitung) (auf Bengalisch), Bangiya-SahityaParishadPatrika, für B.S 1337 (1930), S. 1–6.

29. NamaSamkhya, (Nominale Zahlen), (auf Bengalisch), BangiyaSahityaParishadPatrika, B.S 1337, S. 7–27 (1930–31a).

30. JainaSahityanamaSamkhya (Nominale Zahlen in der Jaina-Literatur) (auf Bengalisch), BangiyaSahityaParishadPatrika, B.S 1337, S. 28–29, (1930–31).

31. AnkanamVamatogatih (auf Bengalisch) BangiyaSahityaParishadPatrika, S. 70–80, (1930/31c).

32. Dashanka–Samkhyapranalirudbhavan (auf Bengalisch) (Entwicklung des Zahlensystems durch zehn arithmetische Zahlen), BangiyaSahityaParishadPatrika, Vol 3, 46. Jahr.

33. Über den Ursprung des Hindu-Begriffs für ‚Wurzel‘, American Mathematical Monthly, 38, S. 371–376, (1931).

34. Der Ursprung der hinduistischen Unbestimmten Analyse, Archeion, 13, S. 401–407, (1931).

35. Narayanas Methode zur Annäherungswertfindung einer Wurzel, Bulletin der Calcutta Mathematical Society, 23, S. 187–194, (1931).

36. Frühe Geschichte des Prinzips des Stellenwerts, Scientica, 50, S. 1–2, (1931).

37. Frühe literarische Belege für die Verwendung von Null in Indien (Zweiter Artikel), American Mathematical Monthly, 38, (1931).

38. Die Wissenschaft der Sulba, Calcutta University Publications, Kalkutta, (1932).

39. Elder Aryabhattas Regel zur Lösung unbestimmter Gleichungen ersten Grades, Bulletin der Calcutta Mathematical Society, 24, S. 19–36, (1932).

40. Zeugnisse früher arabischer Schriftsteller über den Ursprung unserer Zahlen, Bulletin der Calcutta Mathematical Society, 24, S. 193–218, (1932).

41. Über die Beziehung von Mahavira zu Sridhara, ISIS 17, S. 25–33, (1932).

42. Einführung der arabischen und persischen Mathematik in die Sanskrit-Literatur, Verhandlungen der Benaras Mathematischen Gesellschaft, 14, S. 7–21, (1932).

43. ‚Hindu GaniterAbanati' (Niedergang der Hindu-Mathematik), (auf Bengalisch), Panchapuspa B.S 1339, Monat Shravan (1932).

44. Die Algebra von Narayana, ISIS 19, S. 427–485, (1933).

45. ‚PrachinBangalijyotirbidMallikarjanSuri' (Mallikarjan Suri, der alte bengalische Astronom), (auf Bengalisch), BangiyaSahityaParishadPatrika für B.S 1340, Nr: 2, (1933).

46. Acharya Aryabhata und seine Schüler und Anhänger, (auf Bengalisch), BangiyaSahityaParishadPatrika für B.S 1340, S. 129–158, (1933/34).

47. MahabharateDashamka–Samkhya, (Zehnerarithmetische Zahlen im Mahabharata) (auf Bengalisch), BangiyaSahityaParishadPatrika, für B.S 1341, (1934).

48. Mathematik von Nemaichandra, JainaAntiquarry (Arrah), 1, S. 129 158, (1935).

49. Aryabhata und die Theorie der Bewegung der Erde, (auf Bengalisch), BangiyaSahityaParishadPatrika für B.S 1342, S. 167–183, (1935–36).

50. Eine verlorene Jaina-Abhandlung über Arithmetik, JainaAntiquarry (Arrah), 2, S. 38–40, (1936).

51. Vedische Mathematik, im kulturellen Erbe Indiens, III, S. 378–401, Kalkutta, (1937).

52. Anwendung der Zwischenanalyse auf astronomische Probleme, Archeion, 21, S. 28–34, (1938–39).

53. Chronologie der Wissenschaftsgeschichte in Indien im XVI. Jahrhundert, Archeion, 23, S. 78–83.

54. Einige Instrumente des alten Indiens und ihre Funktionsweise, Journal des Ganganath Jha Forschungsinstituts, 4, S. 249–270, (BS 1337).

55. Hindu JyotiseShakKal, BangiyaSahityaParishadPatrika, B.S 1344, Nr: 3–4, S. 119–145.

56. BirshresthaArjunerBayas, BangiyaSahityaParishadPatrika, B.S 1344, Nr: 3–4, S. 186–200.

Bücher geschrieben von Professor B. B. Datta

(1) Die Wissenschaften des Sulba, Universität von Kalkutta, (1932).

(2) Geschichte der Hindu-Mathematik, Teil I (1930), Teil II (1938), Teil III veröffentlicht in der Zeitschrift Indian Journal of the History of Science der Indian National Science Academy.

(3) Prachin Hindu Jyotisi, W.B State Book Board GanitCharcha, serialisiert in 1983–89.

Liste der Publikationen von Professor Prasanta Chandra Mahalanobis

1. Ein neuer Korrelationskoeffizient mit Anwendungen auf einige biologische und soziologische Daten (Abstract) [Verhandlungen des Indischen Wissenschaftskongresses (Bombay), Sektion 6, (1919)] und [Verhandlungen der Asiatischen Gesellschaft von Bengalen, Neue Serie, 15 (4); cxxiii, (1919)].

2. Über die Stabilität anthropometrischer Konstanten für Bengalen-Kastendaten (Abstract) [Verhandlungen des Indischen Wissenschaftskongresses (Nagpur), Sektion Physik & Mathematik, 7, (1920)] und [Verhandlungen der Asiatischen Gesellschaft von Bengalen, Neue Serie, 16, Iv–Ivi, (1920)].

3. (MIT SASANKA SEKHAR MUKHERJI) Über die neue kompensierte ballistische Methode für magnetische Messungen, mit einer vorläufigen Anmerkung zum magnetischen Verhalten von Nickel in Pulverform unter verschiedenen physischen Reizen (Abstract) [Verhandlungen des Indischen Wissenschaftskongresses (Nagpur), Sektion Physik & Mathematik, 7, (1920)] und [Verhandlungen der Asiatischen Gesellschaft von Bengalen, Neue Serie, 16, iv, (1920)].

4. Hinweis auf das Kriterium, dass zwei Proben Proben derselben Population sind (Abstract) [Verhandlungen des Indischen Wissenschaftskongresses (Kalkutta), 8, (1921)] und [Verhandlungen der Asiatischen Gesellschaft von Bengalen, Neue Serie, 17, cxvii–cxviii, (1921)].

5. Anthropologische Beobachtungen über die Anglo-Inder von Kalkutta, Teil I: Kopflänge und Kopfbreite (Abstract) [Verhandlungen des Indischen Wissenschaftskongresses (Kalkutta), 8, (1921)] und [Verhandlungen der Asiatischen Gesellschaft von Bengalen, Neue Serie, 17, ccxIvii–ccxIviii, (1921)].

6. Anthropologische Beobachtungen über die Anglo-Inder von Kalkutta, Teil I: Analyse des Mahlstatus [Records Indian Museum, 23, (1922), 1–96].

7. Über die Korrektur eines Korrelationskoeffizienten für Beobachtungsfehler (Abstract) [Verhandlungen des Indischen Wissenschaftskongresses (Madras), Sektion Physik und Mathematik, 9, (1922)] und [Verhandlungen der Asiatischen Gesellschaft von Bengalen, Neue Serie, XVIII, (6), (1922), 54].

8. Über den wahrscheinlichen Fehler der Komponentenfrequenzkonstanten einer zerlegten Frequenzkurve (Abstract) [Verhandlungen des Indischen Wissenschaftskongresses (Madras), Sektion Physik und Mathematik, 9, (1922)] und [Verhandlungen der Asiatischen Gesellschaft von Bengalen, Neue Serie, XVIII (6), (1922), 54].

9. Über den wahrscheinlichen Fehler von Konstanten, die durch lineare Interpolation erhalten wurden (Abstract) [Verhandlungen des Indischen Wissenschaftskongresses (Madras), Sektion Physik und Mathematik, 9, (1922)] und [Verhandlungen der Asiatischen Gesellschaft von Bengalen, Neue Serie, XVIII (6), (1922), 54].

10. Über Korrelationen in der oberen Atmosphäre (Abstract) [Verhandlungen des Indischen Wissenschaftskongresses (Madras), Sektion Physik und Mathematik, 9, (1922)] und [Verhandlungen der Asiatischen Gesellschaft von Bengalen, Neue Serie, XVIII (6), (1922), 53–54].

11. Korrelation von Variablen der oberen Luftschichten [Nature, 112, (1923), 323–324].

12. Über Beobachtungsfehler und obere Luftvariablen [Mem. India Met. Department, 24, (1923), 11–19].

13. Über den Ort der Aktivität in der oberen Luft [Mem. India Met. Department, 24, (1923), 1–9].

14. Statistische Anmerkung zum signifikanten Charakter der lokalen Variation im Verhältnis von dextralen und sinistralen Schalen in Proben des Buliminus Dextro Sinister aus dem Salzgebirge, Punjab [Records Indian Museum, 25, (1923), 399–403].

15. Über den wahrscheinlichen Fehler der Interpolation für parabolische Kurven (Abstract) [Verhandlungen des indischen Wissenschaftskongresses (Lucknow), Sektion Physik und Mathematik, 10, (1923), 77].

16. Statistische Analyse von fünf unabhängigen Proben von *cardina nilotica var gracilipes* (Abstract) [Verhandlungen des Indischen Wissenschaftskongresses (Lucknow), Sektion Physik und Mathematik, 10, (1923), 82].

17. Neue Methode zur Berechnung der Rate von Standarduhren (Abstract) [Verhandlungen des Indischen Wissenschaftskongresses (Bangalore), Sektion Mathematik und Physik, 11, (1924), 65].

18. Statistische Studien in der Meteorologie (Abstract) [Verhandlungen des Indischen Wissenschaftskongresses (Bangalore), Sektion Mathematik und Physik, 11, (1924), 47–48].

19. Analyse der Rassenmischung in Bengalen [Präsidentenansprache, Anthropologische Sektion, Indischer Wissenschaftskongress (Bearbeitet): Zeitschrift Asiatische Gesellschaft von Bengalen, 23, (1925), 301–333].

20. Anthropometrische Untersuchung von Indien (Abstract) [Verhandlungen des Indischen Wissenschaftskongresses (Bombay), Sektion Anthropologie, 13, (1926), 320].

21. Appendizitis, Regenfall und Darmbeschwerden von Capt. S. K. Ray, Teil II: Umfang der Untersuchung [Calcutta Medical Journal, 21 (4), (1926), 151–187, Diskussion 213].

22. Korrelation und Variation des normalen Niederschlags für Juli, August und September in Nordbengalen (Abstract) [Verhandlungen des Indischen Wissenschaftskongresses (Bombay), Sektion Mathematik und Physik, 13, (1926), 68].

23. Lokale Variationen von Exemplaren von *cardina nilotica var gracilipes* (Abstract) [Verhandlungen des Indischen Wissenschaftskongresses (Bombay), Sektion Zoologie, 13, (1926), 190].

24. Bericht über Regenfall und Überschwemmungen in Nordbengalen im Zeitraum 1870–1922. (In 2 Bänden mit 29 Tabellen und 28 Karten) vorgelegt an die Regierung von Bengalen, 1–90 [Verhandlungen des Indischen Wissenschaftskongresses (Bombay), Sektion Mathematik und Physik, 14, (1927), (Abstract), Titel: Regenfall in Bezug auf Überschwemmungen in Nordbengalen].

25. Über die Notwendigkeit der Standardisierung bei Messungen am Lebenden [Biometrie, 20, A, (1928), 1–31] (Zusammenfassung) [Verhandlungen des Indischen Wissenschaftskongresses (Kalkutta), Sektion Anthropologie, 15, (1928), 325].

26. Statistische Studie des chinesischen Kopfes [Man in India, 8, (1928), 107–122]. [Verhandlungen des Indischen Wissenschaftskongresses (Kalkutta), Sektion Anthropologie, (Zusammenfassung), Titel: ‚Eine erste Studie des chinesischen Kopfes‘ 15, (1928), 325].

27. Über Tests und Maßnahmen der Gruppenabweichung. Teil I: Theoretische Formeln [Journal und Verhandlungen der Asiatischen Gesellschaft von Bengalen, (Neue Serie), 26, (1930), 541–588].

28. Statistische Studie bestimmter anthropometrischer Messungen aus Schweden [Biometrics, 22, (1930), 94–108] (Abstract) [Verhandlungen des Indischen Wissenschaftskongresses (Allahabad), Sektion Anthropologie, 17, (1930), 396].

29. Anthropologische Beobachtungen über die Anglo-Inder von Kalkutta. Teil II, Analyse der Kopflänge der Anglo-Inder. [Aufzeichnungen des Indischen Museums, 21, (1930), 97–149] (Zusammenfassung) [Verhandlungen des Indischen Wissenschaftskongresses (Nagpur), Sektion Anthropologie, 18, (1930), 411].

30. Anwendungen der Statistik in der Landwirtschaft [Verhandlungen des Indischen Wissenschaftskongresses (Nagpur), Sektion Landwirtschaft, Allgemeine Diskussion, 18, (1931), 446–447].

31. Über die Normalisierung von statistischen Variablen [Verhandlungen des Indischen Wissenschaftskongresses (Nagpur), Sektion Mathematik und Physik, 18, (1931), 91–92].

32. Revision von Risley's anthropometrischen Daten in Bezug auf die Stämme und Kasten von Bengalen (Abstract) [Verhandlungen des Indischen Wissenschaftskongresses (Nagpur), 18, (1931), 411], [Sankhyā, I, (1933), 76–105].

33. Statistische Untersuchung des Pegelstands der Flüsse in Orissa und des Niederschlags in den Einzugsgebieten während des Zeitraums 1868–1928. Eingereicht bei der Regierung von Bihar und Orissa.

34. Studien zu Gruppentests der Intelligenz: (1) Die Zuverlässigkeit und Altersnormen von Ergebnissen in Form (A) (Abstract) [Verhandlungen des Indischen Wissenschaftskongresses (Nagpur), Sektion Psychologie, 18, (1931), 437].

35. (MIT N. CHAKRAVARTI) Statistischer Bericht über Flussüberschwemmungen in Orissa im Zeitraum 1868–1928. (In 20 Kapiteln mit 47 Tabellen und 27 Karten), eingereicht bei der Regierung von Bihar und Orissa.

36. Hilfstabellen für den Fisher's Z-Test in der Varianzanalyse (Statistische Notizen für Landwirtschaftsarbeiter, Nr. 3) [Indian Journal of Agricultural Science, 2, (1932), 679–693].

37. Revision von Risley's anthropometrischen Daten in Bezug auf die Bergstämme von Chittagong (Abstract) [Verhandlungen des Indischen Wissenschaftskongresses (Bangalore), Sektion Anthropologie, 19, (1932), 424], [Sankhyā, I, (1934), 267–276].

38. Reis- und Kartoffelexperimente in Sriniketan, (Landwirtschaftsabteilung der Visva-Bharati), 1931. (Statistische Notizen für Landwirtschaftsarbeiter, Nr. 4). [Indian Journal of Agricultural Science, 2, (1932), 694–703] (Zusammenfassung) [Verhandlungen des Indischen Wissenschaftskongresses (Patna), Sektion Landwirtschaft, 20, (1933), 48].

39. Eine statistische Analyse der Höhe des Brahmani Flusses in Jenapore (Zusammenfassung) [Verhandlungen des Indischen Wissenschaftskongresses (Bangalore), Sektion Mathematik und Physik, 19, (1932), 123].

40. Statistische Anmerkung zu bestimmten Reiszuchtexperimenten in den Zentralprovinzen [Indian Journal of Agricultural Science, 2, (1932), 157–169] (Abstract) [Verhandlungen des Indischen Wissenschaftskongresses (Bangalore), Sektion Agrarstatistische Methoden, 19, (1932), 88].

41. Statistische Anmerkung zur Methode des Vergleichs von Mittelwerten basierend auf kleinen Stichproben [Indian Journal of Agricultural Science, 2, (1932), 28–41] (Abstract) [Proceedings of the Indian Science Congress (Bangalore), Sektion Agrarstatistische Methoden, 19, (1932), 88].

42. (MIT S. S. BOSE) Eine erste Studie über Stichprobenexperimente zur Wirkung systematischer Anordnungen in Feldversuchen (Abstract) [Verhandlungen des Indischen Wissenschaftskongresses (Bangalore), Sektion Agrarstatistische Methoden, 19, (1932), 88].

43. (MIT S. S. BOSE) Hinweis auf die Variation des Infektionsprozentsatzes der Welkekrankheit bei Baumwolle (Statistische Notizen für Landwirtschaftsarbeiter, Nr. 5). [Indian Journal of Agricultural Science, 2, (1932), 704–709] (Zusammenfassung) [Verhandlungen des Indischen Wissenschaftskongresses (Patna), Sektion Agrarstatistik, 20, (1933), 48].

44. Ein Vergleich verschiedener statistischer Maßnahmen der Intelligenz basierend auf einem Gruppentest in Bengalen (Abstract) [Verhandlungen des Indischen Wissenschaftskongresses (Patna), Sektion Psychologie, 20, (1933), 439].

45. Editorial [Saṅkhyā, I, (1933), 1–4].

46. Auswirkungen von Düngemitteln auf die Variabilität des Ertrags und die Rate des Abwerfens von Knospen und Blüten und Kapseln in den Baumwollpflanzen in Surat (Statistische Notizen für Landwirtschaftsarbeiter, Nr. 6). [Indian Journal of Agricultural Science, 3, (1933), 131–138] (Zusammenfassung) [Verhandlungen des Indischen Wissenschaftskongresses (Patna), Sektion Agrarstatistik, 20, (1933), 46].

47. Eine neue fotografische Vorrichtung zur Aufzeichnung von Profilen lebender Personen (Abstract) [Verhandlungen des Indischen Wissenschaftskongresses (Patna), Sektion Anthropologie, 20, (1933), 413].

48. Anmerkungen zur Feldtechnik. Eingereicht beim Department für Landwirtschaft, Regierung von Bombay, (1933).

49. Über die Notwendigkeit der Randomisierung von Parzellen in Feldversuchen (Statistische Notizen für Landwirtschaftsarbeiter, Nr. 13) [Indian Journal of Agricultural Science, 3, (1933), 549–551] (Abstract) [Verhandlungen des In-

dischen Wissenschaftskongresses (Patna), Sektion Agrarstatistik, 20, (1933), 48].

50. Die Zuverlässigkeit eines Gruppentests der Intelligenz in Bengali (mit fünf Figuren), (Studien im Bildungstest, Nr. 1) [Sankhyā, I, (1933), 25–49].

51. Eine Studie über die Korrelation zwischen der Höhe von Brahmini in Jenapore und dem Niederschlag im Einzugsgebiet (Abstract) [Verhandlungen des Indischen Wissenschaftskongresses (Patna), Sektion Mathematik und Physik, 20, (1933), 123].

52. Tabellen für die Anwendung von Neyman und Pearsons L-Tests zur Beurteilung der Signifikanz von Abweichungen in Mittelwerten und Variabilitäten von K Stichproben (Abstract) [Verhandlungen des Indischen Wissenschaftskongresses (Patna), Sektion Mathematik und Physik, 20, (1933), 123].

53. Tabellen zum Vergleich der Standardabweichung kleiner Stichproben (Abstract) [Verhandlungen des Indischen Wissenschaftskongresses (Patna), Sektion Mathematik und Physik, 20, (1933), 122].

54. Tabellen für L-Tests [Sankhyā, I, (1933), 109–122].

55. Verwendung der Methode der gepaarten Unterschiede zur Schätzung der Signifikanz von Feldversuchen (Statistische Notizen für Landwirte, Nr. 11) [Indian Journal of Agricultural Science, 3, (1933), 349–352] (Abstract) [Verhandlungen des Indischen Wissenschaftskongresses (Patna), Sektion Agrarstatistik, 20, (1933), 41].

56. Verwendung von Zufallsstichprobennummern in landwirtschaftlichen Experimenten (Statistische Notizen für Landwirtschaftsarbeiter, Nr. 14) [Indian Journal of Agricultural Science, 3, (1933), 1108–1115].

57. (MIT K. C. BASAK) Eine Untersuchung der Intensität von Überschwemmungen im Mahanadi für den Zeitraum 1868–1929 (Abstract) [Verhandlungen des Indischen Wissenschaftskongresses (Patna), Sektion Mathematik und Physik, 20, (1933), 124].

58. (MIT S. S. BOSE) Analyse eines Gutsexperiments mit Weizen, durchgeführt in Sakrand, Sind (Statistische Notizen für Landwirtschaftsarbeiter, Nr. 10) [Indian Journal of Agricultural Science, 3, (1933), 345–348].

59. (MIT S. S. BOSE) Analyse von vertikalen Tests mit Weizen, durchgeführt in Sakrand, Sind (Statistische Notizen für Landwirtschaftsarbeiter, Nr. 12) [Indian Journal of Agricultural Science, 3, (1933), 544–548] (Zusammenfassung) [Verhandlungen des Indischen Wissenschaftskongresses (Patna), Sektion Agrarstatistik, 28, (1933), 47].

60. (MIT S. S. BOSE) Bestimmte Sortenstudien an der Baumwollpflanze in Surat (Statistische Notizen für landwirtschaftliche Arbeiter, Nr. 9) [Indian Journal of Agricultural Science, 3, (1933), 339–344].

61. (MIT S. S. BOSE) Auswirkungen verschiedener Stickstoffdosen auf die Abwurfrate von Knospen, Blüten und Kapseln bei der Baumwollpflanze in Surat (Statistische Notizen für Landwirtschaftsarbeiter, Nr. 8) [Indian Journal of Agricultural Science, 3, (1933), 147–154] (Zusammenfassung) [Verhandlungen des Indischen Wissenschaftskongresses (Patna), Sektion Agrarstatistik, 28, (1933), 47].

62. (MIT S. S. BOSE) Eine Studie über die Intensität von Überschwemmungen im Brahmini für den Zeitraum 1868–1929 (Abstract) [Verhandlungen des Indischen Wissenschaftskongresses (Patna), Sektion Mathematik und Physik, 20, (1933), 124].

63. (MIT NISTARAN CHAKRAVARTI) Eine Studie über den Niederschlag und den prozentualen Abfluss im Mahanadi (Abstract) [Verhandlungen des Indischen Wissenschaftskongresses (Patna), Sektion Mathematik und Physik, 20, (1933), 124].

64. (MIT KEDARNATH DAS) Eine vorläufige Notiz über die Raten von Muttersterblichkeit und Totgeburten in Kalkutta [Sankhyā, I, (1933), 215–230].

65. (MIT A. C. NAG) Eine Studie über die räumliche Verteilung des Niederschlags während Regenstürmen im Einzugsgebiet des Mahanadi (Zusammenfassung) [Verhandlungen des Indischen Wissenschaftskongresses (Patna), Sektion Mathematik und Physik, 20, (1933), 123].

66. (MIT P. R. RAY) Eine Studie über die Korrelation der Höhe des Mahanadi in Sambalpur und in Naraj (Zusammenfassung) [Verhandlungen des Indischen Wissenschaftskongresses (Patna), Sektion Mathematik und Physik, 20, (1933), 124].

67. (MIT R. N. SEN) Eine Studie über die saisonalen Schwankungen in der Höhe der Flüsse in Orissa (Abstract) [Verhandlungen des Indischen Wissenschaftskongresses (Patna), Sektion Mathematik und Physik, 20, (1933), 124].

68. Altersvariation von Punktzahlen in einem Gruppentest der Intelligenz in Bengali (mit acht Figuren) (Studien zu Bildungstests, Nr. 2) [Sankhyā, I, (1934), 231–244].

69. Eine statistische Analyse von Rotationsversuchen mit Baumwolle, Erdnuss und Juar in Berar, mit Anmerkungen zu den Entwürfen von Rotationsversuchen (Statistische Notizen für landwirtschaftliche Arbeiter, Nr. 15) [Indian Journal of Agricultural Science, 4, (1934), 361–385] (Zusammenfassung) [Verhandlungen des Indischen Wissenschaftskongresses (Bombay), Sektion Agrarstatistik, 21, (1934), 69].

70. [Anmerkung des Herausgebers angehängt an] ‚Tabellen zur Überprüfung der Signifikanz der linearen Regression im Falle von Zeitreihen und anderen einwertigen Proben von S. S. Bose' [Sankhyā, I, (1934), 284].

71. [Anmerkung des Herausgebers angehängt an] ‚Achtunddreißig Jahre Reiserträge in unterem Birbhum, Bengalen von Hashim Amir Ali, unterstützt von Tara Krishna Bose' [Sankhyā, I, (1934), 387–389].

72. Über die statistische Divergenz zwischen bestimmten Arten von Phytophthora (Abstract) [Verhandlungen des Indischen Wissenschaftskongresses (Bombay), Sektion Mathematik und Physik, 21, (1934), 151].

73. Eine vorläufige Anmerkung zur intervariablen Korrelation in der Reispflanze in Bengalen (Abstract) [Verhandlungen des Indischen Wissenschaftskongresses (Bombay), Sektion Agrarstatistik, 21, (1934), 70].

74. Eine vorläufige Studie des Intelligenzquotienten von bengalischen Schulkindern (mit zehn Figuren) (Studien zu Bildungstests, Nr. 4) [Sankhyā, I, (1934), 407–426].

75. (MIT S. S. BOSE) Auswirkungen verschiedener Arten von Boden-abdeckungen auf die Feuchtigkeitsökonomie von bewässerten Plantagen von *Dalbergia Sisoo* in der Lahore Division (Abstract) [Verhandlungen des Indischen Wissenschaftskongresses (Bombay), Sektion Agrarstatistik, 21, (1934), 70].

76. (MIT S. S. BOSE) Statistische Anmerkung zur Auswirkung von Schädlingen auf den Ertrag von Zuckerrohr und die Qualität des Zuckerrohrsafts [Sankhyā, I, (1934), 399–496] (Zusammenfassung) [Verhandlungen des Indischen Wissenschaftskongresses (Bombay), Sektion Agrarstatistik, 21, (1934), 71].

77. (MIT S. S. BOSE et al.) Tabellen für zufällige Stichproben aus einer normalen Bevölkerung [Sankhyā, I, (1934), 289–328].

78. (MIT K. N. CHAKRAVARTI) Analyse der Noten in der Abschlusszeugnisprüfung in den United Provinces, Indien, 1919 (mit zehn Figuren) (Studien zu Bildungstests, Nr. 3) [Sankhyā, I, (1934), 245–266].

79. (MIT S. C. CHAKRAVARTI und E. A. R. BANERJEE) Einfluss von Form und Größe der Parzellen auf die Genauigkeit von Feldversuchen mit Reis, Chinsurah, Bengalen (Zusammenfassung) [Verhandlungen des Indischen Wissenschaftskongresses (Bombay), Sektion Agrarstatistik, 21, (1934), 71].

80. (MIT KEDARNATH DAS und MIT ANIL CHANDRA NAG) Eine vorläufige Notiz zu den Raten von Müttersterblichkeit und Totgeburten in Kalkutta [Sankhyā, I, (1934), 215–230].

81. (MIT ANIL CHANDRA NAG) Eine vorläufige Studie über die Müttersterblichkeitsrate und den Anteil der Totgeburten in Bengalen für den Zeitraum 1848–1901 (Abstract) [Verhandlungen des Indischen Wissenschaftskongresses (Bombay), Sektion Medizinische und Veterinärforschung, 21, (1934), 380].

82. Analyse der rassischen Ähnlichkeit in Bengalen-Kasten (Abstract) [Verhandlungen des Indischen Wissenschaftskongresses (Kalkutta), Sektion Anthropologie, 22, (1935), 355].

83. Anwendung statistischer Methoden in der Industrie [Wissenschaft und Kultur, 1, (1935), 73–78].

84. [Eine redaktionelle Korrektur zu] ‚Über die Verteilung der Verhältnisvarianzen von zwei Stichproben, die aus einer gegebenen normalen bivariaten korrelierten Population von Bose, S. S. gezogen wurden' [Sankhyā, 2, (1935), 72].

85. Weitere Studien zum Bengali-Profil (Abstract) [Verhandlungen des Indischen Wissenschaftskongresses (Kalkutta), Sektion Anthropologie, 22, (1935), 337].

86. Über die Gültigkeit eines Gruppentests der Intelligenz in Bengalen (Abstract) [Verhandlungen des Indischen Wissenschaftskongresses (Kalkutta), Sektion Psychologie, 22, (1935), 446].

87. Eine statistische Anmerkung zu bestimmten hämatologischen Studien von fünfzig Neugeborenen (Abstract) [Verhandlungen des Indischen Wissenschaftskongresses (Kalkutta), Sektion Medizinische und Veterinärforschung, 22, (1935), 411].

88. Studie über die Verbraucherpräferenzen in Kalkutta. Eingereicht bei D. J. Keymer & Co.

89. (MIT K. C. BANERJEE und P. R. RAY) Studien zur Bildung von Ausläufern (Abstract) [Verhandlungen des Indischen Wissenschaftskongresses (Kalkutta), Sektion Agrarstatistik, 22, (1935), 347].

90. (MIT S. S. BOSE) Erweiterung der X-Tabelle (entsprechend Fishers Z-Tabelle) zur Überprüfung der Signifikanz von zwei beobachteten Varianzen (Abstract) [Verhandlungen des Indischen Wissenschaftskongresses (Kalkutta), Sektion Mathematik und Physik, 22, (1935), 79].

91. (MIT R. C. BOSE) Über die verallgemeinerte statistische Distanz zwischen Stichproben aus zwei normalen Populationen (Abstract) [Verhandlungen des Indischen Wissenschaftskongresses (Kalkutta), Sektion Mathematik und Physik, 22, (1935), 80].

92. (MIT S. S. BOSE) Eine Anmerkung zur Anwendung von Mehrfachkorrelationen zur Schätzung der individuellen Verdaulichkeiten eines Mischfutters (Abstract) [Verhandlungen des Indischen Wissenschaftskongresses (Kalkutta), Sektion Agrarstatistik, 22, (1935), 348].

93. (MIT S. S. BOSE) Zur Schätzung individueller Erträge im Falle von gemischten – Erträgen von zwei oder mehr Parzellen in landwirtschaftlichen Experimenten [Science and Culture, I, (1935), 205].

94. (MIT S. S. BOSE und S. C. CHAKRAVARTI) Ein komplexes kulturelles Experiment mit Reis (Zusammenfassung) [Verhandlungen des Indischen Wissenschaftskongresses (Kalkutta), Sektion Agrarstatistik, 22, (1935), 347].

95. (MIT S. S. BOSE und S. C. CHAKRAVARTI) Komplexes Experiment mit Reis auf der Chinsurah-Farm, Bengalen, 1933–1934 (Statistische Notizen für Landwirtschaftsarbeiter, Nr. 16) [Indian Journal of Agricultural Science, 6, (1935), 34–51].

96. (MIT S. S. BOSE und C. J. HARRISON) Auswirkung von Düngemittelaufträgen, Wetterbedingungen und Herstellungsprozessen auf die Qualität des Tees an der Tocklai-Versuchsstation, Assam [Sankhyā, 2, (1935), 33–42].

97. (MIT S. S. BOSE und T. V. G. MENON) Eine statistische Studie unter dauerhaften Düngemitteln in Pusa (Zusammenfassung) [Verhandlungen des Indischen Wissenschaftskongresses (Kalkutta), Sektion Agrarstatistik, 22, (1935), 348].

98. (MIT S. S. BOSE und S. RAY CHOUDHURY) Ein bivariates Stichprobenexperiment (Abstract) [Verhandlungen des Indischen Wissenschaftskongresses (Kalkutta), Sektion Mathematik und Physik, 22, (1935), 80].

99. (MIT P. C. DAS und N. K. RAY CHOUDHURY) Eine statistische Analyse von Krankenakten einiger Geburtsfälle in Kalkutta (Abstract) [Verhandlungen des Indischen Wissenschaftskongresses (Kalkutta), Sektion Medizinische und Veterinärforschung, 22, (1935), 410].

100. (MIT T. V. G. MENON und S. S. BOSE) Eine statistische Untersuchung der Bodenverschlechterung in den dauerhaften Gutsexperimenten in Pusa (Zusammenfassung) [Verhandlungen des Indischen Wissenschaftskongresses (Kalkutta), Sektion Agrarstatistik, 22, (1935), 348].

101. (MIT G. C. NANDI et al.) Beziehung zwischen Größen und Gewichten von Bengali-Frauen (Abstract) [Verhandlungen des Indischen Wissenschaftskongresses (Kalkutta), Sektion Medizinische und Veterinärforschung, 22, (1935), 410].

102. (MIT K. C. RAY) Eine statistische Methode zur Überprüfung der Echtheit einer Ghee-Probe (Abstract) [Verhandlungen des Indischen Wissenschaftskongresses (Kalkutta), Sektion Medizinische und Veterinärforschung, 22, (1935), 410].

103. Anhang I, Redaktionelle Anmerkung zur grundlegenden Formel [zu]: ‚Die Ernte von Andropogon Sorghum in Bezug auf den Kopfumfang, die Kopflänge und die Pflanzenhöhe von Venkataramanen, S. N.' [Sankhyā, 2, (1936), 263–272].

104. Redaktionelle Anmerkung zum Fehlerbereich bei der Berechnung der Anbaukosten und des Gewinns Angehängt an ‚Vermarktung von Reis in Bolpur, von Satya Priya Bose' [Sankhyā, 2, (1936), 121–124].

105. Karl Pearson (1857–1936) [Vorlesung gehalten am Statistischen Laboratorium, Kalkutta, 27.11.1936] [Sankhyā, 2, (1936), 303–378].

106. Neue Theorie der alten indischen Chronologie [Sankhyā, 2, (1936), 309–320].

107. (MIT S. ROY) Schulnoten und Intelligenztest-Ergebnisse [Sankhyā, 2, (1936), 397–402].

108. Anmerkung zu den statistischen und biometrischen Schriften von Karl Pearson (mit Referenzen) [Sankhyā, 2, (1936), 411–422].

109. Hinweis auf Baumwollpreise in Bezug auf Qualität und Ertrag [Sankhyā, 2, (1936), 135–142].

110. Hinweis zur Verwendung von Indizes in anthropometrischen Arbeiten [Wissenschaft und Kultur, I, (1936), 477] (Abstract) [Verhandlungen des Indischen Wissenschaftskongresses (Indore), Sektion Anthropologie, 23, (1936), 392].

111. Über die verallgemeinerte Distanz in der Statistik [Verhandlungen des Nationalen Instituts der Wissenschaften, Indien, 11 (1), (1936), 49–55].

112. Über das verallgemeinerte Maß der Divergenz zwischen statistischen Gruppen (Abstract) [Verhandlungen des Indischen Wissenschaftskongresses (Indore), Sektion Mathematik und Physik, 23, (1936), 108].

113. Sir Rajendra Nath Mookerjee: Erster Präsident des Indischen Statistischen Instituts (1931–1936) [Sankhyā, 2, (1936), 237–240].

114. (MIT D. P. ACHARYA) Eine statistische Studie über Noten in den jährlichen und Testprüfungen in Bezug auf Universitätsergebnisse in I. A. und I. Sc. Prüfungen in Bengalen (Zusammenfassung) [Verhandlungen des Indischen Wissenschaftskongresses (Indore), Sektion Psychologie, 23, 536].

115. (MIT K. C. BANERJEE und S. S. BOSE) Der Einfluss des Pflanzdatums und der Anzahl der Setzlinge pro Loch auf die Bestockung bei Reis in Bankura (Zusammenfassung) [Verhandlungen des Indischen Wissenschaftskongresses (Indore), Sektion Landwirtschaft, 23, (1936), 437].

116. (MIT R. C. BOSE und S. N. ROY) Zur Bewertung des Wahrscheinlichkeits-
      integrals der D^2-Statistik (Abstract) [Verhandlungen des Indischen Wissen-
      schaftskongresses (Indore), Sektion Mathematik und Physik, 23, (1936),
      107].

117. (MIT S. S. BOSE) Über die Schätzung von fehlenden Erträgen in einer Split-
      plot-Anordnung (Abstract) [Verhandlungen des Indischen Wissenschafts-
      kongresses (Indore), Sektion Landwirtschaft, 23, (1936), 426].

118. (MIT S. S. BOSE) Ein Situationsexperiment mit Reis (Zusammenfassung)
      [Verhandlungen des Indischen Wissenschaftskongresses (Indore), Sektion
      Landwirtschaft, 23, (1936), 426].

119. (MIT S. S. BOSE und K. C. BANERJEE) Studien zur Variation von Aus-
      läufern (Statistische Notizen für Landwirtschaftsarbeiter, Nr. 20) [Indian
      Journal of Agricultural Science, 6, (1936), 1122–1133].

120. (MIT S. S. BOSE und S. C. CHAKRAVARTI) Auswirkung verschiedener
      Erntemethoden auf den geschätzten Fehler von Feldversuchen mit Reis (Sta-
      tistische Notizen für Landwirtschaftsarbeiter, Nr. 21) [Journal of Agricultural
      Live-stock, Indien, 6, (1936), 814–825].

121. (MIT S. S. BOSE und P. M. GANGULY) Häufigkeitsverteilung von Parzel-
      lerträgen und optimale Größe von Parzellen in einer Uniformitätsprüfung mit
      Reis in Assam (Statistische Notizen für landwirtschaftliche Arbeiter, Nr. 19)
      [Indian Journal of Agricultural Science, 6, (1936), 1107–1121].

122. (MIT S. S. BOSE und R. K. KULKARNI) Über den Einfluss von Form und
      Größe der Parzellen auf die effektive Präzision von Feldversuchen mit Juar
      (Andropogon Sorghum) (Statistische Notizen für Landwirtschaftsarbeiter, Nr.
      17) [Indian Journal of Agricultural Science, 6, (1936), 460–474].

123. (MIT S. S. BOSE und S. C. SENGUPTA) Statistische Analyse eines
      Düngungsexperiments mit Napiergras (Pennisetum perpureum) mit der Ko-
      varianz-Methode (Statistische Notizen für Landwirtschaftsarbeiter, Nr. 18)
      [Journal of Agricultural Live-stock, Indien, 6, (1936), 460–474].

124. (MIT S. C. CHAKRAVARTI und S. S. BOSE) Ein komplexes kulturelles
      Experiment mit Reis in Chinsurah, Bengalen. Für das Jahr 1934–35 (Zu-
      sammenfassung) [Verhandlungen des Indischen Wissenschaftskongresses
      (Indore), Sektion Landwirtschaft, 23, (1936), 436].

125. (MIT K. K. GUHA ROY) Statistische Methoden und ihre Anwendungen in
      der Agronomie – eine Bibliographie [Misc. Bul. Nr. 9, Coun. Agric. Res.
      India], 120 Seiten.

126. (MIT J. C. GUPTA) Eine vorläufige Notiz zu Messungen des Blutdrucks
      (Abstract) [Verhandlungen des Indischen Wissenschaftskongresses (Indore),
      Sektion Medizinische und Veterinärforschung, 23, (1936), 485].

127. (MIT S. ROY) Schulnoten und Intelligenztest-Ergebnisse [Sankhyā, 2,
      (1936), 377–402].

128. (MIT J. C. SEN) Eine vergleichende Studie über Maßnahmen der Intelligenz
      (Abstract) [Verhandlungen des Indischen Wissenschaftskongresses (Indore),
      Sektion Psychologie, 23, (1936), 536].

129. Bedarf an einer Stichprobenerhebung zum Bevölkerungswachstum in Indien [Sankhyā, 3, (1937), 58].

130. Eine Anmerkung zur Vorhersagewert von Intelligenztest (Abstract) [Verhandlungen des Indischen Wissenschaftskongresses (Hyderabad), Sektion Psychologie, 24, (1937), 448].

131. Variation des Niederschlags mit Mondperioden in Kalkutta für den Monat Juli (Abstract) [Verhandlungen des Indischen Wissenschaftskongresses (Hyderabad), Sektion Mathematik und Physik, 24, (1937), 72] (geänderter Titel) ‚Anmerkung zum Einfluss der Mondphase auf den Niederschlag im Monat Juli in Kalkutta 1878–1924' [Sankhyā, 3, (1937), 233–238].

132. Über die Genauigkeit von Profilmessungen mit einem fotografischen Profiloskop [Sankhyā, 3, (1937), 65–72] [Leicht geänderter Titel]: ‚Studien mit dem fotografischen Profiloskop' (Zusammenfassung) [Verhandlungen des Indischen Wissenschaftskongresses (Indore), Sektion Anthropologie, 23, (1936), 39].

133. Rechteckige Koordinaten in Stichprobenverteilungen: Anhang (Hinweis) [Sankhyā, 3, (1937), 35].

134. Überprüfung der Anwendung der statistischen Theorie auf landwirtschaftliche Feldversuche in Indien [Verhandlungen der zweiten Sitzung der Abteilung für Kulturen und Böden, Landwirtschafts- und Tierzuchtbehörde, Lahore, 6. Dezember, (1937), Regierung von Indien, 1–14]. Überarbeitetes Papier [Indian Journal of Agricultural Science, 10, (1937), 192–212].

135. Statistische Notiz zum Hooghly-Howrah Spülungsbewässerungsschema. Eingereicht bei der Regierung von Bengalen, Bewässerungsabteilung, (1937), 1–44.

136. (MIT R. C. BOSE und S. N. ROY) Die Verwendung von intrinsischen rechteckigen Koordinaten in der Theorie der Verteilung (Abstract) [Verhandlungen des Indischen Wissenschaftskongresses (Hyderabad), Sektion Mathematik und Physik, 24, (1937), 99].

137. (MIT R. C. BOSE und S. N. ROY) Normalisierung von statistischen Variablen und die rechteckigen Koordinaten in der Theorie der Verteilung [Sankhyā, 3, (1937), 1–34, Anhang von P. C. Mahalanobis 35–40].

138. (MIT D. P. ACHARYA) Anmerkung zur Korrelation zwischen Ergebnissen in den Hochschul- und Universitätsprüfungen [Sankhyā, 3, (1937), 239–244].

139. (MIT S. S. BOSE) Über einen exakten Test der Assoziation zwischen dem Auftreten von Gewittern und einer abnormalen Ionisation [Sankhyā, 3, (1937), 249–252] [Leicht geänderter Titel]: ‚Über eine Methode zum Testen der Assoziation zwischen Gewitter und oberer Luftionisation' (Zusammenfassung) [Verhandlungen des Indischen Wissenschaftskongresses (Hyderabad), Sektion Mathematik und Physik, 24, (1937), 99].

140. (MIT B. N. DATTA) Anmerkung zur Fuß- und Körpergrößenkorrelation bestimmter Bengali-Kasten und -Stämme [Sankhyā, 3, (1937), 245–248].

141. Erste Sitzung der Indischen Statistikkonferenz, Kalkutta [Sankhyā, 4, (1938), 1–4].

142. Anmerkung zur Gitterstichprobenahme [Wissenschaft und Kultur, 4, (1938), 300].

143. Über die Verteilung von Fishers taxonomischem Koeffizienten (Abstract) [Verhandlungen des Indischen Wissenschaftskongresses (Kalkutta), Sektion Mathematik und Physik, 25, (1938), 31].

144. Über ein verbessertes Modell des Profilskops (Zusammenfassung) [Verhandlungen des Indischen Wissenschaftskongresses (Kalkutta), Sektion Anthropologie, 25, 206].

145. Professor Ronald Aylmer Fisher [Sankhyā, 4, (1938), 265–272] [Biometrie (mit wenigen geringfügigen redaktionellen Änderungen), 20, (1938), 238–251].

146. Bericht über die Stichprobenzählung von Jute im Jahr 1938 [Eingereicht beim Indischen Zentralen Juteausschuss].

147. Statistischer Bericht über die experimentelle Ernteerhebung, 1937 [Eingereicht beim Indischen Zentralen Jute-Komitee (1938)].

148. (MIT K. C. BANERJEE und J. R. PAL) Studie über die Triebe der Reispflanze in Bezug auf ihre Lebensdauer und Leistung sowie den Tod [Sankhyā, 4, (1938), 149] (Zusammenfassung) [Verhandlungen des Indischen Wissenschaftskongresses (Kalkutta), Sektion Landwirtschaft, (1938), 25, Teil III, Sektion IX, 220].

149. (MIT S. S. BOSE) Test der Signifikanz von Behandlungsmitteln mit gemischten Erträgen in Feldversuchen (Abstract) [Verhandlungen des Indischen Wissenschaftskongresses (Kalkutta), Sektion Landwirtschaft, (1938), 25, Teil III, Sektion IX, 219].

150. (MIT S. C. CHAKRAVARTI und S. S. BOSE) Komplexes kulturelles Experiment mit Reis (Zusammenfassung) [Sankhyā, 4, (1938), 149].

151. (MIT S. HEDAYATULLAH und K. P. ROY) Komplexes Experiment mit Winterreis in Dacca (1936–37) [Sankhyā, 4, (1938), 149–150] (Zusammenfassung) [Verhandlungen des Indischen Wissenschaftskongresses (Kalkutta), Sektion Landwirtschaft, (1938), 25, Teil III, Sektion IX, 220].

152. Untersuchung zur Verbreitung des Teetrinkens unter mittelständischen indischen Familien in Kalkutta, 1939 [Eingereicht beim Tea Market Expansion Board, 1939] Erster Bericht über die Ernteerhebung von 1938 [Indian Central Jute Committee, (1939), 1–110].

153. Eine Anmerkung zur Gitterstichprobenahme (Abstract) [Verhandlungen des Indischen Wissenschaftskongresses (Lahore), Sektion Mathematik und Physik, 26, Teil III, Sek. I, 7].

154. Fortschrittsbericht des Jutezensusprogramms für 1939 [Eingereicht beim Indischen Zentralen Juteausschuss (1939)].

155. Überprüfung der Anwendung statistischer Theorie auf landwirtschaftliche Feldversuche in Indien [Verhandlungen des zweiten Treffens der Crops Soils Wing, Landwirtschaft, Indien, (1939), 200–215].

156. Subhendu Sekhar Bose, (1906–1932) [Sankhyā, 4, (1939), 313–336].

157. Die Technik der Zufallsstichprobenuntersuchung (Abstract) [Verhandlungen des Indischen Wissenschaftskongresses (Lahore), Sektion Theoretische Statistik, 26, Teil IV, Sektion II, 14–16].

158. (MIT S. S. BOSE und K. L. KHANNA) Hinweis auf die optimale Form und Größe von Parzellen für Zuckerrohrversuche in Bihar (Statistische Notizen für landwirtschaftliche Arbeiter, Nr. 24) [Indian Journal of Agricultural Science, 9, (1939), 807–816].

159. (MIT S. C. CHAKRAVARTI und S. S. BOSE) Komplexes kulturelles Experiment mit Reis (Zusammenfassung) [Verhandlungen des Indischen Wissenschaftskongresses (Kalkutta), Sektion Landwirtschaft, (1938), 25, III, 220].

160. (MIT K. R. NAIR und S. C. CHAKRAVARTI) Ein 10×10 quasifaktorielles Experiment in Chinsurah mit 100 Reissorten (Zusammenfassung) [Verhandlungen des Indischen Wissenschaftskongresses (Lahore), Sektion Landwirtschaft, (1939), 26, Teil III, Sektion IX, 199].

161. Anwendungen statistischer Methoden in der physischen Anthropometrie [Verhandlungen der Zweiten Indischen Statistikkonferenz, Lahore. Sankhyā, 5, (1940), 594–598] Geänderter Titel: ‚Anwendung statistischer Methoden in anthropologischer Forschung' (Zusammenfassung) [Verhandlungen des Indischen Wissenschaftskongresses (Lahore), Sektion Anthropologie, (1939), 26, Teil IV, Sektion VIII, 23].

162. Charakteristische Merkmale von Regenstürmen und Flussüberschwemmungen in Orissa [Sankhyā, 5, (1940), 601–602].

163. Diskussion über die Planung von Experimenten [Sankhyā, 5, (1940), 530–531].

164. Fehler bei der Beobachtung in physikalischen Messungen [Wissenschaft und Kultur, 5, (1940), 443–445].

165. Hinweis auf die Ausgaben für Tee in Arbeiterfamilien in Howrah und Kankinara [Eingereicht beim Tea Market Expansion Board, 1940].

166. Vorläufiger Bericht über die Stichprobenerhebung des Gebiets unter Jute [Eingereicht beim Indischen Zentralen Jute-Komitee (1940)].

167. Regenstürme und Flussüberschwemmungen in Orissa (mit einer Karte) [Sankhyā, 5, (1940), 1–20].

168. Bericht über die Stichprobenzählung von Jute im Jahr 1939 [Eingereicht beim Indischen Zentralen Jute-Komitee (1940), 1–146].

169. Statistische Anmerkung zu Ernteschneideversuchen bei Reis in Mymensingh [Eingereicht bei der Regierung von Bengalen, (1940)].

170. Statistische Anmerkung zu Ernteschneideversuchen mit Jute im Jahr 1940 [Eingereicht beim Indischen Zentralen Jute-Komitee (1940)].

171. (MIT K. R. NAIR) Vereinfachte Methode zur Analyse von quasi-faktoriellen Experimenten im Quadratraster mit einer vorläufigen Anmerkung zur gemeinsamen Analyse von Ertrag von Reis und Stroh (Statistische Notizen für Landwirtschaftsarbeiter, Nr. 25) [Indian Journal of Agricultural Science, 10, (1940), 663–685].

172. (MIT S. SEN) Fruchtbarkeitsraten basierend auf Stichprobenumfrage [Sankhyā, 5, (1940), 60].

173. Allgemeiner Bericht über die Stichprobenerhebung der unter Jute stehenden Fläche in Bengalen, 1941 [Eingereicht beim Indischen Zentralen Jute-Komitee (1941), 43].

174. Anmerkung zu zufälligen Feldern [Wissenschaft und Kultur, 7, (1941), 54].

175. Über nicht-normale Felder (Abstract) [Verhandlungen des Indischen Wissenschaftskongresses (Banaras), Mathematik und Statistik, 28, (1941), Sektion I, Teil III, 12].

176. Über die Stichprobenerhebung von Jute in Bengalen [Indian Central Jute Committee, Kalkutta, 1938–1941].

177. Vorläufiger statistischer Bericht über die regionale Untersuchung von Bohrschädlingen in Zuckerrohr. Dezember 1940–März 1941 [Eingereicht beim Imperialen Rat für Agrarforschung, Juni 1941].

178. Bericht über Programmvorlieben und Sendereaktionen, Kalkutta, April–Mai, 1941 [Eingereicht beim Informationsministerium, Regierung von Indien, 1941].

179. Bericht über die Stichprobentechnik zur Vorhersage des Rindenertrags von Cinchona-Pflanzen: Experimentserie B, 1940–1941 [Eingereicht beim Superintendenten, Cinchona-Kultur in Bengalen, Mungpoo, Oktober, 1941].

180. Statistische Anmerkung zu Ernährungsuntersuchungen in Studentenwohnheimen in Kalkutta [Sankhyā, 5, (1941), 439–448].

181. Statistischer Bericht über Ernteschnittversuche mit Jute im Jahr 1940 [Eingereicht beim Indischen Zentralen Jute-Komitee, Juni, 1941].

182. Statistischer Bericht über die Rupienzählung – Mathematischer Anhang (überarbeitet) [Bericht Währung und Finanzen, 1940–41, Reserve Bank of India, 49–55].

183. Statistischer Bericht über eine Stichprobenuntersuchung zur Verbreitung des Teetrinkens in der Stadt Nagpur im Jahr 1940 [Eingereicht beim Tea Market Expansion Board, März, 1941].

184. Statistische Umfrage zur öffentlichen Meinung [Modern Review, 69, (1941), 393–397].

185. (MIT C. BOSE) Korrelation zwischen anthropometrischen Charakteren in einigen Bengalischen Kasten und Stämmen [Sankhyā, 5, (1941), 249–269].

186. (MIT K. R. NAIR) Statistische Analyse von Experimenten zu verschiedenen Limen-Werten für gehobene Gewichte [Sankhyā, 5, (1941), 285–294].

187. Familienbudgetanfragen von Arbeitern, Jagaddal, Schema für die Anfrage zum Familienbudget von Arbeitern und die Erstellung eines Lebenshaltungskostenindex für Industriearbeiter [Eingereicht beim Board of Economic Enquiry, Bengalen, Januar, 1942].

188. Anmerkung zum Leben einer Rupien-Note, Juli 1940–Juni 1941 [Reserve Bank of India, 1942].

189. Vorläufiger Bericht über die Burdwan–Hooghly–Howrah Ernteschneideumfrage [Eingereicht bei der Regierung von Bengalen, Bewässerungsabteilung, (1942)].

190. Vorläufiger Bericht über die Ernteschnittversuche mit Jute im Jahr 1942 [Eingereicht bei der Regierung von Bengalen, 1942].

191. Vorläufiger Bericht über die Stichprobenerhebung der unter Jute stehenden Fläche in Bengalen, 1942 [Eingereicht bei der Regierung von Bengalen, 1942].

192. Bericht über die Genauigkeit der Familienbudgeterhebung in Jagaddal, August 1942 [Vorgelegt dem Board of Economic Enquiry, Bengalen, 1942].

193. Bericht über die Stichprobenerhebung von Jute- und Aus-Paddy-Ernten.

194. Stichprobenumfrage zur öffentlichen Meinung (Abstract) [Verhandlungen des Indischen Wissenschaftskongresses, (Baroda), Sektion Mathematik und Statistik, 29, (1942), Teil III, Sek I, 15].

195. Stichprobenumfragen: Präsidentenansprache, Sektion Mathematik und Statistik, Indischer Wissenschaftskongress, (Baroda), (1942) (Abstract) [Verhandlungen des Indischen Wissenschaftskongresses, (Baroda), 29, (1942), Teil II, 25–46] [Wissenschaft und Kultur, 7, Nr. 10 (Supplement), (1942), 1. April–2].

196. (MIT C. BOSE) Über die Entwicklung einer effizienten Stichprobentechnik zur Vorhersage des Mittelwerts einer Variablen (Abstract) [Verhandlungen des Indischen Wissenschaftskongresses, (Baroda), Sektion Mathematik und Statistik, 29, (1942), Teil III, Sektion I, 14].

197. (MIT K. GUPTA) Untersuchung der Familienbudgets von Arbeitern in Bengalen (Abstract) [Verhandlungen des Indischen Wissenschaftskongresses, (Baroda), Sektion Mathematik und Statistik, 29, (1942), Teil III, Sek I, 15].

198. (MIT N. T. MATHEW) Über das Rupien-Zensus-Problem (Abstract) [Verhandlungen des Indischen Wissenschaftskongresses, (Baroda), Sektion Mathematik und Statistik, 29, (1942), Teil III, Sek I, 14–15].

199. Untersuchung zur Verbreitung des Teetrinkens unter mittelständischen indischen Familien in Kalkutta, 1939; ‚Studien in Stichprobenumfragen' [Sankhyā, 6, (1943), 283–312].

200. Abschlussbericht über die Stichprobenzählung der unter Jute und Aus-Reis in Bengalen 1943 – Stichprobenumfragen zur Schätzung der Fläche und des Ertrags von Jute in Bengalen 1937–1943 [Eingereicht bei der Regierung von Bengalen, 1–51, (37 Tabellen)].

201. Vorläufiger Bericht über die Stichprobenerhebung der unter Aman-Reis bewirtschafteten Fläche in Bengalen 1943 [Eingereicht bei der Regierung von Bengalen (1943)].

202. Bericht über die regionale Untersuchung von Bohrschädlingen in Zuckerrohr. Dezember 1940–März 1941 [Eingereicht beim Imperialen Rat für Agrarforschung, (1943), 1–284].

203. (MIT B. N. GHOSH) Statistische Analyse von Daten bezüglich des Auftretens von Schädlingen und Krankheiten bei verschiedenen Zuckerrohrsorten [Verhandlungen der Indischen Statistischen Konferenz, Kalkutta, 1943] (Zusammenfassung) [Sankhyā, 4, (1939), 349].

204. [Redaktionelle Anmerkung] zu ‚Die Stabilität der Einkommensverteilung von Harro Bernardelli' [Sankhyā, 6, (1944), 362].

205. Mehrstufige Stichprobenziehung (Abstract) [Verhandlungen des Indischen Wissenschaftskongresses, (Delhi), Sektion Mathematik und Statistik, 31, Teil III, Sektion I, 3–4].

206. Über großangelegte Stichprobenerhebungen [Philosophical Transactions of the Royal Society, London, Series B, 231, (1944), 329–451].

207. Organisation der Statistik in der Nachkriegszeit [Verhandlungen des Nationalen Instituts der Wissenschaften, Indien, 10, (1944), 69–78].

208. Vorläufiger Bericht über die Ernteschnittversuche bei Aus-Reis, 1942 [Eingereicht bei der Regierung von Bengalen (1944)].

209. Bericht über die Bengalen-Ernteerhebung 1943–1944. Teil I – Jute und Aus-Reis 1943. Teil 2 – Aman-Reis, 1943–1944, 46 Seiten.

210. Bengalische Ernteumfrage 1944–1945: Fortschrittsberichte über Bhadoi (Monsun) Ernten, eingereicht am 8. und 20. Oktober und 4. November 1944; über Aghani (Winter) Ernten am 11. November, 1., 8. und 25. Dezember 1944, 2. und 22. Januar, 2. und 9. Februar und 21. März 1945; und über Robi (Frühling) Ernten am 19. und 23. März 1945.

211. Bengalen Erntebericht 1944–1945: Fortschrittsberichte. Eingereicht bei der Regierung von Bengalen über Jute- und Aus-Reisernten am 31. August, 16. September und 14. Oktober 1944 und über Aman-Reisernten am 19. Dezember 1944 und 16. und 24. Dezember 1944 und 16. und 24. Januar und 1., 8., 14. und 23. Februar 1945.

212. Anmerkung zur Sterblichkeit in Bengalen im Jahr 1943 [Eingereicht bei der Hungersnot-Untersuchungskommission im Februar 1945].

213. Anmerkung zur Anzahl der Mittellosen im Jahr 1943 [Eingereicht bei der Regierung von Bengalen am 28. Mai 1945].

214. Bericht über die Bihar-Ernteerhebung, Rabi-Saison, 1943–44 [Eingereicht bei der Regierung von Bihar] [Sankhyā, 7, (1945), 29–106].

215. Bengalische Hungersnot: der Hintergrund und grundlegende Fakten [Vortrag gehalten bei der Ostasien-Vereinigung an der Royal Society 25. Juli, 1945] [Asiatische Überprüfung, Oktober (1946), 7].

216. Eine direkte Methode zur Schätzung der Gesamtproduktion von Kulturen (Abstract) [Verhandlungen des Indischen Wissenschaftskongresses, (Bangalore), Sektion Statistik, 33, Teil III, Sektion II, (1946), 17].

217. Verteilung der Muslime in der Bevölkerung von Indien [Sankhyā, 7, (1946), 429–434].

218. Probleme der aktuellen demografischen Daten in Indien [In] ‚Vorträge, die von speziellen Gästen der Bevölkerungsvereinigung von Amerika präsentiert wurden. 25.-26. Oktober 1946' New York (Mimeo).

219. Neueste Experimente zur statistischen Stichprobennahme im Indian Statistical Institute [Asia Publishing House und Statistical Publishing Society, 1961, 9, 70 Seiten].

220. Stichprobenuntersuchungen zu Erträgen von Kulturen in Indien [Sankhyā, 7, (1946), 269–280].

221. Verkehrszählung auf der neuen Howrah-Brücke [Eingereicht bei der Regierung von Indien, (1946)].

222. Verwendung von kleinen Parzellen in Stichprobenerhebungen für Erträge von Kulturen [Nature, 158, (1946), 798–799].

223. (MIT D. N. MAJUMDAR und C. R. RAO) Biometrische Analyse anthropologischer Messungen an Kasten und Stämmen der United Provinces (Abstract) [Verhandlungen des Indischen Wissenschaftskongresses, (Bangalore), Sektion Anthropologie und Archäologie, 33, Teil III, Sektion 8, 138].

224. (MIT R. K. MUKHERJI und A. GHOSE) Stichprobenuntersuchung der Nachwirkungen der Bengalischen Hungersnot von 1943 [Sankhyā, 7, (1946), 337–400].

225. ‚Hungersnot und Rehabilitation in Bengalen' [Calcutta Statistical Publishing Society, (1946), 1–63].

226. Untersuchung zur Wirtschaftlichkeit von landwirtschaftlicher Arbeit und ländlicher Verschuldung [Eingereicht bei der Regierung von Indien, (1947)].

227. Untersuchung zur Wirtschaftlichkeit und Statistik von Straßenentwicklungen. Berichte über die Verkehrs- und Wirtschaftserhebungen, die in Sherghatti, Jehanabad, Bariarpur, Mohania und Toposi durchgeführt wurden [Eingereicht bei der Regierung von Indien, (1947)].

228. Über die Kombination von Daten aus Tests, die in verschiedenen Laboren durchgeführt wurden. Zusammenfassung des Vortrags, berichtet von Tucker, J. (Jr.) [American Society for Testing Materials (ASTM) Bulletin, 144, (1947), 64–66].

229. Bericht über die Tour durch Kanada, U. S. A. und U. K. vom 15. Oktober bis 15. Dezember 1946 [Sankhyā, 8, (1947), 403–410].

230. Walter A. Shewhart und statistische Qualitätskontrolle in Indien [Sankhyā, 9, (1949), 51–60].

231. Historische Anmerkung zur D^2-Statistik, Anhang I, Anthropologische Untersuchung der Vereinigten Provinzen, 1941: eine statistische Studie [Sankhyā, 9, (1949), 237–239].

232. Statistische Werkzeuge in der Ressourcenbewertung und -nutzung. UN, (1949), 1–14. [U. N. Wissenschaftliche Konferenz über die Umwandlung und Nutzung von Ressourcen, 17. August–6. September, 1949, Lake Success, New York, Vol. 1, (Plenarsitzungen), (1949), 196–200].

233. Vereinte Nationen. Wirtschafts- und Sozialrat. Unter-Kommission für statistische Stichproben (abgehalten vom 30. August bis 11. September 1948) {Vorsitzender: P. C. Mahalanobis} [Sankhyā, 9, (1949), 377–398].

234. (MIT D. N. MAJUMDAR und C. R. RAO) Anthropometrische Untersuchung der United Provinces, 1941: eine statistische Studie [Sankhyā, 9, (1949), 90–324].

235. Altersstabellen basierend auf den Y-Proben [Eingereicht bei der Regierung von Indien, (1950)].

236. Kosten und Genauigkeitsergebnisse bei Stichproben und vollständiger Erfassung [Bulletin des Internationalen Statistischen Instituts, 32 (2), (1950), 210–213].

237. Untersuchung der wirtschaftlichen Lage der landwirtschaftlichen Arbeit (1946–47) [Eingereicht bei der Regierung von Westbengalen, (1950)].

238. Übersicht über die ländliche Verschuldung. Abschlussbericht: Untersuchung zur ländlichen Verschuldung, 1946–47 [Eingereicht bei der Regierung von Westbengalen, (1950)].

239. Lehrplan für einen fortgeschrittenen (professionellen) Kurs in statistischer Stichprobennahme [Sankhyā, 10, (1950), 152–154]. {Teil des Anhangs ‚A‘ von UNESCO. Unter-Kommission für statistische Stichprobennahme. Bericht über die 3. Sitzung [Sankhyā, 10, (1950), 129–158]}.

240. Warum Statistik? Allgemeine Präsidentenansprache, Indischer Wissenschaftskongress, siebenunddreißigste Sitzung, Poona (2. Januar 1950) [Verhandlungen des Indischen Wissenschaftskongresses, (Poona), 37, Teil II, (1950), 1–32] [Sankhyā, 10, (1950), 195–228].

241. In memorium: Abraham Wald [Sankhyā, 12, (1951), 1–2].

242. Indien: Finanzministerium, Wirtschaftsministerium – Nationaler Einkommensausschuss. Vorsitzender: P. C. Mahalanobis. Erster Bericht – 1951, 102 Seiten.

243. Berufliche Ausbildung in Statistik [Bulletin International Statistical Institute, 33 (5), (1951), 335–342].

244. Tabellen zu Lebensunterhalt und Industrien basierend auf Y-Muster [Eingereicht bei der Regierung von Indien, (1951)].

245. Rolle der mathematischen Statistik in der Sekundarbildung [Bulletin International Statistical Institute, 33 (5), (1951), 323–334].

246. (MIT J. M. SENGUPTA) Über die Größe von Stichprobenausschnitten in Ernteschneideversuchen im Indian Statistical Institute, 1939–1950. Anhänge A & B [Bulletin International Statistical Institute, 33 (3), (1951), 359–404].

247. Nationales Einkommen, Investition und nationale Entwicklung. Vorlesung gehalten am Nationalen Institut der Wissenschaften von Indien, Neu Delhi, 4. Oktober 1952 [Gespräche über Planung. Asia Publishing House und Statistical Publishing Society, 1961, 9–12].

248. Einige Aspekte des Designs von Stichprobenumfragen [Sankhyā, 13, (1952), 1–7].

249. Statistische Methoden in der nationalen Entwicklung. Die dreizehnte ‚Jagadish Chandra Bose Gedenkvortrag‘, Bose Institute, Kalkutta, 1951 [Wissenschaft und Kultur, 17, (1952), 497–504].

250. National Sample Survey: Allgemeiner Bericht Nr. 1 über die erste Runde, Oktober 1950–März 1951 [Eingereicht bei der Regierung von Indien, (1952)] [Sankhyā, 13, (1952), 47–214].

251. Einige Beobachtungen zum Prozess des Wachstums des nationalen Einkommens [Sankhyā, 13, (1952), 307–312].

252. (MIT S. B. SEN) Über einige Aspekte der indischen nationalen Stichprobenerhebung [Bulletin International Statistical Institute, 34 (2), (1953), 5–14].

253. Grundlagen der Statistik [Dialectica, 8, (1954), 95–111] [Sankhyā, 18, (1957), 183–194].

254. Indien: Finanzministerium, Wirtschaftsministerium – Nationaler Einkommensausschuss. Abschlussbericht. Vorsitzender: P. C. Mahalanobis, 1954, 173 Seiten.

255. Bericht über die Umfrage zur Sparpräferenz im Bundesstaat Delhi [Eingereicht beim Finanzministerium, Regierung von Indien, (1954)].

256. Studien zur Planung der nationalen Entwicklung. Ansprache gehalten anlässlich der Eröffnung durch Premierminister Jawaharlal Nehru der ‚Studien zur Planung der nationalen Entwicklung‘, am Indischen Statistischen Institut, Kalkutta, 3. November, 1954 [Gespräche über Planung. Asia Publishing House und Statistical Publishing Society, 1961, 13–18].

257. Ansatz zur Planung in Indien. Basierend auf einem Vortrag, der am 11. September 1955 von All India Radio ausgestrahlt wurde [Gespräche über Planung. Asia Publishing House und Statistical Publishing Society, 1961, 47–54].

258. Ansatz der Operationsforschung zur Planung in Indien [Sankhyā, 16, (1955), 3–62] [Ein Ansatz der Operationsforschung zur Planung in Indien; Asia Publishing House und Statistical Publishing Society, 1961, vi, 168p].

259. Entwurfsrahmen für den zweiten Fünfjahresplan 1956–1961 [Wissenschaft und Kultur, 20, (1955), 619–632].

260. Entwurf des Planrahmens für den Zweiten Fünfjahresplan. 1956/57–1960/61: Empfehlungen für die Formulierung des Zweiten Fünfjahresplans [Eingereicht bei der Regierung von Indien, 17. März, (1955)] [Sankhyā, 16, (1955), 63–90] [Veröffentlicht als ‚Empfehlungen für den ... Plan‘ [in] Gespräche über Planung. Asia Publishing House und Statistical Publishing Society, 1961, 19–46].

261. Landwirtschaftliche Statistiken im Zusammenhang mit der Planung. Ansprache gehalten auf der neunten Jahrestagung der Indian Society of Agricultural Statistics, 7. Januar, 1956 [Journal of Indian Society of Agricultural Statistics, 8, (1956), 5–13].

262. Die Geologische, Bergbau- und Metallurgische Gesellschaft von Indien, Kalkutta. Ansprache gehalten auf der Zweiunddreißigsten Jahreshauptversammlung vom 28. September 1956 [Vierteljährliche Zeitschrift für Geologie, Bergbau und Metallurgie, Indien, 28, (1956), 87–88].

263. Statistiken müssen einen Zweck haben. Präsidentenansprache, Pakistanische Statistikkonferenz, Lahore, Februar 1956.

264. Einige Eindrücke von einem Besuch in China, 17. Juni–11. Juli, 1957. Getippte Seiten 35.

265. Statistik, eine Umfrage, (Universitätsunterricht der Sozialwissenschaften, Nr. 7). Vorbereitet und herausgegeben im Auftrag des Internationalen Statistischen Instituts, Den Haag, Paris, UNESCO, 1957, 209 Seiten.

266. Ansatz der Planung in Indien [Trim. Econ., 25, (1958), 654–663].

267. Industrialisierung von unterentwickelten Ländern – ein Mittel zum Frieden. Vortrag gehalten auf der dritten Pugwash-Konferenz in Kitzbühel-Wien, September 1958 [Bulletin Atom. Scient., 15 (1), (1959), 12–17] [Sankhyā, 22, (1960), 173–180] [Gespräche über Planung. Asia Publishing House und Statistical Publishing Society, 1961, 125–136 (mit Anhang)].

268. Industrializatsiya – klyuch kukrepleniyu nezavisimosti. (Industrialisierung – ein Schlüssel zur Konsolidierung der Unabhängigkeit), [Sovremennyi Vostok (Zeitgenössischer Osten), Nr. 12, (1958), 15–18].

269. Methoden der Fraktilgrafikanalyse mit einigen Vermutungen über die Ergebnisse [Transactions of Bose Research Institute, 22, (1958), 223–230].

270. Entspannung der Spannungen durch Industrialisierung der unterentwickelten Länder (Mimeo-graph) Kitzbühel-Wiener Konferenz der Wissenschaftler, September 1958.

271. Wissenschaft und nationale Planung. Jubiläumsansprache gehalten am Nationalen Institut für Wissenschaft von Indien, Madras, 5. Januar, 1958 [Sankhyā, 20, (1958), 69–106] [Gespräche über Planung. Asia Publishing House und Statistical Publishing Society, 1961, 55–92] [Wissenschaft und Kultur, 23, (1958), 396–410].

272. Einige Beobachtungen zur Weltlandwirtschaftszählung 1960 [Bulletin International Statistical Institute, 36 (4), (1958), 214–221].

273. Verkündung einer neuen Epoche [in] ‚Eine Studie über Nehru' [Hrsg. Rafiq Zakaria, (1959), 309–320] [Gespräche über Planung. Asia Publishing House und Statistical Publishing Society, 1961, 1–8].

274. Izuchenie problem industrializatii slaborazvitikh stran (Studie über die Probleme der Industrialisierung in den unterentwickelten Ländern). Sovremennyi Vostok (1959) (Zeitgenössischer Osten) [Nr. 9, Englische Übersetzung in Gespräche über Planung. Asia Publishing House und Statistical Publishing Society, 1961, 137–142].

275. Bedarf an wissenschaftlichem und technischem Personal für die wirtschaftliche Entwicklung. Basierend auf einem Vortrag, der am 23. September 1959 von All India Radio ausgestrahlt wurde [Gespräche über Planung. Asia Publishing House und Statistical Publishing Society, 1961, 143–146].

276. Nächste Schritte in der Planung. Jubiläumsansprache gehalten am Nationalen Institut für Wissenschaft von Indien, Neu Delhi, 20. Januar, 1959 [Gespräche über Planung. Asia Publishing House und Statistical Publishing Society, 1961, 1–8] [Sankhyā, 22, (1960), 143–172].

277. Probleme der wirtschaftlichen Entwicklung in Indien und anderen unterentwickelten Ländern im Zusammenhang mit weltlichen Angelegenheiten, [Bulletin des International House of Japan, 3, (1959) (10–15)].

278. Überprüfung der jüngsten Entwicklungen in der Organisation der Wissenschaft in Indien. Präsentiert auf der 6. Generalversammlung und wissenschaftlichen Symposium unter der Schirmherrschaft der Weltföderation der Wissenschaftlichen Arbeiter, 1959 [Vijnan Karmee, 11, (1959), 13–27].

279. Arbeitslosigkeit und Unterbeschäftigung. Ansprache gehalten als Sektionsvorsitzender der Zweiten All India Labour Economics Conference, Agra, Januar, 1959 [Indian Journal of Labour Economics, 2, (1959), 39–45] [Vorträge zur Planung. Asia Publishing House und Statistical Publishing Society, 1961, 147–152].

280. (MIT A. DAS GUPTA) Die Verwendung von Stichprobenuntersuchungen in demographischen Studien in Indien [UN-Weltbevölkerungskonferenz, Rom, (1954)] [E/Conf. 13/418, VI, (1959), 363–384].

281. Wirtschaftliche Entwicklung der afro-asiatischen Länder (Vorbereitet für die Bandung-Konferenz, April 1955). Anhang zu ‚Industrialisierung von unterentwickelten Ländern – ein Weg zum Frieden' von P. C. Mahalanobis [Sankhyā, 22, (1960), 181–182].

282. Anreize und wissenschaftliches und technisches Personal [Dainik Samachar, (1960)].

283. Arbeitsprobleme in gemischter Wirtschaft. Präsidentenansprache gehalten auf der dritten All India Labour Economic Conference, Madras, 2. Januar, 1960 [Indian Journal of Labour Economics, 3, (1960), 1–8] [Gespräche über Planung. Asia Publishing House und Statistical Publishing Society, 1961, 153–159].

284. Methoden der Fraktilgrafikanalyse [Econometrica, 28, (1960), 325–351] [Sankhyā, 23 A, (1961), 41–64].

285. Hinweis auf Probleme des wissenschaftlichen Personals. Entwurfs- empfehlungen, die dem Ausschuss für wissenschaftliches Personal am 24. März 1960 vorgelegt wurden [Wissenschaft und Kultur, 27, (1960), 40–128].

286. Über die Verwendung der Fraktilgrafikmethode zur Analyse von Wirtschafts- daten (Abstract) [Verhandlungen des Indischen Wissenschaftskongresses, (Bombay), Sektion Statistik, 47, Teil III, Sektion II, (1960), 23].

287. Perspektivische Planung. Ansprache gehalten auf der dritten Sitzung des SE- ANZA-Zentralbankkurses in Bombay (1960).

288. Wissenschaftliche Mitarbeiter in Großbritannien, den USA und der UdSSR [Wissenschaft und Kultur, 27, (1960), 101–110].

289. (MIT D. B. LAHIRI) Analyse von Fehlern in Volkszählungen und Umfragen mit besonderem Bezug auf Erfahrungen in Indien [Bulletin International Sta- tistical Institute, 38 (2), (1960), 409–433] [Sankhyā, 23 A, (1961), 325–358].

290. Vorläufige Anmerkung zum Verbrauch von Getreide in Indien. (Mit 4 An- hängen) [Bulletin International Statistical Institute, 39 (4), (1960), 53–76] [Sankhyā, 25 B, (1963), 217–236].

291. (MIT M. MUKHERJEE) In Indien verwendete Operationsforschungsmodelle für die Planung. Präsentiert auf dem Zweiten Internationalen Kongress für Operationsforschung, September 1960.

292. Rolle der Wissenschaft in der wirtschaftlichen und nationalen Entwicklung. Vorlesung gehalten an der Universität Sofia, 4. Dezember, 1961 [Indian Jour- nal of Public Administration, 8, (1961), 153–160].

293. Statistik für wirtschaftliche Entwicklung [Journal of the Royal Society of Japan, 3, (1961), 97–112] [Sankhyā, 27 B, (1965), 179–188].

294. ‚Gespräche über Planung' (gesammelte Ansprachen und Sendungen zu ver- schiedenen Aspekten der Planung). Asia Publishing House und Statistical Pu- blishing Society (1961) [Studien zur Planung für die nationale Entwicklung, Nr. 6] [Indische Statistische Serie Nr. 14], iv, 159 Seiten.

295. Wissenschaftliche Grundlage für wirtschaftliche Entwicklung. Präsentiert auf der Konferenz für ‚Internationale Zusammenarbeit und Partnerschaft', Salz- burg-Wien, 1–7 Juli, 1962 [Sankhyā, 25 B, (1963), 55–56].

296. Erste Konvokation des Indischen Statistischen Instituts – Abschnitt II Überprüfung des Direktors durch P. C. Mahalanobis [Wissenschaft und Kultur, 28, (1963), 92–97].

297. Einführung in Band fünfundzwanzig [Sankhyā, 25 A, (1963), 1–4 und 25 B, (1963), Corrigenda 427].

298. Bedarf an einer standardisierten Terminologie zur Klassifizierung verschiedener Arten von Forschung [Wissenschaft und Kultur, 29, (1963), 224–225].

299. Neueste Entwicklungen in der Organisation der Wissenschaft in Indien. [Sankhyā, 25 B, (1963), 67–84, Korrekturen 426].

300. Soziale Transformation für nationale Entwicklung [Sankhyā, 25 B, (1963), 49–57, Korrekturen 426].

301. Einige persönliche Erinnerungen an R. A. Fisher [Sankhyā, 25 A, (1963), 1–4] [Biometrics, 20, (1964), 368–371].

302. (MIT R. K. SOM und H. MUKHERJEE) Analyse der Varianz demographischer Variablen. (Anmerkung vom Herausgeber, P. C. Mahalanobis) [Sankhyā, 24 B, (1963), 21–22].

303. Probleme der internen Transformation. Präsentiert auf der Konferenz für ‚Internationale Zusammenarbeit und Partnerschaft‘, Salzburg-Wien, 1–7 Juli, 1962.

304. Statistische Werkzeuge und Techniken in der Perspektivplanung in Indien [Bulletin International Statistical Institute, 40 (1), (1963), 152–169] [Sankhyā, 26 B, (1964), 29–44].

305. Indien, Planungskommission Bericht des Ausschusses über die Verteilung von Einkommen und Lebensstandards. Vorsitzender: P. C. Mahalanobis, Teil I: Verteilung von Einkommen und Vermögen und Konzentration von Wirtschaftsmacht, (1964), 107 Seiten.

306. Ziele der naturwissenschaftlichen Bildung in unterentwickelten Ländern. (Die Commonwealth-Konferenz über den naturwissenschaftlichen Unterricht in Schulen, Colombo, Dezember 1963) [Sankhyā, 26 B, (1964), 253–256] [Leicht geänderter Titel] ‚Die Ziele des naturwissenschaftlichen Unterrichts in Schulen – naturwissenschaftliche Bildung in unterentwickelten Ländern‘ [Commonwealth Education Committee: Naturwissenschaftlicher Unterricht in Schulen – Bericht einer Expertenkonferenz an der Universität von Ceylon, Paradeniya. Anhang II (ii), (1964), 28–31].

307. Perspektivische Planung in Indien: statistische Werkzeuge [Koexistenz, (1964), Mai, 60–73].

308. Prioritäten in der Wissenschaft in unterentwickelten Ländern [Die zwölfte Pugwash-Konferenz, Udaipur, 27. Januar–1. Februar, (1964), 181–193] [Sankhyā, 26 B, (1964), 45–52].

309. Einige Konzepte von Stichprobenuntersuchungen in demografischen Untersuchungen. Präsentiert auf der U. N. Weltbevölkerungskonferenz, Belgrad, August-September, 1965, Bd. III, 246–250. [Nachgedruckt mit Änderungen] [Sankhyā, 28 B, (1966), 199–204].

310. Statistik als Schlüsseltechnologie [Annals of Statistics, 19 (2), (1965), 43–46].

311. Verwendung des Kapitalausstoßverhältnisses in der Planung in Entwicklungsländern [Verhandlungen der 35. Sitzung, Internationales Statistisches Institut, Belgrad, September, 1965] [Bulletin Internationales Statistisches Institut, 41 (1), (1965), 87–95] [Sankhyā, 29 B, (1967), 249–256].

312. Erweiterungen der fraktalen grafischen Analyse auf höherdimensionale Daten. RTS Technischer Bericht Nr. 7/66, Februar 1966, 1–13 (mimeographiert). [Aufsätze in Wahrscheinlichkeit und Statistik (S. N. Roy Gedenkband). Calcutta Statistische Verlagsgesellschaft, 1969, 397–406].

313. Ziele von Wissenschaft und Technologie. Vorgestellt vor dem Symposium über die Zusammenarbeit zwischen den Ländern Afrikas und Asiens zur Förderung und Nutzung von Wissenschaft und Technologie, Neu-Delhi, April-Mai 1966. [Seminar, 82, (1966), 38–43].

314. Qualitätskontrolle für wirtschaftliches Wachstum [Sankhyā, 29 B, (1967)], [Antrittsrede, 4. All India Konferenz über statistische Qualitätskontrolle, Madras, 7–9 Dezember, 1967]. Technischer Bericht Nr. 41/69.

315. Royal Society Konferenz über Commonwealth Wissenschaftler [Wissenschaft und Kultur, 33, (1967), 149–153].

316. Das asiatische Drama: eine indische Rezension [Sankhyā, 31 B, (1969), 435–458] [Kürzere Rezension in Scientific American, 22 (1), Juli 1969, 128–134] [Längere Version, Economic Policies Weekly, 4 (28), (1969), 30: Sonderausgabe, Juli 1969; 1119–1132, Juli 1969].

317. Grundprobleme des Designs von Stichprobenumfragen [Internationale Konferenz für Informatik, organisiert vom Institut für Statistische Studien und Forschung, Kairo Universität, Dezember, 1969].

318. Erweiterungen der fraktile grafischen Analyse [Verhandlungen der Internationalen Konferenz über Qualitätskontrolle, Tokio, ICQC, 1969, 515–518].

319. (MIT D. P. BHATTACHARYYA) Wachstum der Bevölkerung in Indien und Pakistan: 1800–1961 [Allgemeiner Kongress, 1969, Internationale Union für wissenschaftliche Bevölkerungsstudien, London. Technischer Bericht Nr. Demo/6/69].

320. Indien. Planungskommission. Bericht des Ausschusses über die Verteilung von Einkommen und Lebensstandards [Vorsitzender: P. C. Mahalanobis] Teil II: Veränderungen in den Lebensstandards, 1969, 114 Seiten.

321. (MIT R. C. BOSE usw.) (Hrsg.) Aufsätze in Wahrscheinlichkeit und Statistik. Calcutta Statistical Publishing Society, 1969.

322. Sozialer Wandel, Wissenschaft und wirtschaftliches Wachstum. Eine Asienversammlung zu neuen Richtungen für Asien, organisiert von der Press Foundation of Asia, Manila, Philippinen, April 1970.

323. (MIT D. B. LAHIRI et al.) Technische Aspekte des Designs, National Sample Survey. RTS-Publikationen: Mimeograph-Serie, 226 Seiten.

324. Einige Beobachtungen zu jüngsten Entwicklungen in Stichprobenerhebungen [Verhandlungen der 38. Sitzung (Washington), Bulletin International Statistical Institute, 44 (1), (1971), 247–261. Diskussion 262–268].

Liste der Veröffentlichungen von Professor Nikhil Ranjan Sen

1. ‚Über die Potenziale heterogener unvollständiger Ellipsoide und elliptischer Scheiben.' [Bulletin der Calcutta Mathematical Society, 10 (1918) 157].

2. ‚Über das äußere Potential unendlicher elliptischer Zylinder.' [Philosophical Magazine, 38 (1919) 465].

3. ‚Über eine Art von Schwingung einer dünnen elastischen Kugelschale in einem gasförmigen Medium.' [Philosophical Magazine, 42 (1921) 192].

4. ‚Die Gleichung der langen Wellen in Kanälen mit variierendem Querschnitt.' [Philosophical Magazine, 48 (1924) 65].

5. ‚Anmerkung zur Ausbreitung von Wellen in elastischen Medien.' [Bulletin der Calcutta Mathematical Society, 16 (1924) 9].

6. ‚Über die Randbedingungen für die Gravitationsfeldgleichungen auf Diskontinuitätsflächen.' [Annls Phys, 4 (1924) 73].

7. ‚Über de Sitters Universum' (mit M V Laue) [Annls Phys, 4 (1924) 74].

8. ‚Über die Berechnung des Potenzialabfalls in den Ionen und Elektronengas im Kontakt mit glühenden Metallen.' [Annls Phys, 4 (1924) 82].

9. ‚Über das elektrische Teilchen nach Einsteins Feldtheorie.' [Zeitschrift für Physik, 40 (1927) 667].

10. ‚Über Fresnels Konvektion in der allgemeinen Relativitätstheorie.' [Verhandlungen der Royal Society, 116 (1927) 73].

11. ‚Über die Trennung von H-Linien in parallelen und gekreuzten elektrischen und magnetischen Feldern.' [Zeitschrift für Physik, 65 (1929) 673].

12. ‚Gleichungen der Elektronentheorie und Diracs Wellenmechanik (I).' [Zeitschrift für Physik, 66 (1930) 122].

13. ‚Über das Kepler-Problem für die fünfdimensionale verallgemeinerte Wellengleichung und den Einfluss des Gravitationsfeldes auf Spektrallinien.' [Zeitschrift für Physik, 66 (1930) 686].

14. ‚Bewegung von Materieteilchen in einem homogenen Gravitationsfeld.' [Zeitschrift für Physik, 66 (1930) 693].

15. ‚Gleichungen der Elektronentheorie und Diracs Wellenmechanik (II).' [Zeitschrift für Physik, 68 (1931) 267].

16. ‚Zur Interpretation von Diracs Matrizen.' [Indian Phys. Math. Journal, 2 (1931) 1].

17. ‚Strahlung im expandierenden Universum.' [Indian Phys. Math. Journal, 3 (1932) 89].

18. ‚Über Edingtons Problem der Ausdehnung des Universums durch Kondensation.' [Verhandlungen der Royal Society, 140 (1933) 269].

19. ‚Über Schwarzschilds Problem der gasförmigen Kugel.' [Zeitschrift für Astro-Physik, 7 (1933) 188].

20. ‚Über das Gleichgewicht einer inkompressiblen Kugel' (mit N K Chatterjee) [Monatliche Mitteilungen der Royal Astronomical Society, 94 (1934) 550].

21. ‚Über die Stabilität des kosmologischen Modells.' [Zeitschrift für Astro-Physik, 9 (1934) 215].
22. ‚Minimal-Eigenschaft des Friedman-Raums.' [Zeitschrift für Astro-Physik, 9 (1935) 315].
23. ‚Stabilität der kosmologischen Modelle.' [Zeitschrift für Astro-Physik, 10 (1935) 29].
24. ‚Rate des Verschwindens der Eigenbewegung einer Nebel nach der Expansionstheorie.' [Bulletin der Calcutta Mathematical Society, 27 (1935) 101].
25. ‚Prinzip der Äquivalenz und Ableitung der Lorentz-Transformation.' [Indian Journal of Physics, 10 (1936) 341].
26. ‚Größe dichter Kugeln.' [Zeitschrift für Astro-Physik, 14 (1937) 157].
27. ‚Expansion einer Nebel.' [Bulletin der Calcutta Mathematical Society, 29 (1937) 185].
28. ‚Zwei elementare Sätze über Polytrope.' [Bulletin der Calcutta Mathematical Society, 30 (1938) 11].
29. ‚Druckverhältnisse im Inneren von Sternkörpern.' [Zeitschrift für Astro-Physik, 18 (1939) 124].
30. ‚Über theoretische Schätzungen einer Obergrenze von Sternendurchmessern.' [Indian Journal of Physics, 15 (1941) 209].
31. ‚Über einige thermodynamische Eigenschaften einer Mischung aus Gas und Strahlung.' [Indian Journal of Physics, 15 (1941) 219].
32. ‚Über die Umkehrung des Dichtegradienten und Konvektion in stellaren Körpern.' [Verhandlungen des Nationalen Instituts für Wissenschaft, Indien, 7 (1942) 183].
33. ‚Über Sternmodelle auf Basis von Bethes Gesetz der Energieerzeugung.' [Verhandlungen des Nationalen Instituts für Wissenschaft, Indien, 8 (1942) 317].
34. ‚Beitrag zur Theorie der Sternmodelle.' [Verhandlungen des Nationalen Instituts für Wissenschaft, Indien, 8 (1942) 339].
35. ‚Eine Anmerkung zur Mesonenwelle.' [Bulletin der Calcutta Mathematical Society, 34 (1942) 61].
36. ‚Ein ungefähres Sonnenmodell basierend auf Bethes Gesetz der Energieerzeugung' (mit U R Burman) [Astrophysics Journal, 100 (1944) 247].
37. ‚Anmerkung zum Cowling-Modell eines konvektiven Strahlungssterns' (mit U R Burman) [Indian Journal of Physics, 18 (1944) 212].
38. ‚Über die innere Verfassung von Sternen kleiner Massen nach Bethes Gesetz der Energieerzeugung' (mit U R Burman) [Astrophysics Journal, 102 (1945) 208].
39. ‚Anmerkung zur großskaligen Bewegung in viskosen Sternen' (mit N L Ghosh) [Bulletin der Calcutta Mathematical Society, 37 (1945) 141].
40. ‚Das Problem der inneren Beschaffenheit von Sternen.' [Bulletin der Calcutta Mathematical Society, 38 (1946) 1].

Liste der Veröffentlichungen von Professor Suddhodan Ghosh

1. Über die Flüssigkeitsbewegung in bestimmten rotierenden Kreisbögen [Bulletin der Calcutta Mathematical Society, 15, (1924), 27–46].

2. Zu einem Problem elastischer kreisförmiger Platten [Bulletin der Calcutta Mathematical Society, 16, (1925), 63–70].

3. Zur Lösung von $\Delta^4_1\, w = C$ in bipolaren Koordinaten und ihrer Anwendung auf ein Problem in der Elastizität [Bulletin der Calcutta Mathematical Society, 16, (1925), 117–122].

4. Über bestimmte mehrwertige Lösungen der Gleichungen des elastischen Gleichgewichts und ihre Anwendung auf das Problem der Versetzung in Körpern mit kreisförmigen Grenzen [Bulletin der Calcutta Mathematical Society, 17, (1926), 185–194].

5. Über die gleichmäßige Bewegung zäher Flüssigkeit aufgrund der Translation eines Tors parallel zu seiner Achse [Bulletin der Calcutta Mathematical Society, 18, (1927), 185].

6. Über die ebene Dehnung und Spannung in rotierenden elliptischen Zylindern und Scheiben [Bulletin der Calcutta Mathematical Society, 19, (1928), 117–126].

7. Über die Biegung einer belasteten elliptischen Platte [Bulletin der Calcutta Mathematical Society, 21, (1929), 191–194].

8. Zur Lösung der Gleichungen des elastischen Gleichgewichts geeignet für elliptische Grenzen [Transactions of the American Mathematical Society, 32, (1930), 47].

9. Über die Spannung und Dehnung in einem rollenden Rad [Bulletin der Calcutta Mathematical Society, 25, (1933), 99–106].

10. Biegung von Balken bestimmter Querschnittsformen [Bulletin der Calcutta Mathematical Society, 27, (1935), 61–68].

11. Eine Anmerkung zu den Schwingungen eines kreisförmigen Rings [Bulletin der Calcutta Mathematical Society, 27, (1935), 177–182].

12. Ebenenverzerrung in einer unendlichen Platte mit einem elliptischen Loch [Bulletin der Calcutta Mathematical Society, 28, (1936), 21–47].

13. Über einige einfache Stressverteilungen in drei Dimensionen [Bulletin der Calcutta Mathematical Society, 28, (1936), 107–119].

14. Spannungsverteilung in einer schweren kreisförmigen Scheibe, die mit ihrer Ebene vertikal durch einen Stift in der Mitte gehalten wird [Bulletin of the Calcutta Mathematical Society, 28, (1936), 145–150].

15. Über die Lösungen der Laplace-Gleichung, die für Probleme geeignet sind, die sich auf zwei sich berührende Kugeln beziehen [Bulletin der Calcutta Mathematical Society, 28, (1936), 193–198].

16. Zu einigen zweidimensionalen Problemen der Elastizität [Bulletin der Calcutta Mathematical Society, 28, (1936), 213–222].

17. Über die Verteilung von Spannung in einer halbunendlichen Platte unter der Wirkung eines Paares an einem Punkt in ihr [Bulletin der Calcutta Mathematical Society, 29, (1937), 177–184].

18. Spannungsverteilung in einer unendlichen Platte mit zwei gleich großen kreisförmigen Löchern [Bulletin der Calcutta Mathematical Society, 31, (1939), 149–159].

19. Über ebene Dehnung und ebene Spannung in anisotropen Körpern [Bulletin der Calcutta Mathematical Society, 34, (1942), 157–169].

20. Spannungssysteme in rotierenden aeolotropen Scheiben [Bulletin der Calcutta Mathematical Society, 35, (1943), 61–65].

21. Über die Divergenz der Lösung eines Problems der ebenen Verzerrung [Bulletin der Calcutta Mathematical Society, 36, (1944), 51–58].

22. Eine Anmerkung zu durchschnittlichen Spannungen in einer Platte [Bulletin der Calcutta Mathematical Society, 38, (1946), 10–20].

23. Zum Konzept der verallgemeinerten ebenen Spannung [Bulletin der Calcutta Mathematical Society, 38, (1946), 45–56].

24. Über die verallgemeinerte Ebenenspannung in einer aeolotropen Platte [Bulletin der Calcutta Mathematical Society, 38, (1946), 61–66].

25. Über die Biegung eines isotropen elastischen Zylinders [Bulletin der Calcutta Mathematical Society, 39, (1947), 1–14].

26. Über eine neue Funktionstheoretische Methode zur Lösung des Torsionsproblems für einige Grenzen [Bulletin der Calcutta Mathematical Society, 39, (1947), 107–112].

27. Über die Biegung eines Balkens, dessen Querschnitt teilweise durch eine gerade Linie begrenzt ist [Bulletin der Calcutta Mathematical Society, 40, (1948), 77–82].

28. Über die Torsion und Biegung eines Balkens, dessen Querschnitt ein Quadrant einer gegebenen Fläche ist [Bulletin der Calcutta Mathematical Society, 40, (1948), 107–115].

29. Torsion eines Rotationskörpers aus einem Material mit krummliniger Aeolotropie [Journal der Vereinigung für Angewandte Physik, Universität Kalkutta, 3, (1956), 1–4].

Liste der Veröffentlichungen von Professor Rabindranath Sen

1. Simplexe in n-Dimensionen [Bulletin der Calcutta Mathematical Society, 18, (1926), 33–64].

2. Infinitesimalanalyse eines Bogens im n-Raum [Proceedings of Edinburgh Mathematical Society, (1928), 149–159].

3. Sphärische Simplexe in n-Dimensionen [Verhandlungen der Edinburgh Mathematical Society, Ser. 2, Teil I (1930), 1–10].

4. Zur neuen Feldtheorie [Indian Physico Mathematical Journal, Nr. 2, (1930), 28–31].

5. Über die Krümmungen einer Hyperebene [Bulletin der Calcutta Mathematical Society, 23, (1931), 1–10].

6. Über Rotationen in Hyperebenen [Bulletin der Calcutta Mathematical Society, 23, (1931), 195–209].

7. Über die Verbindung zwischen Levi-Civita-Parallelismus und Einsteins Teleparallelismus [Proceedings of Edinburgh Mathematical Society, Ser. 2, Teil 4 (1931), 252–255].

8. Anmerkung zu Röhren elektromagnetischer Kräfte [Bulletin der Calcutta Mathematical Society, 35, (1933), 191–196].

9. Über eine Art von dreidimensionalem Raum, der mit Cliffords Parallelismus kompatibel ist [Tohuku Journal of Mathematics, 42, Teil 2, (1936), 226–229].

10. Parallelismus im Riemannschen Raum [Bulletin der Calcutta Mathematical Society, 36, (1944), 102–107].

11. Parallelismus im Riemannschen Raum II [Bulletin der Calcutta Mathematical Society, 37, (1945), 153–159].

12. Parallelismus im Riemannschen Raum III [Bulletin der Calcutta Mathematical Society, 38, (1946), 161–167].

13. Parallele Verschiebung und Skalarprodukt von Vektoren [Proceedings of the National Institute of Sciences, India, 14, (1948), 45–52].

14. Parallele Verschiebung und Skalarprodukt von Vektoren II [Bulletin der Calcutta Mathematical Society, 41, (1949), 41–46].

15. Parallele Verschiebung und Skalarprodukt von Vektoren III [Bulletin der Calcutta Mathematical Society, 41, (1949), 113–120].

16. Über ein algebraisches System, das von einem einzigen Element erzeugt wird und seine Anwendung in der Riemannschen Geometrie [Bulletin der Calcutta Mathematical Society, 42, (1950), 1–13].

17. Über ein algebraisches System, das von einem einzigen Element erzeugt wird, und seine Anwendung in der Riemannschen Geometrie II [Bulletin der Calcutta Mathematical Society, 42, (1950), 117–187].

18. Über ein algebraisches System, das von einem einzigen Element erzeugt wird, und seine Anwendung in der Riemannschen Geometrie III [Bulletin der Calcutta Mathematical Society, 43, (1951), 77–94].

19. Korrekturen zu meinen Arbeiten über algebraische Systeme usw. [Bulletin der Calcutta Mathematical Society, 44, Nr. 2, (1952)].

20. Über eine Art von Vektorräumen [Proceedings of the National Institute of Sciences, India, 19, (1953), 475–486].

21. Über Paare von Teleparallelismus [Journal of the Indian Mathematical Society, 17, (1953), 21–32].

22. Über Paare von Teleparallelismus II [Journal of the Indian Mathematical Society, 19, (1955), 61–71].

23. Anmerkung zum nicht-einfachen K^*-Raum [Proceedings of the National Institute of Sciences, India, 22, (1956), 82–85].

24. Parallelismus in der Differentialgeometrie [Präsidentenansprache auf der 43. Sitzung des Indischen Wissenschaftskongresses, Agra, (1956)].

25. Über eine Art von Riemannschen Raum, der zu einem flachen Raum konform ist [Journal of the Indian Mathematical Society, 21, (1958), 105–114].

26. Eine Anmerkung zu symmetrischen affinen Verbindungen [Indian Journal of Mathematics, 1, (1958), 17–19].

27. Auf einer Geometrie an einem Punkt einer Hyperebene eines Riemannschen Raums [Bulletin der Calcutta Mathematical Society, 50, (1958), 193–203].

28. (Mit H. Sen): Über eine Verallgemeinerung eines Raumes konstanter Krümmung [Bulletin der Calcutta Mathematical Society, Golden Jubilee Commemoration Volume, (1958), 129–139].

29. Über eine Korrespondenz zwischen einem System von symmetrischen Tensoren zweiter Ordnung und einem System von affinen Verbindungen [Proceedings of the National Institute of Sciences, India, 26, A, Suppl. II, (1960), 14–20].

30. Über eine Sequenz konformer Riemannscher Räume [Bulletin der Calcutta Mathematical Society, 54, (1962), 107–121].

31. Über ein algebraisches System konformer Riemannscher Räume [Indian Journal of Mathematics, 4, (1962), 71–85].

32. Assoziieren Sie Tensor- und affine Verbindungen [Journal of the Indian Mathematical Society, 27, (1963), 45–56].

33. Über neue Theorien des Raums in der allgemeinen Relativitätstheorie [Bulletin der Calcutta Mathematical Society, 56, (1964), 1–14].

34. Über neue Theorien des Raums in der vereinheitlichten Feldtheorie [Bulletin der Calcutta Mathematical Society, 56, (1964), 147–162].

35. Konform euklidische Räume der Klasse eins [Indian Journal of Mathematics, 6, (1964), 93–104].

36. Sir Asutosh Mookerjee – Lebensskizze, mathematische Arbeiten und deren Zusammenfassungen [Bulletin der Calcutta Mathematical Society, 56, (1964), 49–62].

37. Über ein algebraisches System von Riemannschen Räumen [Journal of the Indian Mathematical Society, 29, (1965), 169–185].

38. Verallgemeinerung von Cliffords Parallelismus [Tensor (Neue Serie), 16, (1965), 230–242].

39. (Mit Bandana Gupta) Über orthogonale ennuples in einem Paar von Riemannschen Räumen [Proceedings of the National Institute of Sciences, India, 32, (1966), 210–216].

40. Über eine Charakterisierung von konform flachen Riemannschen Räumen der Klasse eins [Journal of the Australian Mathematical Society, 6, (1966), 172–178].

41. Über konform flache Riemannsche Räume der Klasse eins [Verhandlungen der Amerikanischen Mathematischen Gesellschaft, 17, (1966), 880–883].

42. Postulationale Methode in der Entwicklung der Mathematik [Everyman's Science (Indian Science Congress Association), I, Nr. I, (1966), 31–34].

43. Anwendung eines algebraischen Systems in der Finsler-Geometrie [Tensor (Neue Serie), 18, (1967), 191–195].

44. Über Krümmungstensoren in der Finsler-Geometrie [Tensor (Neue Serie), 18, (1967), 217–226].

45. (Mit M. C. Chaki) Über Krümmungsbeschränkungen einer bestimmten konformen Art von konform flachen Riemannschen Räumen der Klasse eins [Proceedings of the National Institute of Sciences, India, 33, (1967), 100–102].

46. Einige verallgemeinerte Formeln für Krümmungstensor in Finsler-Geometrie [Indian Journal of Mathematics, 9, (1967), 211–221].

47. Verallgemeinerte Krümmungstensoren [Bulletin der Calcutta Mathematical Society, 59, (1967), 9–17].

48. Finsler-Räume mit wiederkehrender Krümmung [Tensor (Neue Serie), 19, Nr. 3, (1968), 291–299].

49. Vereinigter Tensor und Verbindung in den neuen Theorien des Raums [Sir Asutosh Mookerjee Centenary Volume, Indian Association for the Cultivation of Science, Jadavpur, (1968), 35–44].

50. Grundvektoren des verallgemeinerten Riemannschen Raums [Indian Journal of Mechanics and Mathematics, Pt. 1, Sp. Issue, (1968), 95–104].

51. Korrektur zu einem Theorem von mir [Proceedings of the American Mathematical Society, 27, Nr. 2, (1971), 341–342].

52. Über affine Verbindungen in Riemannschen, fast komplexen und fast Hermiteschen Räumen [Tensor (Neue Serie), 25, (1972), 390–394].

53. Zyklische Strukturen von geometrischen Objekten, die eine Verbindung und Lie-Ableitungen beinhalten [Colloquium Mathematics, 26, (1972), 249–261].

Liste der Veröffentlichungen von Professor Bibhuti Bhusan Sen

1. Biegung eines Balkens mit einem Querschnitt in Form eines rechtwinkligen Dreiecks [Bulletin der Calcutta Mathematical Society, 21, (1929), 181–186].

2. Über Spannungen in kreisförmigen Ringen unter der Wirkung von isolierten Kräften am Rand [Bulletin der Calcutta Mathematical Society, 22, (1930), 27–38].

3. Spannungen aufgrund eines kleinen elliptischen Lochs oder eines Risses auf der normalen Achse eines tiefen Balkens unter konstantem Biegemoment [Philosophical Magazine, 12, (1931), 312–319].

4. Über die Spannungen in einer elastischen Kugel mit bestimmten diskontinuierlichen Verteilungen von Normaldrücken auf der Oberfläche [Bulletin der Calcutta Mathematical Society, 23, (1930), 67–76].

5. Über die Einzigartigkeit der Lösung von Elastizitätsproblemen, die mit der Biegung von dünnen Platten unter normalen Drücken verbunden sind [Philosophical Magazine, 16 (7), (1933), 975–979].

6. Über die Wirkung kleiner Hohlräume und Risse in einem Zylinder, der durch Torsions- und Scherbelastungen verdreht wird [Z. für. Angewandte Math. Und Mech., 13, (1933), 374–379].

7. Über Drehschwingungen von kegeligen Stäben [Z. Für. Tech. Phys.].

8. Über die Konzentration von Spannungen aufgrund einer kleinen kugelförmigen Hohlraum in einem gleichmäßigen Balken, der durch Endpaare gebogen wird [Bulletin der Calcutta Mathematical Society, 25, (1933), 107–114].

9. Über das Biegen bestimmter belasteter Platten [Indian Phys. Math. Journal, 5, (1934), 17–20].

10. Anmerkung zu einigen zweidimensionalen Problemen der Elastizität in Verbindung mit Platten mit dreieckigen Grenzen [Bulletin of the Calcutta Mathematical Society, 26, (1934), 65–72].

11. Hinweis auf die Spannungen in einigen rotierenden kreisförmigen Scheiben unterschiedlicher Dicke [Philosophical Magazine, 19 (7), (1935), 1121–1125].

12. Hinweis zur Biegung von kreisförmigen Scheiben unter bestimmter nicht-uniformer Verteilung der normalen Schubkraft [Philosophical Magazine, 20 (7), (1935), 1158–1163].

13. Über Torsionsschwingungen von zylindrischen Stäben unter variablen Kräften [Indian Phys. Math. Journal, 6, (1935), 41–44].

14. Hinweis zur Anwendung von trilinearen Koordinaten bei einigen Problemen der Elastizität und Hydrodynamik [Bulletin der Calcutta Mathematical Society, 27, (1935), 73–78].

15. Hinweis zur Stabilität einer dünnen Platte unter Kantenlast, wobei das Ausknicken durch eine kleine Kraft widerstanden wird, die proportional zur Verschiebung variiert [Bulletin der Calcutta Mathematical Society, 27, (1935), 157–164].

16. Über die Spannungen in einigen Rotationskörpern aufgrund von Reibungskräften, die auf ihren gekrümmten Oberflächen wirken [Indian Phys. Math. Journal, 7, (1936), 11–15].

17. Über die radiale Schwingung von Kugeln unter variablen radialen Kräften [Indian Phys. Math. Journal, 7, (1936), 43–46].

18. Anmerkung zur transversalen Schwingung von frei gestützten rechteckigen Platten unter der Wirkung von bewegenden Lasten und variablen Kräften [Bulletin der Calcutta Mathematical Society, 28, (1936), 199–208].

19. Anmerkung zur Torsion eines gebogenen Stabes [Philosophical Magazine, 24 (7), (1937), 203–272].

20. Die Spannung in dünnen halbkreisförmigen und halbelliptischen Scheiben, die um den sie begrenzenden Durchmesser rotieren [Z. für Angewandte Math. Und Mech., 17, (1937), 181–183].

21. Über die transversale Schwingung einiger rotierender Stäbe mit variablem Querschnitt [Indian Phys. Math. Journal, 8, (1937), 49–54].

22. Über die durch Paare erzeugten Spannungen in einer Schicht aus elastischem Material [Bulletin der Calcutta Mathematical Society, 29, (1937), 41–48].

23. Anmerkung zur Torsion eines gekrümmten Stabes mit kreisförmigem Querschnitt [Bulletin der Calcutta Mathematical Society, 29, (1937), 99–108].

24. Direkte Bestimmung von Spannungen aus den Spannungsgleichungen in einigen zweidimensionalen Problemen der Elastizität, Teil I [Philosophical Magazine, 26 (7), (1938), 98–119].

25. Direkte Bestimmung von Spannungen aus den Spannungsgleichungen in einigen zweidimensionalen Problemen der Elastizität, Teil II, Thermische Spannungen [Philosophical Magazine, 27 (7), (1939), 437–444].

26. Direkte Bestimmung von Spannungen aus den Spannungsgleichungen in einigen zweidimensionalen Problemen der Elastizität, Teil III, Probleme des nicht-isotropen Materials [Philosophical Magazine, 27 (7), (1939), 596–604].

27. Spannungen aufgrund von Kräften und Paaren, die im Inneren eines halbunendlichen, elastischen Festkörpers wirken [Bulletin der Calcutta Mathematical Society, 32, (1940), 72–83].

28. Anmerkung zur Biegung von dünnen gleichmäßig belasteten Platten, die von Kardioiden, Lemniskaten und bestimmten anderen quartischen Kurven begrenzt sind [Philosophical Magazine, 33 (7), (1942), 294–302].

29. Spannungen in einem unendlichen Streifen aufgrund eines isolierten Paares, das an einem Punkt in seinem Inneren wirkt [Bulletin der Calcutta Mathematical Society, 34, (1942), 45–51].

30. Spannungen aufgrund von Kräften und Paaren, die im Inneren einer unendlichen elastischen Platte wirken, die auf starren Fundamenten platziert ist [Bulletin of the Calcutta Mathematical Society, 35, (1943), 13–20].

31. Hinweis auf die Einzigartigkeit der Lösung von Problemen der dünnen Platte, die durch normale Drücke gebogen wird [Bulletin der Calcutta Mathematical Society, 35, (1943), 135–140].

32. Randwertprobleme von kreisförmigen Scheiben unter Körperkräften, Teil I [Bulletin der Calcutta Mathematical Society, 36, (1944), 52–62].

33. Randwertprobleme von kreisförmigen Scheiben unter Körperkräften, Teil II [Bulletin der Calcutta Mathematical Society, 36, (1944), 83–86].

34. Direkte Bestimmung von Spannungen aus den Spannungsgleichungen in einigen zweidimensionalen Problemen der Elastizität, Teil IV – ‚Probleme der Keile‘ [Philosophical Magazine, 36 (7), (1945), 66–72].

35. Spannungen in einer unendlichen Platte aufgrund isolierter Kräfte und Paare, die in der Nähe eines kreisförmigen Lochs wirken [Philosophical Magazine, 36 (7), (1945), 211–218].

36. Probleme von dünnen Platten mit kreisförmigen Löchern [Bulletin der Calcutta Mathematical Society, 37, (1945), 37–42].

37. Zweidimensionale Randwertprobleme der Elastizität [Verhandlungen der Royal Society, London, A, 187, (1946), 87–101].

38. Randwertprobleme einer schweren kreisförmigen Scheibe in einer vertikalen Ebene [Philosophical Magazine, 37 (7), (1946), 66–72].

39. Hinweis auf die Spannungen in einer halbunendlichen Platte, die durch einen starren Stempel an der verformten Grenze erzeugt werden [Bulletin der Calcutta Mathematical Society, 38, (1946), 117–120].

40. Direkte Bestimmung von Spannungen in dünnen elastischen Platten mit Hohlräumen verschiedener Formen [Bulletin der Calcutta Mathematical Society, 39, (1947), 113–118].

41. Direkte Bestimmung von Spannungen aus den Spannungsgleichungen in einigen zweidimensionalen Problemen der Elastizität, Teil V – ‚Probleme mit gekrümmten Grenzen' [Philosophical Magazine, 39 (7), (1948), 992–1000].

42. Anmerkung zur Verformung, die durch eine symmetrische Verteilung von variablen Lasten auf der ebenen Grenze eines halbunendlichen elastischen Festkörpers erzeugt wird [Bulletin der Calcutta Mathematical Society, 41, (1949), 77–82].

43. Spannungen aufgrund von Kernen thermisch-elastischer Verformung in einer dünnen kreisförmigen Platte [Bulletin der Calcutta Mathematical Society, 42, (1950), 253–255].

44. Hinweis auf die Spannungen, die durch Kerne der thermo-elastischen Verformung in einem halbunendlichen elastischen Festkörper erzeugt werden [Quarterly of Applied Mathematics, 8, (1951), 365–369].

45. Anmerkung zu zweidimensionalen Einbuchtungsproblemen eines nicht-isotropen halbunendlichen elastischen Mediums [Z. für. Angewandte Math. Phys., 5, (1954), 83–86].

46. Anmerkung zur Lösung einiger Probleme halbunendlicher elastischer Festkörper mit transversaler Isotropie [Indian Journal of Theoretical Physics, 2, (1954), 87–90].

47. Anmerkung zu einer Art von verzerrungsfreier Übertragungsleitung mit variablen Parametern [Indian Journal of Theoretical Physics, 4, (1956), 85–87].

48. Hinweis auf eine direkte Methode zur Lösung von Problemen elastischer Platten mit kreisförmigen Grenzen [Z. für. Angewandte Math. Phys., 8, (1957), 307–309].

49. Anmerkung zu einigen Problemen der dünnen gleichseitigen Dreiecksplatte [Indian Journal of Theoretical Physics, 5, (1957), 77–79].

50. Direkte Methode zur Lösung einiger zweidimensionaler Probleme der Elastizität [Bulletin der Calcutta Mathematical Society, Golden Jubilee Commemoration Volume, (1958), 173–178].

51. Hinweis auf die Einzigartigkeit der Lösung von Problemen, die mit dünnen Platten verbunden sind, die durch normale Drücke gebogen werden [Indian Journal of Theoretical Physics, 7, (1959), 41–44].

52. Hinweis zur Biegung einer dünnen gleichseitigen Platte unter Spannung [Z. für. Angewandte Math. Und Mech., BAND 40, (1960), 276–277].

53. Einige Probleme der Einbuchtung an der geraden Kante einer halb –unendlichen nicht-isotropen Platte [Verhandlungen des Nationalen Instituts der Wissenschaften, Indien, 26 A, (1960), 10–13].

54. Anmerkung zur transienten Reaktion einer linearen viskoelastischen Platte in Form eines gleichseitigen Dreiecks [Indian Journal of Theoretical Physics, 10, (1962), 77–81].

55. Hinweis zur direkten Bestimmung von stationären thermischen Spannungen in kreisförmigen Scheiben und Kugeln [Bulletin der Calcutta Mathematical Society, 56, (1964), 77–81].

56. Hinweis zum Fluss von viskoser Flüssigkeit durch einen Kanal mit gleich-
seitigem dreieckigem Querschnitt unter exponentiellem Druckgradienten
[Rev. Roum. Sci. Tech. Ser. Mechanique Appl., 9, (1964), 307–310].

57. Anmerkung zum Problem eines endlichen Stabes aus visko-elastischem Vo-
igt-Material [Rev. Roum. Sci. Tech. Ser. Mechanique Appl., 16 (6), (1972),
1237–1241].

Liste der Veröffentlichungen von Professor Raj Chandra Bose

1. (Mit S. Mukhopadhyaya) Allgemeines Theorem der Vertrautheit von Symmetrien einer hyperbolischen Triade [Bulletin der Calcutta Mathematical Society, 17, (1926), 39–54].

2. Neue Methoden in der euklidischen Geometrie von vier Dimensionen [Bulle-
tin der Calcutta Mathematical Society, 17, (1926), 105–140].

3. (Mit S. Mukhopadhyaya) Triadische Gleichungen in der hyperbolischen Geometrie [Bulletin der Calcutta Mathematical Society, 18, (1927), 99–110].

4. Die Theorie der assoziierten Figuren in der hyperbolischen Geometrie [Bulle-
tin der Calcutta Mathematical Society, 19, (1928), 101–116].

5. Sätze in der synthetischen Geometrie des Kreises auf der hyperbolischen
Ebene [Tohuku Mathematical Journal, (Japan), 34, (1931), 42–50].

6. Über eine neue Ableitung der Grundformeln der hyperbolischen Geometrie
[Tohuku Mathematical Journal, (Japan), 34 (1931), 291–294].

7. Synthetische Beziehungen zwischen beliebigen drei Elementen eines rechtwinkligen Dreiecks auf der hyperbolischen Ebene [Journal of the Indian Mathematical Society, 19, (1931), 126–129].

8. Verallgemeinerungen von Roesers Korrespondenz zwischen bestimmten
Arten von Polyedern im nicht-euklidischen Raum [Maths. Physic. Journal, 3,
(1932), 44–51].

9. (Mit W. Blaschke) Quadrilateral 4-Netze von Kurven in einer Ebene [Maths.
Physic. Journal, 3, (1932), 99–101].

10. Korrespondenz zwischen einem Tetraeder und einer speziellen Art von Hep-
tahedron im hyperbolischen Raum [Maths. Physic. Journal, 3, (1932), 133–
137].

11. Über die Anzahl der Krümmungskreise, die ein geschlossenes konvexes Oval
perfekt einschließen oder von einem solchen perfekt eingeschlossen werden
[Maths. Zeitschrift, (Leipzig), 35, (1932), 16–24].

12. Funktionale Gleichungen, die von den Grundfunktionen der hyperbolischen
Geometrie erfüllt werden und ihre Anwendung auf die Geometrie des Kreises
[Maths. Physic. Journal, 4, (1933), 37–41].

13. Über die Anwendung der Hyperraumgeometrie auf die Theorie der multiplen
Korrelation [Sankhya, 1 (1934), 338–342].

14. Eine Anmerkung zur konvexen Oval [Bulletin der Calcutta Mathematical Society, 26, (1935), 55–60].

15. Ein Theorem über das nicht-euklidische Dreieck [Bulletin der Calcutta Mathematical Society, 26 (1935), 69–72].

16. (Mit S. N. Roy) Einige Eigenschaften des konvexen Ovals in Bezug auf seinen Umfangsschwerpunkt [Bulletin der Calcutta Mathematical Society, 26, (1935), 79–86].

17. (Mit S. N. Roy) Eine Anmerkung zum Flächenschwerpunkt eines geschlossenen konvexen Ovals [Bulletin der Calcutta Mathematical Society, 26, (1935), 111–118].

18. (Mit S. N. Roy) Über die vier Schwerpunkte einer geschlossenen konvexen Oberfläche [Bulletin der Calcutta Mathematical Society, 26, (1935), 119–147].

19. (Mit S. N. Roy) Über die Auswertung des Wahrscheinlichkeitsintegrals der D^2 Statistik [Science and Culture, (Kalkutta), (1935), 436–437].

20. Über die genaue Verteilung und Momentenkoeffizienten der D^2 Statistik [Sankhya, 2, (1936), 143–154].

21. Theorie der schiefen rechteckigen Fünfecke des hyperbolischen Raums. Ableitung der Menge der zugehörigen Fünfecke [Bulletin der Calcutta Mathematical Society, 28 (1935), 159–186].

22. Eine Anmerkung zur Verteilung der Unterschiede in den Mittelwerten von Stichproben, die aus zwei multivariat normalverteilten Populationen gezogen wurden, und die Definition der D^2 Statistik [Sankhya, 2, (1936), 379–384].

23. Zwei Theoreme des konvexen Ovals [Journal of the Indian Mathematical Society (New Series), 2, (1936), 13–15].

24. Ein Theorem über gleichwinklige konvexe Polygone, die eine konvexe Kurve umschreiben [Journal of the Indian Mathematical Society (New Series), 2, (1936), 96–98].

25. Analogon eines Theorems von Blaschke [Journal of the Indian Mathematical Society, (Neue Serie) 2 (1936), 105–106].

26. (Mit P. C. Mahalanobis und S. N. Roy) Normalisierung von Variablen und die Verwendung von rechteckigen Koordinaten in der Theorie der Stichprobenverteilungen [Sankhya, 3, (1936), 1–40].

27. Über ein Kriterium für die Existenz eines zyklischen Punktes [Tohuku Mathematical Journal, (Japan) 43, (1936), 84–88].

28. Eine Anmerkung zu den oskulierenden Kreisen einer ebenen Kurve [Bulletin der Calcutta Mathematical Society, 29, (1935), 29–32].

29. Über die Verteilung der Mittelwerte von Stichproben, die aus einer Besselfunktionen-Population gezogen wurden [Sankhya, 3 (1938), 262–266].

30. Über die Anwendung der Eigenschaften von Galois-Feldern auf das Problem der Konstruktion von hyper Graeco-Lateinischen Quadraten [Sankhya, 3, (1938), 323–339].

31. (Mit S. N. Roy) Verteilung der Studentisierten D^2 Statistik [Sankhya, 4, (1938), 19–38].

32. (Mit K. R. Nair) Teilweise ausgeglichene unvollständige Blockdesigns [Sankhya, 4, (1939), 337–373].

33. (Mit K. Kishen) Über teilweise ausgeglichene Youden-Quadrate [Science and Culture, (Kalkutta), 4, (1939), 136–137].

34. Über die Konstruktion von ausgeglichenen unvollständigen Blockdesigns [Annals Eugenics, (London), 9, (1939), 358–398].

35. (Mit S. N. Roy) Die Verwendung und Verteilung der Studentisierten D^2 Statistik, wenn die Varianzen und Kovarianzen auf & Proben basieren [Sankhya, 4, (1940), 535–542].

36. (Mit K. Kishen) Über das Problem der Verwechslung im allgemeinen symmetrischen Faktoriellen Design [Sankhya, 5, (1940), 21–36].

37. (Mit K. R. Nair) Über vollständige Mengen von lateinischen Quadraten [Sankhya, 5, (1941), 361–382].

38. Einige neue Serien von ausgeglichenen unvollständigen Blockentwürfen [Bulletin der Calcutta Mathematical Society, 34, (1942), 17–31].

39. Eine affine Analogie von Singers Theorem [Journal of the Indian Mathematical Society (New Series), 6, (1942), 1–15].

40. Eine Anmerkung zu zwei kombinatorischen Problemen mit Anwendungen in der Theorie der Versuchsplanung [Science and Culture, (Kalkutta), 8, (1942), 192–193].

41. Eine Anmerkung zur Auflösbarkeit von ausgeglichenen unvollständigen Blockdesigns [Sankhya, 6, (1942), 105–110].

42. Eine Anmerkung zu zwei Serien von ausgeglichenen unvollständigen Blockentwürfen [Bulletin der Calcutta Mathematical Society, 35 (1943), 129–130].

43. Der fundamentale Satz der linearen Schätzung [Proceedings of the Indian Science Congress, (1944), 4–5].

44. (Mit S. Chowla und C. R. Rao) Über die Integralordnung (mod p) von Quadraten $x^2 + ax + b$, mit Anwendungen auf die Konstruktion von Minimalfunktionen für $GF(P^2)$ und auf einige Ergebnisse der Zahlentheorie [Bulletin der Calcutta Mathematical Society, 36, (1944), 153–174].

45. (Mit S. Chowla) Über die Konstruktion von affinen Differenzmengen [Bulletin der Calcutta Mathematical Society, 37, (1945), 107–112].

46. Mathematische Theorie des symmetrischen Faktoriellen Designs [Sankhya, 8, (1947), 107–166].

47. Über eine auflösbare Reihe von ausgeglichenen unvollständigen Blockentwürfen [Sankhya, 8, (1947), 249–256].

48. Neueste Arbeiten über ‚Unvollständiges Blockdesign' in Indien [Biometrie, 3, (1947), 176–178].

49. Das Design von Experimenten [Präsidentenansprache, Sektion Statistik. Verhandlungen des 84. Indischen Wissenschaftskongresses, (1947)].

50. Eine Anmerkung zu Fishers Ungleichung für ausgeglichene unvollständige Blockdesigns [Annals of Mathematical Statistics, 20, (1949), 619–620].

Liste der Publikationen von Professor Bhoj Raj Seth

1. Bewegung einer Flüssigkeit in rotierenden Zylindern mit dreieckigem Querschnitt [Quarterly Journal of Mathematics, 5, (1934), 161–171].
2. Über die Biegung von Prismen mit Querschnitten uniaxialer Symmetrie [Verhandlungen der London Mathematical Society, 39, (1934), 502–511].
3. Torsion von Balken mit T- und L-Querschnitten [Verhandlungen der Cambridge Philosophical Society, 30, (1934), 392–403].
4. Torsion von Balken, deren Querschnitt ein regelmäßiges Polygon mit n Seiten ist [Verhandlungen der Cambridge Philosophical Society, 30, (1934), 139–149].
5. Endliche Verformung bei elastischen Problemen – I [Philosophical Transactions of the Royal Society, 234 A, (1935), 231–264].
6. Allgemeine Lösungen einer Klasse von physikalischen Problemen [Philosophical Magazine, 20, (1935), 632–640].
7. Zur Lösung eines einfachen Biegeproblems [Journal of the London Mathematical Society, 10, (1935), 105–107].
8. (Mit W. M. Shephard) Endliche Dehnung bei elastischen Problemen – II [Verhandlungen der Royal Society, London, 156 A, (1936), 171–182].
9. Biegung von Balken mit polygonalem Querschnitt [Philosophical Magazine, 22 (7), (1936), 582–592].
10. Biegung einer Hohlwelle – I [Verhandlungen der Indischen Akademie der Wissenschaften, 4 A, (1936), 531–541].
11. Über die Biegung von Balken mit dreieckigem Querschnitt [Proceedings of the London Mathematical Society, Series 2, 41, (1936), 323–331].
12. Variation der Doppelbrechung in Zelluloid mit der Menge an permanenter Dehnung bei konstanter Temperatur und bei verschiedenen Temperaturen [Verhandlungen der Physikalischen Gesellschaft, 48, (1936), 48, 477–486].
13. Wirbelbewegung in rechteckigem Zylinder [Proceedings of the Indian Academy of Sciences, 4 A, (1936), 435–441].
14. Biegung einer Hohlwelle – II [Verhandlungen der Indischen Akademie der Wissenschaften, 5 A, (1937), 23–31].
15. Über die Ausreichendheit der Konsistenzgleichungen [Proceedings of the Indian Academy of Sciences, 5 A, (1937), 518–521].
16. Symmetrische Biegung eines Winkelstahls [Philosophical Magazine Supplement, (1937), 745–757].
17. Über Wellen in Kanälen variabler Tiefe [Philosophical Magazine Supplement, 23 (7), (1937), 106–114].
18. Wellen in einem kreisförmigen Kanal [Philosophical Magazine Supplement, 24, (1937), 288–293].
19. Transversalwellen in Kanälen [Proceedings of the Indian Academy of Sciences, 7 A, (1938), 104–107].

20. Zweidimensionale Potenzialprobleme in Verbindung mit geradlinigen Grenzen [Lucknow University Studies, Nr. 13, (1939), Allahabad Law Journal Press].

21. Anwendung der Theorie der endlichen Verformung [Proceedings of the Indian Academy of Sciences, 9 A, (1939), 17–19].

22. Über die Bewegung einer Flüssigkeit, die durch einen sich bewegenden regelmäßigen polygonalen Zylinder verursacht wird [Journal of the London Mathematical Society, 14, (1939), 255–261].

23. Potenzielle Probleme bezüglich gekrümmter Grenzen [Proceedings of the Indian Academy of Sciences, 9 A, (1939), 447–453].

24. Potenzielle Lösungen in der Nähe eines Winkelpunktes [Proceedings of the Indian Academy of Sciences, 9 A, (1939), 136–138].

25. Einige Probleme der endlichen Verformung – I [Philosophical Magazine, 27, (1939), 286–293].

26. Einige Probleme der endlichen Verformung – II [Philosophical Magazine, 27, (1939), 449–452].

27. Gleichförmige Bewegung einer Kugel oder eines Zylinders durch eine viskose Flüssigkeit [Philosophical Magazine, 27, (1939), 212–220].

28. Transversale Schwingungen von dreieckigen Membranen [Proceedings of the Indian Academy of Sciences, 12, (1940), 487–490].

29. Über den gravierendsten Modus einiger Schwingungssysteme [Proceedings of the Indian Academy of Sciences, 13 A, (1941), 390–394].

30. Endliche Verformung in einer rotierenden Welle [Proceedings of the Indian Academy of Sciences, 14 A, (1942), 648–651].

31. Über Guests Gesetz des elastischen Versagens [Verhandlungen der Indischen Akademie der Wissenschaften, 14 A, (1942), 37–40].

32. Viskose Lösungen, die durch Überlagerung von Effekten erzielt wurden [Proceedings of the Indian Academy of Sciences, 16 A, (1942), 193–195].

33. Konsistenzgleichung der endlichen Dehnung [Proceedings of the Indian Academy of Sciences, 20 A, (1944), 336–339].

34. Über die Spannungs-Dehnungs-Geschwindigkeitsbeziehungen in der Gleichung für viskose Strömung [Verhandlungen der Indischen Akademie der Wissenschaften, 20 A, (1944), 329–335].

35. Biegung einer gleichseitigen Platte [Verhandlungen der Indischen Akademie der Wissenschaften, 22 A, (1945), 234–238.

36. Endliche Verformung in aeolotropen elastischen Körpern – I [Bulletin der Calcutta Mathematical Society, 37, (1945), 62–68].

37. Endliche Verformung in aeolotropen elastischen Körpern – I [Bulletin der Calcutta Mathematical Society, 38, (1946), 39–44].

38. Über Youngs Modul für Indischen Gummi [Bulletin der Calcutta Mathematical Society, 38, (1946), 143–144].

39. Stabilität von geradlinigen Platten [Journal of the Indian Mathematical Society (NS), 10, (1946), 13–16].

40. Biegung von eingespannten geradlinigen Platten [Philosophical Magazine, 38, (1947), 292–297].

41. Endliche Längsschwingungen [Proceedings of the Indian Academy of Sciences, 25 A, (1947), 151–152].

42. Transversale Schwingungen von geradlinigen Platten [Proceedings of the Indian Academy of Sciences, 25 A, (1947), 25–29].

43. Biegung von geradlinigen Platten [Bulletin der Calcutta Mathematical Society, 40, (1948), 36–40].

44. Biegung einer elliptischen Platte mit konfokalem Loch [Quarterly Journal of Applied Mechanics and Mathematics, 2, (1949), 177–181].

45. Einige aktuelle Anwendungen der Theorie der endlichen elastischen Verformung [Verhandlungen des Symposiums für angewandte Mathematik, 3, (1950), 67–84, McGraw Hill, New York].

46. Einige Lösungen der Wellengleichung [Proceedings of the Indian Academy of Sciences, 32 A, (1950), 421–423].

47. Synthetische Methode für nichtlineare Probleme [Verhandlungen des Internationalen Kongresses für Mathematik, 5 (1), (1950), 636–637].

48. Randbedingungen interpretiert als konforme Transformation [Verhandlungen der Amerikanischen Mathematischen Gesellschaft, 2, (1951), 1–4].

49. Endliche elastisch-plastische Torsion [Journal of Mathematics and Physics, 31, (1952), 84–90].

50. Verallgemeinerte singuläre Punkte mit Anwendungen auf Strömungsprobleme [Proceedings of the Indian Academy of Sciences, 40 A, (1954), 25–26].

51. Hydrodynamische verallgemeinerte Singularpunkte [Current Science, 23, (1954), 148–185].

52. Neue Formulierung der Gleichungen für inkompressible Strömung [Bulletin der Calcutta Mathematical Society, 46, (1954), 217–220].

53. Synthetische Methode für inkompressible Strömung [Verhandlungen des Internationalen Kongresses für Mathematik, Amsterdam, (1954), 4].

54. Wellenbewegung und Schwingungstheorie [Current Science, 23, (1954), 389–390; Verhandlungen des 5. Symposiums der American Mathematical Society, McGraw Hill, New York, (1954), 169].

55. Nichtlineare Kontinuumsmechanik [Präsidentenansprache Mathematiksektion, Indische Wissenschaftskongressvereinigung, Baroda, (1955), 21–48].

56. Stabilität von geradlinigen Platten [Z. Angew. Math. Mech., 35, (1955), 96–99].

57. Elastische und Fluidströmungsprobleme für dreieckige und viereckige Grenzen [Verhandlungen des Internationalen Kongresses für Theoretische und Angewandte Mechanik, 5, Brüssel, (1956)].

58. Endliche Biegung einer Platte in eine sphärische Schale [Z. Angew. Math. Mech., 37, (1957), 393–398].

59. Endliche thermische Verformung in Kugeln und kreisförmigen Zylindern [Arch. Mech. Stos, 9, (1957), 633–645].

60. Neue Lösungen für endliche Verformung [Proceedings of the Indian Academy of Sciences, 45 A, (1957), 105–112].

61. Synthetische Methode zur Bestimmung der Grenzschichtdicke [Verhandlungen des IUTAM Symposiums über Grenzschichtforschung, Freiburg, (1957), 47–48].

62. Endliche Biegung einer nicht-homogenen aeolotropen Platte (elastische Biegung) [Verhandlungen des Indischen Kongresses für Theoretische und Angewandte Mechanik, 4, (1958), 38–44].

63. Endliche Verformung im Ingenieurdesign [Les mathematiques de lingenier, (1958), 386–390, Men Publ. Soc. Sci., Arts Lett., Hainant, Vol. I].

64. Nicht homogene Ertragsbedingungen: Nicht-Homogenität in Elastizität und Plastizität [Verhandlungen des IUTAM Symposiums, Warschau; Pergamon Press, London (1958)].

65. Nicht-lineare Rotationsströmungen [Verhandlungen des indischen Kongresses für Theoretische und Angewandte Mechanik, 3, (1958), 199–202].

66. Pro-plastische Verformung [Sonderdruck aus Rhelogica Acta, 2/3, (1958), 316–318].

67. Paraboloidale Biegung von Platten [Verhandlungen des indischen Kongresses für Theoretische und Angewandte Mechanik, 5, (1959), 99–102].

68. Grenzschichtforschung [Journal of the Indian Mathematical Society, 24, (1960), 527–550].

69. Grenzschichtdicke [Journal of Science and Engineering Research, 4, (1960), 1–6].

70. Endliche Biegung von Platten in zylindrische Schalen [Annals of Mathematics Pure Appl., 50, (1960), 119–125].

71. Endliche Verformung von zylindrischen Schalen [Verhandlungen des Internationalen Symposiums über dünne elastische Blätter, Delft, (1960), 355–362].

72. Endliche Verformung von Platten zu Schalen [In: Partielle Differentialgleichungen und Kontinuumsmechanik, (1961), 95–105. University of Wisconsin Press, USA].

73. Probleme der Kontinuumsmechanik: Beiträge zu Ehren des siebzigsten Geburtstags von Akademiker N. I. Muschkelisvili, Gesellschaft für Industrie- und Angewandte Mathematik, Philadelphia, (1961), 60].

74. Stabilität von endlichen Verformungsproblemen der Kontinuumsmechanik [Muschkelisvili Jubiläumsband, (1961), 406–413, SIAM, Philadelphia].

75. Elastisch-plastischer Übergang in Schalen und Rohren unter Druck [Z. Angew. Math. Mech., 43, (1962), 345–351].

76. Verallgemeinerte Dehnungsmessung mit Anwendung auf physikalische Probleme: Effekte zweiter Ordnung in Elastizität, Plastizität und Fluiddynamik [Verhandlungen des IUTAM Symposiums, Haifa (1962), 162–172, Academic Press].

77. Über eine Funktionsgleichung in endlicher Verformung [Z. Angew. Math. Mech., 42, (1962), 391–396].

78. Einfacher Fall des Übergangsphänomens [Verhandlungen der Army Mathematical Conference, 8, (1962), Madison, 409–447].

79. Übergangstheorie der elastisch-plastischen Verformung, Kriechen und Entspannung [Nature, 195, (1962), 896–897].

80. Asymptotische Phänomene bei großer Rotation [Journal of Mathematics and Mechanics, Indiana, 12, (1963), 205–212].

81. Asymptotische Phänomene bei großer Torsion [Journal of Mathematics and Mechanics, Indiana, 12, (1963), 193–204].

82. Fünfzig Jahre Wissenschaft in Indien: Fortschritte der Mathematik [Indian Science Congress Association, Kalkutta, (1963)].

83. Internationales Symposium über Kontinuumsmechanik [Journal of Scientific and Industrial Research, 23, (1963), 1–7].

84. Gemischte Randwertprobleme [Calcutta Mathematical Society Golden Jubilee Commemoration Volume, (1963), 79–86].

85. Übergangstheorie der Streifenbiegung [Zeitschrift für angewandte Mathematik und Mechanik, 27, (1963), 571–576].

86. Übergangstheorie der elastisch-plastischen Verformung [Ein Kurs von Erweiterungsvorlesungen, gehalten an der Osmania Universität, Hyderabad, Indien, (1964), Bangalore Press, Bangalore].

87. Elastisch-plastischer Übergang bei Torsion [Z. Angew. Math. Mech., 44, (1964), 229–233].

88. Asymptotische Behandlung von Übergangsproblemen in der Mechanik [Verhandlungen des Indischen Kongresses für Theoretische und Angewandte Mechanik, 9, (1964), 1–3].

89. Elfter Internationaler Kongress für Angewandte Mechanik [Journal of Scientific and Industrial Research, 23, (1964), 499–501].

90. Zum Problem der Übergangsphänomene – I [Bulletin des Polytechnischen Instituts Din IASI, 10, (1964), 255–262].

91. Umfrage zur Elastizität zweiter Ordnung. Zweite Ordnungseffekte in Elastizität, Plastizität und Fluiddynamik [Pergamon Press, Oxford, (1964), 261].

92. Übergangsphänomene in physikalischen Problemen [Sir Asutosh Mookerjee Geburtstags-Gedenkband der Mitteilungen der Calcutta Mathematical Society, 56, (1964), 83–89].

93. Anwendung der Funktionstheorie in der Kontinuumsmechanik [Verhandlungen des Internationalen Symposiums, Toitisi, Moskau, 2, (1965), 382–388].

94. Kontinuumsbegriffe des Maßes [Präsidentenansprache. Verhandlungen des indischen Kongresses für Theoretische und Angewandte Mechanik, 10, (1965), 1–15].

95. Verallgemeinerte singuläre Punkte mit Anwendungen auf Strömungsprobleme [Proceedings of the Indian Academy of Sciences, 40 A, (1965), 25–36].

96. Subharmonische Probleme der Kontinuumsmechanik: angewandte Theorie der Funktion in der Kontinuumsmechanik – I, Verhandlungen des Internationalen Symposiums, Toitisi, (1963), 2. Fluid- und Gasmechanik, Mathematische Methoden (Russisch), (1965), Izdat, Nauka, Moskau.

97. Biegung von T-Platte, Verhandlungen des Indischen Kongresses für Theoretische und Angewandte Mechanik, 11, (1966), 87–90.
98. Messkonzept in der Mechanik [International Journal of Nonlinear Mechanics, 1, (1966)].
99. Ebenenübergänge [Indian Journal of Mathematics, 9, (1967), 499–504].
100. Irreversible Übergänge in der Kontinuumsmechanik: Irreversible Aspekte in der Kontinuumsmechanik, Physikalische Eigenschaften in bewegenden Flüssigkeiten [Verhandlungen des IUTAM Symposiums, Wien, (1968), 359–366].
101. Über die Verformung von elastisch-viskoplastischen Körpern: Probleme der Hydrodynamik und Kontinuumsmechanik [Beitrag zu Ehren des sechzigsten Geburtstags von Akademiker L. I. Sedov, SIAM, (1969), Philadelphia].
102. Übergangsbedingungen: die Ausbeutebedingung [International Journal of Nonlinear Mechanics, (GB), 5, (1970), 279–285].
103. Übergang zur Analyse des Zusammenbruchs von dicken Zylindern [Z. Angew. Math. Mech., 50, (1970), 617–621].
104. Kriechübergang [Journal of Mathematical and Physical Sciences (Indien), 6, (1972), 73–81].
105. Kriechübergang in der Kontinuumsmechanik und verwandte Probleme. [Akademiker N. I. Muschkelisvili Achtzigster Geburtstag Gedenkband, Izdat, Nauka, Moskau, (1972), 459–464].
106. Ausbeutebedingungen in der Plastizität [Arch. Math. Stosow, Polen, 24, (1973), 769–776].
107. Kriechplastische Effekte beim Blechbiegen [Z. Angew. Math. Mech., 54, (1974), 557–561].
108. Kriechübergang in rotierenden Zylindern [Journal of Mathematical and Physical Sciences (Indien), 8, (1974), 1–5].

Liste der Publikationen von Professor Subodh Kumar Chakrabarty

1. Stark-Effekt des Rotationsspektrums und elektrische Suszeptibilität bei hoher Temperatur [Verlag Von Julius Springer, Zeitschrift für Physik, Berlin Sonderdruck, 102, Band 1 und 2 Heft (1936), 102–111].
2. Das Eigenwertproblem, eines zweiatomigen Moleküls und die Berechnung der Dissoziationsenergie [Verlag Von Julius Springer, Zeitschrift für Physik, Berlin Sonderdruck, 109, Band 1 und 2 Heft (1937), 25–38].
3. Notiz über den starken Effekt der Rotationsspektren [Verlag Von Julius Springer, Zeitschrift für Physik, Berlin Sonderdruck, 110, Band 11, 12 Heft (1938), 688–691].
4. Quantisierung unter zwei Kraftzentren – Teil I das Wasserstoffmolekülion [Philosophical Magazine, 7, XXVIII (1939), 423–434].

5. Produktion von bwests durch Mesonen und ihre Abhängigkeit vom Mesonenspin [Indian Journal of Physics, XVI (VI), (1942), 377–392].

6. (Mit H. J. Bhabha) Die Kaskadentheorie mit Kollisionsverlust [Proceedings of the Indian Academy of Science, A, 15, (1942), 462].

7. (Mit H. J. Bhabha) Die Kaskadentheorie mit Kollisionsverlust [Proceedings of the Indian Academy of Science, A, 15, (1942), 464–476].

8. Genaue Berechnungen zur Kaskadentheorie von elektronischen Duschen ohne Kollisionsverlust [Proceedings of the National Institute of Science (India), 8, (1942), 331].

9. (Mit H. J. Bhabha) Die Kaskadentheorie mit Kollisionsverlust [Proceedings of the Royal Society, London, A, 181, (1943), 267–303].

10. Die atmosphärischen Absorptionskurven und ihre Abhängigkeit von der Art der primären kosmischen Strahlen [Indian Journal of Physics, XVII (VI), (1943), 121–129].

11. Die Auswirkung der Abschirmung auf den Bremsstrahlungs- und Paarerzeugungsprozess und ihre Konsequenz auf die Kaskadentheorie [Verhandlungen des Nationalen Instituts für Wissenschaft (Indien), 9 (2), (1943), 323–335].

12. Über die Konvergenz der Lösungen von Kaskadengleichungen in kosmischer Strahlung [Bulletin der Calcutta Mathematical Society, 36, (1944), 9–13].

13. Photonen, die mit einer Kaskadendusche in Verbindung stehen [Bulletin der Calcutta Mathematical Society, 36, (1944), 135–140].

14. (Mit R. C. Majumdar) Über den Spin des Mesons [Physical Review, 65, (1944), 206].

15. Duschenproduktion durch Mesonen in kosmischer Strahlung [Bulletin der Calcutta Mathematical Society, 37(3), (1945), 95–106].

16. Solarstrom von Korpuskeln und ihre Beziehung zu magnetischen Stürmen [Monthly Notices of the Royal Astronomical Society, 106, (1946), 491–499].

17. Kaskadenduschen unter dünnen Schichten von Materialien [Nature, 158, (1946), 166].

18. Geomagnetische Zeitvariationen und ihre Beziehung zu ionosphärischen Bedingungen [Current Science, 15, (1946), 246–247].

19. Frequenz von Mikropulsationen und deren Variationen in Alibag [Veröffentlichungen der Regierung von Indien (Simla), X (126), (1946), 147–152].

20. Erzeugung von Mesonen und ihre Abhängigkeit vom Mesonenspin [Bulletin der Calcutta Mathematical Society, 39(4), (1947), 166–176].

21. Wissenschaftliche Notizen [Bulletin des Indischen Meteorologischen Departments, 10, (1947), 126].

22. (Mit H. J. Bhabha) Weitere Berechnungen zur Kaskadentheorie [Physical Review, 74 (10), (1948), 1352–1363].

23. (Mit C. F. Richter) Die Erdbeben von Walker Pass und die Struktur der Südlichen Sierra Nevada [Bulletin der Seismologischen Gesellschaft von Amerika, 39 (2), (1949), 93–107].

24. Antwortcharakteristiken von elektromagnetischen Seismographen und ihre Abhängigkeit von den Instrumentenkonstanten [Bulletin der Seismologischen Gesellschaft von Amerika, 39 (3), (1949), 205–2018].

25. Plötzliche Beginne von Variationen im geomagnetischen Feld [Nature, 167, (1951), 31].

26. (Mit R. Pratap) Über die Dynamotherorie der geomagnetischen Feldvariationen [Journal Geophysical Research, 59 (1), (1954), 1–14].

27. Die sphärische harmonische Analyse des Hauptmagnetfeldes der Erde [Indian Journal of Meteorology and Geophysics, 5, (1954), 63–68].

28. (Mit M. R. Gupta) Berechnungen zur Kaskadentheorie der Schauer [Physical Review, 101 (2), (1956), 813–819].

29. Cosmic Ray arbeitet am B. E. College, Howrah [Journal of the Scientific and Industrial Research, 17 A (12), Supplement, (1958), 81–82].

30. Beitrag von Elektronendreizacken in Kaskadenduschen [Bulletin der Calcutta Mathematical Society, The Golden Jubilee Commemoration Volume, (1958), 217–223].

31. (Mit D. Sarkar) Mikroseismen in Verbindung mit Nor'westers [Bulletin der Seismologischen Gesellschaft von Amerika, 48, (1958), 181–189].

32. Antwortcharakteristiken von elektromagnetischen Seismographen [Verhandlungen des Nationalen Instituts für Wissenschaft (Indien), 26 A, (Suppl. II), (1960), 133–142].

33. Antwortcharakteristiken von elektromagnetischen Seismographen [Verhandlungen des Nationalen Instituts für Wissenschaft (Indien), Silberjubiläumsband (1960)].

34. (Mit A. N. Tandon) Kalibrierung von elektromagnetischen Seismographen, die die Galitz-Bedingungen erfüllen [Bulletin der Seismologischen Gesellschaft von Amerika, 51 (1), (1961), 111–125].

35. (Mit S. N. Roychoudhury) Antwortcharakteristiken von elektromagnetischen Seismographen [Bulletin der Seismologischen Gesellschaft von Amerika, 54 (5), (Teil A) (1964), 1445–1458].

36. (Mit G. C. Choudhury und S. N. Roychoudhury) Vergrößerungskurven von elektromagnetischen Seismographen [Bulletin der Seismologischen Gesellschaft von Amerika, 54 (5), (Teil A) (1964), 1459–1471].

37. Ausbreitung von Wellen in einem mehrschichtigen elastischen Medium und ihre Abhängigkeit vom Quellmechanismus [Bulletin der Seismologischen Gesellschaft von Amerika, 57 (6), (1967), 1449–1465].

38. Über Hypozentralverschiebungen und damit verbundene seismische Wellen [Verhandlungen des Symposiums für Geophysik, Kalkutta, (1969), 47–54].

39. Oszillationen der Erde und ihre Verwendung in der Untersuchung der inneren Beschaffenheit der Erde [Bulletin der Calcutta Mathematical Society, 63, (1971), 11–17].

Liste der Publikationen von Professor Manindra Chandra Chaki

1. Einige Formeln im Tensor-Kalkül, [Bulletin der Calcutta Mathematical Society, 42, (1950), 249–252].

2. Auf einem nicht-symmetrischen harmonischen Raum, [Bulletin der Calcutta Mathematical Society, 44, (1952), 37–40].

3. (Mit H. Bagchi): Anmerkung zu bestimmten bemerkenswerten Typen von Ebenenkollineationen, [Ann Scuola Norm Super, Pisa (3), 6, (1952), 85–97].

4. (Mit H. Bagchi): Anmerkung zu autopolar Ebene Kubiken, [Rendi Sem Math Univ. di Padova, 21, (1952), 316–334].

5. (Mit H. Bagchi): Anmerkung zur Kollineationsgruppe in Verbindung mit einem ebenen Viereck, [Proceedings of the National Academy of Sciences (India), 23(3), (1954)].

6. Über die Liniengeometrie eines Krümmungstensors, [Bulletin der Calcutta Mathematical Society, 47. (1955), 217–226].

7. Einige Formeln in einem Riemannschen Raum, [Ann Scuola Norm Super, Pisa (3), 10, (1956), 85–90].

8. Über eine Art von Tensor in einem Riemannschen Raum, [Proceedings of the National Institute of Sciences (India), Pt. A, 22, (1956), 89–97].

9. (Mit B. Gupta): Über konform symmetrische Räume, [Indian Journal of Mathematics, 5(2), (1963), 113–122].

10. (Mit R. N. Sen): Über Krümmungsbeschränkungen einer bestimmten Art von konform flachem Riemannschen Raum der Klasse eins, [Proceedings of the National Institute of Sciences (India), Pt. A, 33, (1967), 100–102].

11. (Mit A. N. Roy Chowdhury): Über Ricci-rekurrenten Raum zweiter Ordnung, [Indian Journal of Mathematics, 9, (1968), 279–287].

12. (Mit A. N. Roy Chowdhury): Über konform wiederkehrende Räume zweiter Ordnung, [Journal of the American Mathematical Society, 10, (1969), 155–461].

13. (Mit D. Ghosh): Über eine Art von Sasakian-Raum, [Journal of the American Mathematical Society, 13, (1972), 508–510].

14. Über konform wiederkehrende Kahler-Räume, [Gedenkbände für Prof. Dr. Akitsugu Kawaguchi's Siebzigsten Geburtstag, Vol. II, Tensor (Neue Serie), 25, (1972), 179–182].

15. (Mit D. Ghosh): Über eine Art von K-Kontakt-Riemannscher Mannigfaltigkeit, [Journal of the American Mathematical Society, 13, (1972), 447–450].

16. (Mit A. N. Roy Chowdhury): Über eine Art von Kahler-Raum, [Mathematik(Cluj), 16(39), (1974), Nr. 2, 223–227].

17. (Mit A. K. Ray): Über konform flache verallgemeinerte 2-rekurrente Räume, [Publication Mathematics Debrecen, 22, (1975). Nr. 1–2, 95–99].

18. In Memoriam: Rabindra Nath Sen (1896–1974), [Bulletin der Calcutta Mathematical Society, 67, (1975), Nr. 4, 251–257].

19. (Mit K. K. Sharma): Ein bestimmter konform symmetrischer Raum, [Colloquium Mathematicum, 35, (1976), Nr. 1, 87–90].

20. (Mit K. K. Sharma): Korrekturen zu ‚Ein bestimmter konform symmetrischer Raum‘, [Colloquium Mathematicum, 38(1), (1977), 169].

21. (Mit D. Ghosh): Über konform 2-rekurrente Räume, [Mat Vesnik, 1(14), (29), Nr. 1, (1977), 21–23].

22. (Mit A. K. Ray): Über bestimmte Arten von Kahler-Räumen, [Publication Mathematics Debrecen, 26(3–4), (1979), 255–262].

23. (Mit U. C. De): Über eine Art von Riemannscher Mannigfaltigkeit mit konservativem konformen Krümmungstensor, [Ann. Soc. Sc. Bruxelles, 195(2), (1981), 81–84].

24. (Mit U. C. De): Über eine Art von Riemannscher Mannigfaltigkeit mit konservativem konformen Krümmungstensor, [Compte Rend. Acad. Bulgari des Sc., 34(7), (1981), 965–968].

25. (Mit A. Konar): Über eine Art von halbsymmetrischer Verbindung auf einer Riemannschen Mannigfaltigkeit, [Journal of Pure Mathematics, 1, (1981), 77–80].

26. (Mit S. K. Kar): Über eine Art von halbsymmetrischer metrischer Verbindung auf einer Riemannschen Mannigfaltigkeit, [Compte Rend. Acad. Bulgari des Sc., 36(1), (1983), 57–60].

27. (Mit M. Tarafdar): Über eine Art von Sasakian-Mannigfaltigkeit, [Bull. Moth. Soc. Sci. Math. R, S. Roumanie, (Neue Serie), 27(75), Nr. 3, (1983), 217–220].

28. (Mit G. Kumar): Über eine Art von halbsymmetrischer Verbindung auf einer Riemannschen Mannigfaltigkeit, [An. Stiint. Univ. AI. Cuza Isai Sect I a Mat, 29(2), Suppl., (1983), 41–44].

29. (Mit G Kumar): Über halbzerlegbare verallgemeinerte projektive 2-rekurrente Riemannsche Räume, [Mathematik(Cluj), 26(49), Nr. 1, (1984), 21–28].

30. (Mit S. K. Kar): Über eine Art von semisymmetrischer metrischer Verbindung auf einer Riemannschen Mannigfaltigkeit, [Journal of Pure Mathematics, 4, (1984), 102–107].

31. (Mit B. Chaki): Über eine Art von konform flachen fast Kahler Mannigfaltigkeiten, [An. Stiint. Univ. AI. Cuza Isai Sect I a Mat, 31(3), (1985), 235–238].

32. (Mit B. Chaki): Über pseudosymmetrische Mannigfaltigkeiten, die eine Art von semisymmetrischer Verbindung zulassen, [Soochow Journal of Mathematics, 13(1), (1987), 1–7].

33. Auf pseudosymmetrischen Mannigfaltigkeiten, [An. Stiint. Univ. AI. Cuza Isai Sect I a Mat, 33(1), (1987), 53–58].

34. (Mit M. Tarafdar): Über konform flache pseudo-Ricci-symmetrische Mannigfaltigkeiten, [Periodica Mathematica Hungarica 19(3) (1988), 209–215].

35. (Mit G Kumar): Über halbzerlegbare allgemein konform 2-rekurrente Riemannsche Räume, [Mathematik(Cluj), 30(53), Nr. 1, (1988), 11–18].

36. Über pseudo Ricci-symmetrische Mannigfaltigkeiten, [Bulgarian Journal of Physics, 15(6), (1988), 526–531].

37. (Mit U. C. De): Über pseudosymmetrische Räume, [Acta Mathematica Hungarica 54(3–4), (1989), 185–190].

38. (Mit S. K. Saha): Über pseudoprojektiv symmetrische Mannigfaltigkeiten, [Bull. Inst. Math. Acad. Sinica, 17(1), (1989), 59–65].

39. (Mit M. Tarafdar): Über eine Art von Sasakian-Mannigfaltigkeit, [Soochow Journal of Mathematics, 16(1), (1990), 23–28].

40. Syamadas Mukhopadhyay (1866–1937), [Zeitschrift für reine Mathematik, 7, (1990), 59–65].

41. (Mit P. Chakrabarti): Über konform flache pseudo-Ricci-symmetrische Mannigfaltigkeiten, [Tensor (Neue Serie), 52(3), 1993], 217–222].

42. (Mit G Kumar): Über halbzerlegbare verallgemeinerte projektive 2 Rekurrente Riemannsche Räume, [Univ. Nac. Tucman Rev., Ser. A 30(1–2), (1993), 129–139].

43. (Mit S. Koley): Über verallgemeinerte pseudo Ricci-symmetrische Mannigfaltigkeiten, [Periodica Mathematica Hungarica, 28(2), (1994), 123–129].

44. Über verallgemeinerte pseudosymmetrische Mannigfaltigkeiten [Veröffentlichung Mathematics Debrecen, 45(3–4), (1994), 305–312].

45. (Mit S. K. Saha): Über pseudo-projektive Ricci-symmetrische Mannigfaltigkeiten, [Bulgarian Journal of Physics, 21(1–2), (1994–95), 1–7].

46. (Mit S. Koley): Über verallgemeinerte pseudo-projektive Ricci-symmetrische Mannigfaltigkeiten, [An. Stiint. Univ. AI. Cuza Isai Sect I a Mat, 41(1), (1995–96), 75–84].

47. (Mit S. Ray): Raum-Zeiten mit kovariant-konstantem Energie-Impuls-Tensor, [Indian Journal of Theoretical Physics, 35(5), (1996), 1027–1032].

48. (Mit S. P. Mondal): Über verallgemeinerte pseudosymmetrische Mannigfaltigkeiten, [Publication Mathematics Debrecen, 51(1–2), (1997), 35–42].

49. (Mit M. L. Ghosh): Über quasi-konform flache und quasi-konform konservative Riemannsche Mannigfaltigkeiten, [An. Stiint. Univ. AI. Cuza Isai Sect I a Mat (NS), 43(2), (1997), 375–381].

50. (Mit R. K. Maity): Über völlig nabelschnurartige Hypersurfaces eines konform flachen pseudo Ricci-symmetrischen Mannigfaltigkeit, [Tensor (Neue Serie), 60(3), (1998), 254–257].

51. (Mit P. Chakrabarti): Über eine Art von konform flacher Hyperfläche eines euklidischen Mannigfaltigkeit, [Tensor (Neue Serie), 61(1), (1999), 7–13].

52. Auf statistischen Mannigfaltigkeiten, [Tensor (Neue Serie), 61(1), (1999), 14–17].

53. (Mit R. K. Maity): Über quasi Einstein-Mannigfaltigkeiten, [Veröffentlichung Mathematics Debrecen, 57(3–4), (2000), 297–306].

54. (Mit B. Barua): Symmetrisch der Synge-Metrik in der relativistischen Optik, [Bulletin der Calcutta Mathematical Society, 92(3). (2000), 219–224].

55. (Mit M. L. Ghosh): Über quasi Einstein Mannigfaltigkeiten. [B. N. Prasad Geburtsjahrhundert Gedenkband Volume 11, [Indian Journal of Mathematics, 42(2), (2000), 211–220].

Liste der Publikationen von Professor Calyampudi Radhakrishna Rao

1.　(Mit K. R. Nair) Verwirrende Designs für asymmetrische Faktorenexperimente [Science and Culture, 6, (1941), 313–314].

2.　Über das Volumen eines Prismoids im n-Raum und einige Probleme in der kontinuierlichen Wahrscheinlichkeit [Der Mathematikstudent, 10, (1942), 68–74].

3.　(Mit K. R. Nair) Verwirrende Designs für $k \times pm \times qn \times \ldots$ Art von Faktorenversuchen [Science and Culture, 7, (1942), 361].

4.　(Mit K. R. Nair) Eine allgemeine Klasse von quasi-faktoriellen Designs, die zu konfundenen Designs für faktorielle Experimente führen [Science and Culture, 7, (1942), 457–458].

5.　(Mit K. R. Nair) Eine Anmerkung zu teilweise ausgeglichenen unvollständigen Blockdesigns [Science and Culture, 7, (1942), 568–569].

6.　Über die Summe von n Beobachtungen aus verschiedenen Gamma-Typ-Populationen [Wissenschaft und Kultur, 7, (1942), 614–615].

7.　(Mit K. R. Nair) Unvollständige Blockdesigns für Experimente mit mehreren Gruppen von Sorten [Science and Culture, 7, (1942), 615–616].

8.　Auf bivariaten Korrelationsflächen [Wissenschaft und Kultur, 8, (1942), 236–237].

9.　Bestimmte experimentelle Anordnungen in quasi-Lateinischen Quadraten [Current Science, 12, (1943), 322].

10.　(Mit R. C. Bose und S. Chowla) Über die Integralordnung (mod p) von Quadraten $x^2 + ax + b$, mit Anwendungen auf die Konstruktion von Minimalfunktionen für $GF(p^2)$ und auf einige Ergebnisse der Zahlentheorie [Bulletin der Calcutta Mathematical Society, 36, (1944), 153–174].

11.　Über lineare Schätzung und Hypothesentest [Current Science, 13, (1944), 154–155].

12.　Über das Ausbalancieren von Parametern [Wissenschaft und Kultur, 9, (1944), 554–555].

13.　Erweiterung der Differenzentheoreme von Singer und Bose [Science and Culture, 10, (1944), 57].

14.　Auf der linearen Einrichtung, die zu intra- und interblock Informationen führt [Wissenschaft und Kultur, 10, (1944), 259–260].

15.　Information und die erreichbare Genauigkeit bei der Schätzung statistischer Parameter [Bulletin der Calcutta Mathematical Society, 37, (1945), 81–91]. Bekannte Korrelationen oder die multivariate Verallgemeinerung der Interklassen-Korrelation [Current Science, 14, (1945), 66–67] (Mit R. C. Bose und S. Chowla) Eine Kette von Kongruenzen [Proceedings der Lahore Philosophical Society, 7 (1), (1945), 53].

16.　(Mit R. C. Bose und S. Chowla) Minimale Funktionen in Galois-Feldern [Proceedings of the National Academy of Sciences, (Indien), A 15, (1945), 193].

17. Endliche Geometrien und bestimmte abgeleitete Ergebnisse in der Zahlentheorie [Verhandlungen des Nationalen Instituts der Wissenschaften, (Indien), 11, (1945), 136–149] Verallgemeinerung von Markoffs Theorem und Tests linearer Hypothesen [Sankhyā, 7, (1945), 16–19].

18. Studentisierte Tests linearer Hypothesen [Wissenschaft und Kultur, 11, (1945), 202–203].

19. Hyperwürfel der Stärke ‚d‘, die zu verwechselten Designs in faktoriellen Experimenten führen [Bulletin der Calcutta Mathematical Society, 38, (1946), 67–68].

20. Über die mittelerhaltende Eigenschaft [Proceedings of the Indian Academy of Sciences, Sect. A, 23, (1946), 165–173].

21. Differenzmengen und kombinatorische Anordnungen, die aus endlichen Geometrien abgeleitet werden können [Proceedings of the National Institute of Sciences, (India), 12, (1946), 123–135].

22. Über die lineare Kombination von Beobachtungen und die allgemeine Theorie der kleinsten Quadrate [Sankhyā, 7, (1946), 237–256].

23. Verwirrte faktorielle Designs in quasi–Lateinischen Quadraten [Sankhyā, 7, (1946), 295–304].

24. Tests mit Diskriminanzfunktionen in multivariater Analyse [Sankhyā, 7, (1946), 407–414].

25. (Mit S. Janardhan Poti) Über lokal mächtigste Tests, wenn Alternativen einseitig sind [Sankhyā, 7, (1946), 439].

26. Über die effizientesten Designs [Sankhyā, 7, (1946), 440].

27. Anmerkung zu einem Problem von Ragnar Frisch [Econometrica, 15, (1947), 245–249].

28. Allgemeine Analysemethoden für unvollständige Blockdesigns [Journal of the American Statistical Association, 42, (1947), 541–561].

29. Das Problem der Klassifizierung und Distanz zwischen zwei Populationen [Nature, 159, (1947), 30].

30. Ein statistisches Kriterium zur Bestimmung der Gruppe, zu der eine Person gehört [Nature, 160, (1947), 835–836].

31. Minimale Varianz und die Schätzung mehrerer Parameter [Verhandlungen der Cambridge Philosophical Society, 43, (1947), 280–283].

32. Faktorielle Experimente, die aus kombinatorischen Anordnungen von Arrays abgeleitet werden können [Suppl. Journal of the Royal Statistical Society, 9, (1947), 128–139].

33. (Mit D. C. Shaw) Über eine Formel zur Vorhersage der Schädelkapazität [Biometrics, 4, (1948), 247–253].

34. Tests der Signifikanz in der multivariaten Analyse [Biometrika, 35, (1948), 58–79].

35. (Mit K. R. Nair) Verwirrung in asymmetrischen Faktorenexperimenten [Journal of the Royal Statistical Society, Ser. B, 10, (1948), 109–131].

36. Die Nutzung mehrerer Messungen bei dem Problem der biologischen Klassifikation (mit Diskussion) [Journal of the Royal Statistical Society, Ser. B, 10, (1948), 159–203].

37. Große Stichprobentests statistischer Hypothesen bezüglich mehrerer Parameter mit Anwendungen auf Schätzprobleme [Proceedings of the Cambridge Philosophical Society, 44, (1948), 50–57].

38. (Mit Patrick Slater) Multivariate Analyse angewendet auf Unterschiede zwischen neurotischen Gruppen [British Journal of Psychological Statistics, Sect., 2, (1949), 17–29].

39. Ausreichende Statistiken und Schätzungen mit minimaler Varianz [Verhandlungen der Cambridge Philosophical Society, 45, (1949), 213–218].

40. Über eine Klasse von Anordnungen [Proceedings of the Edinburgh Mathematical Society, (2) 8, (1949), 119–125].

41. (Mit P. C. Mahalanobis) Statistische Analyse (Teil II der ‚Anthropometrischen Untersuchung der Vereinigten Provinzen', 1941) [Sankhyā, 9, (1949), 111–180].

42. Eine Anmerkung zur Verwendung von Indizes (Anhang 2 von ‚Anthropometrische Untersuchung der Vereinigten Provinzen', 1941) [Sankhyā, 9, (1949), 246–248].

43. Über den Abstand zwischen zwei Populationen (Anhang 3 von ‚Anthropometrische Untersuchung der Vereinigten Provinzen', 1941) [Sankhyā, 9, (1949), 246–248].

44. Darstellung von ‚p' dimensionalen Daten in niedrigeren Dimensionen (Anhang 4 von ‚Anthropometrische Untersuchung der Vereinigten Provinzen', 1941) [Sankhyā, 9, (1949), 248–251].

45. Über eine Transformation, die in multivariaten Berechnungen nützlich ist (Anhang 5 von ‚Anthropometrische Untersuchung der Vereinigten Provinzen', 1941) [Sankhyā, 9, (1949), 251–253].

46. Zu einigen Problemen, die aus Diskriminierung mit mehreren Charakteren entstehen [Sankhyā, 9, (1949), 336–360].

47. Eine Anmerkung zu unverzerrten und minimalen Varianzschätzungen [Calcutta Statistical Association Bulletin, 3, (1950), 36].

48. Methoden zur Auswertung von Kopplungsdaten, die die gleichzeitige Segregation von drei Faktoren ermöglichen [Vererbung, 4, (1950), 37–59].

49. Die Theorie der fraktionalen Replikation in faktoriellen Experimenten [Sankhyā, 10, (1950), 81–86].

50. Statistische Inferenz angewendet auf klassifikatorische Probleme, Teil I, Nullhypothese, diskriminierende Probleme und Distanzleistungstests [Sankhyā, 10, (1950), 229–256].

51. Eine Anmerkung zur Verteilung von $D^2_{p+q} - D^2_p$ und einige Rechenaspekte der D^2-Statistik und Diskriminantenfunktion [Sankhyā, 10, (1950), 257–268].

52. Sequentielle Tests von Nullhypothesen [Sankhyā, 10, (1950), 361–370].

53. Ein vereinfachter Ansatz für Faktorenexperimente und die Lochkartentechnik im Bau und der Analyse von Entwürfen [Bulletin Institute International Statist., 33 (2), (1951), 1–28].

54. Eine asymptotische Erweiterung der Verteilung des Wilks' A-Kriteriums [Bulletin Institute International Statist., 33 (2), (1951), 177–180].

55. Ein Theorem der kleinsten Quadrate [Sankhyā, 11, (1951), 9–12].

56. Statistische Inferenz angewendet auf klassifikatorische Probleme, Problem II: Das Problem der Auswahl von Individuen für verschiedene Aufgaben in einem festgelegten Verhältnis [Sankhyā, 11, (1951), 107–116].

57. Die Anwendbarkeit von Großprobentests für gleitende Durchschnitte und autoregressive Schemata auf kurze Reihen – eine experimentelle Studie, Teil 3: Der Diskriminanzfunktionsansatz in der Klassifikation von Zeitreihen (Teil III der statistischen Inferenz angewendet auf Klassifikationsprobleme) [Sankhyā, 11, (1951), 257–272].

58. (Mit K. Kishen) Eine Untersuchung verschiedener Ungleichheitsbeziehungen zwischen den Parametern des ausgeglichenen unvollständigen Blockdesigns [Journal of Indian Society of Agricultural Statistics, 4, (1952), 137–144].

59. Minimale Varianzschätzung in Verteilungen, die ergänzende Statistiken zulassen [Sankhyā, 12, (1952), 53–56].

60. Einige Sätze über die Mindestvarianzschätzung [Sankhyā, 12, (1952), 27–42].

61. Über Statistiken mit gleichmäßig minimaler Varianz [Wissenschaft und Kultur, 17, (1952), 483–484].

62. Fortschritt der Statistik in Indien: 1939–1950, in ‚Fortschritt der Wissenschaft in Indien', Abschnitt 1: Mathematik, einschließlich Geodäsie und Statistik [(Nikhil Ranjan Sen, Hrsg.), National Institute of Sciences of India, Neu-Delhi, (1953), 68–94].

63. Diskriminanzfunktionen für genetische Differenzierung und Auswahl (Teil IV der statistischen Inferenz angewendet auf Klassifikationsprobleme) [Sankhyā, 12, (1953), 229–246].

64. Über Transformationen, die im Verteilungsproblem der kleinsten Quadrate nützlich sind [Sankhyā, 12, (1953), 339–346].

65. Eine allgemeine Theorie der Diskriminierung, wenn die Informationen über alternative Populationsverteilungen auf Stichproben basieren [Annals of Math. Statist., 25, (1954), 651–670].

66. Schätzung der relativen Potenz aus mehrfachen Antwortdaten [Biometrics, 10, (1954), 208–220].

67. Über die Verwendung und Interpretation von Distanzfunktionen in der Statistik [Bulletin Institute International Statist., 34 (2), (1954), 90–97].

68. Schätzung und Signifikanztests in der Faktorenanalyse [Psychometrica, 20, (1955), 93–111].

69. Analyse der Streuung für mehrfach klassifizierte Daten mit ungleichen Zahlen in Zellen [Sankhyā, 15, (1955), 253–280].

70. (Mit G. Kallianpur) Über Fishers untere Grenze zur asymptotischen Varianz einer konsistenten Schätzung [Sankhyā, 15, (1955), 331–342].

71. (Mit I. M. Chakravarti) Einige Tests zur Signifikanz für eine Poisson-Verteilung bei kleinen Stichproben [Biometrics, 12, (1956), 264–282].

72. Analyse der Streuung mit unvollständigen Beobachtungen zu einem der Merkmale [Journal of the Royal Statistical Society, Ser B 18, (1956), 259–264].

73. Über die Wiederherstellung von Interblockinformationen in Sortenversuchen [Sankhyā, 17, (1956), 105–114].

74. Eine allgemeine Klasse von quasifaktoriellen und verwandten Designs [Sankhyā, 17, (1956), 165–174].

75. Maximum-Likelihood-Schätzung für die multinomiale Verteilung [Sankhyā, 18, (1957), 139–148].

76. Theorie der Methode der Schätzung durch minimales Chi-Quadrat [Bulletin Institute International Statist., 35 (2), (1957), 25–32].

77. Einige statistische Methoden zum Vergleich von Wachstumskurven [Biometrics, 14, (1958), 1–17].

78. (Mit Dhirendra Nath Majumdar) Bengal anthropometrische Untersuchung, 1945: Eine statistische Studie [Sankhyā, 19, (1958), 201–208].

79. Maximum-Likelihood-Schätzung für die multinomiale Verteilung mit unendlich vielen Zellen [Sankhyā, 19, (1958), 211–218].

80. Einige Probleme mit linearen Hypothesen in der multivariaten Analyse [Biometrika, 46, (1959), 49–58].

81. Über eine Charakterisierung der normalen Verteilung, die auf einer optimalen Eigenschaft von linearen Schätzungen basiert (auf Französisch) [in Le Calcul des Probabilités et Ses Applications: Paris, 15.-20. Juli 1958, Internationale Kolloquien des Centre National de la Recherche Scientifique, Paris, Band 87, (1959), 165–171].

82. (Mit I. M. Chakravarti) Tabellen für einige Signifikanztests kleiner Stichproben für Poisson-Verteilungen und 2×3 Kontingenztabellen [Sankhyā, 21, (1959), 315–326].

83. Erwartete Werte von Quadratmitteln in der Analyse unvollständiger Blockexperimente und einige Kommentare basierend auf der [Sankhyā, 21, (1959), 327–336].

84. Experimentelle Designs mit eingeschränkter Randomisierung [Bulletin Institute International Statist., 37 (3), (1960), 397–404].

85. Multivariate Analyse: Eine unverzichtbare statistische Hilfe in der angewandten Forschung [Sankhyā, 22, (1960), 317–338].

86. Einige Beobachtungen zu multivariaten statistischen Methoden in der anthropologischen Forschung [Bulletin Institute International Statist., 38 (4), (1961), 99–109].

87. Ein kombinatorisches Zuordnungsproblem [Nature, 191, (1961), 100].

88. Asymptotische Effizienz und begrenzende Information [Verhandlungen des 4. Berkeley Symposiums über mathematische Statistik und Wahrscheinlichkeit: Universität von Kalifornien, Berkeley, 30. Juni–30. Juli 1960] [(Jerzy Neyman Ed.), University of California Press, Berkeley, Band 1, (1961), 531–545].

89. Eine Studie über Kriterien für Großprobentests durch Eigenschaften effizienter Schätzungen, Teil I: Tests für die Güte der Anpassung und Kontingenztabellen [Sankhyā, Ser. A, 23, (1961), 25–40].

90. Eine Studie über BIB-Designs und Wiederholungen 11 bis 15 [Sankhyā, Ser. A, 23, (1961), 117–127].

91. Kombinatorische Anordnungen analog zu orthogonalen Arrays [Sankhyā, Ser. A, 23, (1961), 283–286].

92. Erzeugung von zufälligen Permutationen einer gegebenen Anzahl von Elementen unter Verwendung von Zufallsstichprobenzahlen [Sankhyā, Ser. A, 23, (1961), 305–307].

93. Quantitative Studien in der Soziologie: Notwendigkeit für eine verstärkte Nutzung in Indien [Soziologie, Sozialforschung und soziale Probleme in Indien, All-India Sociological Conferences: (1955–1959), (R. N. Saksena, Hrsg.), Asia Publishing House, Bombay, (1961), 53–74].

94. Erste und zweite Ordnung der asymptotischen Effizienzen von Schätzungen (mit Diskussion) Ann. Fac. Sci. Univ. Clermont Ferrand, 8 [Akten des Kolloquiums der Mathematiker, die sich in Clermont anlässlich des dreihundertjährigen Todesjahres von Blaise Pascal versammelt haben, Band II, (1962), 33–40].

95. Einige Beobachtungen zu anthropometrischen Untersuchungen [Indische Anthropologie: Aufsätze zum Gedenken an D. N. Majumdar (T. N. Madan und Gopāla Sarana), Asia Publishing House, Bombay, (1962), 135–149].

96. Effiziente Schätzungen und optimale Inferenzverfahren in großen Stichproben (mit Diskussion) [Journal of the Royal Statistical Society, Ser B 24, (1962), 46–72].

97. Eine Anmerkung zu einer verallgemeinerten Inverse einer Matrix mit Anwendungen auf Probleme in der mathematischen Statistik [Journal of the Royal Statistical Society, Ser B 24, (1962), 152–158].

98. Probleme der Auswahl mit Einschränkungen [Journal of the Royal Statistical Society, Ser B 24, (1962), 401–405].

99. Verwendung von Diskriminanten und verwandten Funktionen in der multivariaten Analyse [Sankhyā, Ser. A, 24, (1962), 149–154].

100. Offensichtliche Anomalien und Unregelmäßigkeiten bei der Maximum-Likelihood-Schätzung (mit Diskussion) [Sankhyā, Ser. B, 24, (1962), 73–101].

101. Ronald Aylmer Fisher, F. R. S. – Ein Nachruf [Wissenschaft und Kultur, 29, (1962), 80–81].

102. Kriterien der Schätzung in großen Stichproben [Sankhyā, Ser. A, 25, (1963), 180–206].

103. (Mit V. S. Varadarajan) Diskriminierung von Gaußschen Prozessen [Sankhyā, Ser. A, 25, (1963), 303–330].

104. Sir Ronald Aylmer Fisher – Der Architekt der multivariaten Analyse [Biometrie, 20, (1964), 286–300].

105. (Mit Herman Rubin) Über eine Charakterisierung der Poisson-Verteilung [Sankhyā, Ser. A, 26, (1964), 295–298].

106. Die Verwendung und Interpretation der Hauptkomponentenanalyse in angewandter Forschung [Sankhyā, Ser. A, 26, (1964), 329–358].

107. Die Theorie der kleinsten Quadrate, wenn die Parameter stochastisch sind und ihre Anwendung auf die Analyse von Wachstumskurven [Biometrika, 52, (1965), 447–458].

108. Effizienz eines Schätzers und Fishers untere Grenze zur asymptotischen Varianz (mit Diskussion) [Bulletin Institute International Statist., 41 (1), (1965), 55–63].

109. Über diskrete Verteilungen, die aus Ermittlungsmethoden in klassischen und ansteckenden diskreten Verteilungen entstehen [Verhandlungen des Internationalen Symposiums: McGill University, Montreal, August, 1963 (Ganapati P. Patil, Hrsg.), Statistical Publishing Society, Kalkutta, (1965), 320–332].

110. Probleme der Auswahl, die Programmierungstechniken betreffen [Verhandlungen des IBM Scientific Computing Symposiums über Statistik: Oktober 1963, IBM Data Processing Division, White Plains, New York; (1965), 29–51].

111. (Mit A. M. Kagan und Yu. V. Linnik) Über eine Charakterisierung des Normalgesetzes basierend auf einer Eigenschaft des Stichprobenmittelwerts [Sankhyā, Ser. A, 27, (1965), 405–406].

112. Diskriminantenfunktion zwischen zusammengesetzten Hypothesen und verwandten Problemen [Biometrika, 53, (1966), 339–345].

113. Kovarianzanpassung und verwandte Probleme in der multivariaten Analyse [Multivariate Analyse, Verhandlungen des ersten internationalen Symposiums: Dayton, Ohio, 14–19 Juni, 1965 (Paruchuri R. Krishnaiah Ed.), Academic Press, New York, (1966), 87–103].

114. Verallgemeinerte Inverse für Matrizen und ihre Anwendungen in der mathematischen Statistik [Research Papers in Statistics: Festschrift für J. Neyman (F. N. David, Hrsg.), Wiley und Söhne, London, (1966), 263–279].

115. Charakterisierung der Verteilung von Zufallsvariablen in linearen strukturellen Beziehungen [Sankhyā, Ser. A, 28, (1966), 251–260].

116. (Mit M. N. Rao) Verknüpfte Querschnittsstudie zur Bestimmung von Normen und Wachstumskurven: Eine Pilotstudie über indische schulpflichtige Jungen [Sankhyā, Ser. B, 28, (1966), 231–252].

117. Über Vektorvariablen mit linearer Struktur und eine Charakterisierung der multivariaten Normalverteilung [Bulletin Institute International Statist., 42 (2), (1967), 1207–1213].

118. Theorie der kleinsten Quadrate unter Verwendung einer geschätzten Streumatrix und ihre Anwendung auf die Messung von Signalen [Verhandlungen des fünften Berkeley Symposiums über mathematische Statistik und Wahrscheinlichkeit: Berkeley, Kalifornien, 1965/1966, Bd. I: Statistik (Lucien M. Le Cam und Jerzy Neyman Hrsg.), University of California Press, Berkeley, (1967), 355–372].

119. Über einige Charakterisierungen des Normalgesetzes [Sankhyā, Ser. A, 29, (1967), 1–14].

120. Berechnung der verallgemeinerten Inverse von Matrizen – I: Allgemeine Theorie [Sankhyā, Ser. A, 29, (1967), 317–342].

121. (Mit C. G. Khatri) Lösung einiger Funktionsgleichungen und ihre Anwendungen zur Charakterisierung von Wahrscheinlichkeitsverteilungen [Beiträge in Statistik und Agrarwissenschaften: Präsentiert an Dr. V. G. Panse zu

seinem 62. Geburtstag (Govind Ram Seth und J. S. Sarma, Hrsg.), Indische Gesellschaft für Agrarstatistik, Neu Delhi, (1968), 147–160].

122. Diskriminierung zwischen Gruppen und Zuweisung neuer Individuen [Verhandlungen der Konferenz über die Rolle und Methodik der Klassifikation in Psychiatrie und Psychopathologie: Washington, D. C., 1965 (Martin M. Katz, Jonathan O. Cole und Walter E. Barton Hrsg.), Veröffentlichung des öffentlichen Gesundheitsdienstes 1584, National Institute of Mental Health, U. S. Department of Health, Education and Welfare, Chevy Chase, Maryland, (1968), 229–240].

123. (Mit B. Ramachandran) Einige Ergebnisse zu charakteristischen Funktionen und Charakterisierungen der normalen und verallgemeinerten stabilen Gesetze [Sankhyā, Ser. A, 30, (1968), 125–140].

124. (Mit C. G. Khatri) Einige Eigenschaften der Gamma-Verteilung [Sankhyā, Ser. A, 30, (1968), 157–166].

125. (Mit C. G. Khatri) Lösungen für einige Funktionsgleichungen und ihre Anwendungen zur Charakterisierung von Wahrscheinlichkeitsverteilungen [Sankhyā, Ser. A, 30, (1968), 167–180].

126. Eine Anmerkung zu einem vorherigen Lemma in der Theorie der kleinsten Quadrate und einige weitere Ergebnisse [Sankhyā, Ser. A, 30, (1968), 259–266].

127. (Mit Sujit K. Mitra) Einige Ergebnisse bei der Schätzung und Prüfung von linearen Hypothesen unter dem Gauss-Markoff-Modell [Sankhyā, Ser. A, 30, (1968), 281–290].

128. (Mit Sujit K. Mitra) Gleichzeitige Reduzierung eines Paares von quadratischen Formen [Sankhyā, Ser. A, 30, (1968), 313–322].

129. (Mit Sujit K. Mitra) Bedingungen für Optimalität und Gültigkeit der einfachen Theorie der kleinsten Quadrate [Annals Math. Statist., 40, (1969), 1617–1624].

130. Ein Zerlegungssatz für Vektorvariablen mit einer linearen Struktur [Annals Math. Statist., 40, (1969), 1845–1849].

131. Zyklische Erzeugung von linearen Teilräumen in endlichen Geometrien [Combinatorial Mathematics and Its Applications, Proceedings of Conference: Chapel Hill, 10–14 April, 1967 (R. C. Bose und T. A. Dowling Hrsg.), University of North Carolina Press, Chapel Hill, (1969), 513–535].

132. Neueste Fortschritte in der diskriminierenden Analyse [Journal Indian Society of Agricultural Statistics, 21, (1969), 3–15].

133. Einige Charakterisierungen der multivariaten Normalverteilung [Multivariate Analyse – II, Verhandlungen des zweiten internationalen Symposiums: Dayton, Ohio, 17–22 Juni, 1968 (Paruchuri R. Krishnaiah Ed.), Academic Press, New York, (1969), 321–328].

134. Ein multidisziplinärer Ansatz für den Unterricht in Statistik und Wahrscheinlichkeit [Sankhyā, Ser. B, 31, (1969), 321–340].

135. Inferenz zu Diskriminantenfunktionskoeffizienten [Aufsätze in Wahrscheinlichkeit und Statistik, University of North Carolina Press, Chapel Hill, (1970), 587–602].

136. Schätzung der heteroskedastischen Varianz in linearen Modellen [Journal of American Statistical Association, 65, (1970), 161–172].

137. (Mit B. Ramachandran) Lösungen von Funktionsgleichungen, die in einigen Regressionsproblemen auftreten und eine Charakterisierung des Cauchy-Gesetzes [Sankhyā, Ser. A, 32, (1970), 1–30].

138. Einige Aspekte der statistischen Inferenz in Problemen der Stichprobenziehung aus endlichen Populationen (mit Diskussion und einer Antwort des Autors) [Grundlagen der statistischen Inferenz, Proceedings des Symposiums: Universität von Waterloo, 31. März–9. April, 1970 (V. P. Godambe und D. A. Sprott, Hrsg.), Holt, Rinehart und Winston von Kanada, Toronto, Ontario, (1971), 177–202].

139. Schätzung von Varianz- und Kovarianzkomponenten – MINIQUE-Theorie [Journal of Multivariate Analysis, 1, (1971), 257–275].

140. Minimale Varianz quadratische unverzerrte Schätzung von Varianzkomponenten [Journal of Multivariate Analysis, 1, (1971), 445–456].

141. Taxonomie in der Anthropologie [Mathematik in den archäologischen und historischen Wissenschaften, Verhandlungen der Anglo-Rumänischen Konferenz: Mamaia, 1970 (F. R. Hodson, D. G. Kendall und Peter Tautu, Hrsg.), Edinburgh University Press. (1971), 19–29].

142. (Mit J. K. Ghosh) Eine Anmerkung zu einigen Übersetzungsparameterfamilien von Dichten, deren Median ein m. I. e ist [Sankhyā, Ser. A, 33, (1971), 91–93].

143. Charakterisierung von Wahrscheinlichkeitsgesetzen durch lineare Funktionen [Sankhyā, Ser. A, 33, (1971), 265–270].

144. (Mit Sujit Kumar Mitra) Weitere Beiträge zur Theorie der verallgemeinerten Inverse von Matrizen und deren Anwendungen [Sankhyā, Ser. A, 33, (1971), 289–300].

145. Vereinheitlichte Theorie der linearen Schätzung [Sankhyā, Ser. A, 34, (1972), 371–394].

146. Einige Anmerkungen zur logarithmischen Reihenverteilung [Statistical Ecology, Proceedings of the International Symposium on Statistical Ecology: New Haven, 1969 (G. P. Patil, E. C. Pielou und W. E. Waters, Hrsg.), Penn State Statistics Series, Pennsylvania State University Press, University Park, Band 1, (1972), 131–142].

147. Aktuelle Trends der Forschungsarbeit in der multivariaten Analyse [Biometrics, 28, (1972), 3–22].

148. Datenanalyse und statistisches Denken [Wirtschaftliche und soziale Entwicklung: Aufsätze zu Ehren von Dr. C. D. Deshmukh (S. L. N. Simha Ed.), Vora und Co., Bombay, (1972), 383–392].

149. Schätzung von Varianz- und Kovarianzkomponenten in linearen Modellen [Journal of American Statistical Association, 67, (1972), 112–115].

150. (Mit C. G. Khatri) Funktionale Gleichungen und Charakterisierung von Wahrscheinlichkeitsgesetzen durch lineare Funktionen von Zufallsvariablen [Journal of Multivariate Analysis, 2, (1972), 162–173].

151. (Mit Sujit Kumar Mitra) Verallgemeinerte Inverse einer Matrix und ihre Anwendungen [Verhandlungen des Sechsten Berkeley Symposiums über Mathematische Statistik und Wahrscheinlichkeit: Berkeley, Kalifornien, 1970/1971, Bd. I: Theorie der Statistik, University of California Press, Berkeley, (1972), 601–620].

152. (Mit Sujit Kumar Mitra und P. Bhimasankaram) Bestimmung einer Matrix durch ihre Untergruppen von verallgemeinerten Inversen [Sankhyā, Ser. A, 34, (1972), 5–8].

153. Eine Anmerkung zur IPM-Methode in der vereinheitlichten Theorie der linearen Schätzung [Sankhyā, Ser. A, 34, (1972), 285–288].

154. Einige aktuelle Ergebnisse in der linearen Schätzung [Sankhyā, Ser. A, 34, (1972), 369–378].

155. Prasanta Chandra Mahalanobis: 1893–1972 [Biographische Memoiren der Mitglieder der Royal Society, 19, (1973), 485–492].

156. Vereinheitlichte Theorie der kleinsten Quadrate [Communications Statistics, 1, (1973), 1–8].

157. (Mit A. M. Kagan und Yu. V. Linnik) Erweiterung des Darmois-Skitovic Theorems auf Funktionen von Zufallsvariablen, die ein Additionstheorem erfüllen [Communications Statistics, 1, (1973), 471–474].

158. (Mit R. Chakraborty und D. C. Rao) Das verallgemeinerte Wright's Modell [Genetische Struktur von Populationen, Hawaii Konferenz über Populationsstruktur (Newton E. Morton Ed.), Populationsgenetik Monographien, 3, University Press of Hawaii, Honolulu, (1973), 55–59].

159. Darstellungen der besten linearen unverzerrten Schätzer im Gauss-Markoff-Modell mit einer singulären Streumatrize [Journal of Multivariate Analysis, 3, (1973), 276–292].

160. Mahalanobis Ära in der Statistik: Eine Sammlung von Artikeln, die dem Andenken an P. C. Mahalanobis gewidmet sind [Sankhyā, Ser. B, 35, (1973), 12–26].

161. (Mit Sujit Kumar Mitra) Theorie und Anwendung von eingeschränkten Inversen von Matrizen [SIAM Journal of Applied Mathematics, 24 (1973), 473–488].

162. Einige kombinatorische Probleme von Arrays und Anwendungen auf das Design von Experimenten [Eine Übersicht über die Kombinatoriktheorie, North-Holland, Amsterdam, (1973), 349–359].

163. Projektoren, verallgemeinerte Inverse und die BLUEs [Journal of the Royal Statistical Society, Ser B, 36, (1974), 442–448].

164. (Mit Sujit Kumar Mitra) Projektionen unter Seminormen und verallgemeinerte Moore Penrose Inversen [Linear Algebra Applications, 9, (1974), 155–167].

165. Einige Probleme von Stichprobenumfragen, Suppl. Adv. in Appl. Probability 7 [Verhandlungen der Konferenz über Richtungen für mathematische Statistik: Universität von Alberta, Edmonton, 12–16 August, 1974 (S. G. Ghurye Ed.), (1975), 50–61].

166. Gleichzeitige Schätzung von Parametern in verschiedenen linearen Modellen und Anwendungen auf biometrische Probleme [Biometrics, 31, (1975), 545–554].

167. Unterricht von Statistik auf der Sekundarstufe: Ein interdisziplinärer Ansatz [International Journal of Mathematics Education in Science and Technology, 6, (1975), 151–162].

168. Einige Probleme bei der Charakterisierung der multivariaten Normalverteilung (Antrittsvorlesung zum Gedenken an Linnik) [Ein Modellkurs über statistische Verteilungen in der wissenschaftlichen Arbeit und die Internationale Konferenz über Charakterisierungen von statistischen Verteilungen mit Anwendungen: Verfahren des NATO Advanced Study Institute: Universität von Calgary, 29. Juli–10. August, 1974 (Ganapati P. Patil, Samuel Kotz und J. K. Ord, Hrsg.), D. Reidel, Dordrecht, Band 3, (1975), 1–13].

169. Wachsende Verantwortung von Regierungsstatistikern [Gelegentliche Papiere, Asiatisches Statistisches Institut (Statistisches Institut für Asien und den Pazifik), Tokio, Nr. 4, (1975), 12].

170. Über eine vereinheitlichte Theorie der Schätzung in linearen Modellen – Eine Überprüfung der neuesten Ergebnisse [Perspektiven in Wahrscheinlichkeit und Statistik – Beiträge zu Ehren von M. S. Barlett anlässlich seines 65. Geburtstages, Applied Probability Trust, Universität von Sheffield; Academic Press, New York, (1975) 89–104].

171. Statistische Analyse und Vorhersage des Wachstums [Verhandlungen der 8. Internationalen Biometrischen Konferenz: Constanja, Rumänien, 25. August–30, 1974 (L. C. A. Corsten und Tiberiu Postelnicu, Hrsg.), Editura Academiei Republicii Socialiste Romania, Bukarest, (1975), 15–21].

172. Funktionale Gleichungen und Charakterisierung von Wahrscheinlichkeitsverteilungen [Verhandlungen des Internationalen Kongresses der Mathematiker: Vancuver, B. C., 1974, Kanadischer Mathematikkongress, Montreal, Quebec, Band 2, (1975), 163–168].

173. (Mit Sujit Kumar Mitra) Erweiterungen eines Dualitätstheorems bezüglich g–Inversen von Matrizen [Sankhyā, Ser. A, 37, (1975), 439–445].

174. Theorie der Schätzung von Parametern im allgemeinen Gauss-Markoff-Modell [Eine Übersicht über statistisches Design und lineare Modelle, Proceedings des Internationalen Symposiums: Colorado State University, Fort Collins, 19–23 März, 1973 (Jagadish N. Srivastava, Hrsg.), North-Holland, Amsterdam, (1975), 475–487].

175. Charakterisierung von Verteilungen und Lösung eines zusammengesetzten Entscheidungsproblems [Annals Statistics, 4, (1976), 823–835].

176. Schätzung von Parametern in einem linearen Modell (Erste 1975 Wald-Gedächtnisvorlesung) [Annalen Statistik, 4, (1976), 1023–1037].

177. (Mit M. L. Puri) Erweiterung des Shapiro-Walk-Tests auf Normalität [*Beiträge zur angewandten Statistik: Gewidmet Professor Arthur anlässlich seines 70. Geburtstags* (Walter Johann Ziegler, Hrsg.), Experimentia Supplementum, Bd. 22, Birhaüser-Verlag, Basel, (1976), 129–139].

178. (Mit C. G. Khatri) Charakterisierung der multivariaten Normalität – I: Durch Unabhängigkeit einiger Statistiken [Journal of Multivariate Analysis, 6, (1976), 81–94].

179. Ein natürliches Beispiel für eine gewichtete Binomialverteilung [American Statist., 31, (1977), 24–26].

180. (Mit G. P. Patil) Die gewichteten Verteilungen: Eine Übersicht über ihre Anwendungen [Anwendungen der Statistik (P. R. Krishnaiah Hrsg.), North-Holland, Amsterdam, (1977), 383–405].

181. Statistiken zur Beschleunigung der wirtschaftlichen und sozialen Entwicklung (Jubiläumsansprache) [Verhandlungen des 25. Jubiläums der Zentralen Statistischen Organisation (1977)].

182. Clusteranalyse angewendet auf eine Studie der Rassenmischung in menschlichen Populationen [Klassifikation und Clustering, Proceedings des Advanced Seminar: University of Wisconsin, Madison, 3–5 Mai, 1976 (John Van Ryzin, Ed.), Mathematical Research Centre Publication 37, University of Wisconsin, Madison, (1977), 175–197].

183. Vorhersage zukünftiger Beobachtungen mit besonderem Bezug auf lineare Modelle [Multivariate Analyse – IV, Verhandlungen des vierten internationalen Symposiums: Dayton, Ohio, 16–21 Juni, 1975 (Paruchuri R. Krishnaiah Ed.), North-Holland, Amsterdam, (1977), 193–208].

184. Einige Gedanken zur Regression und Vorhersage [Verhandlungen des Symposiums zu Ehren von Jerzy Neyman zu seinem 80. Geburtstag: Warschau, 3. bis 10. April 1974 (R. Bartoszynski, E. Fideli und W. Klonecki, Hrsg.), PWN: Polnische Wissenschaftsverlage, Warschau, (1977), 277–292].

185. Gleichzeitige Schätzung von Parametern: Ein zusammengesetztes Entscheidungsproblem [Statistical Decision Theory and Related Topics – II, Proceedings of 2nd Purdue Symposium: 17–19 Mai, 1976 (Shanti S. Gupta und David S. Moore, Hrsg.), Academic Press, New York, (1977), 327–350].

186. (Mit G. P. Patil) Gewichtete Verteilungen und größenverzerrte Stichproben mit Anwendungen auf Wildtierpopulationen und menschliche Familien [Biometrics, 34, (1978), 179–189].

187. (Mit Nobuo Shinozaki) Genauigkeit einzelner Schätzer bei der simultanen Schätzung von Parametern [Biometrika, 65, (1978), 23–30].

188. Theorie der kleinsten Quadrate für möglicherweise singuläre Modelle [Canadian Journal of Statistics, 6, (1978), 19–23].

189. Eine Anmerkung zur vereinheitlichten Theorie der kleinsten Quadrate [Comm. Statist., A – Theorie der Methoden 7, (1978), 409–411].

190. Auswahl der besten linearen Schätzer im Gauss-Markoff-Modell mit einer singulären Streumatrix [Comm. Statist., A – Theorie der Methoden 7, (1978), 1199–1208].

191. P. C. Mahalanobis [Internationale Enzyklopädie der Statistik, (William H. Kruskal und Judith M. Tanur, Hrsg.), The Free Press, New York, Bd. 1, (1978), 571–576].

192. Trennungssätze für singuläre Werte von Matrizen und ihre Anwendungen in der multivariaten Analyse [Journal of Multivariate Analysis, 9, (1979), 362–377].

193. Schätzung von Parametern im singulären Gauss-Markoff-Modell [Comm. Statist., A – Theorie der Methoden 8, (1979), 1353–1358].

194. (Mit Haruo Yanai) Allgemeine Definition und Zerlegung von Projektoren und einige Anwendungen auf statistische Probleme [Journal Statist. Plann. Inference 3 (1979), 1–17].

195. (Mit R. C. Srivastava) Einige Charakterisierungen basierend auf einem multivariaten Splitting-Modell [Sankhyā, Ser. A, 41, (1979), 124–128].

196. MINQUE-Theorie und ihre Beziehung zu ML und MML Schätzung von Varianzkomponenten [Sankhyā, Ser. B, 41, (1979), 138–153].

197. Matrixapproximation und Reduzierung der Dimensionalität in der multivariaten statistischen Analyse [Multivariate Analyse – V, Verhandlungen des fünften Internationalen Symposiums: Pittsburgh, 19–24 Juni, 1978 (Paruchuri R. Krishnaiah Ed.), North-Holland, Amsterdam, (1980), 3–22].

198. (Mit R. C. Srivastava, Sheela Talwalker und Gerald, A. Edgar) Charakterisierung von Wahrscheinlichkeitsverteilungen basierend auf einer verallgemeinerten Rao-Rubin Bedingung [Sankhyā, Ser. A, 42, (1980), 161–169].

199. (Mit Jurgen Kleffe) Schätzung von Varianzkomponenten [Analyse der Varianz, Handbuch der Statistik 1 (Paruchuri R. Krishnaiah Hrsg.), North-Holland, Amsterdam, (1980), 1–40].

200. Ein Lemma über die g-Inverse einer Matrix und die Berechnung von Korrelationskoeffizienten im singulären Fall [Comm. Statist., A – Theorie der Methoden 10, (1981), 1–10].

201. (Mit C. G. Khatri) Einige Erweiterungen der Kantorovich-Ungleichung und statistische Anwendungen [Journal of Multivariate Analysis, 11, (1981), 498–505].

202. Nachruf: Professor Jerzy Neyman (1894–1981) [Sankhyā, Ser. A, 43, (1981), 247–250].

203. Einige Anmerkungen zum minimalen mittleren quadratischen Fehler als Schätz-Kriterium [Statistik und verwandte Themen, Proceedings des Internationalen Symposiums: Ottawa, Ontario, 5–7 Mai, 1980 (M. Csörgö, D. A. Dawson, J. N. K. Rao und A. K. Md. E. Saleh, Hrsg.), North-Holland, Amsterdam, (1981), 123–143].

204. (Mit Jacob Burbea) Über die Konvexität einiger Divergenzmaße auf Basis der Entropiefunktion [IEEE Transactions on Information Theory, 28, (1982), 489–495].

205. (Mit Jacob Burbea) Über die Konvexität von höheren Jensen-Unterschieden basierend auf Entropiefunktionen [IEEE Transactions on Information Theory, 28, (1982), 961–963].

206. (Mit Jacob Burbea) Entropie-Differentialmetrik, Abstands- und Divergenzmaße in Wahrscheinlichkeitsräumen: Ein einheitlicher Ansatz [Journal of Multivariate Analysis, 12, (1982), 575–596].

207. (Mit Jacob Burbea) Einige Ungleichheiten zwischen hyperbolischen Funktionen [Der Mathematikstudent, 50, (1982), 40–43].

208. (Mit Ka-Sing Lau) Integrierte Cauchy-Funktionsgleichung und Charakterisierungen des Exponentialgesetzes [Sankhyā, Ser. A, 44, (1982), 72–90].

209. (Mit C. G. Khatri) Einige Verallgemeinerungen der Kantorovich-Ungleichung [Sankhyā, Ser. A, 44, (1982), 91–102].

210. Analyse der Vielfalt: Ein einheitlicher Ansatz [Statistische Entscheidungstheorie und verwandte Themen – III, Proceedings des 3. Purdue Symposiums: 1–5 Juni, 1981 (Shanti S. Gupta und James O. Berger, Hrsg.), Academic Press, New York, Band 2, (1982), 233–250].

211. Vielfalt und Unterschiedlichkeitskoeffizienten: Ein vereinheitlichter Ansatz, [Theoretical Population Biology, 21, (1982), 24–43].

212. Gini-Simpson-Index der Vielfalt: Eine Charakterisierung, Verallgemeinerung und Anwendungen [Utilitus Mathematic., 21 B (Sonderausgabe zu Ehren von Frank Yates anlässlich seines achtzigsten Geburtstags), (1982), 273–282].

213. (Mit T. Kariya und P. R. Krishnaiah) Schlussfolgerungen zu Parametern von multivariaten Normalverteilungen, wenn einige Daten fehlen [Entwicklungen in der Statistik, Band 4, Academic Press, New York, (1983), 137–184].

214. Eine Erweiterung des Deny's Theorems und ihre Anwendung auf Charakterisierungen von Wahrscheinlichkeitsverteilungen [A Festschrift für Erich L. Lehman, Wadsworth, Belmont, Kalifornien, (1983), 348–366].

215. Optimales Gleichgewicht zwischen statistischer Theorie und Anwendungen im Unterricht [Verhandlungen der ersten internationalen Konferenz für Statistikunterricht: Universität Sheffield, 9.–13. August, 1982 (D. R. Grey, P. Holmes, V. Barnett und G. M. Constable, Hrsg.), Universität Sheffield, Band 2, (1983), 34–49].

216. Statistik, Statistiker und öffentliche Politikgestaltung [Sankhyā, Ser. B, 45, (1983), 151–159].

217. Multivariate Analyse: Einige Erinnerungen an ihren Ursprung und ihre Entwicklung [Sankhyā, Ser. B, 45, (1983), 284–299].

218. (Mit B. K. Sinha und K. Subramanyam) Dritte Ordnungseffizienz des Maximum-Likelihood-Schätzers in der multinomialen Verteilung [Statistische Entscheidungen, 1, (1983), 1–16].

219. Likelihood-Ratio-Tests für Beziehungen zwischen zwei Kovarianzmatrizen [Studien in Ökonometrie, Zeitreihen und multivariater Statistik zu Ehren von Theodore W. Anderson (Samuel Karlin, Takesh Amemiya und Leo A. Goodman, Hrsg.), Academic Press, New York, (1983), 529–543].

220. Prasanta Chandra Mahalanobis (1893–1972) [Bulletin der Mathematischen Vereinigung von Indien, 16, (1984), 6–19].

221. (Mit Thomas Mathew und Bimal Kumar Sinha) Zulässige lineare Schätzung in singulären linearen Modellen [Comm. Statist., A – Theorie der Methoden 13, (1984), 3033–3045].

222. (Mit Jochen Müller und Bimal Kumar Sinha) Inferenz zu Parametern in einem linearen Modell: Eine Überprüfung der neuesten Ergebnisse [Experimentelles Design, statistische Modelle und genetische Statistik: Aufsätze zu

Ehren von Oscar Kempthorne (Klaus Hinkelmann Ed.), Statistik, Lehrbücher Monographien, 50, Marcel Dekker, New York, New York, (1984), 277–295].

223. (Mit Robert Boudreau) Vielfalt und Clusteranalysen von Blutgruppendaten bei menschlichen Populationen [Human Population Genetics: Das Pittsburgh Symposium (Aravinda Chakravart, Hrsg.), Van Nostrand Reinhold, New York, (1984), 331–362].

224. Konvexitätseigenschaften von Entropiefunktionen und Analyse der Vielfalt [Ungleichheiten in Statistik und Wahrscheinlichkeit, IMS Lecture Notes Monograph Ser. 5, (1984), 68–77].

225. Verwendung von Diversitäts- und Distanzmaßen in der Analyse qualitativer Daten [Multivariate statistische Methoden in der physischen Anthropologie, (G. N. van Vark und W. H. Howell, Hrsg.), D. Reidel, Dordrecht, (1984), 49–67].

226. (Mit Jacob Burbea) Differentialmetriken in Wahrscheinlichkeitsräumen [Probab. Math. Statist., 3, (1984), 241–258].

227. (Mit Ka-Sing Lau) Lösung zur integrierten Cauchy-Funktionsgleichung auf der ganzen Linie [Sankhyā, Ser. A, 46, (1984), 311–318].

228. Schlussfolgerung aus linearen Modellen mit festen Effekten [Statistik: Eine Bewertung, Verhandlungen der Konferenz zum 50. Jubiläum des Statistischen Labors: Iowa State University, Ames, 13–15 Juni, 1983 (H. A. David, Hrsg.), Iowa State University Press, Ames, (1984), 345–369].

229. Vorhersage zukünftiger Beobachtungen in polynomialen Wachstumskurvenmodellen, [Statistik: Anwendungen und neue Richtungen, Proceedings der Golden Jubilee International Conference on Statistics des Indian Statistical Institute: Kalkutta 16–19 Dezember, 1981 (J. K. Ghosh und J. Roy, Hrsg.), Indian Statistical Institute, Kalkutta, (1984), 512–529].

230. Optimierung von Funktionen von Matrizen mit Anwendungen auf statistische Probleme [W. G. Cochran's Einfluss auf die Statistik (Poduri S R. S. Rao und Joseph Sedransk, Hrsg.), Wiley und Söhne, New York, (1984), 191–202].

Liste der Publikationen von Professor Anadi Sankar Gupta

1. Fortschritt eines kompressiblen wärmeleitenden Fluids über eine unendliche flache Platte [Zeit. Ang. Math. Mech., 37, (1957), 349].

2. Schubfluss eines viskoelastischen Fluids an einer flachen Platte mit Saugfunktion [Journal of Aero Space Science, (U.S.A.), 25(9), 1958].

3. Auswirkung von Auftriebskräften auf bestimmte viskose Strömungen mit Saugwirkung [Applied Scientific Research (Holland), 8, (1959), 309].

4. Stetige und transiente freie Konvektion einer elektrisch leitenden Flüssigkeit von einer vertikalen Platte in Anwesenheit eines Magnetfeldes [Applied Scientific Research (Holland), A, 9, (1960), 319].

5. Fluss einer elektrisch leitfähigen Flüssigkeit an einer porösen flachen Platte
    vorbei in Anwesenheit eines transversalen, magnetischen Feldes [Zeit. Ang.
    Math. Phys., 11, (1960), 43].
6. Über den Fluss einer elektrisch leitenden Flüssigkeit in der Nähe einer be-
    schleunigten Platte in Anwesenheit eines Magnetfeldes [Journal Physical So-
    ciety Japan, 15, (1960), 1PI].
7. Laminare Stagnationsströmung einer elektrisch leitenden Flüssigkeit gegen
    eine unendliche Platte in Anwesenheit eines Magnetfeldes [Applied Scienti-
    fic Research (Holland), B, 9, (1961), 45].
8. Laminare freie Konvektionsströmung einer elektrisch leitenden Flüssigkeit
    von einer vertikalen Platte mit gleichmäßigem Oberflächenwärmefluss und
    variabler Wandtemperatur in Anwesenheit eines Magnetfeldes [Zeit. Ang.
    Math. Phys., 13, (1962), 201].
9. (Mit L. N. Howard) Über die hydrodynamische und hydromagnetische
    Stabilität von wirbelnden Strömungen [Journal of Fluid Mechanics, 14,
    (1962) 463].
10. Rayleigh-Taylor-Instabilität von viskosem elektrisch leitfähigem Fluid in An-
    wesenheit eines horizontalen Magnetfeldes [Journal Physical Society Japan,
    18, (1963), 1073].
11. Laminare Strömung in ebenen Wellen einer leitenden Flüssigkeit in An-
    wesenheit eines transversalen Magnetfeldes [American Institute of Aeronau-
    tics and Astronautics, 1, (1963), 2391].
12. Über die kapillare Instabilität eines Strahls, der einen axialen Strom mit oder
    ohne ein longitudinales Magnetfeld trägt [Proceedings of the Royal Society
    (London), A, 278, (1964), 214].
13. Über die Wärmeübertragungseigenschaften von zweidimensionalen, kreis-
    förmigen und radialen (Wand-) Strahlen [Arch. Mech. Stos., Polen, 17,
    (1965), 547].
14. (Mit U. S. Rao) Hydromagnetische freie Konvektion an einer vertikalen
    porösen Platte, die einer Saug- oder Injektion ausgesetzt ist [Journal Physical
    Society Japan, 20, (1965), 1936].
15. Gezeitenwellenausbreitung in einer rotierenden leitfähigen Flüssigkeit mit
    einem Magnetfeld [American Institute of Aeronautics and Astronautics, 3,
    (1965), 156].
16. Auswirkung eines stehenden Schalls auf die magnetohydrodynamische Strö-
    mung an einer flachen Platte [Zeit. Ang. Math. Phys., 17, (1966), 260].
17. Hydromagnetische freie Konvektionsströme von einer horizontalen Platte
    [American Institute of Aeronautics and Astronautics, 4, (1966), 1439].
18. (Mit U. S. Rao) Hydromagnetischer Fluss aufgrund einer rotierenden
    Scheibe, die einer großen Saugwirkung ausgesetzt ist [Journal Physical So-
    ciety Japan, 21, (1966), 2390].
19. Stabilität eines viskoelastischen Flüssigkeitsfilms, der an einer geneigten
    Ebene herunterfließt [Journal of Fluid Mechanics, 28, (1967), 17].

20. Zirkulierender Fluss einer leitenden Flüssigkeit um einen porösen rotierenden Zylinder in einem radialen Magnetfeld [American Institute of Aeronautics and Astronautics, 5, (1967), 380].

21. Halleffekte auf thermische Instabilität [Rev. Roum. De Math. Pures et Applica., TOME XII, (5), (1968), 665].

22. Stabilität einer viskosen Flüssigkeit, die entlang einer flexiblen Grenze fließt [Canadian Journal of Physics, 46, (1968), 2059].

23. Perioden der Oszillation einer rotierenden Säule einer perfekt leitenden Flüssigkeit in Anwesenheit eines gleichmäßigen axialen Stroms [Fortschritte der Mathematik, 2, (1968), 71].

24. (Mit Lajpat Rai) Hydromagnetische Stabilität eines flüssigen Films, der an einer geneigten leitenden Ebene herunterfließt [Journal Physical Society Japan, 24, (1968), 626].

25. Fluss eines kompressiblen strahlenden Fluids, das eine unendliche Platte mit Saugwirkung passiert [American Institute of Aeronautics and Astronautics, 6, (1968), 2209].

26. (Mit A. S. Chatterjee) Dispersion löslicher Stoffe im hydromagnetischen laminaren Fluss zwischen zwei parallelen Platten [Verhandlungen der Cambridge Philosophical Society, 164, (1968), 1209].

27. (Mit Lajpat Rai) Anmerkung zur Stabilität eines viskoelastischen Flüssigkeitsfilms, der an einer geneigten Ebene herunterfließt [Journal of Fluid Mechanics, 33, (1968), 87].

28. Kombinierte freie und erzwungene Konvektionseffekte auf die magnetohydrodynamische Strömung durch einen Kanal [Zeit. Ang. Math. Phys., 20, (1969), 506].

29. (Mit Lajpat Rai) Finite Amplitudeneffekte auf magnetohydrodynamische thermische Konvektion in einer rotierenden Schicht eines leitenden Fluids [Journal of Mathematics, Analysis and Applications, 29, (1970), 123].

30. (Mit Lajpat Rai) Stabilität eines elastisch-viskosen Flüssigkeitsfilms, der an einer geneigten Ebene herunterfließt [Proceedings of the Cambridge Philosophical Society, 63, (1967), 527].

31. Magnetohydrodynamische Ekman-Schicht [Acta Mechanica, Deutschland, 13, (1972), 155].

32. Auswirkung von leitenden Wänden auf die Dispersion von löslichen Stoffen im MED-Kanalfluss [Rev. Roum de Physique, 15, (1970), 811].

33. (Mit P. S. Gupta) Asymptotisches Saugproblem im Fluss von Mikropolarflüssigkeiten [Acta Mechanica, Deutschland, 15, (1972), 142].

34. (Mit S. Sen Gupta) Thermohaline Konvektion mit endlicher Amplitude in einer rotierenden Flüssigkeit [Zeit. Ang. Math. Phys., 22 Fasc., 5, (1971), 906].

35. Ekman-Schicht auf einer porösen Platte [Physics of Fluids, U. S. A., 15, (1972), 930].

36. (Mit P. S. Gupta) Auswirkung homogener und heterogener Reaktionen auf die Dispersion eines gelösten Stoffes im laminaren Fluss zwischen zwei Platten [Proceedings of the Royal Society of London, A 330, (1972), 59].

37. Kombinierte freie und erzwungene Konvektion an einem porösen vertikalen Zylinder [Indian Journal of Physics, 46, (1972), 521].

38. Zerfall von Wirbeln in einer viskoelastischen Flüssigkeit [Meccanica, Italien, VII(4), (1972), 232].

39. Thermo-konvektive Wellen in bestimmten elastico-viskosen Flüssigkeiten [Japanese Journal of Applied Physics, 12, (12), (1973), 1881].

40. Diffusion mit chemischer Reaktion von einer Punktquelle in einem bewegenden Strom [Canadian Journal of Chemical Engineering, 52, (1974), 424].

41. Halleffekte auf generalisierte MHD-Couette-Strömung mit Wärmeübertragung [Bull. De L'Academie Royale de Belgique (Klasse der Wissenschaften), LX, (1974), 332].

42. (Mit B. S. Dandpath) Über die Stabilität von wirbelnden Strömungen in der Magnetogasdynamik [Quarterly of Applied Mathematics, U. S. A., 33, (1975), 182].

43. Strahlungseffekt auf hydromagnetische Konvektion in einem vertikalen Kanal [International Journal of Heat and Mass Transfer, 17, (1974), 1437].

44. (Mit I. Pop) Wachstum der Grenzschicht in einer Flüssigkeit mit suspendierten Partikeln [Bull. Math. De la Sci. Math. Roumanie, 19, (1975), 291].

45. Halleffekte auf kombinierten freien und erzwungenen hydromagnetischen Strömungen durch einen Kanal [Letters in Applied Engineering Science, U. S. A., 14, (1976), 285].

46. Strömung und Wärmeübertragung in der hydromagnetischen Ekman-Schicht auf einer porösen Platte mit Hall-Effekten [International Journal of Heat and Mass Transfer, 19, (1976), 523].

47. Hydromagnetische Instabilität in einer rotierenden Kanalströmung [Publ. de L'Institute Mathematique (Belgrad), 19(33), (1975) 147].

48. Über hydromagnetischen Fluss und Wärmeübertragung in einer rotierenden Flüssigkeit an einer unendlichen porösen Wand [Zeit. Ang. Math. Mech., 55, (1975), 147].

49. Hydromagnetischer Fluss an einer porösen Platte mit Hall-Effekten [Acta Mechanica, Deutschland, 22, (1975), 281].

50. Instabilität einer horizontalen Schicht einer viskoelastischen Flüssigkeit auf einer oszillierenden Ebene [Journal of Fluid Mechanics, 72, (1975), 425].

51. Über die nichtlineare Stabilität des Flusses eines staubigen Gases [Journal of Mathematics, Analysis and Applications, 55, (1976), 284].

52. (Mit B. S. Majumder) Taylor-Diffusion in einem abfallenden Film einer nicht-newtonschen Flüssigkeit [International Journal of Heat and Mass Transfer, 20, (1977), 341].

53. (Mit B. S. Dandpath) Stabilität von Magnetogasdynamik-Scherströmung [Acta Mechanica, Deutschland, 28, (1977), 77].

54. (Mit I. Pop) Auswirkungen der Krümmung auf die instationäre freie Konvektion an einem kreisförmigen Zylinder [Physics of Fluids, U. S. A., 20(1), (1977), 162].

55. (Mit P. S. Gupta) Quetschströmung zwischen parallelen Platten [Wear, England, 45, (1977), 177].

56. (Mit N. Datta und R. N. Jana) Kompressible Strömung an einer oszillierenden porösen Platte [Japanese Journal of Applied Physics, 16(9), (1977), 1659].

57. Auswirkung von suspendierten Partikeln auf die Ekman-Grenzschicht [Analele Universitatii Bucuresti Mathematica, Rumänien, XXVI, (1977), 45].

58. Über die Dispersion eines Farbstoffs mit harmonisch variierender Konzentration im hydromagnetischen Fluss durch einen Kanal [Journal of Applied Physics, U. S. A., 48, (1977), 5344].

59. (Mit P. S. Gupta) Wärme- und Massenübertragung auf einer sich ausdehnenden Platte mit Saug- oder Blasfunktion [Canadian Journal of Chemical Engineering, 55, (1977), 744].

60. Halleffekte auf der hydromagnetischen Strömung an einer unendlichen porösen flachen Platte [Journal of Physical Society of Japan, 43, (1977), 1767].

61. (Mit B. S. Dandpath) Notizen zum Fluss in der Nähe einer Wand und zur Teilung der Stromlinienkreuzung [American Institute of Aeronautics and Astronautics, 16, (1978), 849].

62. (Mit B. S. Dandpath) Lange Wellen auf einer Schicht eines viskoelastischen Fluids, das auf einer geneigten Ebene fließt [Rheologica Acta, 17, (1978), 492].

63. (Mit A. Chakraborty) Hydromagnetischer Fluss und Wärmeübertragung über ein sich ausdehnendes Blatt [Quarterly of Applied Mathematics, U. S. A., 37, April (1979), 73].

64. (Mit M. Das Gupta) Konvektive Instabilität einer Schicht eines ferromagnetischen Fluids, das um eine vertikale Achse rotiert [International Journal of Engineering Science, U. S. A., 17, (1979), 271].

65. (Mit K. Rajagopal) Fluss und Stabilität von Flüssigkeiten zweiter Ordnung zwischen zwei parallelen Platten [Acta Mechanica, Deutschland, 33, (1981), 5].

66. Zur Grenzschichttheorie für nicht-newtonsche Flüssigkeiten [Letters in Applied Engineering Science, U. S. A., 18, (1980), 875].

67. (Mit N. Annapurna) Exakte Analyse der unbeständigen M.H.D. konvektiven Diffusion [Verhandlungen der Royal Society of London, A, 367, (1979), 281].

68. (Mit B. S. Dandpath) Thermische Instabilität in einem porösen Medium mit zufälligen Vibrationen [Acta Mechanica, Deutschland, 43, (1982), 37].

69. (Mit A. Chakraborty) Nichtlineare thermohaline Konvektion in einem rotierenden porösen Medium [Mech. Res. Commu., U. S. A., 8, (1981), 9].

70. (Mit C. S. Yih) Ebene Auftriebsfahnen [Rev. Br. C. Mechanique, Rio de Janeiro, 111, (1981), 49].

71. (Mit P. Muhuri) Freie Konvektion Grenzschicht auf einer flachen Platte aufgrund kleiner Schwankungen in der Oberflächentemperatur [Zeit. Ang. Math. Mech., 59, (1979), 117].

72. (Mit K. Rajagopal) Über eine Klasse von exakten Lösungen der Bewegungsgleichungen eines Flüssigkeits zweiter Ordnung [International Journal of Engineering Science, U. S. A., 19, (1981), 1009].

73. (Mit K. Rajagopal) Fluss und Stabilität einer zweitgradigen Flüssigkeit zwischen zwei parallelen Platten, die um nicht zusammenfallende Achsen rotieren [International Journal of Engineering Science, U. S. A., 19, (1981), 1401].

74. Freie Konvektionseffekte auf die Strömung an einer beschleunigten vertikalen Platte in einer inkompressiblen dissipativen Flüssigkeit [Rev. Roum, Sci., Tech., Mech. Appl., 24, (1979), 561].

75. (Mit N. Annapurna) Dispersion von Materie im Fluss eines Bingham-Plastiks in einem Rohr [Chemical Engineering Communications, U. S. A., 8, (1981), 281].

76. (Mit R. N. Jana und N. Datta) Unstetige Strömung in der Ekman-Schicht einer elastoviskosen Flüssigkeit [Rheologica Acta, 21, (1982), 733].

77. (Mit K. Rajagopal und B. S. Dandpath) Über die nichtlineare Stabilität der Strömung einer leitenden Flüssigkeit an einer porösen flachen Platte in einem transversalen Magnetfeld [Arch. Rational Mech und Analyse, 83, (1983), 91].

78. (Mit T. Y. Na und A. Nanda) Hydromagnetischer Fluss in einem Kanal mit Volumenquellen oder Senken von Masse [Journal der Nationalen Akademie der Mathematik, 1, (1983), 1].

79. (Mit K. Rajagopal) Bemerkungen zu ‚Eine Klasse von exakten Lösungen für die Gleichungen einer Flüssigkeit zweiter Ordnung [Letters in Applied Engineering Science, U. S. A., 21, (1983), 61].

80. (Mit K. Rajagopal und T. Y. Na) Eine Anmerkung zu Falkner-Skan-Strömungen einer nicht-newtonschen Flüssigkeit [Journal der Nationalen Akademie der Mathematik, 18, (1983), 313].

81. (Mit P. Muhuri) Stochastische Stabilität von verankerten schwimmenden Plattformen [Ocean Engineering, U. K., 10, (1983), 471].

82. (Mit K. Rajagopal und T. Y. Na) Fluss eines viskoelastischen Fluids über eine sich ausdehnende Folie [Rheologica Acta, 23, (1984), 213].

83. (Mit K. Ganguly und S. N. Bhattacharyya) Hydromagnetische Stabilität von helikalen Strömungen, die von einem Magnetfeld mit einer radialen Komponente durchdrungen sind [International Journal of Engineering Science, U. S. A., 22, (1984), 919].

84. (Mit K. Ganguly und S. N. Bhattacharyya) Instabilität von rotierender Strömung in der Magnetogasdynamik [Journal of Mathematical and Physical Sciences, 18, (1984), 629].

85. Wärmeübertragung in einer Eckströmung mit Saugung [Mech. Res. Commu., U. S. A., 11, (1984), 55].

86. (Mit K. Rajagopal). Eine exakte Lösung für den Fluss einer nicht-newtonschen Flüssigkeit an einer unendlichen porösen Platte [Meccanica, Italien, 19, (1984), 158].

87. (Mit S. N. Bhattacharyya) Über die Stabilität von viskosem Fluss über einem sich ausdehnenden Blatt [Quarterly of Applied Mathematics, U. S. A., XLII, (1985), 359].

88. (Mit S. N. Bhattacharyya) Thermoconvective Wellen in einem binären Gemisch [Physics of Fluids, U. S. A., 28, (1985), 3215].

89. (Mit B. K. Datta und P. Roy) Temperaturfeld im Fluss über eine sich ausdehnende Platte mit gleichmäßigem Wärmefluss [International Communication of Heat and Mass Transfer, 12, (1985), 89].

90. (Mit N. Annapurna und B. S. Dandpath) Hydromagnetische konvektive Diffusion zwischen parallelen Platten mit Saugwirkung [Journal of Applied Mechanics (Trans. American Society of Mechanical Engg., U.S.A.), 52, (1985), 213].

91. (Mit G. Biswas und S. K. Som) Instabilität eines bewegenden zylindrischen Flüssigkeitsfilms [Journal of Fluid Engineering, U. S. A., 107, (1985), 451].

92. (Mit K. Ganguly) Über die hydromagnetische Stabilität von helikalen Strömungen [Journal of Mathematics, Analysis and Applications, 106, (1985), 26].

93. (Mit K. Ganguly und S. N. Bhattacharyya) Über die lineare Stabilität von hydromagnetischen Strömungen für nicht-achsymmetrische Störungen [Journal of Mathematics, Analysis and Applications, 122, (1987), 408].

94. (Mit G Biswas und P. K. Nag) Wärmeübertragung in einer Eckströmung [Warme-und-Stoff, Deutschland, 21, (1987), 13].

95. (Mit B. K. Datta) Kühlung einer sich ausdehnenden Platte in einer viskosen Strömung [Industrial Engg. Chemical Res., U. S. A., 26, (1987), 333].

96. (Mit G. Biswas) Ausbreitung von nicht-newtonschen Flüssigkeitstropfen auf einer horizontalen Ebene [Mech. Res. Commu., U. S. A., 14, (1987), 361].

97. (Mit G. Mandal und I. Pop) Magnetohydrodynamischer Fluss einer inkompressiblen viskosen Flüssigkeit, verursacht durch achsensymmetrisches Dehnen einer ebenen Platte [Magnitnaya Girodinamica, U. S. S. R., 23, (1987), 10].

98. (Mit K. Rajagopal und T. Y. Na) Eine nicht-ähnliche Grenzschicht auf einer sich ausdehnenden Platte in einer nicht-newtonschen Flüssigkeit mit gleichmäßigem Freistrom [Journal Mathematical and Physical Sciences, 21, (1987), 189].

99. Endstadium einer fallenden dreieckigen Platte [Wear, England, 127, (1988), 111].

100. (Mit P. Ray, S. K. Bayen und B. K. Datta) Stoffübertragung mit chemischer Reaktion in einem laminaren abfallenden Film [Wärme-und-Stoff, Deutschland, 22, (1988), 195].

101. (Mit S. N. Bhattacharyya) Thermoconvective Wellen in einer rotierenden Flüssigkeit [Physical Review, U. S. A., 38, (1988), 2440].

102. (Mit B. S. Dandpath) Strömung und Wärmeübertragung in einer viskoelastischen Flüssigkeit über einer sich ausdehnenden Platte [International Journal of Nonlinear Mathematics, 24, (1989), 215].

103. (Mit M. K. Laha und P. S. Gupta) Wärmeübertragungseigenschaften des Flusses einer inkompressiblen viskosen Flüssigkeit über ein sich ausdehnendes Blatt [Warme-und-Stoff, Deutschland, 24, (1989), 151].

104. Wärmeübertragung in einem pulsierenden Fluss eines elastico-viskosen Fluids in einem porösen Plattenkanal [Modellierung, Simulation und Steuerung, B, AMSE Press, 31, (1990), 1].

105. Gemischte Konvektion eines inkompressiblen viskosen Fluids in einem porösen Medium an einer heißen vertikalen Platte [International Journal of Nonlinear Mathematics, 25, (1990), 723].

106. (Mit K, Ganguly und S. N. Bhattacharyya) Über den Beginn der thermischen Instabilität in mit Flüssigkeit gefüllten porösen Kugeln und sphärischen Schalen [Stabilität und Appl. Annal. Kontinuierliche Medien, 1(3), (1991), 213].

107. (Mit B. S. Dandpath) Stabilität einer dünnen Schicht einer zweigradigen Flüssigkeit auf einer rotierenden Scheibe [International Journal of Nonlinear Mathematics, 26, (1991), 409].

108. Hydromagnetische Welle in einer nicht-newtonschen Flüssigkeit [Mech. Res. Commu., U. S. A., 19, (1992), 237].

109. Hydromagnetische Stabilität eines geschichteten Parallelflusses, der in zwei Richtungen variiert [Astroph. Space Science, U. K., 198, (1992), 95].

110. (Mit H. I. Andersson, B. Holmedal und B. S. Dandpath) Magnetohydrodynamischer Schmelzfluss von einer horizontal rotierenden Scheibe [Mathematische Modelle und Methoden in den Angewandten Wissenschaften, 3, (1993), 373].

111. (Mit G. C. Layek, M. K. Maity und P. Niyogi) Unstetige konvektive Diffusion in einem rotierenden parallelen Plattenkanal [Wärme-und-Stoff, Deutschland, 29, (1994), 425].

112. (Mit S. N. Bhattacharyya) Transiente kompressible Grenzschicht auf einem Keil, der impulsiv in Bewegung gesetzt wird [Archives of Applied Mechanics, 66, (1996), 336].

113. (Mit S. B. Hazra und P. Niyogi) Über die Dispersion eines gelösten Stoffes in oszillierendem Fluss durch einen Kanal [Wärme- und Stoffübertragung, Deutschland, 31, (1996), 249].

114. (Mit B. Pal und J. C. Misra) Stetiger hydromagnetischer Fluss in einem langsam variierenden Kanal [Verhandlungen der Nationalen Akademie der Wissenschaften, 66(A), 111, (1996), 247].

115. (Mit B. S. Dandpath) Einsame Wellen auf der Oberfläche einer Schicht viskoelastischer Flüssigkeit, die auf einer geneigten Ebene herunterläuft [Rheologica Acta, 36, (1997), 135].

116. Ausbreitung von NM-Thermo-Konvektionswellen [Indian Journal of Pure and Applied Mathematics, 28(5), (1997), 713].

117. (Mit S. B. Hazra und P. Niyogi) Über die Dispersion eines gelösten Stoffes im oszillierenden Fluss einer nicht-newtonschen Flüssigkeit in einem Kanal [Wärme- und Stoffübertragung, Deutschland, 32, (1997), 481].

118. (Mit J. C. Misra und B. Pal) Hydromagnetischer Fluss einer Fluid zweiter Ordnung in einem Kanal – einige Anwendungen auf physiologische Systeme [Mathematische Modelle und Methoden in den Angewandten Wissenschaften, 8, (1998), 1323].

119. (Mit S. Bhattacharyya) MH-Fluss und Wärmeübertragung an einem allgemeinen dreidimensionalen Stagnationspunkt [International Journal of Nonlinear Mathematics, 33, (1998), 125].

120. (Mit S. Bhattacharyya und A. Pal) Wärmeübertragung im Fluss eines viskoelastischen Fluids über eine dehnbare Oberfläche [Heat and Mass Transfer, Deutschland, 34, (1998), 41].

121. (Mit R. Deka) Strömung an einer beschleunigten horizontalen Platte in einer rotierenden Flüssigkeit [Acta Mechanica, Deutschland, 138, (1999), 13].

122. Soret-Effekt auf die Ausbreitung von thermo-konvektiven Wellen in einer binären Mischung [Wärme- und Stoffübertragung, Deutschland, 35, (1999), 315].

123. (Mit J. C. Misra, B. Pal und A. Pal) Hydromagnetischer Fluss einer viskoelastischen Flüssigkeit in einem Parallelplattenkanal mit dehnbaren Wänden [Indian Journal of Mathematics, 41, (1999), 231].

124. Einige neue ähnliche Lösungen der instationären Navier-Stokes-Gleichungen [Mech. Res. Commu., U. S. A., 27, (2000), 485].

Liste der Publikationen von Professorin (Frau) Jyoti Das [neè Chaudhuri]

1. Über Bateman-Integral-Funktionen [Mathematische Zeitschrift, 78, (1962), 25–32].

2. Über eine Beziehung zwischen der zweiten Lösung der Tschebyschow-Gleichungen zweiter Ordnung und Besselschen Funktionen [Annali Dell' Universita di Ferrara, X, (1962), 123–129].

3. Eine Anmerkung zu bestimmten Integralen, die die Ableitungen von hypergeometrischen Polynomen betreffen [Rendiconti del Seminario Mathematica della Universita di Padova, XXXII, (1962), 214–220].

4. Über die Konvergenz der Eigenfunktionsexpansion, die mit einer Differentialgleichung vierter Ordnung verbunden ist [Quarterly Journal of Mathematics, 15, (1964), 258–274].

5. Über die Verallgemeinerung einer Formel von Rainville [Verhandlungen der Amerikanischen Mathematischen Gesellschaft, 17, (1966), 552–556].

6. Über die operationelle Darstellung einiger hypergeometrischer Polynome [Rendiconti del Seminario Mathematica della Universita di Padova, XXXVIII, (1967), 27–32].

7. Einige spezielle Integrale [American Mathematical Monthly, 74, (1967), 545–548].

8. (Mit W. N. Everitt) Über das Spektrum gewöhnlicher Differentialoperatoren zweiter Ordnung [Verhandlungen der Royal Society, Edinburgh, LXVIII, (1968), 95–119].

9. (Mit W. N. Everitt) Über eine Eigenfunktionserweiterung für eine vierte Ordnung singuläre Differentialgleichung [Quarterly Journal of Mathematics, 20, (1968), 195–213].

10. (Mit W. N. Everitt) Über das Quadrat eines formal selbstadjungierten Differentialausdrucks [Journal of the London Mathematical Society, (2), 1, (1968), 661–673].

11. (Mit W. N. Everitt) Das Spektrum eines Differentialoperators vierter Ordnung [Verhandlungen der Royal Society, Edinburgh, LXVIII, (1968), 185–210].

12. (Mit W. N. Everitt) Über die Verteilung der Eigenwerte und die Ordnung der Eigenfunktionen des vierten Ordnung singulären Randwertproblems [Verhandlungen der Royal Society, Edinburgh, (A), 71, (1971/72), 61–65].

13. (Mit V. Krishna Kumar) Über die Eigenfunktionsexpansion in Verbindung mit einer singulären komplexwertigen Differentialgleichung vierter Ordnung [Proceedings of the Royal Society, Edinburgh, 75 A, (1975–76), 325–332].

14. (Mit J. Dey) Über die Trennungseigenschaft von symmetrischen, gewöhnlichen Differentialausdrücken zweiter Ordnung [Questiones Mathematics, 1, (1976), 145–154].

15. (Mit J. Sett) Über die Trennungseigenschaft von symmetrischen, gewöhnlichen Differentialausdrücken vierter Ordnung [Verhandlungen der Royal Society, Edinburgh, 86 A, (1980), 255–259].

16. (Mit M. Majumdar) Über die Invarianz der Art von Singularitäten der m-Koeffizienten, die mit einer gewöhnlichen linearen Differentialgleichung vierter Ordnung verbunden sind [Journal of Pure Mathematics, 3, (1983), 25–30].

17. (Mit G. Laha) Ein Hilbertraum, der mit einem singulären Randwertproblem zweiter Ordnung assoziiert ist [Journal of Pure Mathematics, 3, (1983), 31–36].

18. (Mit J. Sett) Eine Anmerkung zur Trennungseigenschaft symmetrischer Differentialausdrücke vierter Ordnung [Journal of Indian Institute of Science, 65 (B), (1983), 173–177].

19. (Mit J. Sett) Nicht-Trennbarkeit von Differentialausdrücken zweiter Ordnung im Grenzkreisfall [Journal of Pure Mathematics, 4, (1983), 37–41].

20. (Mit M. Majumdar) Über die Schätzung der m-Koeffizienten, die mit einer linearen Differentialgleichung vierter Ordnung verbunden sind [Indian Journal of Mathematics, 27, (1985), 121–129].

21. (Mit J. Sett) Trennung und Grenzklassifikation von speziellen Differentialausdrücken vierter Ordnung [Journal of Indian Institute of Science, 66, (1986), 547–548].

22. (Mit A. Chatterjee und G. Laha) Grenzklassifikation einer reellen quadratischen Form eines gewöhnlichen selbstadjungierten Differentialausdrucks zweiter Ordnung [Indian Journal of Pure and Applied Mathematics, 17 (B), (1986), 1008–1013].

23. (Mit P. K. Sengupta) Über die punktweise Konvergenz der Eigenfunktionsexpansion in Verbindung mit einigen iterierten Randwertproblemen [Proceedings of the American Mathematical Society, 98 (4), (1986), 593–600].

24. Eine Verallgemeinerung elliptischer Integrale [Festschrift für Prof. M. Datta, (1987), 73–82].

25. (Mit S. K. Banerjee) Eine alternative Charakterisierung des Spektrums eines selbstadjungierten Operators, der mit einer bestimmten viertordentlichen formal selbstadjungierten gewöhnlichen Differentialgleichung assoziiert ist [Indian Journal of Mathematics, 30 (1), (1988), 1–8].

26. (Mit A. Chatterjee) Über die Äquikonvergenz der Eigenfunktionsexpansion, die mit bestimmten Differentialgleichungen zweiter Ordnung verbunden ist [Indian Journal of Pure and Applied Mathematics, 19 (11), (1988), 54–59].

27. Ein elementarer Beweis für Weyls Grenzklassifikation [Journal of the Australian Mathematical Society, Ser A, 46, (1989), 171–176].

28. (Mit A. K. Chakrabarty) Schätzungen der Eigenwerte eines gemischten Strum-Liouville-Problems aus denen der Eigenwerte eines entsprechenden separierten Strum-Liouville-Problems [Far East Journal of Mathematical Sciences, 2 (1), (1994), 9–16].

29. (Mit A. K. Chakrabarty) Ein alternativer Beweis für die Bedingung der Selbstadjungiertheit für ein gemischtes Randwertproblem [The Mathematics Student, 64 (1–4), (1995), 9–14].

30. Über die Lösungsräume linearer homogener gewöhnlicher Differentialgleichungen zweiter Ordnung und zugehöriger Randbedingungen [Journal of Mathematical Analysis and Applications, 200, (1996), 42–52].

31. (Mit A. K. Chakrabarty) Die Verschränkungseigenschaft der Eigenwerte eines gemischten Strum-Liouville-Problems mit den Eigenwerten eines geeigneten separierten Strum-Liouville-Problems [Journal of Analysis, 4, (1996), 143–151].

32. Nichtlineare Analyse als Hilfe zur linearen Analyse [Journal of Pure Mathematics, 13, (1996), 1–12].

33. (Mit A. K. Chakrabarty) Summierbarkeit der Eigenfunktionsexpansion, die einem gemischten Strum-Liouville-Problem entspricht [Journal of Orissa Mathematical Society, (1993–1996), 12–15].

34. (Mit A. K. Chakrabarty) Konvergenz der Eigenfunktionsexpansion entsprechend einem gemischten Strum-Liouville Problem [Journal of Pure Mathematics, 14, (1997), 47–55].

35. (Mit A. K. Chakrabarty) Über die Konvergenz der Eigenfunktionsexpansion, die einem gemischten Strum-Liouville-Problem entspricht II [Journal of Pure Mathematics, 15, (1998), 65–76].

36. (Mit G. Laha) Vereinigung von Integraltransformationen [Journal of Pure Mathematics, 17, (1998), 73–79].

37. Eine neue Methode zur Lösung linearer homogener gewöhnlicher Differentialgleichungen [Journal of Pure Mathematics, 17, (1998), 17–22].

38. [Mit M. Nandy (geb. De)] Die Grenzpunkt-/Grenzkreisklassifikation von realen linearen gewöhnlichen Differentialgleichungen zweiter Ordnung [Verhandlungen der Internationalen Konferenz über Analyse und ihre An-

wendungen, die vom 6. bis 9. Dezember in Chennai abgehalten wurde, (2000), 41–47].

39. (Mit G. Laha) Die durch ein reales lineares regelmäßiges selbstadjungiertes Randwertproblem vierter Ordnung erzeugten Transformationen [Verhandlungen der Internationalen Konferenz über Analyse und ihre Anwendungen, die im Dezember 6–9, (2000), in Chennai abgehalten wurde, 49–61].

Printed in the United States
by Baker & Taylor Publisher Services